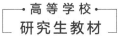

高等学校
研究生教材

现代分析测试方法与技术精要

Essentials of Modern Analytical Testing Methods
and Techniques

冉国侠 / 主编

宋启军　顾志国 / 主审

化学工业出版社

· 北京 ·

内容简介

本书共分 17 章，对现代分析测试表征手段作了较为全面的介绍，覆盖 17 个种类仪器，既包括光谱、色谱、质谱、波谱、X 射线等化学分析类仪器，也有流变仪、热分析、粒度分析、表界面物性测试等物性分析类仪器，同时还介绍了电子光学显微镜等。本书以仪器结构和工作原理入手，并提供必要的基础知识，帮助读者理解仪器的性能、了解相应的技术特点及适用范围。

本书可作为高等院校化学、化工、材料科学与工程、食品科学与工程、纺织科学与工程、环境科学与工程等专业研究生和高年级本科生教材，也可供相关专业教师和科技工作者参考。

图书在版编目（CIP）数据

现代分析测试方法与技术精要 / 冉国侠主编. —北京：化学工业出版社，2024.4
ISBN 978-7-122-45157-6

I. ①现… II. ①冉… III. ①测试技术-教材 IV. ①TB4

中国国家版本馆 CIP 数据核字（2024）第 048335 号

责任编辑：李晓红　　　　装帧设计：刘丽华
责任校对：李雨晴

出版发行：化学工业出版社
　　　　　（北京市东城区青年湖南街 13 号　邮政编码 100011）
印　　装：北京科印技术咨询服务有限公司数码印刷分部
710mm×1000mm　1/16　印张 22¼　字数 417 千字
2024 年 4 月北京第 1 版第 1 次印刷

购书咨询：010-64518888　　　　　售后服务：010-64518899
网　　址：http://www.cip.com.cn
凡购买本书，如有缺损质量问题，本社销售中心负责调换。

定　　价：128.00 元　　　　　　　版权所有　违者必究

编写人员名单

主　编：冉国侠

主　审：宋启军　顾志国

编　委：冉国侠　宋启军　顾志国　王　婵　宋俊玲

　　　　顾　瑶　胥月兵　王小凡　马　芸　朱相苗

前　言

随着科教兴国战略的提出，国家的教育科研投入显著增加，科研条件得到了逐步改善。目前我国众多高校已拥有了种类繁多、价值不菲的先进仪器设备。其中，用于材料分析表征的测试仪器在高校化学化工、材料科学与工程等专业研究生培养中起到越来越重要的作用。一方面，现代分析测试仪器具有大型、精密、集成、智能的特点，通过对材料光、电、磁等信号的测试能给出物质材料成分、结构、微观形貌、性能等信息。仪器工作原理涉及分析化学、光学、电磁学、晶体学、力学等多学科知识。而另一方面，初进入课题研究的研究生们，无论是本科阶段学习的仪器分析课程内容还是对现代分析测试仪器的认识程度都有限，对仪器的选择以及测试条件的优化显得无从下手。机台管理技术人员的培训和同学间的互助，并不能完全解决好科研工作中的分析表征需求。因此，一本覆盖仪器种类相对全面的入门级学习用书，或许能弥补研究生在现代分析测试仪器与方法方面知识的不足，提升他们的仪器使用技能。

本书共分 17 章，每章以仪器名称冠名。仪器品类的选择主要参考高等院校主流研究型分析测试仪器；本科阶段课程已列入的，如红外/紫外/原子吸收光谱、色谱类仪器，不在本书讨论之列。本书涵盖了光谱、色谱-质谱联用、波谱、X 射线等化学分析类仪器，物性分析类仪器和电子光学类仪器等，期望对现代分析测试表征手段作较为全面的介绍。光谱部分收入荧光/磷光光谱仪和激光拉曼光谱仪；色谱-质谱联用分析仪部分讨论了气-质联用仪和液-质联用仪；波谱仪部分对高场核磁共振和低场核磁共振两种波谱仪进行了较详细的性能介绍并加以比较；X 射线类仪器主要包括理论与技术都非常成熟的粉末 X 射线衍射仪、表面分析重要利器 X 射线光电子能谱仪和近年来在软物质结构表征方面大展身手的小角 X 射线散射仪。物性分析类仪器选择了动态/静态激光光散射仪、比表面和孔径分布分析仪、化学吸附仪、旋转流变仪、动态热机械分析仪、热重分析仪、差示扫描量热仪，以应对物质材料物性多样性的特点。电子显微镜是材料科学、生命科学等重要的表征工具，由低至高有多个分支。本书着重介绍透射电子显微镜和扫描电子显微镜的基本结构、基础知识以及基本技能，希望助力读者由此进阶更高端电子显微镜。

本书从必要的基础理论知识和仪器结构与工作原理介绍入手，对仪器的技术性能特点、适用范围、实验技术作较为详细的论述，并探讨了测试影响因素和参数优化途径，对测试中常见问题给出建议。每章后附有参考书目，供读者进一步学习。一些章节介绍了样品制备方法、数据处理方法以及第三方数据处理软件。借此帮助读者选择合适的分析测试表征仪器，顺利建立测试方法。

本书编委是一个充满激情活力的团队，编者由教学科研一线的教师和长期管理大型精密仪器的资深技术人员组成。其中冉国侠负责写作大纲的拟定、人员组织以及最终统稿。本书第1～3章由王婵编写，第4、12、13章由冉国侠编写，第5章由马芸编写，第6章由王小凡、朱相苗编写，第7、8章由宋俊玲编写，第9章由王小凡编写，第10、11章由胥月兵编写，第14～17章由顾瑶编写。书中插图由朱相苗负责。全书经宋启军、顾志国两位教授审阅后最终完成。

本书获得江南大学研究生教材建设项目资助。本书从立项到编写完成，受到江南大学化学与材料工程学院各位领导的支持与鼓励。在此表达诚挚的感谢！

限于水平，书中难免存在疏漏和不当之处，敬请读者不吝指正。

"初心如雪见天地，静候寒去万物生"。

编者
2023年农历小雪于无锡

目 录

第3章　色谱-质谱联用分析仪

第4章　高场核磁共振波谱仪

第5章 低场核磁共振波谱仪

第6章 动态/静态激光光散射仪

第7章 粉末 X 射线衍射仪

第8章　X 射线光电子能谱仪

第9章　小角 X 射线散射仪

第10章 比表面和孔径分布分析仪

第11章 化学吸附仪

第12章 透射电子显微镜

第13章 扫描电子显微镜

第14章 热重分析仪

第17章 动态热机械分析仪

第1章 荧光/磷光光谱仪

当物质吸收一定能量，其构成原子的外层电子可从基态跃迁到激发态；而处于激发态的原子很不稳定，电子以光辐射形式释放能量回迁基态。这种光辐射现象称为发光，即发光是物质把所吸收的激发能转化为光辐射的过程。物质通过吸收光能而被激发，所产生的发光称为光致发光。检测物质发光的分析方法即为发光分析法。荧光和磷光属于光致发光类型，本章主要介绍荧光/磷光光谱仪。

荧光/磷光光谱仪主要检测物质的激发光谱、发射光谱、量子产率、荧光寿命、三维荧光光谱，配置适宜的附件还可进行磷光光谱、上转换发光、变温光谱、荧光偏振以及激光诱导荧光等的分析。

荧光最早是作为自然现象被西班牙内科医生 Nicholás Monardes 于 1575 年记录。荧光分析作为分析手段由 Stokes（斯托克斯）于 1864 年首次提出。随着人们对荧光现象的研究以及荧光发光机制的科学阐释，荧光分析技术得到不断发展。荧光分析法兼具高效、实时、原位、自动化以及灵敏度、准确度和选择性高等特点，已广泛应用于工业、农业、医药、生命科学、环境科学、司法鉴定等领域。

1.1 基本概念

1.1.1 光致发光涉及的电子跃迁类型

如图 1-1 所示，根据价键的分子轨道理论，分子轨道包括 σ 成键轨道和 σ* 反键轨道、π 成键轨道和 π* 反键轨道以及非键轨道 n 等，这些轨道能量高低顺序为 σ 轨道 < π 轨道 < n 轨道 < π* 轨道 < σ* 轨道。而位于这些轨道的电子分别称为 σ 电子、σ* 电子、π 电子、π* 电子和 n 电子，其中 n 电子也称为孤对电子或未成键电子。电子跃迁与分子内部结构有密切关系，有机化合物价电子可能产生的跃迁主要为

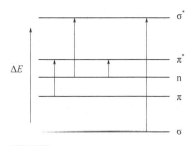

图 1-1 有机化合物的分子轨道和常见的电子跃迁类型

σ→σ*、n→σ*、n→π* 及 π→π*。各种跃迁所需能量是不同的，其相对能量高低次

序为 $E(\sigma \rightarrow \sigma^*) > E(\sigma \rightarrow \pi^*) > E(\pi \rightarrow \sigma^*) > E(n \rightarrow \sigma^*) > E(\pi \rightarrow \pi^*) > E(n \rightarrow \pi^*)$。

荧光体的荧光/磷光发生于荧光体吸光后，所以，荧光体要发光首先要吸收光，即荧光体要有吸光的结构。有机荧光体大多为有机芳香族化合物或它们与金属离子形成的配合物。这类化合物在紫外线区和可见光区的吸收光谱和发射光谱，都是由该化合物分子的价电子重新排列（跃迁）引起的。因此，下面着重探讨荧光体分子价电子和分子轨道的特性。

1.1.1.1 分子的电子结构

（1）σ键

两个原子轨道沿键轴（两原子核间连线）方向、以"头碰头"的方式进行同号重叠所形成的化学键称为 σ 键，每个 σ 键可容纳两个电子。σ 键可分为正常共价键和配位共价键两种，前者的共用电子对是由成键的两个原子各提供一个电子组成的，而配位键的共用电子对是由一个原子单方面提供而后由两个原子共享。当电子云集中于其中一个原子时，这种键称为极性共价键。σ 键的电子云多集中于两原子之间，原子间结合较牢，因此，要使这类电子激发到空的反键轨道上，就需要有相当大的能量，这就意味着分子的 σ 键的电子跃迁发生于真空紫外区（波长 < 200nm）。本书重点关注吸收光谱位于近紫外线区至近红外线区，即波长落于 220～800nm 区。

（2）π键

两个原子的轨道（p轨道）从垂直于键轴方向接近，以"肩并肩"的方式发生电子云最大重叠所形成的共价键称为 π 键。π 键通常伴随 σ 键出现，π 键的电子云分布在 σ 键的上下方向。以 N_2 分子为例，如图 1-2 所示，σ 键的电子被定域在成键的两个原子之间，而 π 键的轨道重叠程度小于 σ 键，能量较高，电子比较活泼，π 键的电子可以在分子

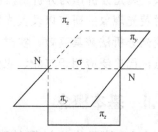

图 1-2　N_2 分子的三键示意图

中自由移动，且可分布于多原子之间。当分子为共轭的 π 键体系，则 π 电子分布于形成分子的各个原子上，这种 π 电子称为离域 π 电子，π 轨道称为离域 π 轨道。在某些环状有机物中，共轭 π 键延伸到整个分子，例如多环芳烃就具有这种特性。

由于 π 电子的电子云未集中在成键的两原子之间，所以它们的键合远不如 σ 键牢固，因此，它们的吸收光谱出现在比 σ 键所产生的波长更长的光区。单个 π 键电子跃迁所产生的吸收光谱位于真空紫外线区或近紫外线区；有共轭 π 键的分子，视共轭度大小而定，共轭度小者其 π 电子跃迁所产生的电子光谱位于紫外线区，共轭度大者则位于可见光区或近红外线区。

（3）n电子

在元素周期表中，像氧、氮、卤素、硫等这类原子外层电子数多于 4，其在

化合物中往往有未参与成键的价电子（n 电子）。例如甲醛中有 4 个未参与键合的 n 电子，而 n 电子较 σ 键和 π 键电子易于激发，使电子跃迁所需能量降低。因此，在考虑电子光谱时，应该首先考虑 n→π* 及 π→π* 跃迁。

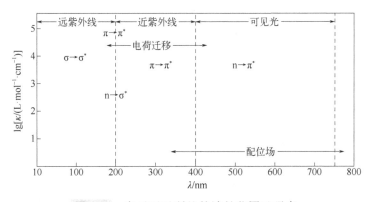

（4）配位共价键

一般来说，分子中的 n 电子对不参与成键，但当它们遇到合适的接受体时，其电子可能转入接受体的空轨道上而形成配位共价键。共价键是否形成，对解释具有 n 电子的荧光体的吸收光谱、发射光谱和荧光强度的变化很有帮助。

（5）反键轨道

物质的分子，除了组成分子化学键的能量低的分子轨道外，每个分子还具有一系列能量较高的分子轨道。一般情况下，能量较高的轨道是空着的，如果给分子以足够的能量，那么能量较低的电子就有可能被激发到能量较高的空轨道上，这些能量较高的轨道称为反键轨道。

一般来说，未成键孤对电子较易激发，成键电子中的 π 电子较相应的 σ 电子具有较高的能级，而反键电子却相反。因此，简单分子中的 n→π* 和配位场跃迁需要最小的能量，吸收带出现在长波段方向，n→σ*、π→π* 跃迁及电荷跃迁的吸收带出现在较短波段，而 σ→σ* 跃迁则出现在远紫外线区（如图 1-3）。

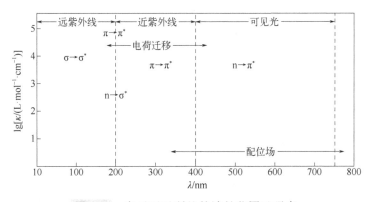

图 1-3 电子跃迁所处的波长范围及强度

1.1.1.2 两类电子激发态

分子的电子激发态指分子吸收光子，分子的价电子（或 n 电子）由已占据的基态分子轨道激发到基态未被占据的轨道，此时分子称为电子激发态分子。

电子激发态的多重态用 $2S+1$ 表示，S 为电子自旋角动量量子数的代数和，其数值为 0 和 1。根据泡利（Pauli）不相容原理，分子中同一轨道里所占据的两个电子必须具有方向相反的自旋（即自旋配对），且其总自旋等于零（即 $S=0$），这种状态叫单线态（或单重态）。如果分子吸收能量后，基态分子轨道中的一个电子在跃迁过程中不改变电子自旋方向而到达激发态，这时该分子所处的电子能级就叫激发单线态。相反，如果一个电子从基态跃迁过程中还伴随着自旋反转（或翻转）而到达一个较低的激发态，或者由激发单线态通过自旋反转而到达该较低的激发态（即 $S=1$），那么这个较低的激发态就是三线态（或三重态）。

单线态的电子基态（S_0）的分子被激发时，容易跃迁到单线态的电子激发态（S_1，S_2，…），但因为电子自旋不允许的禁阻跃迁，则不容易跃迁到三线态的电子激发态（T_1，T_2，…）。同样 $T_0 \rightarrow T_1$ 或 $T_1 \rightarrow T_0$ 容易，$T_1 \rightarrow S_0$ 或 $S_1 \rightarrow T_0$ 难。

图 1-4 表明处于单线态的电子基态和电子激发态分子与处于三线态的电子激发态的差别，左侧为分子处于单线态电子基态，中部为分子处于单线态电子激发态，右侧为分子处于三线态电子激发态。

T_{π,π^*} 通常低于 T_{n,π^*}，如果单线态 S_1 是 π,π^* 型，那么通过系间窜越将使分子迅速转为三线态 T_1 的 π,π^* 型。如果单线态 S_1 是 n,π^* 型，那么三线态 T_1 可能是 n,π^* 型（例如苯甲醛、乙酰苯和苯乙酮），也可能是 π,π^* 型，后者较为常见。T_1 的 π,π 能级低于 T_1 的 n,π^* 能级的原因是 T_1 的 π,π^* 态电子的离域性比 T_1 的 n,π^* 态的离域性大得多，故 T_1 的 π,π^* 态电子间的斥力比 n,π^* 态小，造成 S_1 的 π,π^* 与 T_1 的 π,π^* 能层间隔比 S_1 的 n,π^* 与 T_1 的 n,π^* 能层间隔大，结果 T_1 的 π,π^* 能级位于 T_1 的 n,π^* 能级下方（见图 1-5）。

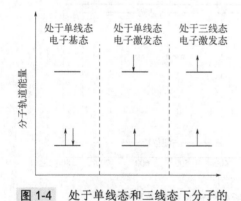

图 1-4　处于单线态和三线态下分子的　　　　图 1-5　S_1 的 π,π^*、n,π^* 与 T_1 的
　　　　　π 电子受激示意图　　　　　　　　　　　　π,π*、n,π* 能级分布示意图

1.1.2　分子电子激发的光物理过程——Jabłoński 能级图

因能量的吸收或发射，分子可以在不同的能级间跃迁。如果吸收和发射涉及光能，且不涉及化学反应，则相应的过程被称为光物理过程。Jabłoński 能级图简洁直观地描述了分子电子能级和跃迁的光物理过程。如图 1-6 所示，分子在被激

发和去活化时经历了多种光物理过程。分子在被激发后，一般会经历振动弛豫（vibrational relaxation，VR）、内转换（internal conversion，IC）、外转换（external conversion，EC）、系间窜越（intersystem crossing，ISC）、荧光（fluorescence，F）、磷光（phosphorescence，P）、猝灭（quenching，Q）等形式的去活化过程。

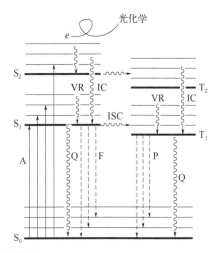

图 1-6 光物理过程的 Jabłoński 能级图

（1）光吸收（absorption，A）

基态分子吸收光能从电子基态（S_0）向第一电子激发单线态或三线态或其它更高电子激发态（S_n）跃迁的过程即光吸收过程。光吸收过程具有量子化、一次到位的特点，且特定分子具有本身特定的吸收特征，即吸收光谱。光吸收是一个分子从基态到激发态的过程，故光吸收也称为光激发。对吸收过程的波长或频率分布测量可以获得吸收光谱，用荧光光谱仪测量激发光谱的过程也是一个分子由基态到激发态跃迁的测量过程。因此，在形状和位置上，荧光物质的激发光谱与吸收光谱十分相似，但在本质上，两者完全不同。主要原因是激发光谱实际上是通过对不同波长激发下荧光强度的测量而获得，而吸收光谱则是对光吸收过程的直接测量，吸收过程可以反映激发态振动能级的信息。

按照光谱学习惯，书写跃迁能级时先写上能态，再写下能态。对于吸收过程，能态间用左箭头连接，如 $S_1 \leftarrow S_0$；对于发射过程，能态间用右箭头连接，如 $S_1 \rightarrow S_0$，$T_1 \rightarrow S_0$；一般也习惯于将跃迁的起始态写在左边，终态写在右边，中间用一短线连接，如 S_1-S_0 也可以写 S_0-S_1。

（2）内转换（IC）

内转换是分子内的过程，是发生在具有相同多重性的电子能态之间的无辐射跃迁。通过该过程，分子很快地从 S_n 态失活降到一个较低的电子能态（如 S_{n-1} 态）的等能量振动能层而产生无辐射跃迁。随后分子再通过 VR 过程降到 S_{n-1} 能级的最低振动能层。内转换是一种非常重要的无辐射失活途径。能级间隔越小，S_n 与 S_{n-1} 势能曲线之间的振动能级交叉程度越大，内转换效率越高，速率常数 k_{IC} 越大，这时处于 S_n 态的电子通过内转化就可以到达 S_{n-1} 态。

（3）振动弛豫（VR）

在电子激发过程中，分子可以被激发到任何一个振动能级上。激发态分子将多余的能量传递给介质而衰变到同一电子能级的最低振动能级的过程称为振动弛豫。振动弛豫比内转换过程更快；正是由于 VR 和 IC 过程的存在，荧光物质的荧光和磷光发射大多源自第一电子激发态。

（4）系间窜越（ISC）

由于 S_1-S_0 能隙较大，通过无辐射机理实现 $S_1 \rightarrow S_0$ 跃迁的概率并不总是占主导地位，分子有另外两种可能的途径：①通过荧光发射回到基态；②通过无辐射跃迁到三线态。这种从单线态到三线态的无辐射转变称为系间窜越，或者电子在自旋多重性不同的状态之间的无辐射跃迁称为系间窜越。

按照电子跃迁选律，在自旋多重性不同的状态之间的跃迁是自旋禁阻的，故系间窜越的速率常数很小，约为 $10^2 \sim 10^6 s^{-1}$。然而，通过自旋-轨道耦合作用，有可能实现纯单线态和三线态之间原本禁阻的跃迁，即原本禁阻的跃迁变得部分允许了。通过 ISC 过程，分子从单线态到达三线态能量梯级中的某些振动能级水平，然后分子再通过相继的 IC 和 VR 过程弛豫到达 T_1 态的最低振动能级水平。像 IC 过程一样，如果两个状态的振动能级有重叠，ISC 过程的概率就增大。最低的激发单线态振动能级与较高的三线态振动能级重叠时，自旋态的改变更有可能发生。

IC 和 ISC 过程的速率，与该过程所涉及的两个电子态的最低振动能级间的能量间隔有关；能量间隔越大，速率越小。S_0 和 S_1 态两者的最低振动能级之间的能量差，远比其它相邻的两个激发单线态之间的能量差大，因而 $S_1 \rightarrow S_0$ 的 IC 速率常数相对较小，约为 $10^6 \sim 10^{12} s^{-1}$；类似地，$T_1 \rightarrow S_0$ 的 ISC 速率常数也较小，约为 $10^2 \sim 10^5 s^{-1}$。

（5）荧光（F）

荧光发射是分子从激发态跃迁到基态的辐射现象。一般情况下，光的辐射发射（荧光和磷光）或光化学反应源自最低激发单线态或最低激发三线态（即多重性的最低电子激发态），这叫 Kasha（卡莎）规则。

较高电子激发态都会快速弛豫到最低电子激发态 S_1，这种失活过程一般只需要 $10^{-13}s$（从较高电子激发态到最低电子激发态 S_1 或基态 S_0 的荧光过程是无法与弛豫过程相竞争的）。接着从 S_1 态，分子可以经历：①进一步 IC 和 VR 过程，以无辐射形式回到 S_0；②不改变自旋多重性而发射一个光子（辐射跃迁形式），即荧光；③其它过程（如通过 ISC 到达分子的三线态激发态，位于高能级的三线态激发态的分子通过 VR 和 IC 回到第一激发三线态 T_1，处于 T_1 态的分子可以通过辐射跃迁发射磷光回到基态）。

（6）磷光（P）

磷光是经由 ISC 过程布居的激发三线态跃迁到基态单线态的辐射过程（$T_1 \rightarrow S_0$）。此过程需要激发态分子中相关电子自旋方向的反转，因此是一种"禁阻"跃迁。另一方面，T_1-S_0 之间的能量差与 S_1-S_0 相比较小，这将有利于发生无辐射能量损失。再有，使 T_1 电子失去能量的最重要原因是 T_1 寿命（$10^{-5} \sim 10s$）比 S_1（$10^{-9}s$）长，容易遭受猝灭。而磷光分子的 T_1 态与环境中三线态基态氧分子的高效 T-T 能量转移，这就使磷光（尤其溶液中的磷光）难以测定。由于三线态-单线态跃迁概率很低，三线态平均寿命达 ms 级，甚至数秒。分子磷光起源于分子的最低三线态，所以其衰减时间也与三线态平均寿命基本一致。磷光过程可表述为：

S_n(IC→VR)→S_1→ISC→T_n(IC→VR)→T_1($v=0$)→S_0($v=i$)。

（7）猝灭（Q）

激发态分子处于高能和不稳定状态，很容易以各种方式释放从基态跃迁时所吸收的能量，重新回到稳定的基态。这一过程称为激发态分子的衰变或失活。

1.2 分子发光的类型

分子发光的类型，按提供激发能的方式分类时，如分子通过吸收光能而被激发，所产生的发光称为光致发光；如果分子的激发能量是由反应的化学能或由生物体释放出来的能量所提供，其发光分别称为化学发光或生物发光。此外，还有热致发光、电致发光和摩擦发光等。

按分子激发态的类型分类时，由第一电子激发单线态所产生的辐射跃迁而伴随的发光现象称为荧光；而由最低的电子激发三线态发生的辐射跃迁所伴随的发光现象则称为磷光。应当指出的是，荧光和磷光之间并不总是能够很清楚地加以区分，例如某些过渡金属离子与有机配体的配合物，显示了单线态-三线态的混合态，它们的发光寿命可以处于400ns至微秒级。

1.2.1 荧光的类型

以荧光衰减的时间特征为一维参数，以荧光物质的组成、状态、激发态特征等为另一维参数，荧光可分为瞬时荧光（即一般所指的荧光）和延迟荧光。

1.2.1.1 瞬时荧光

瞬时荧光是指由激发单线态直接返回到基态的快速光辐射过程（即允许跃迁过程的荧光），或具有相同多重性的电子激发态到基态间的直接快速光辐射过程。时间尺度跨越飞秒、皮秒到亚微秒。

（1）单体荧光发射

独立或分立的发光中心发光，电子仅在一个分子或一个分子的某个基团内部具有相同多重性的不同电子能级间转换，发光过程如下：

$$S_1 \longrightarrow S_0 + h\nu \qquad (1\text{-}1)$$

（2）二聚体荧光发射

基于不同的分类依据，发光二聚体可分为以下几种类型。

① 动态激基缔合物和激基复合物　由激发态组分与基态组分同体聚合或缔合作用形成的二聚体为激基缔合物（excimer），即两个相同组分之间的激发态-基态二聚体；而异体聚合或缔合形成的二聚体为激基复合物（exciplex）。也可以说，一个激发态分子以确定的化学计量与同种或不同种基态分子因电荷转移相互作用而形成的激发态碰撞复合物分别称为激基缔合物和激基复合物。其过程可表示为：

$$S_1 + S_0 \Longleftrightarrow (S_1 \cdot S_0) \longrightarrow 2S_0 + h\nu \qquad (1\text{-}2)$$

形成激基缔合物通常需要满足：（a）两个平面性分子的面间距在约 0.35nm 范围，具有接近于零的二面角；（b）浓度足够高，以致在激发态寿命期间可产生激基缔合物的相互作用；（c）一个激发态的分子和一个基态分子的相互作用是吸引的。

② 静态缔合物或复合物/二聚体　在晶体中，芘（Pyr）、蒽或类似分子以基态二聚体形式存在，如 $Pyr_0 \cdot Pyr_0$，属于典型的 $\pi\text{-}\pi$ 堆积作用。在固态材料中，基态的聚集作用是一种普遍现象。

在一定情况下的溶液中，基态芘分子也可以形成基态二聚体，或称为静态二聚体。在光辐射吸收作用下，固态中的分子基态缔合物或复合物也可能产生激基缔合物/复合物。吸收光后基态二聚体中的一个单体处于激发态，与处于基态的单体仍然以二聚体形式存在，则可称为静态激基缔合物。

③ 静态缔合物或复合物/二聚体　相对于单线态激基缔合物，三线态激基缔合物（$T_1 \cdot S_0$）键合能更小，缔合作用更弱，存在时间短，相应的延迟荧光或磷光更难以观测。但如 α,α-二萘基丙烷（DNP）和 α,α-二萘基甲烷（DNM）这类芳烃二联体可以展示单体荧光、激基二聚体荧光和三线态激基缔合物磷光，如图 1-7 所示，三线态激基缔合物磷光同样没有明显的精细结构，但峰宽度比激基单线态小得多，其磷光寿命与单体磷光寿命一致。而且，激基缔合物三线态应该由激基缔合物单线态经 ISC 过程而布居。此外，还可以观察到源于三线态-三线态湮灭（T-T 湮灭）的延迟荧光，且延迟荧光寿命是三线态激基缔合物磷光寿命的一半。三线态激基缔合物应该由电荷转移作用驱动，所以萘或更大的芳烃二联体容易形成三线态激基缔合物，而苯的类似二联体却难于形成，因为苯分子之间电荷转移能较小。

1.2.1.2　延迟荧光

延迟荧光发射的谱带波长与瞬时荧光的谱带波长相符，但在时间尺度上，延迟荧光寿命比瞬时荧光长 3～6 个数量级，与磷光相当。延迟荧光分为 E 型、P型和复合型三种类型。

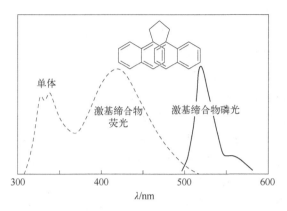

图 1-7 DNP 的荧光（单体和激基缔合物）和磷光（激基缔合物）非校正的光谱（异辛烷）

（1）E 型延迟荧光（E-DF）

处于 T_1 态分子的电子由热助作用经历逆向的系间窜越（ISC）返回到 S_1 态，进而经历辐射跃迁而发射荧光，因此这类迟滞荧光也叫热活化延迟荧光（TADF），其产生机理如下：

$$S_0 \longrightarrow S_1 \longrightarrow S_0 + h\nu_F \tag{1-3}$$

$$S_1 \longrightarrow T_1 \ （ISC） \tag{1-4}$$

$$T_1 \longrightarrow S_1 \ （逆向 ISC） \tag{1-5}$$

$$S_1 \longrightarrow S_0 + h\nu_{E\text{-}DF} \tag{1-6}$$

产生 E-DF 的条件是：①$\Delta E_{T\text{-}S} = 21～42kJ/mol$（$S_1 \to S_0$ 和 $T_1 \to S_0$ 的 0-0 跃迁能量差）。$\Delta E_{T\text{-}S}$ 太小，容易发生 $S_1 \to T_1$ 窜越，利于磷光，而不利于荧光；$\Delta E_{T\text{-}S}$ 太大，会超出热助力所能及的范围。②由于自旋禁阻的过程，相对于 $\pi\pi^*$ 组态，当激发态电子组态为 $n\pi^*$ 时 k_{ISC} 更大，更易产生 E-DF。

（2）P 型延迟荧光（P-DF）

这种类型的荧光是通过 T-T 湮灭而产生的，即两个激发三线态相互碰撞，通过物间能量重新分配，一个上升到 S_1（能量上转换），另一个下降到 S_0，而 S_1 态分子衰减发光，即延迟荧光，此过程表示如下：

$$T_1(\uparrow\uparrow) + T_1(\downarrow\downarrow) \longrightarrow S_1(\uparrow\downarrow) + S_0(\uparrow\downarrow) \tag{1-7}$$

这是一个自旋允许交换过程，自旋守恒，由扩散控制。

$$S_1 \longrightarrow S_0 + h\nu_{P\text{-}DF} \tag{1-8}$$

产生这类荧光，一般要求 $\Delta E_{T\text{-}S} > 83.7kJ/mol$，以防止发生逆向 ISC；激发态

电子组态为 $\pi\pi^*$ 时，通常发生 ISC 速率较小，相比于 $n\pi^*$ 态，更易产生 P-DF。至于三线态的产生机制，大多通过 S_1-T_1 系间窜越产生，但也可以由直接激发、三线态敏化等机制产生。

P 型延迟荧光受 T-T 湮火机制支配，但当活化能接近于热活化机制的阈值时，也许由于热活化机制会额外地增加延迟荧光强度。

（3）通过三线态激基缔合物产生的延迟荧光

一般情况下，有机材料的吸收和发射只发生于一个分子上，但在某些情况下可能由两个或者多个分子共同参与光的吸收和发射过程。通常这类复合体由两个分子组成，由两种不同分子组分所组成的具有确定化学计量的激发态络合物，如果在基态时是解离的，则该络合物被称为激基复合物。因此，如果两个分子协同发射出一个光子而回到解离的基态，就认为存在一个激基复合物。在特殊情况下，如果组成激基复合物的分子组分相同，这种激发态的分子络合物被称为激基缔合物。激基复合物或激基缔合物形成后，在发光光谱上可以观察到一个不属于任何两个独立分子的新的发光峰，该发光峰峰宽明显增大且明显移向长波方向。

为了区分激发单线态-基态型激基缔合物或复合物，将三线态-基态激基缔合物或复合物表示为 T-激基缔合物或复合物（T-激基缔合物）。如上所述，单分子的三线态可以经历 T-T 湮灭途径而产生 P-DF，由一个 T-激基缔合物衰减产生磷光（T-ex-P），而由一对 T-激基缔合物之间经历 T-T 湮灭途径而产生延迟荧光即 T-ex-DF。此过程表示如下：

$$^1M \longrightarrow {}^1M^* \qquad\qquad (1-9)$$

$$^1M \longrightarrow {}^3M^* \qquad\qquad (1-10)$$

$$^3M^* + {}^3M^* \longrightarrow {}^1M^* + {}^1M \longrightarrow 2\,{}^1M + h\nu_{P\text{-}DF}\ (\text{P-DF}) \qquad (1-11)$$

$$^3M^* \longrightarrow {}^1M + h\nu_P\ (\text{正常的磷光}) \qquad (1-12)$$

$$^3M^* + {}^1M \longrightarrow {}^3E^*\ ({}^3M^* \cdot {}^1M)\ (\text{T-激基缔合物}) \qquad (1-13)$$

$$^3E^* + {}^3E^* \longrightarrow {}^1E^*\ ({}^1M^* \cdot {}^1M) + {}^1E\ (2\,{}^1M) \longrightarrow 2\,{}^1E\ (4\,{}^1M) + h\nu_{T\text{-}ex\text{-}DF} \quad (1-14)$$

$$^3E^* \longrightarrow {}^1E\ (2\,{}^1M) + h\nu_{T\text{-}ex\text{-}P} \qquad (1-15)$$

式中，$^1M^*$ 表示激发单线态；^1M 表示基态单线态；$^3E^*$ 表示分子间三线态激基缔合物；^1E 表示基态单线态二聚体（大多情况下解缔合为两个基态单体分子）。

从上述方程也可以预测，T-激基缔合物产生 T-T 湮灭进而产生延迟荧光需要较高的浓度，而产生磷光则需要较低的浓度。因此，T-T 湮灭机制的延迟荧光容易获得，而磷光则不容易获得，信噪比较差，光谱显得不平滑。但是，在室温和激光激发条件下的流体溶液中同时观察 T-激基缔合物的 T-T 湮灭延迟荧光和 T-激基缔合物磷光并非难事。当 T-激基缔合物的湮灭速率大大超过总的一分子衰减速率时，开始出现延迟荧光的起始时间就代表分子间 T-激基缔合物形成的时间或时间范围。

1.2.2 磷光的类型

由图 1-6 可知，当分子受到光激发后，从基态（S_0）跃迁至激发单线态（S_1）。通过系间窜越过程到自旋禁阻的三线态（T_1），激发三线态的能量存在两种通道，一部分通过分子扭曲、热量扩散进行无辐射跃迁，而另一部分通过辐射回到基态，即磷光发射过程。

根据电子组态之间跃迁的规律（El-Sayed 规则），相应激发态下分子的系间窜越过程如图 1-8 所示。

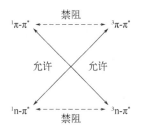

图 1-8 El-Sayed 规则总结的相应激发态下分子的系间窜越过程

（1）室温磷光

磷光发射光谱在室温下很微弱，很难观察到，室温下测定磷光光谱需采用特殊的手段，例如可以采用在低温液氮条件下测定磷光光谱；又如含有重金属原子的有机材料由于重金属效应导致电子自旋轨道耦合作用，ISC 速率增大，S_1 与 T_1 混合杂化，使自旋禁阻的磷光发射变为局部允许，从而可以在室温下观察到磷光。

为了实现室温磷光发射，至少需要满足三个条件：①从 S_1 激发态到三线态激发态（T_n，$n \geqslant 1$）的有效系间窜越过程，以填充足够数量的三线态激子；②从 T_1 激发态到基态 S_0 的快速磷光衰减过程；③抑制或减少 T_1 激发态的无辐射跃迁及猝灭过程。现常用的手段有：①通过分子结晶提供刚性环境、构筑 H 聚集、将发光材料嵌入聚合物内、进行主客体掺杂等手段抑制无辐射跃迁的过程；②向发光分子内引入芳香羰基、杂原子、利用重原子效应、氘代等促进自旋-轨道耦合来提高三线态激子的生成比例，使激发态三线态到激发态单线态的禁阻跃迁可以部分被允许。

（2）长余辉发光

长余辉发光是在激发光源停止之后依旧显示出长时间的发光现象。长余辉发光材料是一类在外界激发下能够将部分能量进行储存，并能将能量以可见光的形式缓慢释放出来的材料。

传统的长余辉发光材料主要为金属离子掺杂的无机材料。通过在不同基质材

料中掺杂 Eu^{2+}、Dy^{3+}、Mn^{2+} 等稀土离子或过渡金属离子作为发光中心，获得不同余辉性能的长余辉发光材料。对于无机长余辉发光材料，当其被照射激发后，部分激发态电子不能立刻与所产生的空穴复合，激发态电子被缺陷陷阱俘获从而得以存储起来，随着缺陷中的激发态电子与空穴的逐渐释放，能量逐渐以光能的形式被释放出来，从而产生了长余辉发光现象，如图 1-9 所示。余辉发光的长寿命通常取决于晶体所形成的陷阱的种类、深度、浓度等。

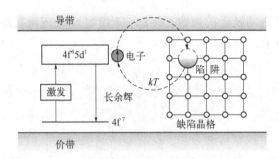

图 1-9 典型的稀土掺杂的无机长余辉材料发光机制

有机长余辉发光材料主要分为基于稳定化的三重激发态和电荷分离态两类。前者的余辉发光主要来自稳定化的三重激发态的磷光；后者则是利用有机电子给受体系统中的电荷分离态存储材料吸收的光能并通过电荷分离态的缓慢复合而发光。

1.3 荧光光谱的基本特征

荧光激发和荧光发射光谱所提供的信息包括发光强度、光谱形状（中心频率和半峰宽）、光谱整体位置、光谱的精细结构以及精细结构间的距离（即相关振动能级差）、最可几跃迁能级等。

1.3.1 荧光激发光谱和吸收光谱

吸收光谱反映的是吸光度或摩尔吸光系数或振子强度与吸收波长的函数关系，仅表示物质选择性吸收特定频率或波长光子的能力。

荧光激发光谱，简称激发光谱，它是测量荧光样品的总荧光量随激发波长变化而获得的光谱，它反映不同频率或波长的激发光产生荧光的相对效率。固定发射波长（即测定波长）而不断改变激发光（即入射光）波长，并记录相应的荧光强度，所得到的物质发光强度与激发波长的函数关系即为激发光谱。激发光谱反映了在某一固定的发射波长下所测量的荧光强度对激发波长的依赖关系。

1.3.2 荧光发射光谱

荧光来源于第一电子激发单线态的最低振动能级，而与荧光物质原来被激发到哪个能级无关，这是 Kasha 规则的必然结果。激发波长会影响发光的强度，但不会影响发射光谱的形状，即不会影响发射光谱带的中心频率和半峰宽。

荧光发射光谱与吸收光谱呈镜像关系，如图 1-10 所示，苝的苯溶液的吸收光谱和荧光发射光谱之间存在着"镜像对称"关系。应用镜像对称规则，可以帮助判别某个吸收带究竟是属于第一吸收带中的另一振动带，还是更高电子态的吸收带。另外，如果不是吸收光谱镜像对称的荧光峰出现，则表示有散射光或杂质荧光存在。

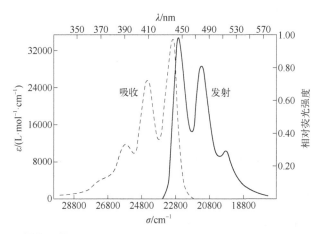

图 1-10 苝的苯溶液的吸收光谱和荧光发射光谱

1.3.3 斯托克斯位移

通常情况下，溶液的荧光光谱中发射波长总是大于激发光的波长，这是斯托克斯在 1852 年首次观察到这种波长移动现象，故称为斯托克斯位移。

斯托克斯位移说明了在吸收或激发与发射之间存在着能量损失，它表示激发态分子在返回基态之前，在激发态寿命期间能量的消耗，是振动弛豫、内转换、系间窜越、溶剂效应和激发态分子变化的总和。

与斯托克斯位移相反，上转换发光是一种反-斯托克斯发光现象，即长波长激发下，发射比激发波长短的光。

1.4 荧光/磷光光谱仪组件与结构

荧光/磷光光谱仪依据配置及功能的复杂程度，有荧光光度计、稳态/瞬态光谱仪、荧光寿命检测仪等之分，但基本由激发光源、单色器、样品室、光检测器及数据记录系统等部分组成。光源用来激发样品，单色器用来分离出所需的单色光，信号检测放大系统用来把荧光信号转化为电信号，联接于放大装置上的读出装置用来显示或记录荧光信号。一般荧光分光光度计如图 1-11 所示，仪器由光源（高压汞灯或氙灯）发出的紫外光和蓝紫光经单色器（滤光片）处理后，以特定波长的光照射到样品池中，激发样品中的荧光物质而发出荧光，荧光经过滤和反射后，光信号被光电倍增管放大，然后以图或数字的形式在控制软件上显示出来。当激发单色器改为滤光片时则为一般的荧光计；当进行荧光偏振实验时，则在样品室的入射光路和发射光路两侧分别装上起偏器和检偏器。

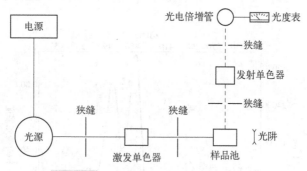

图 1-11 荧光分光光度计结构示意图

1.4.1 激发光源

理想的激发光源应具备：①足够的强度；②在所需光谱范围内有连续的光谱；③其强度与波长无关，亦即光源的输出应是连续平滑、等强度的辐射；④光强要稳定。常用的光源有以下几种。

（1）氙弧灯

除臭氧氙灯是应用最广泛的一种光源，发光范围在 230～1000nm。通过高质量的离轴抛物面镜，从光源发出来的光可以重新聚焦进入单色器。氙灯带有集成电源，实时显示功率、电流电压及使用时间。若采用臭氧氙弧灯，波长范围可扩展至 200nm。

（2）微秒/纳秒闪光灯

脉冲微秒闪光灯可产生短至微秒的脉冲光，闪烁频率最大为 100Hz，光谱范围从 200～1000nm，光源脉宽在 1μs 左右。它是理想的磷光寿命测试用光源，测试范围可从微秒到秒。而闸流管触的脉冲光源工作的时候需要充入氢气或者氘气来产生亚纳秒光学脉冲，一般充入氢气可实现光谱范围 200～400nm 的光谱输出。如果耦合特殊的光学元件，光源还可作为深紫外区的激发光源使用（最短输出波长低至 115nm）。

（3）皮秒脉冲激光二极管

激光二极管能产生皮秒持续脉冲（典型脉宽<100ps），最大闪烁频率 20MHz，是一种理想的时间相关单光子计数荧光寿命测试光源。这种新型的激光器可选波

长为 375～980nm，其结构紧凑，仅需搭配电源适配器即可使用，可通过内部或外部信号触发，进行时间相关单光子计数和多通道扫描测试。

（4）皮秒脉冲发光二极管

脉冲发光二极管可产生亚纳秒级光学脉冲，最大闪烁频率可达 20MHz，支持内部或外部触发；可选波长范围覆盖紫外可见区（250～610nm）。

（5）其它可选激发光源

选用大功率半导体激光器，加上连续或脉冲模式可用于上转换及红外波长范围检测。或选用超连续白光光源，激发波长可覆盖宽波长范围，且可选连续模式，用于低至 10ps 寿命测试。

1.4.2　单色器和滤光片

（1）光栅单色器

荧光光谱仪中应用最多的单色器是光栅单色器。光栅对不同波长光子的通过效率不一致，是造成荧光的激发光谱和发射光谱变形的原因之一。光栅有平面光栅和凹面光栅两类。平面光栅多采用机械刻制，机刻光栅不完善，杂散光较大，可能存在光栅的"鬼影"。而凹面光栅常采用全息照相和光腐蚀制成，其单色器较完善，大面积光栅不需聚焦，反射面少，因而杂散光较低。

光栅单色器的透射率为波长的函数，机刻光栅输出的最强光的波长称为闪耀波长。为了弥补激发光源（氙灯）紫外区能量弱的特点，荧光分光光度计多选用闪耀波长落于紫外光区（如 300nm）的单色器为激发单色器。由于大多数荧光体的荧光位于 400～600nm 区，因而发射单色器常采用闪耀波长为 500nm 左右的光栅。全息光栅线槽不完善程度小，没有闪耀波长，其透射峰值小于平面光栅，但效率分布的波长范围却较宽。

（2）滤光片

荧光滤光片选择性地透射光谱的一部分，同时拒绝透射其余部分。按照光谱特性，滤光片可分为带通滤光片、短波通（低通）滤光片和长波通（高通）滤光片。带通型滤光片是指选定特定波段的光通过，通带以外的光截止。其光学指标主要是中心波长、半带宽、中心波长透过率、截止度及截止范围。按带宽分为窄带和宽带，通常按带宽与中心波长的比值来区分，小于 2%定为窄带，大于 2%定为宽带。而短波通型滤光片又叫低波通，是指短于选定波长的光通过，长于该波长的光截止。相应地，长波通型滤光片又叫高波通，是指长于选定波长的光通过，短于该波长的光截止。

选择荧光滤光片的原则是尽可能让荧光即发射光通过，同时最大程度阻挡激发光，从而获得最佳的信噪比。一般实验室依据测试需求配备波长范围 280～765nm 的长波通型滤光片以及专门针对上转换材料测试需求的带通型滤光片，图1-12 为一套实验室常用滤光片。

图 1-12 光谱实验室常用滤光片

1.4.3 检测器

（1）光电倍增管（photomultiplier tube，PMT）

几乎所有常规的荧光光谱仪都采用 PMT 作为检测器。在一定的条件下，PMT 的电流量与入射光强度成正比。虽然 PMT 对各个光子均有响应，但通常测量的是众多光子脉冲响应的平均值。PMT 工作时，要求其高压电源很稳定，以保证对入射的光强度有良好的线性响应。

PMT 的光谱响应取决于用作 PMT 的透明窗口和光阴极的材料。商品仪器中所配置的 PMT 大多数是蓝敏的，即对紫外光、蓝光和 300～500nm 的光线比较敏感。需要测定波长在 600nm 以上的荧光时，则需要采用具有不同光阴极材料的红敏 PMT。标准的制冷型 PMT 检测器波长可覆盖 185～900nm，暗噪声＜50pcs（制冷温度-20℃），其工作模式为单光子计数模式，当用于时间相关单光子计数荧光寿命检测时，仪器响应宽度为 600ps。

（2）电荷耦合器件阵列检测器（CCD）

CCD 是一种多通道检测器，具有光谱范围宽（200～1100nm）、灵敏度高、噪声低、线性动态范围宽、可同时获得彩色和三维图像等优点。其工作原理是当光学系统把景物成像于 CCD 像素表面时，由于光激发照射到 CCD 后其内部半导体内就会产生电子，并由此产生电荷，从而生成电子-空穴对，其中少数的载流子被附近的势阱所收集。由于其存储的载流子数目与光强有关，因此，一个光学图像就可被转化为电荷图像，然后使电荷按一定的顺序转移，最后在输出端输出，从而使光学信号转变成视频信号。

采用多通道 CCD 检测器时，无出射狭缝，分析物的荧光从入射狭缝进入单色器分光后，以连续谱带照射到 CCD 光敏区，取阵列像素累加后的光致电荷输入计算机处理，即可得到分析物的荧光光谱。因此，CCD 检测器具有连续对荧光光谱多次采集并得到强度-波长-时间三维图谱的功能，不仅适合用于荧光反应动力学的研究，还可在低光强度的激发条件下成像，其灵敏度可比 PMT 提高数倍，特别有利于容易引起光漂白的生物试样的测定。

（3）铟镓砷（InGaAs）检测器

InGaAs 检测器是一种常用于光电探测的半导体器件，在红外光谱范围内具有较高的灵敏度和快速响应速度，被广泛应用于光谱分析、红外成像等领域。

1.5 实验技术

1.5.1 检测条件的选择和优化

（1）激发/发射光路的选择

测试流程：先依据荧光颜色对应的波长范围大致判断发射波长的区域，或选取不同的激发波长（λ_{ex}），发射光谱的扫描范围设定为 λ_{ex}+20nm 到 λ_{ex}+800nm，记录最大发射峰的位置（$\lambda_{em, max}$）；再选择发射波长为 λ_{em}，激发光谱的扫描范围设定为 $\frac{1}{2}\lambda_{em}$+20nm 到 λ_{em}-20nm，记录最大激发波长（$\lambda_{ex, max}$）。一般，此时得到的 $\lambda_{ex, max}$ 与 λ_{ex} 不吻合，故重复上述步骤，直至激发波长和发射波长匹配，即记录为最大激发波长和发射波长。

一般选择激发和发射光谱中最高峰处的波长为激发和发射波长（$\lambda_{ex}/\lambda_{em}$），且两者差值尽可能大。尽可能选择激发波长较长的光，以减少样品可能产生的光分解现象。选择激发波长还需考虑拉曼散射的影响。

（2）光栅和狭缝宽度

一般荧光分光光度计的激发和发射单色器的出射与入射狭缝与样品池的排列如图 1-13（a）所示。出射光的强度与单色器狭缝宽度的平方约成正比，增大狭缝宽度有利于提高信号强度，缩小狭缝宽度有利于提高光谱分辨率，但却牺牲了信号强度。对于光敏性的荧光体测量，有必要适当减少入射光的强度。为了提高样品测量的灵敏度，某些荧光分光光度计的结构中样品的激发和发射光由垂直型变为水平型［图 1-13（b）］，使光栅的色散改为垂直色散，相应的单色器中的光栅排列也作了改变。

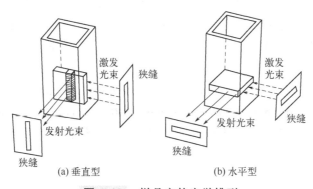

图 1-13 样品室的光学排列

对于荧光测量来说，单色器的杂散光水平是一个关键参数。荧光体的荧光一般都很弱，通过激发单色器的长波长的杂散光很容易干扰荧光的检测，特别是许多生物试样都有很大的浊度，导致入射的杂散光被试样散射而干扰荧光强度的测量。发光测量过程中，光栅的分辨率一般影响不大，因为发射光谱很少具有线宽小于 5nm 的峰。

（3）液体样品池、固体样品支架

图 1-14（a）为标准液体样品支架，是为标准荧光池设计，光束高度为 15mm；内部集成温度传感器，可外接循环水用于温控研究；带有滤光片支架，可升级磁力搅拌功能。图 1-14（b）为固体样品支架，其前表面样品支架可通过外部旋钮进行调节来精确样品的位置；带有可拆卸的粉末样品夹具和薄膜/片状的样品夹具；可选配基于 XY 平台的前表面样品支架及电致发光测试支架。图 1-14（c）为电制冷样品支架，为电子控温支架，由仪器自带软件完全控制，可在 0～100℃ 之间进行固定温度及温度三维谱图的测试；4 位电制冷样品支架及扩展温度范围的样品支架均为可选项。

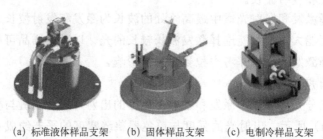

(a) 标准液体样品支架　　(b) 固体样品支架　　(c) 电制冷样品支架

图 1-14　各类样品检测用支架

（4）滤光片

测试样品发射光谱时，选择比激发波长大约 20nm 的滤光片，这是为了使样品发射的荧光透过但不会使激发光杂散光透过，从而减少了背景光源的干扰。测试样品激发光谱时，选择比发射波长小约 20nm 的滤光片，这样能将发射波长阻隔以确保发射波长之前的光谱能有较好的信号。针对样品而言，固体样品如粉末、薄膜等散射现象较严重，测试时必须加滤光片，液体样品视具体情况而定，最好加滤光片。

图 1-15 给出一套滤光片（高通滤光片：280nm、315nm、330nm、395nm、420nm、455nm、475nm、495nm、515nm、590nm、645nm、715nm、765nm；及上转换滤光片：750nm）的透射率检测数据。可根据检测要求选择适合的滤光片。

（5）样品温度

样品温度一般由荧光光谱仪变温附件控制。不同变温附件的温控范围和精度可能有所不同，通常半导体控温单元控温范围为室温及以上，液氮杜瓦温控可至零下。一些荧光光谱仪操作软件可以控制实现-196～227℃自动变温。

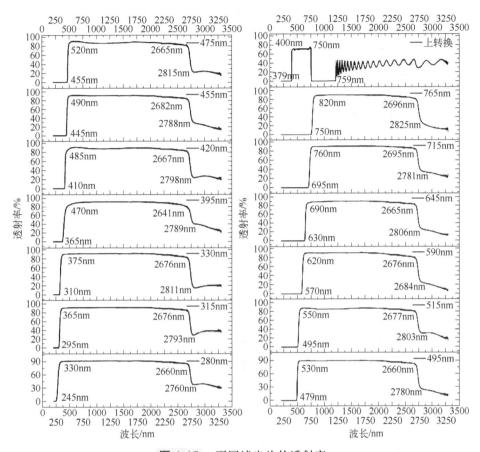

图 1-15　不同滤光片的透射率

1.5.2　荧光寿命的测定

荧光寿命是荧光物质的一个基本物理量,对了解物质的光物理特性必不可少。荧光寿命与物质所处微环境的极性、黏度等有关,可以通过荧光寿命分析直接了解所研究体系发生的变化。荧光现象多发生在纳秒级,这正好是分子运动所发生的时间尺度,因此利用荧光技术可以"看"到许多复杂的分子间作用过程,例如超分子体系中分子间的簇集、固液界面上吸附态高分子的构象重排、蛋白质高级结构的变化等。荧光寿命分析在光伏、法医分析、生物分子、纳米结构、量子点、光敏作用、镧系元素、光动力治疗等领域均有应用。

荧光寿命的测定技术,有时间分辨法、相调法和闪频法。利用各组分发光衰减的差异性将激发波长相近的各组分的发光信号进行分离,激发态的衰减可通过记录时间与强度/光子数目的关系，或者光频位相的变化来表征，分别对应于时域和频域方法；前者即为时间分辨技术。时间相关单光子计数技术（time-correlated single-photon counting，TCSPC）具有灵敏度高、测定结果准确、系统误差小的优点，是目前最流行的荧光寿命测定方法。

1.5.2.1 测定原理

荧光寿命指当激发停止后，分子的荧光强度降到激发时最大强度的 1/e 所需的时间，是激发态存在的平均时间，通常也称为激发态的荧光寿命。根据此定义和单组分荧光衰减模型 $I_t = I_0 e^{-kt}$ 可得到如下表达式：

$$\frac{1}{e}I_0 = I_0 e^{-kt} \rightarrow \tau_0 = \frac{1}{k} \qquad (1\text{-}16)$$

式中，k 为激发态分子单位时间内发射的光子数，即荧光速率常数。将 $\tau_0 = 1/k$ 代入单组分荧光衰减方程可得：

$$I_t = I_0 e^{-t/\tau_0} \qquad (1\text{-}17)$$

上式取对数

$$\ln I_t = \ln I_0 - \frac{t}{\tau_0} \qquad (1\text{-}18)$$

由 $\ln I_t$ 对 t 作图，如图 1-16 所示，斜率求出 τ_0。衰减曲线为发光强度或光子计数与时间的函数关系，再转化为对数强度或对数计数与时间的关系曲线。由于发光强度对应于 t 时刻的激发态群体，因此得到的荧光寿命即为平均寿命。

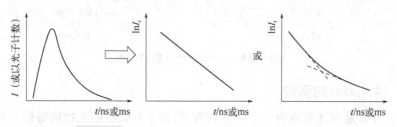

图 1-16 发光衰减及利用作图估计荧光寿命

1.5.2.2 实验数据解析

脉冲法激发测量荧光寿命，常采用脉冲取样法和光子计数法。前者在激发脉冲之后的一定时间间隔直接记录发射光谱，但会受到光源脉冲宽度变形的影响，须加以校正。后者检测的是脉冲和第一个光子到达之间的时间。光子计数法灵敏度高，可得到较好的时间分辨（约 0.2ns）。本章重点讲解时间相关单光子计数（TCSPC）技术，是利用高频脉冲光源重复激发样品，每次激发后记录一个光子信号；每秒钟重复频率为 $10^5 \sim 10^7$ 次，测量中会得到一个概率直方图，记录光子到达时间。测量时间分辨率为 ps 到 ns 级，最短测到 5ps。

标准的荧光和磷光衰减分析工具，包括尾部拟合和解卷积拟合选项。通过数学卷积，可以从原始数据中提取寿命较短的成分，防止仪器响应对真实数据的扭曲和覆盖。

（1）解卷积法

卷积就是一种数学运算方式，其物理意义就是一个函数在另一个函数上的加权叠加，而不是简单的线性叠加。按照前述的发光衰减模型测得的实验数据，可以利用卷积数学模型来处理。实际上，脉冲激发后，测到的原始衰减数据包括快、慢衰减的样品组分、脉冲光源的贡献和可能的噪声等，且快衰减的组分可能与脉冲光源的衰减在同一量级，需要采用解卷积（将卷积函数解析开来）分析以保留有价值的信息。

仪器响应函数（包括脉冲源和噪声）$E(t)$、样品响应函数 $X(t)$ 和样品衰减模型 $R(t)$ 可以用卷积积分来表达：

$$X(t) = \int_0^t E(t') R(t-t') \mathrm{d}t' \qquad (1\text{-}19)$$

$$R(t) = C + \sum_{i=1}^n \alpha_i \exp(-t/\tau_i) \qquad (1\text{-}20)$$

式中，$R(t)$ 代表样品的真实发光衰减，常数 C 为仪器相关的常数（如暗电流带来的噪声等）。图 1-17 为实际测得的荧光衰减曲线，图中标注了适于尾部拟合和含有卷积数据的区域。

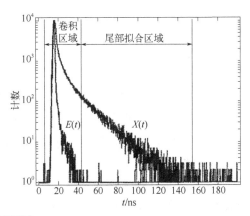

图 1-17 典型发光衰减曲线及卷积区域和尾部区域

（2）尾部拟合

尾部拟合适用于不再有激发光脉冲干扰的衰减曲线区域，即样品中那些具有长衰减时间的组分。这样就不需要仪器响应函数。图 1-18 给出的是典型时间曲线及适合于尾部拟合的数据范围。

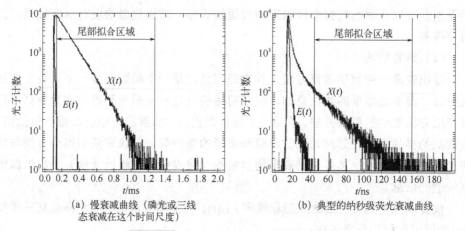

(a) 慢衰减曲线（磷光或三线
态衰减在这个时间尺度）

(b) 典型的纳秒级荧光衰减曲线

图 1-18 适合于尾部拟合的数据范围

（3）拟合质量评估

拟合质量评判方法中，最简单的是残差或加权残差，即每个实测数据点与拟合曲线预测点之间的差值或偏差，表达式见下式：

$$Y_i = X_i - R_i \text{ 或 } Y(t_i) = X(t_i) - R(t_i) \tag{1-21}$$

式中，X_i 和 R_i 分别为测量值和按照拟合函数所得的预测值。拟合残差分布在 0 附近说明拟合残差好。进而，利用每个数据点的标准偏差对残差进行权重，即得加权残差 $Y(t_i)$：

$$Y(t_i) = \frac{X(t_i) - R(t_i)}{\sigma(i)} = w_i \left[X(t_i) - R(t_i) \right] \tag{1-22}$$

式中，$\sigma(i)$ 为第 i 次测量数据的标准偏差，即预期结果的不确定性；$w_i = 1/\sigma(i)$，为权重因子。在单光子检测体系中，数据符合泊松分布，$\sigma(i) = X(t_i)^{1/2}$。因为加权残差比残差更明显，利用权重残差表示拟合质量更好。加权残差分布在 0 上下，且其平均值接近单位 1，表明拟合曲线好。

最常见也是最广泛的拟合质量判断方法是基于非线性最小二乘法的卡方（χ^2）检验。卡方是样品的实验响应函数 $X(t)$（或数据）与计算或拟合函数或拟合模型函数 $R(t)$ 之间偏差的加权平方和。

$$\chi^2 = \sum_{i=1}^{N} \left[\frac{X(t_i) - R(t_i)}{\sigma(i)} \right]^2 \tag{1-23}$$

或
$$\chi^2 = \sum_{i=1}^{N} w_i^2 \left[X(t_i) - R(t_i) \right]^2 \qquad (1\text{-}24)$$

式中，N 为数据点总数。

为了使 χ^2 独立于 N 和拟合参数，可将其归一化处理，即将 χ^2 除以自由度，得到简化卡方 χ_{Re}^2。在单光子计数检测系统中 χ_{Re}^2 理论限值为 1.0，若大于 1.0 意味着拟合结果较差。但有些情况下 χ_{Re}^2 值在 1.3 或 1.5 以下也是可以接受的。χ_{Re}^2 的优点是 χ^2 值与数据点数 N 和拟合参数无关。

1.5.3 荧光量子产率的测定

荧光量子产率（Φ_f）是荧光物质的另一个基本参数，它表示物质发生荧光的能力，数值在 0～1 之间。荧光量子效率是荧光辐射与其它辐射和无辐射跃迁竞争的结果，反映了在激发光条件下，荧光生色团或材料转换激发荧光的能力。Φ_f 值的大小与物质的化学结构紧密相关，任何影响物质化学结构的因素都会导致荧光量子产率的改变。准确测定荧光量子产率，对于许多领域具有重要意义。例如，评价荧光标记物的性能和稳定性；表征材料发光有用性，研发新型光电器件；研究凝聚相环境因素对发光生色团影响；环境分析中确定样品成分和特性等。

1.5.3.1 量子产率的定义

量子产率（Φ）定义为发射光量子数与吸收光量子数之比，或者是分子吸收一个光子事件的概率与给定吸收的发射概率的乘积，故它用来表示物质发射荧光的本领。Φ 与量子效率是有区分的，后者是指发射的光子数与所形成的激发态分子数的比值，也可以是辐射发射速率常数与所有弛豫过程的速率常数之和的比值。

$$\Phi = \frac{\text{发射光子的数目}}{\text{吸收总光子的数目}} = \frac{\tau}{\tau_0} = \frac{k_F}{k_{ISC} + k_F + k_{IC} + k_{EC} + \cdots} \qquad (1\text{-}25)$$

理论上，发射一个光子，即可测量一个光子，但实际上，如果量子产率小于 10^{-5}，测量是很困难的。因此，Φ 的数值作为一个标准，即如果某物质的荧光或磷光量子产率大于 10^{-5}，则说明该物质是发荧光或磷光的、亮的；反之，就是暗的、不发光的。

在相同条件下，测得荧光量子产率和激发态寿命的关系如下式：

$$k_r^S = \frac{\Phi_F}{\tau_S} \qquad (1\text{-}26)$$

$$k_{nr}^S = \frac{1}{\tau_S} \left(1 - \Phi_F \right) \qquad (1\text{-}27)$$

式中，S 表示单线态，即产生荧光发射的 $S_1 \rightarrow S_0$ 去活化过程。

需要了解的是，在比较两种物质的荧光特性时，Φ 大的物质并不等同于其荧光强度强。荧光强度通常指在设定的激发或吸收和发射波长处的光子数，而Φ是设定激发/发射波长处测到的总光子数，只能说在光谱半宽度相差不大的情况下，Φ大等同于荧光强度强。

1.5.3.2 荧光量子产率的相对测定法

荧光强度的表示式为：

$$I_F = 2.303\Phi I_0 KA \tag{1-28}$$

在一定的仪器条件下，将两种发光物质的发光强度加以比较可得：

$$\frac{I_S}{I_U} = \frac{\Phi_S A_S}{\Phi_U A_U} \tag{1-29}$$

式中，I 为荧光强度；Φ 为量子产率；I_0 为入射光强度；A 为在激发波长处的吸光度；K 为仪器常数。S 记为标准物质（参考物质），U 记为待测物质。

通过比较待测发光物质和已知量子产率的参比物质在同样激发条件下所测得的积分发光强度（校正的发光光谱面积）和对该激发波长入射光的吸光度就可以测得量子产率。量子产率的相对测量法简单，容易实现，适用于吸收不强、各向同性（如稀溶液）的样品。但其缺点是需要适宜的已知量子产率的标准或参比物质，这些标准与样品要有相近的光学特征。

目前常用标准物质有三个，即硫酸奎宁（0.05mol/L H_2SO_4 条件下 $\Phi = 0.55$）、荧光素（0.1mol/L NaOH，$\lambda_{ex} = 350$nm，25℃时，$\Phi = 0.92 \pm 0.03$）和罗丹明 6G（H_2O，$\lambda_{ex} = 530$nm，$\Phi = 0.92 \pm 0.02$）。

参比法测量荧光量子产率的优点是操作简便，可以消除标准样品与待测样品共同的误差来源，从而提高测量准确度。但是，参比法也有很大的局限性，要求待测样品的光谱位置与标准样品的光谱位置必须相接近，且必须为液体。这就导致大量无合适标准样品匹配的液体样品以及固体样品的荧光量子产率无法测量。

1.5.3.3 荧光量子产率的绝对测定法

绝对测定法即直接测量荧光量子产率，不受标准样品匹配和样品形态的限制。测得的量子产率也称为绝对量子产率。

荧光绝对量子产率采用积分球收集来源于样品的所有弧度（2π）的发射光。如图 1-19 所示，积分球有三个开口，分别是光入射口、样品口和光出射口。光入射口放置有准直镜。将激发光照射到样品，光出射口内置有挡板，防入射光直接出射。与样品口配套有样品支架，用于液体、粉末、薄膜等样品

图 1-19　标准积分球实物图

的测量。控温积分球作为可选项，可实现温度范围从$-196 \sim 227$℃（$77 \sim 500$K）的变温量子产率测试。

测定绝对量子产率须先进行预实验，以确定最佳激发/发射波长和相应狭缝宽度；再检测空白和在发光物质存在下的反射强度（代表光子数），检测发射光的强度（积分面积）。最后比较两者得到量子产率。

采用积分球测试荧光量子产率时，最好不要移动激发波长位置，以确保测试结果的准确。在保证测试曲线光滑且荧光强度合适的情况下，尽可能选择较长的步长、较短的积分时间以及较小的狭缝，并且在测试中保持激发波长的位置不变。激发峰与发射峰尽量不要重叠。

其次，保持光源输出光强度稳定，避免对发射光谱、吸收的光子数测量的影响。这也是磷光绝对量子产率的测量难以完成的原因，因为检测磷光需要脉冲输出和门控装置。

最后，要提醒检测者保持台面清洁，小心操作，避免积分球被荧光物质污染。

参考书目

[1] Joseph R. Lakowicz. Principles of fluorescence spectroscopy. 3rd Edition. Berlin: Springer, 2006.

[2] 徐金钩等. 荧光分析法. 北京: 科学出版社, 2006.

[3] 晋卫军. 分子发射光谱分析. 北京: 化学工业出版社, 2018.

[4] 朱世盛，等. 分子发光分析法: 荧光法和磷光法. 上海: 复旦大学出版社, 1985.

[5] 宋心琦，等. 光化学: 原理、技术、应用. 北京: 高等教育出版社, 2001.

第 2 章　激光拉曼光谱仪

印度物理学家拉曼（C. V. Raman）于 1928 年研究苯的光散射时发现，除了有与入射光频率相同的瑞利（Rayleigh）散射光外，还有频率低于入射光且强度极弱的散射光，即存在光的非弹性散射效应。以发现者拉曼的名字命名这种新发现的光谱，称为拉曼（Raman）光谱。1930 年，因在拉曼散射方面的杰出贡献，Raman 被授予诺贝尔物理学奖。

最初观测拉曼光谱的光源是高压汞弧灯，且采用常规摄谱仪作色散系统。由于拉曼散射光强度很弱，拉曼光谱的灵敏度很低，因此检测仅限于无色液体样品，且还需要较长的摄谱时间和较多的样品用量，这些弱点极大地限制了拉曼光谱的发展。尽管 1953 年第一台商品化的拉曼光谱仪已问世，但并未普及使用。直到 20 世纪 60 年代激光的诞生，由激光代替汞弧灯作为光源，拉曼检测的灵敏度才得到了显著提高。在此基础上，傅里叶变换拉曼光谱、显微共焦拉曼光谱、表面增强拉曼光谱、时间分辨拉曼光谱、拉曼成像等新技术被逐一开发，提高了拉曼光谱的分辨率和实用性。随着拉曼光谱技术的发展，拉曼光谱仪已被广泛应用于有机化学、无机化学、生物化学、表面化学、催化、矿物学、半导体材料等领域。

2.1　拉曼光谱基础知识

2.1.1　拉曼散射和拉曼位移

光散射是自然界中常见的物理现象。当频率为 ν_0 的位于可见或近红外光区的强激发光照射试样时，有 0.1%的入射光子与试样分子发生弹性碰撞（即不发生能量交换的碰撞方式），此时，光子以相同的频率向四面八方散射。这种散射光频率与入射光频率相同，仅方向发生改变的散射，称为瑞利（Rayleigh）散射。

与此同时，入射光与试样分子之间还存在着非弹性碰撞，即光子与分子间发生了能量交换，光子的方向和频率均发生变化，散射光的强度约占总散射光强度的 $10^{-6} \sim 10^{-10}$。这种散射光频率与入射光频率不同且方向改变的散射为拉曼散射，对应的谱线称为拉曼线。如光子失去能量，拉曼散射光频率 ν_R 小于 ν_0，此时光谱线称为斯托克斯（Stokes）线，反之为反斯托克斯（anti-Stokes）线。斯托克斯线和反斯托克斯线位于瑞利谱线两侧，间距相等。斯托克斯线和反斯托克斯线统称为拉曼谱线。斯托克斯线或反斯托克斯线与入射光的频率差，称为拉曼位移。

以图 2-1 粗略描述拉曼散射和瑞利散射的产生过程。处于基态电子能级某一振动能级的分子受入射光子 $h\nu_0$ 的激发而跃迁到不稳定的受激虚态，此能级上的电子迅速返回低能级或基态而产生辐射发射（释放出吸收的能量 $h\nu_0$），该过程对应于弹性碰撞，图中即为瑞利线。如果受激分子没有返回到原来所在的振动能级，而是回迁到激发态 $E_{v=1}$，此过程对应于非弹性碰撞，跃迁频率为 $\nu_0-\nu$（低于 ν_0），光子的部分能量传递给分子，散射光子的能量为 $h(\nu_0-\nu)$，由此产生斯托克斯线。类似的过程也可能发生在处于激发态 $E_{v=1}$ 的分子受入射光子 $h\nu_0$ 的激发而跃迁到受激虚态，再立即跃迁到激发态 $E_{v=1}$，此过程对应于弹性碰撞，跃迁频率为 ν_0，产生瑞利散射线；处于虚态的分子也可能回迁到 $E_{v=0}$，此过程对应于非弹性碰撞，跃迁频率为 $\nu_0+\nu$（高于 ν_0），光子从振动分子获得能量，散射光子的能量为 $h(\nu_0+\nu)$，由此产生反斯托克斯线。

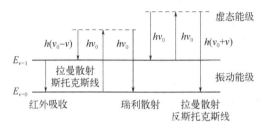

图 2-1　拉曼散射和瑞利散射的能级图

斯托克斯线和反斯托克斯线与瑞利线之间的能量差值分别为 $-h\nu$ 和 $+h\nu$，数值相等、符号相反。由玻尔兹曼分布可知，常温下处于基态的分子占绝大多数，与光子作用后返回同一振动能级的分子也最多，所以上述散射出现的概率大小或光强度顺序为：瑞利散射线 ＞ 斯托克斯线 ＞ 反斯托克斯线。拉曼散射的强度比瑞利散射要弱得多：瑞利散射强度大约只有入射光强度的千分之一，拉曼散射强度大约只有瑞利散射的千分之一。随着温度的升高，斯托克斯线的强度将降低，而反斯托克斯线的强度将升高。

图 2-2 四氯化碳的拉曼光谱印证了上述内容。

拉曼光谱通常是以拉曼位移为横坐标，拉曼线强度为纵坐标。由于斯托克斯线远强于反斯托克斯线，因此，拉曼光谱仪通常检测斯托克斯线。若将入射光的波数视作 0，定位在横坐标右端，忽略反斯托克斯线，即得到物质的拉曼光谱图。谱图具体说明如下：

① 横坐标为拉曼位移或频移，通常激光拉曼光谱仪可以记录波数 40～4000cm^{-1} 范围的拉曼频移。拉曼频移是拉曼光谱中最重要的参数，与测量拉曼光谱时选用的光源的输出波长无关。

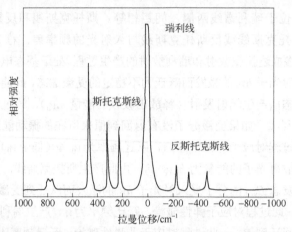

图 2-2　四氯化碳的拉曼光谱（激光发射波长为 488.0nm）

② 纵坐标为散射光相对强度（I）或光子计数，可用任意单位表示。拉曼散射光强度取决于分子极化率、光源强度、活性基团的浓度等。极化率越高，分子中电子云相对于骨架的移动越大，拉曼散射越强。在不考虑吸收的情况下，其强度与入射光频率的 4 次方成正比。另外，由于拉曼散射光强度与活性成分的浓度成比例，因此拉曼光谱与荧光光谱更相似，而不同于吸收光谱，在吸收光谱中强度与浓度成对数关系。基于此可利用拉曼光谱进行定量分析。

③ 形状或轮廓。对同一物质使用波长不同的激光光源，所得各拉曼线的中心频率不同，但其形状及各拉曼线之间的相对位置即拉曼位移不变。

④ 分峰。光谱中几个谱带或谱峰重合，或要得到光谱的精细结构时，可以用数学方法分峰处理，常用的是去卷积法。荧光光谱中常假设每个谱带或振动精细结构对应的谱峰符合高斯函数模型。一般，拉曼峰是高斯或 Voigt 函数，而晶体的拉曼峰用洛伦兹函数解析，非晶的用高斯函数解析。

2.1.2　拉曼光谱产生的条件

强激发光照射物质产生拉曼散射效应，经典理论认为是由于入射光电磁波使可极化的原子或分子的极化率发生改变，而极化率与分子内部的运动（转动、振动）有关。拉曼散射是入射光场与分子振动相互作用的结果。利用拉曼光谱可以研究分子内部振动和转动特性，以及物质的结构和性质。

这里要注意两个概念：偶极矩和极化率。偶极矩是正、负电荷中心间的距离和电荷中心所带电量的乘积。偶极矩是矢量，方向规定为从正电中心指向负电中心。分子偶极矩可由键偶极矩经矢量加和后得到，由分子中构成原子极性和空间构型决定。极化是指外电磁场作用下，非极性分子或极性分子发生电子云相对于分子骨架的移动和分子骨架的变形，而导致诱导偶极矩增大的现象。诱导偶极矩 P 与电场强度 E 存在 $P=\alpha E$ 的关系，比例常数 α 称为分子的极化率。极化率指征分子的电子云在外界电场作用下产生形变的难易程度。极化率与分子结构（如原子核间距离变化）有关，分子中两相邻原子间距离越大，极化率越大，因此，极化率是分子内在的性质。

拉曼位移取决于分子振动能级的变化。不同的化学键或基态有不同的振动方式，决定了其能级间的能量变化，因此，与之对应的拉曼位移是特征的。与分子红外光谱不同，极性分子和非极性分子都能产生拉曼光谱。这是拉曼光谱进行分子结构定性分析的理论依据。

在光辐射（或电磁场）作用下，分子作为一个次级辐射源可以发射或散射辐射。如果分子极化率不变，振动的分子就不能形成辐射源，则能量以振动光量子的增加或损失形式的变化就不会发生。极化率的变化是物质分子拉曼活性的前提条件，拉曼散射强度与分子的极化率成正比关系。

2.1.3 拉曼光谱与红外吸收光谱的比较

（1）拉曼光谱与红外光谱的区别

简而言之，拉曼光谱是散射光谱；红外光谱是吸收光谱。虽然分子能级的容许跃迁要求 $\Delta v = \pm 1$，但是红外吸收振动要有分子偶极矩的改变，而拉曼散射要有分子极化率的改变。具红外活性的分子振动过程中有偶极矩的变化，而有拉曼活性的分子振动时伴随着分子极化率的改变。因此，具有固有偶极矩的极性基团，一般有明显的红外活性，而非极性基团没有明显的红外活性。有时在红外光谱中检测不出的光谱，可以在拉曼光谱中得到，使得两种光谱相互补充。一些在红外光谱仪无法检测的样品在拉曼光谱仪却有很好的响应，例如电荷分布中心对称的键，如 C—C、N=N、S—S 等，红外吸收很弱，而拉曼散射却很强。

（2）分子拉曼或红外活性的判别规则

在拉曼光谱中，官能团谱带的频率与其在红外光谱中出现的频率基本一致。不同的是两者选律不同，所以在红外光谱中甚至不出现的振动在拉曼光谱中可能是强谱带。

参见图 2-3 以二氧化碳分子的振动模式为例，理解物质分子红外活性和拉曼活性。CO_2 对称伸缩振动时，偶极矩不变，但分子极化率变，因此，此振动模式无红外活性，有拉曼活性；反对称伸缩振动时，极化率在键增长的一端增加，在键缩短的一端降低，其净结果相互抵消，然而偶极矩发生改变，故此振动模式是非拉曼活性而有红外活性。

分子是否有拉曼或红外活性，可粗略地用下面的规则来判别：

① 相互排斥规则　凡有对称中心的分子,若红外是活性,则拉曼是非活性的;反之,若红外为非活性,则拉曼是活性的。例如 O_2 分子只有一个对称伸缩振动,其红外光谱很弱或不可见,而在拉曼光谱较强。而聚乙烯具有对称中心,所以它的红外光谱与拉曼光谱的谱带频率均不同。

对称伸缩振动 ← 平衡位置 → 反对称伸缩振动
偶极矩不变，极化率变化 偶极矩变化，极化率不变
无红外活性，拉曼活性 红外活性，非拉曼活性

图 2-3 二氧化碳分子的振动模式与红外和拉曼活性的关系

② 相互允许规则 一般来说，没有对称中心的分子，其红外和拉曼光谱可以都是活性的。例如水的三个振动 ν_{as}（不对称伸缩振动）、ν_s（对称伸缩振动）和 δ（弯曲振动）皆是红外和拉曼活性的。

③ 相互禁阻规则 有少数分子的振动在红外和拉曼中都是非活性的。如乙烯分子的扭曲振动，既没有偶极矩的变化，也没有极化率的变化，在红外和拉曼光谱中均得不到谱峰。

表 2-1 对拉曼光谱与红外光谱的异同作简单总结。

表 2-1 拉曼光谱与红外光谱的比较

特点	拉曼光谱	红外光谱
相同点	给定基团的红外吸收波数与拉曼位移完全相同，两者均在红外光区，都反映分子的结构信息	
产生机理	电子云分布瞬间极化产生诱导偶极	振动引起偶极矩或电荷分布变化
入射光	多为可见光	红外光
检测光	可见光的散射	红外光的吸收
谱带范围	$40\sim4000\mathrm{cm}^{-1}$	$400\sim4000\mathrm{cm}^{-1}$
信号	非极性基团谱带强（S—S、C—C、N—N）	极性基团的谱带强烈（C=O、C—Cl）
检测定位	适合同原子的非极性键的振动	易于测定极性共价键的特征吸收带

由图 2-4 聚己二酰己二胺和四甲基乙烯的拉曼光谱与红外光谱可见，两类光谱的互补性和在分子中特定基团和分子骨架鉴定方面的差异性。

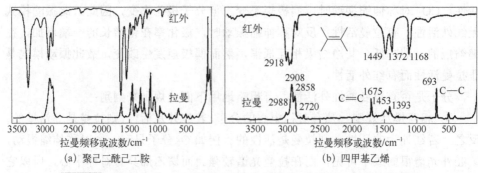

(a) 聚己二酰己二胺   (b) 四甲基乙烯

图 2-4 聚己二酰己二胺和四甲基乙烯的拉曼光谱与红外光谱比较

（3）拉曼光谱技术的优势

① 适于分子骨架的测定，且无须制样。提供快速、简单、可重复、无损伤的定性定量分析。样品可直接通过光纤探头或者通过玻璃、石英和光纤测量。

② 不受水的干扰。由于水的拉曼散射很微弱，拉曼光谱是研究水溶液中的生物样品和化学化合物的理想工具。在可见光区用拉曼光谱进行光谱分析时，水是有用的溶剂，而对红外光谱水是差的溶剂。此外，拉曼光谱测量所用的器件和样品池材料可以由玻璃或石英制成，而红外光谱测量需要用盐材料。

③ 拉曼一次可以同时覆盖 50～4000cm^{-1} 的区间，可对有机物及无机物进行分析。相反，用传统的红外光谱仪测量必须使用两台以上仪器才能覆盖这一区域。若让红外光谱覆盖相同的区间则必须改变光栅、光束分离器、滤波器和检测器。拉曼仪器中用的传感器都是标准的紫外、可见光器件，检测响应非常快，所以拉曼光谱法可用于研究寿命，并可用于跟踪快速反应的动力学过程。

④ 拉曼光谱一般比红外光谱简单，很少有重叠带。谱峰清晰尖锐，更适合定量研究、数据库搜索以及运用差异分析进行定性研究。在化学结构分析中，独立的拉曼区间的强度可以和功能基团的数量相关。

⑤ 拉曼光谱使用的激光光源性质使其相当易于探测微量样品,如表面、薄膜、粉末、溶液、气体和许多其它类型的样品。因为激光束的直径在它的聚焦部位通常只有 0.2～2mm，常规拉曼光谱只需要少量的样品就可以得到。这是拉曼光谱相对常规红外光谱的一个很大的优势。而且，拉曼显微镜物镜可将激光束进一步聚焦至 20μm 甚至更小，可分析更小面积的样品。

⑥ 共振拉曼效应可以用来有选择性地增强大生物分子特征发色基团的振动，这些发色基团的拉曼光强能被选择性地增强 10^3～10^4 倍。偏振测量也给拉曼光谱所得信息增加了一个额外的因素，这对带的认定和结构测定是一个帮助。拉曼光谱技术自身的这些优点使之成为现代光谱分析中重要的一员。

2.1.4　拉曼光谱的偏振与退偏比

当电磁辐射与分子系统相互作用时，偏振态常发生变化，这种现象称为退偏。拉曼光谱的光源是激光光源，激光属于偏振光。当入射光沿 x 轴方向与分子 O 作用时，可散射出不同方向的偏振光，如图 2-5 所示。若在 y 轴方向上放置一个偏振器 P，当偏振器垂直于激光偏振方向即图 2-5（a）中的 z 轴，则平行于 x 轴的拉曼散射光可以通过；当偏振器平行于激光偏振方向时，如图 2-5（b）所示，平行于 z 轴的拉曼散射光可以通过。

若偏振器平行、垂直于激光方向时，散射光的强度分别为 $I_{//}$、$I_{\perp}$，则两者之比称为退偏比 ρ_P，即 $\rho_P = \dfrac{I_{\perp}}{I_{//}}$。

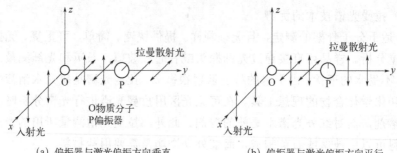

(a) 偏振器与激光偏振方向垂直   (b) 偏振器与激光偏振方向平行

图 2-5　入射光为偏振光时退偏比的测量

在拉曼散射中，分子偏振退偏的程度和分子的对称性是密切相关的，通过测定拉曼线的 ρ_P 可确定分子的对称性。一般拉曼散射谱带 $0 \leqslant \rho_P \leqslant 3/4$：①球形分子 $\rho_P=0$，拉曼散射为完全偏振光；②非对称振动时，极化率是各向异性的，$\rho_P=3/4$，拉曼散射是退偏的；③ρ_P 越小，分子对称性越高。如图 2-2 中 CCl_4 分子 459cm^{-1} 谱带是完全偏振的，起源于全对称振动，$\rho_P=0$；而 314cm^{-1} 和 218cm^{-1} 是退偏振的，源于非对称的振动，其 $\rho_P=0.75$。

2.2　激光拉曼光谱仪

2.2.1　拉曼光谱仪的主要构成

激光拉曼光谱仪由激光源、收集系统（又称外光路系统）、分光系统和检测系统构成，光源一般采用能量集中、功率密度高的激光，收集系统由透镜组构成，分光系统采用光栅（或陷波滤光片结合光栅）以滤除瑞利散射和杂散光，检测系统采用光电倍增管检测器、半导体阵列检测器或多通道的电荷耦合器件。

图 2-6 为典型的色散型激光拉曼光谱仪构成图，它主要是由光源、外光路、样品装置、分光色散系统、信号处理及输出系统等五部分组成。

（1）激光光源

激光的引入是拉曼光谱探测技术的重要进步，激光是拉曼光谱仪的理想光源，与普通光源相比，优点主要有：①激光具有极高的亮度。激光器的总输出功率并不大，但它却能把能量高度集中在微小的样品区间内，样品所受的激光照射可达到相当大的数值，因此，拉曼散射的强度大大提高，也就不必在很大的立体角度内收集入射激光和拉曼散射光，极大提高了检测灵敏度。②激光的方向性极强。激光光源使激光能量集中到极小的体积，使得样品的体积可以大大缩小，对微区和微量拉曼分析具有十分重要的意义。③激光的谱线宽度狭小，单色性好，可分析物质的精细结构。④激光的发散度小，可长距离传输并保持高亮度，因此光源可放在离样品较远的地方，可消除因光源靠近样品而导致的热效应。

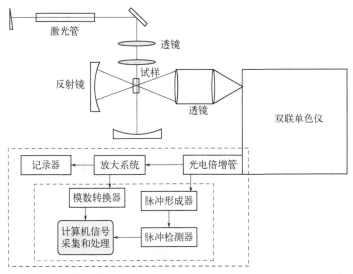

图 2-6 色散型激光拉曼光谱仪构成图

激光器可分为气体激光器和固体激光器。前者有原子激光器（He-Ne）、离子激光器（Ar^+、Ke^+等）、分子激光器（CO_2）和准分子激光器；后者则采用红宝石激光器、YAG（钇铝石榴石晶体）激光器和半导体激光器为主。由于气体激光器普遍存在仪器体积大、使用繁琐等缺点，现如今主要采用固体激光器。

（2）外光路系统

外光路系统是指在激光器之后、单色器之前的一套光学系统，作用是有效利用光源强度、分离出所需要的激光波长、减少光化学反应和杂散光、最大限度地收集拉曼散射光，由样品激发光路部分和光谱信号收集光路部分构成。

典型的外光路系统，激光器输出的激光首先经过前置单色器，使激光分光，以消除激光中可能混有的其它波长激光以及气体放电的谱线。纯化后的激光经棱镜折光改变光路再由透镜准确地聚焦在样品上。样品所发出的拉曼散射光再经聚光透镜准确地成像在单色器的入射狭缝上。反射镜的作用是将透过样品的激光束及样品发出的散射光反射回来再次通过样品，以增强激光对样品的激发效率，提高拉曼散射光的强度。

（3）样品及样品支架

由于在可见光区域内，拉曼散射光不会被玻璃吸收，因此样品可放在玻璃制成的各种样品池中，样品池也可根据实验要求和样品的形态/数量设计成不同的形状，比起红外光谱测定中的卤化物晶体更为便利。

气体样品通常放在多重反射气槽或激光器的共振腔内，以获得较强的拉曼信号。液体样品较易处理，可采用常规试样池，如试管、毛细管、烧瓶等，要视样品的量而定。微量样品可置于毛细管中，易挥发的液体样品应封盖。常量固体粉末样品和结晶样品可放入烧瓶、试剂瓶等常规样品池中；若是粗大颗粒的样品，可先研磨成粉末，再放置样品池。若样品在空气中较易潮湿或分解，则应将样品池封闭。对于透明的棒状、块状和片状样品可直接放在样品池中分析。极微量的固体样品，可先溶于低沸点的溶剂中，装入很细的毛细管，在测定前将溶剂挥发，样品池的放置方法可参照液体样品。固体样品还可以制成片状进行测试，方法类似于红外吸收光谱的固体样品制样方法。

如果样品是有色的或对激光的吸收性较强，长时间的激光照射很容易引起样品的局部过热，造成样品的分解和破坏，或样品吸收可见激光使样品发热从而降低了拉曼散射强度，故常常降低激光的输出功率来缓解局部过热现象，或在激光和样品之间放置透镜，使激光的聚焦范围增大，从而降低激光在样品单位面积上的照射强度。又或采用旋转样品池，使激光光束不聚焦在样品某一点上，这样既避免了样品局部过热现象，也不会减弱拉曼信号。

（4）分光色散系统

激光照射到样品上后，除产生拉曼光外，还有频率接近的瑞利散射和其它杂散光，特别是瑞利散射，其强度远高于拉曼散射，严重干扰拉曼光谱的测定。分光系统是拉曼光谱仪的核心部分，主要作用是在对散射光进行检测之前，把散射光分光并减弱杂散光。分光系统要求有高的分辨率和低的杂散光，一般用双联单色仪。两个单色仪耦合起来，第一个单色仪的出射狭缝即为第二个单色仪的入射狭缝。两个光栅同向转动时，色散是相加的，可以得到较高的分辨率（约 $1cm^{-1}$）。采用双单色仪就可以检测出离瑞利线 $20cm^{-1}$ 处的拉曼线，而采用三单色仪时，所测的拉曼线范围可至瑞利线 $10cm^{-1}$ 处。为克服多单色仪联动使光通量损失的弱点，现代拉曼光谱仪多以全息光栅代替传统的刻痕光栅，可极大改善光谱分辨率，避免了"鬼线"的出现，提高单色器的性能，从而获得理想的拉曼光谱图。

（5）信号处理及输出系统

拉曼散射光的能量很低，采集拉曼光谱信号要求光电倍增管有较高的量子效率，即在阴极上每秒出现的讯号脉冲数与每秒到达光电阴极的光子数之比值要高，且在光谱扫描区域内的响应基本不变。光电倍增管是单通道拉曼光谱仪常用检测器。随着检测的需求，多通道探测器包括增强光导摄像管、增强光电二极管列阵、增强阻抗阳极探测器和电感耦合器件阵列检测器（CCD）等逐渐发展起来，其中CCD已经成为拉曼光谱探测的主流器件。

CCD 是由一种高感光度的半导体材料集成的图像传感器，能够根据照射在其面上的光线产生相应的电荷信号，再通过模数转换器芯片转换成"0"或"1"的数字信号，这种数字信号经过压缩和程序排列后，可由闪速存储器或硬盘卡保存，将光信号转换成计算机能识别的电子图像信号，即可对被测物体进行准确的测量和分析，实现低噪声下的快速全光谱扫描。

2.2.2 拉曼光谱仪检测条件优化

（1）激光器的选择

激光器提供高能量光源，对拉曼光谱仪检测具有决定性作用。通常配置多个技术规格的激光器，以备测试所需。选择激光器可从以下几方面考虑：

① 拉曼散射强度与激发光频率的 4 次方成正比，与波长的 4 次方成反比，因此激发光频率越大（波长越小），激发拉曼效应越明显。

② 选择辐射波长接近分子的最大吸收峰处波长的激光器，易激发拉曼效应，拉曼信号较强。

③ 激光器辐射波长应不易激发样品分子产生荧光。如波长处紫外区，分子产生的荧光和拉曼信号相隔较远，可避免荧光干扰，但是能量高，易损伤样品；如用近红外波长激发，荧光信号弱，因此荧光干扰也小，但相应的拉曼信号也比较弱。

④ 检测表面增强拉曼光谱，激光器选择视金属基底而定。当用银作增强基底时，氩离子、氪离子、氦-氖或染料激光器都能使用；当用铜作增强基底时，只有能产生红光的激光器，如氪离子、氦-氖或染料激光器才能使用。银基底或金基底在可见光激发下产生的增强效果较好，可选 514.5nm、532nm 和 633nm 波长激光器。近红外 SERS 的测量一般使用 Nd^{3+}:YAG 激光器。激光功率一般在 20~100mW 范围内。

（2）狭缝宽度

拉曼光谱仪中狭缝分出射、入射和中间狭缝。入射、出射狭缝的主要功能是控制仪器分辨率，中间狭缝主要是用来抑制杂散光。对于一台光谱仪，即使用一束绝对单色光照射狭缝，其出射光也总有一个宽度为 $\Delta\nu$ 的光谱分布。这主要是由仪器光栅、光学系统的象差、零件加工及系统调整等因素造成的，并由此决定了仪器的极限分辨率。在实际测量中，随着狭缝宽度加大，谱线展宽，分辨率线性下降。

（3）光栅刻线密度

光栅刻线密度对拉曼光谱的分辨率有较大的影响。光栅刻线密度大，则光谱分辨率相应较高，但照射样品光能量降低，导致拉曼光谱强度减弱。按测试需求选择合适刻线密度的光栅。

（4）激光拉曼光谱仪光谱位移值的定标

采用已知拉曼光谱峰位移值的溶液或单晶硅片对仪器光谱位移值定标。

（5）其它因素

拉曼光谱的形状与所用的仪器型号和性能、激发波长、样品测定状态以及吸水程度等因素相关。因此，进行光谱比对时，应考虑各种因素可能造成的影响。

2.2.3　荧光的抑制和消除方法

在拉曼光谱测试时，往往会遇到荧光的干扰。由于拉曼散射光很弱，而在极端情况下荧光的强度比拉曼光强 10^6 倍之多，所以一旦样品或杂质产生荧光，拉曼光谱就会被荧光所湮没，致使检测不到样品的拉曼光谱信号。可从以下几方面抑制或消除荧光干扰：

①　纯化样品。去除荧光性杂质，有时需要反复纯化多次方能测得信号。

②　强激光长时间照射样品。激光功率的大小和照射时间的长短取决于样品的性质。

③　改变激发线的波长以避开荧光干扰。不同激发波长下拉曼谱带的相对位移是不变的，而荧光光谱谱峰随激发波长的改变而改变。

④　加入荧光猝灭剂。

⑤　利用脉冲激光光源。当激光照射到样品时，荧光和拉曼散射光产生的时间过程不同，可利用时间差将拉曼散射光和荧光分离开。在激光脉冲照射样品后，约 10^{-10}s 把拉曼光谱记录下来，随即关闭光谱仪的入射狭缝或检测器的门开关，这样就把荧光"拒之门外"已达到消除荧光的目的。

⑥　利用相干反斯托克斯技术。利用相干反斯托克斯拉曼带位于瑞利线的高频一侧，而荧光则位于瑞利线的低频一侧，拉曼光谱可完全避免荧光的干扰。

2.3　激光拉曼光谱技术

2.3.1　傅里叶变换拉曼光谱

傅里叶变换拉曼光谱（Fourier transform Raman spectroscopy，FT-Raman）是 20 世纪 90 年代发展起来的技术。1987 年，Perkin Elmer 公司推出第一台近红外激发傅里叶变换拉曼光谱仪，采用傅立叶变换技术对信号进行收集，多次累加来提高信噪比。99%的傅里叶变换拉曼光谱仪都采用 1.064μm 的半导体激光器作为激发光，减少激光诱导产生的荧光信号；同时由于原理上的优势，更易于和 FT-IR 红外光谱仪联用，具有较高光谱分辨率和优良的波长准确度。在实验室等场合的科学研究中，对分辨率有较高要求时是较好的选择。FT-Raman 在化学、生物学和生物医学样品的非破坏性结构分析方面显示出了较大的优势。

不适合利用 FT-Raman 分析的场合：①当样品温度超过 250℃时，强烈的黑体辐射信号将掩盖傅里叶变换拉曼中的拉曼信号；②采用了高功率的半导体激光器，此时水相样品中会强烈吸收激光发射和拉曼信号；③深色样品会产生激发能量的强吸收，样品加热时背景辐射强，甚至导致样品降解等不利因素。

近红外 FT-Raman 光谱仪采用麦克尔逊干涉仪代替色散型拉曼光谱系统中的光栅，将时间域中的相干图像转变成为频率域中的光谱图像并直接记录，使得测量光谱的分辨率和灵敏度不再受单色仪和光栅的限制。同时，采用激发波长为 1.064μm 的 Nd:YAG 近红外激光器代替传统的可见光激光器，大大减少了可见光激发时荧光背景对拉曼光谱的干扰，大约有 90% 的化合物可获得拉曼光谱。此外，较传统的可见光激发色散型拉曼，近红外 FT-Raman 光谱还具有以下优点：①干涉仪没有任何狭缝或色散元件，一次扫描即可获得全谱，扫描一次只要 1s；②干涉仪对仪器的漂移不敏感，谱图测定重现性好；③分辨率和光通量在全谱范围内不变，光谱频率的准确度高；④色散仪扫描一个谱点所用的时间，干涉型仪己扫描完所有的谱点，信噪比高；⑤近红外光足以穿过生物组织，用近红外光激发可直接提取到生物组织内分子的有用信息。不过，FT-Raman 光谱也存在着一些不足之处，例如单次扫描信噪比不高，在低波数区扫描方面 FT-Raman 光谱仪不如色散型拉曼光谱仪，水对 FT-Raman 光谱仪的测试灵敏度影响较大等。

2.3.2 显微共焦拉曼光谱

显微共焦拉曼光谱技术是将拉曼光谱分析技术与显微分析技术结合起来的一种应用技术，最大特点就是可以有效地排除来自焦平面之外其它层信号的干扰，从而有效地排除溶液本体信号对所需要分析的层信号的影响。与其它传统技术相比，显微共焦拉曼光谱不仅具有常规拉曼光谱的特点，还有自己的独特优势，例如精确获得所照射样品微区的有关化学成分、晶体结构、分子相互作用以及分子取向等各种拉曼光谱信息。

显微共焦拉曼光谱仪通常配置在三个维度移动的样品台。调整样品台，既可以对样品沿一个维度"线扫描"，也可以"面扫描"。当样品上下移动时，激光将聚焦于样品的不同层，能分别观测样品内不同深度的各个层面的拉曼信号，从而在不损伤样品的情况下达到进行"光学切片"的效果。

由拉曼光谱仪和光学显微镜耦合而成的显微共焦拉曼光谱仪，其基本光路及成像原理如图 2-7 所示。由激光器输出的激光束经透镜 L1、针孔 1 及扩束透镜 L2 后，成为较均匀的准直光束，经物镜 L3 后会聚于物体某一点（微小光斑）。这一光斑所在范围内的拉曼信号通过显微镜回到光谱仪，然后得到光谱信息。通过二维扫描得到物体某层面的二维断层图像，再经轴向扫描，得到大量断层图像，经计算机图像重构，合成三维立体图像。

激光光斑（分析斑）是显微共焦拉曼光谱仪的重要性能指标，决定光谱分析空间分辨率，其大小主要由激光波长和显微物镜的数值孔径决定。能够实现的最小光斑尺寸就是衍射极限，根据光学定律，激光光斑直径 $D = 1.22 \dfrac{\lambda}{NA}$，式中 λ 是激发激光波长，NA 是显微物镜的数值孔径。例如，采用数值孔径为 0.90 放大倍数为 100 倍的显微物镜，波长 532nm 激光的光斑直径理论上为 721nm。标准的显微共焦拉曼光谱仪的激光光斑一般直径在 0.5～1.0μm 范围内（受限于显微物镜数值孔径和激光波长）。一定要认识到，显微共焦拉曼光谱仪实际发生的光学过程较复杂。例如，激光光子和拉曼光子的散射以及它们与样品表面的相互作用都会导致空间分辨率下降。

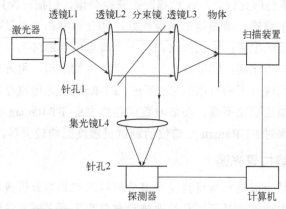

图 2-7　激光共焦扫描显微镜典型光路图

2.3.3　拉曼光谱成像

　　拉曼光谱成像是一种强有力的技术，它基于样品的拉曼光谱生成详细的化学图像，在图像的每一个像元上，都对应采集了一条完整的拉曼光谱，然后把这些光谱集成在一起，就产生了一幅反映材料成分和结构的伪彩图像。拉曼光谱成像提供样品的化学信息和结构信息，许多信息是无法用传统的光学显微镜获得的。例如，组分的分布、颗粒大小；样品中结晶度的改变、相变；污染物颗粒的大小和形状；不同相的边界组分的相互作用和混合；样品的应力分布等。因而可以获得材料浓度和分布图像；材料的分子结构、相以及材料的应力图像；材料的结晶度和相的图像等。

　　拉曼光谱成像可以在二维或三维进行收集，生成 *XY* 面成像、*XZ* 和 *YZ* 切面成像、*XYZ* 三维体成像、*Z* 轴（深度）成像、温度成像、时间成像等，前四者需要配置自动样品平台。

　　在拉曼光谱成像实验中，样品移动和光谱采集都是连续进行的。拉曼光谱成像的采集时间由很多参数决定，包括成像区域大小、所需像元（数据点）数目以及每个像元的采集时间（取决于样品成分的拉曼强度和对光谱质量的要求）。传统的拉曼光谱成像可包含数百、数千甚至数百万条拉曼光谱，所以常常需要较长的采集时间，但对于拉曼散射效率特别低的材料也能给出很高的灵敏度，还能提供很高的光谱分辨率，能够测量的光谱范围也比较大。采用这种成像方式，一般每个数据点的采集时间在 1～10s 的量级或者更高，一般总测量时间从几小时到几天不等。

超快拉曼光谱成像是一种新型光谱成像技术，能够使采集拉曼光谱成像时单个数据点的采集时间不超过 5ms，这样的速度意味着大面积精细的拉曼光谱成像也能够在几秒到几分钟内完成。超快拉曼光谱成像一般是把样品平台的移动和探测器读出相结合，使得在标准的"逐点"成像实验中的"死时间"最小化。超快拉曼光谱成像，其效力依赖于样品自身的拉曼强度，也取决于创建图像所需要的光谱质量。

2.3.4 偏振拉曼

当所有的入射光源和收集的散射光源都有确定的偏振方向时，得到的光谱便为偏振拉曼光谱。通常是在常规拉曼光谱仪中增设偏振装置，通过控制和选择观察方向、入射光偏振状态和散射光取向，来研究不同极化状态下的拉曼散射特性，进而来探讨高分子材料、晶体等有序材料的分子形状和各向异性特征。

偏振光谱仪的原理图如图 2-8 所示，其中前置单色器是一块小光栅，其作用是消除激光器的等离子线；偏振旋转器是一个石英晶体，利用其旋光性可将入射光的偏振方向旋转 90°，便于测量分子振动模拉曼散射的退偏比、晶体拉曼散射级；检偏振器置于入射狭缝之前，其作用是用来选取散射光的偏振方向。通过两个偏振器的作用实现对入射光和收集到的散射光的偏振方向的控制。

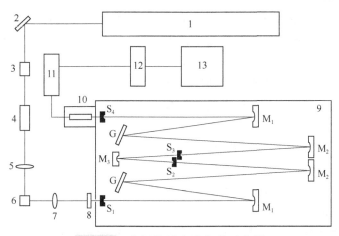

图 2-8 偏振拉曼光谱仪的示意图

1—激光器；2—反射镜；3—偏振旋转器；4—前置单色器；5—聚焦透镜；6—样品池；
7—收集透镜；8—检偏振器；9—双单色器；10—光电倍增管；11—前置放大器；
12—光子计数器；13—计算机

2.3.5 表面增强拉曼光谱

严格来讲，表面增强拉曼光谱并非一类独立的激光拉曼光谱技术，但因这项技术极大地提高了拉曼信号强度，被分析物的拉曼光谱检测灵敏度大幅提高，因此有必要对此进行介绍。

测定吸附有胶质金属颗粒的金属片（如金、银或铜）样品表面的拉曼光谱，其拉曼光谱的强度可提高 $10^4 \sim 10^6$ 倍，这种现象就是表面增强拉曼（surface enhanced Raman spectroscopy，SERS）现象。由于 SERS 有很高的灵敏度，能检测吸附在金属表面的单分子层和亚单分子层的分子，又能给出表面分子的结构信息，它被认为是一种很好的表面研究技术。

SERS 被普遍接受的机理为局域表面等离子体共振效应，处于金属的等离子体热点区域的分子才能受到共振增强效应的影响产生 SERS 响应。这种增强机理是没有选择性的。基于腔量子电动力学，表面等离激元主要是利用金属或者其它介质表面的电磁场的局域性，把光子局域在很小的空间，从而大幅度提高了单个光子的电场强度（电场强度跟光子所占据的空间大小成反比），进而可以实现与胶态金属粒子很强的相互作用，由此提高分子探测的灵敏度。样品测试的一般过程是先筛选金属基体，然后使其表面粗糙化，被测样品可在粗糙化之前或之后加入，最后进行 SERS 测量。

SERS 技术主要是研究与吸附分析有关的表面现象，是确定吸附分子种类、测定吸附分子在基体表面的取向、研究分子的共吸附现象等的有力工具，主要应用于以下几方面：

（1）定性分析

一般来说，大多数 SERS 应用都是建立在对吸附分子的定性分析基础上的。利用 SERS 技术对吸附分子进行定性分析，首先要知道分子普通拉曼光谱和谱带的归属，然后比较普通拉曼光谱与 SERS 光谱之间的不同，或比较不同条件下 SERS 光谱之间在谱带的强度、位置和其它方面的不同，并根据 SERS 表面选择性规则、分子的对称性、SERS 强度与距离等关系来确定分子吸附后的形态、结构等方面的变化。

由于分子 SERS 光谱其谱带位置与对照普通拉曼光谱差别不大，所以可用于定性分析。而 SERS 光谱的强度比普通拉曼光谱的强度高 $10^4 \sim 10^6$ 倍，其检测灵敏度极高，可进行痕迹量的定性分析。特别是对具有 SERS 效应的分子，检测下限可低至 10^{-9}mol/L。

对于溶液中样品的定性分析，可按 SERS 的实验步骤使被测分子吸附到粗糙化的银、金或铜表面，然后测量其 SERS 光谱，从而确定溶液中的分子。对于多组分溶液样品的分析，原则上可先用色谱进行分离，然后用 SERS 技术作检测手段，对分离出的每个组分进行定性分析。

对吸附在基体表面上的分子的定性分析，如基体是粗糙化的银、金或铜，可直接进行 SERS 光谱的测定来确定吸附分子的种类。实际上，大多数的吸附基体都是无 SERS 效应的。对吸附在无 SERS 效应的基体上的分子的分析，可在其上面沉积上适量的银膜，就能测得吸附在无 SERS 效应基体上分子的 SERS 光谱。

因此，原则上利用 SERS 技术可定性分析吸附在任何基体上的分子。

有些分子如染料分子，有较强的荧光，一般不能得到较好的正常拉曼光谱，但由于在 SERS 活性金属基体上的荧光猝灭作用，因而能得到很好的 SERS 光谱。对这类分子的定性分析，可与已知分子的 SERS 光谱比较的方法来进行。

（2）确定吸附分子在基体表面的取向

大多数吸附分子取向的研究是以表面选择性规则为基础，而表面选择性规则是建立在电磁增强模型基础上的，认为垂直于基体表面的振动谱带能得到很大增强，而平行于基体表面的振动谱带增强较小。

（3）确定吸附分子与基体表面结合的方式

通过以下策略判断吸附分子与基体表面结合方式：①以与基体有关的振动谱带作判据；②用某些谱带的相对强度的变化作判据；③用某些基团振动谱带位置的变化来判断。

（4）确定分子的组成和构型

某些分子被吸附时会发生结构或构型的变化，对比吸附分子的 SERS 光谱与该分子的正常拉曼光谱，就能测定此种结构变化。例如，在苯并三唑 SERS 光谱中，没有 N—H 面内弯曲振动的谱带（1098cm^{-1}），表明苯并三唑吸附到银表面时失去两个氢原子。又如，2,2'-联吡啶晶体的正常拉曼光谱反映该分子在晶体中以反式构型存在，而它的 SERS 光谱表明当它被吸附到银表面时，具有顺式的构型。

SERS 强度与距离的关系能帮助确定分子结构，特别是生物大分子的结构。例如，核酸 Poly A 具有双线螺旋结构，其 SERS 光谱显示出强的核糖-5'-磷酸酯基团的谱带和弱的腺嘌呤基团的谱带，因而表明核糖-5'-磷酸酯基团在位于双螺旋结构的外部，而腺嘌呤基团在内部。

（5）比较分子的吸附能力和研究共吸附作用

利用 SERS 技术可比较两种分子在同一基体上的吸附能力。例如，把等摩尔的苯基丙氨酸和丙氨酸同时加入银胶溶液中，所得的 SERS 光谱中只含有苯基丙氨酸的谱带，表明芳香烃的氨基酸比脂肪烃的氨基酸容易吸附在银表面。

SERS 技术还是研究分子共吸附的有力工具。共吸附体系可分为两大类：①平行吸附体系。在这种体系中，两种分子在基体上都有较强的吸附能力，两种分子与基体的作用大于它们之间的作用。②诱导吸附体系。在这类体系中参与共吸附的两物种之一具有强吸附性质，而另一种为弱吸附物种，后者必须在与前者共存时才能给出其 SERS 信号。

参考书目

[1] Laserna J J. Modern techniques in Raman spectroscopy. New York: John Wiley & Sons Inc, 1996.

[2] 武汉大学. 分析化学. 6 版. 北京: 高等教育出版社, 2016.

[3] 杨序纲等. 拉曼光谱的分析与应用. 北京: 国防工业出版社, 2008.

[4] 朱自莹等. 拉曼光谱在化学中的应用. 沈阳: 东北大学出版社, 1998.

[5] Lewis Ian R 等. Handbook of Raman spectroscopy. Oxfordshire: Taylor & Francis, 2001.

[6] Eric Le Ru. Principles of surface-enhanced Raman spectroscopy and related plasmonic effects. Amsterdam: Elsevier Science, 2008.

[7] Jürgen Popp. Micro-Raman spectroscopy: Theory and application. Berlin: de Gruyter, 2020.

第3章　色谱-质谱联用分析仪

色谱-质谱联用是一类强有力的复杂物质分析技术。质谱法建立在原子、分子电离技术和离子光学理论基础上，应用性很强，分为原子质谱和分子质谱。由分子质谱可获得无机、有机和生物分子的分子量和分子结构，从而对物质进行定性和定量分析。色谱是一种利用被分析物在流动相与固定相两相之间的选择性或分配比的不同，实现混合物中各组分物理性分离的技术。在色谱-质谱联用分析仪中，色谱为分离系统，质谱为检测系统。经过色谱分离，复杂物质中获得物理空间分离的各组份进入质谱检测，相当于单一组分，各组分质谱峰基本互不干扰，提高了方法选择性。

依据色谱流动相不同，色谱-质谱联用技术又分为气相色谱-质谱联用（GC-MS）和液相色谱-质谱联用（LC-MS）。

3.1　仪器结构与工作原理

3.1.1　质谱法的基本原理

分子质谱是分子在高能粒子束（电子、离子、分子等）作用下电离生成各种类型带电粒子或离子，采用电场、磁场将离子按质荷比大小分离、依次排列成图谱，称为质谱。质谱不是光谱，是物质的质量谱。质谱中没有波长和透光率，而是离子流或离子束的运动，类似于光学中的聚焦和色散等离子光学概念。

分子电离后形成的离子经电场加速从离子源引出，加速电场中获得的电离势能 zeU 转化成动能 $\frac{1}{2}mv^2$，两者相等，即

$$zeU = \frac{1}{2}mv^2 \tag{3-1}$$

式中，m 为离子的质量；v 为离子被加速后的运动速度；z 为电荷数（多数为1，亦可 ≥ 2 至数十）；e 为元电荷（亦称基本电荷，为最小电荷量的单位 $e = 1.60 \times 10^{-19}$C）；U 为加速电压。在离子源中离子获得的动能与它的质量无关，只跟它带的电荷和加速电压有关（zeU）。而从离子源引出离子的运动速度平方与其质量成反比，质量越大，其速度越小。

具有速度 v 的带电粒子进入质谱分析器的电磁场中，受到沿着原来射出方向直线运动的离心力（mv^2/R）和磁场偏转的向心力（$Bzev$）作用，两股合力使离子呈弧形运动，二者达到平衡时：

$$mv^2/R = Bzev \qquad (3\text{-}2)$$

式中，e，m，v 与前式相同；B 为磁感应强度；R 为离子磁场偏转圆周运动半径。整理得

$$v = BzeR/m \qquad (3\text{-}3)$$

代入式（3-1）中，可得

$$m/z = B^2R^2e/2U \qquad (3\text{-}4)$$

此式为基本公式，式中各物理量的单位：R 为厘米（cm），B 为特斯拉（T），U 为伏特（V），m 为原子质量单位。将式（3-4）化为实用公式，即

$$BR = 144\sqrt{\frac{m}{z}U} \qquad (3\text{-}5a)$$

则离子在磁场作用下运动轨道半径为

$$R = \frac{144}{B}\sqrt{\frac{m}{z}/U} \qquad (3\text{-}5b)$$

此式可用来设计或核算一台质谱仪器的质量范围。当 R 一定时，式（3-4）可简化为

$$m/z = KB^2/U \qquad (3\text{-}6)$$

式中，K 为常数。从此方程可见，磁质谱仪器中，离子的 m/z 与磁感应强度平方成正比，与离子加速电压成反比；可以保持 B 恒定而变化 U（电扫描），或保持 U 恒定变化 B（磁扫描）实现离子分离，后者是常用的工作方式。

3.1.2 质谱仪基本结构

质谱仪由进样系统、离子源、质量分析器、检测器、真空系统及电子、数据处理系统等组成，其基本结构如图 3-1 所示。

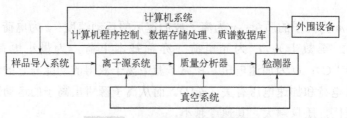

图 3-1 一般质谱仪器结构组成

3.1.2.1 离子源

按照试样的离子化过程，离子源主要分为气相离子源和解析离子源。气相离子源中试样先蒸发成气态，然后受激离子化。气相离子源的使用限于沸点低于 500℃ 的热稳定化合物，通常情况下这类化合物的分子量低于 10^3。此类离子源主要包括电子轰击源、化学电离源、场电离源等。解析离子源中固态或液态试样不经过挥发过程而直接被电离，此方法适用于分子量高达 10^5 的非挥发性或热不稳定性试样的离子化，包括场解吸源、快速原子轰击源、激光解吸源、电喷雾电离源和大气压化学电离源等。按照离子源能量的强弱，离子源可分为硬离子源和软离子源。硬离子源离子化能量高，可以传递足够的能量给分析物分子，使它们处于高能量激发态；分子从高能态向低能态的弛豫过程化学键的断裂，从而产生质荷比小于分子离子的碎片，由此获得分子结构、官能团等信息。软离子源离子化能量低，试样分子被电离后，主要以分子离子形式存在，几乎不会产生什么碎片，质谱谱图简单，通常仅包含分子离子峰或准分子离子峰和少量的小峰。

分子质谱仪器的离子源种类繁多，现将主要的离子源介绍如下。

（1）电子电离源

借助具有一定能力的电子使被分析物转化为离子，这种离子化的方法称为电子轰击或电子电离（electron ionization，EI）。此离子化法将电子的动能传递给被分析物使其离子化而带电。电子电离法仅能离子化气体分子，因此主要应用在挥发性较高的有机化合物的分析上。另外，由于被电子电离后的分子内能过高，因此在离子化过程中，分子离子信号不一定能在谱图中观察到。

一般有机分子的电离能为 10～20eV，在电子轰击下，试样分子形成何种离子，与轰击电子的能量有关。图 3-2 为在不同电子能量下利用电子电离法分析 β-内酰胺的质谱图，当电子能量在 15eV 时，可以检测到 $m/z = 249$ 的分子离子信号，离子强度大约为 150 个信号单位。而当能量增加至 70eV 时，其分子离子信号增强至 250 个信号单位，这时被离子化分子得到过高的电子能量，造成内能提高，所以可同时观察到因获得过高内能而产生的碎片离子。虽然较低的电子能量会使得整体信号下降，但分子离子峰的相对强度会因裂解程度降低而提高，可以较容易地从谱图中辨识出分子离子的质荷比。质谱中所观察到的碎片离子可以提供分子离子的结构信息，可用此信息鉴定或解析分子的"身份"，电子电离法所产生的碎片离子重现性极高，主要与所使用的离子化电子加速电压有关。因此碎裂过程具有高重现性，可通过收集不同分子电子离子产生的质谱图建立谱图库，并利用与标准谱图进行比对的方法鉴定化合物的身份。

（2）化学电离源

电子电离法在离子化过程中给予分子过多的内能，导致分子在离子化后发生裂解。裂解导致难以测定被分析物的分子量，同时无法使用电子电离谱图库搜寻未知物。化学电离（chemical ionization，CI）的开发弥补了电子电离法不易观察到分子离子峰的不足。此离子法利用电子先将特定的试剂气体离子化以产生气相分子离子，再用产生的试剂气体离子与被分析物进行气相离子/分子反应，使待分析分子通过质子转移或电子转移等反应成为带电离子。此离子化法并不是使被加速的电子直接与分子作用，因此在离子化过程中不像电子电离那样容易使被分析物发生碎裂。由于化学电离法的离子源设计与电子电离法相近，适合分析低沸点的被分析物，并可观测到分子离子峰，因此这个技术被认为是与电子电离法互补的技术。

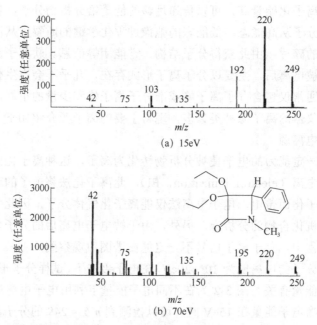

图 3-2　β-内酰胺在不同电子能量下所得到的质谱图比较

相对于电子轰击电离，化学电离是一种软电离方式，电离能小，质谱峰数少，图谱简单；准分子离子峰大，可提供分子量这一重要信息。有些用 EI 方式得不到分子离子的试样，改用 CI 后可以得到准分子离子。在 EI 源中，一般负离子的量只有正离子的 10^{-3}，负离子质谱灵敏度极低；而 CI 源一般都有正 CI 和负 CI，其灵敏度相当，可以根据试样情况进行选择，对于含有很强的吸电子基团的化合物，检测负离子的灵敏度远高于正离子的灵敏度。由于 CI 得到的质谱不是标准质谱，难以进行谱库检索。

（3）快速原子轰击源

快速原子轰击离子源是从电子电离源改变而来的，其工作原理如图 3-3 所示。其中，快速原子枪部分是将氙气以 $10^{10}s^{-1} \cdot mm^{-2}$ 的流量导入，通过类似电子电离源的设计，将灯丝加热后产生的热电子经电压加速至正极，氙气分子撞击电子之后离子化形成氙气离子，再在加速电压作用下形成快速氙气离子。快速氙气离子撞击其它氙气原子，经过电荷转换形成具有高动能的氙气快速原子，之后再轰击涂覆在不锈钢或铜金属片（靶）表面的甘油或硫甘油基质的试样浓缩液，将能量转移给试样分子，使之在常温下飞溅电离后进入真空，并在电场作用下进入分析器。与氩气和氖气相比，同样的加速电场作用下，分子量较大的氙气所能得到的转换功能最高，更容易将被分析物电离而得到较高的信号强度。

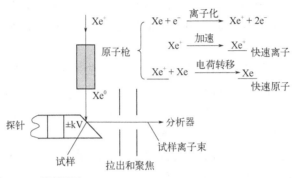

图 3-3　快速原子轰击离子源产生原理

快速轰击使用甘油或硫甘油作溶剂或分散剂以改善试样的流动性。试样分散表面层不断更新，可提高试样的离子化效率，而且电离过程中不必加热气化。方法适合于分析分子量大、难气化、热稳定性差的试样。通常被分析物可以是固体或液体，不需要特殊前处理。配制时先取 $1\sim2\mu L$ 被分析物放置在取样针上，再取等体积的基质与被分析物混合均匀后置入离子源的真空腔体，样品表面与原子束呈大约 $30°\sim60°$ 以便离子化。通常取样探针会维持在室温下，其主要目的是避免基质挥发而破坏真空条件，以及减少样品裂解。

（4）激光解吸电离源与基质辅助激光解析电离源

激光解吸电离源（laser desorption ionization sources，LDI）是一种结构简单、灵敏度高的新电离源。它利用一定波长的脉冲式激光照射试样使试样电离，被分析的试样置于涂有基质的试样靶上，脉冲激光束经平面镜和透镜系统后照射到试样靶上，试样分子吸收激光能量而电离。LDI 实验必须将激光聚焦至样品表面，形成边长约为数百微米的光斑。由于使用激光能量高，故样品温度在激光照射下会急剧上升，使得样品分子自表面解吸附出来。但是挥发性极低的生物大分子并不适合 LDI 法分析，因为仅靠激光产生的热量不足以使这些分子挥发。如果使用高激光能量照射样品，其产生的剧烈化学反应会使被分析物分子裂解成碎片，无法获得完整离子的信息。因而大分子的分析必须以较软的电离方式产生离子，基质辅助激光解吸电离（matrix-assisted laser desorption ionization，MALDI）法应运而生。

MALDI 要求基质与被分析物先溶解于适当的溶剂中，再于样品板上共结晶以产生固体样品，而不像 LDI 单纯以分析物为样品，故离子化过程比 LDI 法更温和，可产生大部分带电荷的离子，且通常是质子化或去质子化的完整被分析物，而非被分析物的碎片离子。激光电离源需要有合适的基质才能得到较好的离子产率，而大部分的基质是有机酸，最常用的基质有 2,5-二羟基苯甲酸、芥子酸、烟酸、α-氰基-4-羟基肉桂酸等。

MALDI 法的样品配制快，且少量的样品（2μL）即可提供足够的离子数量进行检测，这使得其适用于生物大分子的质谱分析。但 MALDI 分析技术仍需要关注以下问题：

① 基质与被分析物的配合。良好配合被分析物才能有足够的离子化效率。基质与被分析物的电荷竞争是选择适当基质的首要因素，例如，当选择正离子模式时，基质分子的质子亲和势应低于被分析物；反之，负离子模式时，去质子化基质分子的质子亲和势要高于去质子化被分析物。

② 基质与被分析物的比例。即使选对了基质，被分析物的离子化效率仍取决于基质与被分析物的比例。通常，小分子量的被分析物，所使用的基质/被分析物比例较高分子量被分析物低。例如，分子质量在 1000Da 以内的多肽分子，其基质/被分析物可用比例约为 300，分子质量在 1000～6000Da 可用比例约为 2000，而分子质量高于 10000Da 的分子可用比例约为 10000。

③ 甜点效应。它是指离子信号在样品表面某些位置很高，在其它位置很低；此效应造成使用者在分析过程中，无法预测被分析物位置，而必须控制激光照射位置以寻找最佳信号点。在甜点位置，被分析物离子信号强且可持续数十次辐照，但一旦离开甜点位置，则几乎无法得到任何信号，这使得 MALDI 不适用于定量分析。通常以自然干燥法配制的样品有比较严重的甜点效应，尤其是 2,5-二羟基苯甲酸所产生的结晶状态不规则，其甜点效应比其它常用基质更严重。

④ 重现性。MALDI 法的重现性差，不适合用于定量分析。部分原因是甜点效应。另外是因为激光会逐渐剥蚀结晶表面造成样品损耗，不像液态样品周围有对流补充。一般，MALDI 在每次激光照射所得的图谱强度相对标准偏差约为 30%，除非在干燥样品时使其产生均匀的样品层，并避免激光停留于固定的取样点。

因此，MALDI 样品的配制法对于信号重现与灵敏度有重要影响，故配制时必须比其它离子化法更严格。一般步骤为：（a）准备基质溶液和被分析物溶液。基质溶液通常以含有少量（约 0.1%体积分数）有机酸的 50%有机水溶液为溶剂，将基质浓度配制成约为 0.1～0.3mol/L，接近基质分子的饱和浓度。乙腈、甲醇或乙醇均为常用的有机溶剂，而有机酸通常为甲酸或三氟乙酸。被分析物溶液则可用纯水或有机水溶液配制，有时也可加入少量的有机酸帮助其溶解。（b）将样品制备于干净的 MALDI 样品靶板上使其干燥结晶。改变样品的制备与干燥过程可产生不同的样品结晶。最简单的配制法为自然干燥法，此法简单快速，但结晶形态较不均匀，甜点效应明显。薄层法则是先以基质溶液于样品盘上结晶形成晶种层，再将被分析物与基质水溶液的等量混合溶液滴于晶种层待其干燥；此法可产生均匀的结晶，改善信号的重现性及降低甜点效应，但灵敏度通常不如自然干燥法。要产生均匀的样品结晶，也可将液体样品滴于样品板后置于真空抽气系统，利用真空使液体快速干燥而产生较为细小且均匀的结晶层。

（5）电喷雾电离源

电喷雾离子源（electrospray ionization，ESI）能将溶液中的带电离子在大气压下经电喷雾的过程转换为气相离子，再导入质谱仪进行分析，是"最软的离子化方法"，也是 LC-MS 最常用的接口。ESI-MS 的硬件如图 3-4 所示，包括：大气压腔，为雾化、去溶剂和离子化区；离子传输区，将离子从大气压区传送至低压区，进而进入质量分析器；质量分析器，常用四极质谱仪，亦可用扇形磁场质谱仪、离子阱质谱仪、飞行时间质谱仪等。其主体是一支由金属制成的毛细管喷针，其内径约为数微米至数百微米，并于喷嘴出口 1～2cm 处放置一片对电极。分析时将含有被分析物的水溶液样品注入金属毛细管，并利用高压电源在金属毛细管与对电极间制造 3～6kV 的电位差，样品便会因电场的牵引喷雾成带有电荷的微液滴，其直径约在亚微米级。而这些微液滴会再经过去溶剂化过程转变为气态离子，并顺着压力差进入一个圆锥状的分离电极，同时减少离子的流失，并让离子顺利地进入质量分析器中。

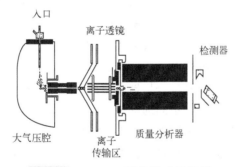

图 3-4 ESI-MS 硬件组成示意图

图 3-5 为电喷雾现象的示意图，在无电位差的情况下，水溶液样品流至金属管喷嘴出口时，会因为表面张力而形成一个圆弧曲面，水溶液内含有许多解离且分布均匀的正负离子。如果在金属毛细管施以正电压，水溶液中的正负离子会在电场中受力移动，正离子聚集于水溶液的弧形表面上；逐渐提高金属毛细管的电压，电场对正离子的作用力会牵引液面向外扩张，当牵引力大于表面张力时，电喷雾现象就此产生，且此时液面形成圆锥形，称为泰勒锥。泰勒锥尖端会陆续释

放出带有正电荷的微液滴，此即电喷雾现象。

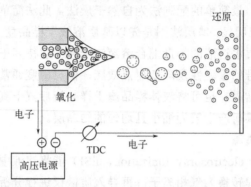

图 3-5　ESI 主要过程示意图（电场使液体正离子的富集导致毛细管尖端液面的不稳定，形成锥体并喷射带过量正电荷的雾滴，最终产生气相离子）

3.1.2.2　质量分析器

质量分析器的作用是将离子源产生的离子按质荷比（m/z）顺序分离。每种质量分析器都具有不同的特性与功能，本节将对重要的质量分析器分成磁场式和电场式两类依次介绍。前者有扇形磁场质量分析器与傅里叶变换离子回旋共振质量分析器；后者包括飞行时间、四极杆、四极离子阱、轨道阱等质量分析器。精密的质量分析器能将两个质荷比十分相近的被分析物离子信号区分开来，这种能力称为质量分辨能力或质量分辨率。

（1）扇形磁场质量分析器

早期扇形磁场是以单一扇形磁场来分析离子质量，图 3-6（a）为扇形磁场质量分析器的简图，离子源中产生的离子，经过加速后从入口狭缝（slit）进入磁场区。不同质量（如 m_1、m_2）的离子会有不同的运动路径，只有特定质荷比的离子可以通过出口狭缝到达检测器。由于质荷比不同的离子在磁场和电场的影响下会有不同的运动轨迹，本类型质量分析器即借此原理来分析不同质量的离子。但如果相同质量和电荷的离子具有不同的动能，经过磁场区时会以不同的半径转弯，因此到达检测器时会分散在不同的位置（磁场也是动量选择器），导致扇形磁质谱仪的分辨率降低，不能满足有机物分析要求。由于单一磁场只能进行方向聚焦，将其与静电场结合发展成双聚焦质量分析器，达到方向与能量同时聚焦，电场作为动能选择器，可以与狭缝结合缩小离子束的功能分布，这些不同功能的离子在磁场的作用下能量聚焦，达到高质量分辨的目的。

双聚焦仪器的离子光学系统如图 3-6（b）所示，方向和能量有限分散的离子束通过 β 狭缝进入扇形磁场实现方向聚焦作用会聚在 S_2 处平面 d；而利用磁场的能量色散与静电场的能量色散大小相等、方向相反的能量聚焦作用会聚到平面 e。所以，在任意给定的加速电压和磁感应强度下，只有质荷比为一定的离子同时在

d 和 e 交点上聚焦，而收集器就设置在双聚焦点上，从而达到方向和能量双聚焦的目的，因此被称为双聚焦质量分析器。显然，如果在 A'' 点射出一束离子，也可在 A' 点达到双聚集，可见双聚焦系统是可以倒置的。

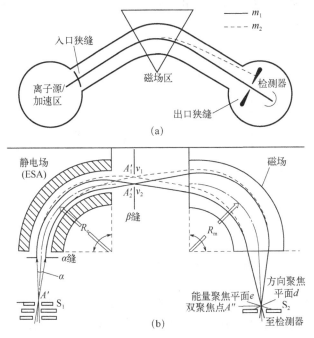

图 3-6 （a）扇形磁场质量分析器简图和（b）双聚焦型分析器原理图

扇形磁场的基本特性是：①质量色散能力。即对不同质量离子有分离能力，因此磁场可单独作质谱仪的质量分析器。②能量色散能力。将不同能量离子发散开，质量相同、速度或能量不同离子不能聚焦到一起。③方向聚焦能力。质量相同、速度也相同，从离子源狭缝出口方向上离子通过扇形磁场可聚焦到一"点"，即达到一级方向聚焦。

扇形电场具有：①方向聚焦能力。②能量色散能力。是一个能量分析器，质荷比相同而能量不同的离子经过扇形电场后会彼此分开。一方面对大能量分散起过滤作用，另一方面和磁场配合可以达到能量聚焦。③无质量分离能力。不能单独作质量分析器。

（2）飞行时间质量分析器

飞行时间（time-of-flight，TOF）质量分析器是一种利用静电场加速离子后，以离子飞行速度差异来分析离子质荷比的器件。TOF 质量分析器可分为线性、反射式、正交式三种，不论哪一种，其设计重点都在于如何在有限的飞行距离内，有效地解决离子产生时的位置、速度、方向角度等分散问题，得到最佳的质量分辨能力。TOF 质量分析器的主要部分是长度约为 1m 的无场离子漂移管，这种分析器的工作原理如图 3-7 所示。对于能量相同的离子，离子的质量越大，达到接收器所用的时间越长；质量越小，所用时间越短。根据这一原理，可以按时间把不同质量的离子分开。从理论上分析，漂移管的长度没有限制，适当增加长度可增加分辨率。TOF 分离离子的分子量没有上限，可分离高分子量的离子。

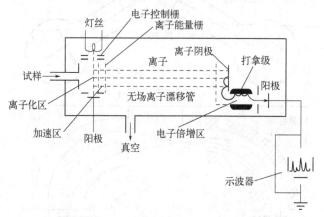

图 3-7 飞行时间质量分析器示意图

飞行时间质量分析器的特点是扫描质量范围宽、扫描速度快、仪器结构简单，不需要磁场和电场。可以在 $10^{-5} \sim 10^{-6}$ s 时间内观察、记录整段质谱，测定轻元素至大分子。但由于试样离子进入漂移管前存在空间、能量、时间上的分散，相同质量的离子到达检测器的时间并不一致，导致该类质谱仪器分辨率较低。故 TOF 质量分析器常与脉冲激光源配合，让具有脉冲特性的激光解吸电离与脉冲高压推动离子的 TOF 质谱仪搭配。脉冲重复率随半导体激光的发展已到数千赫兹，样品取样变快，信息量变大。若将所得质谱图做 N 次累积或平均，能使背景信号以 $1/\sqrt{N}$ 的幅度降低，但信号经 N 次平均后却维持不变，则可有效提高信噪比。由于脉冲重复率高，通常 TOF 质量器可在 1s 内得到品质好的质谱图。

（3）四极杆与四极离子阱质量分析器

四极杆与四极离子阱都属于四极杆质量分析器，其原理是让离子在特殊设计的质量分析器内随着交、直流电场运动。由于在特定的交、直流电场作用下离子运动轨迹与质荷比有关，所以不同质量的离子会在分析器内呈现不同的运动行为。如果电场的作用使得离子运动轨迹不稳定而撞击分析器的电极或偏离电场区，则该离子就不会稳定存在于四极杆与四极离子阱质量分析器内。反之，如果电场作用力能保持离子在分析器内呈稳定的运动轨迹，则该离子可以稳定存在于四极杆质量分析器内。在这个技术中，可以将有效电场对于离子质荷比的作用区分为稳定区与不稳定区，稳定区代表保持离子稳定存在于分析器的电场条件，不稳定区代表将离子排除于分析器外的电场条件。

四极杆与四极离子阱的基本理论架构是相同的，其差别是几何结构上二维与三维的差别。其几何形状是参照双曲面设计，在加入直流与交流电场后，离子的运动模式遵循马蒂厄方程，依据马蒂厄方程可以得到离子运动的稳定区与不稳定区。当离子处在稳定区内，离子运动轨迹近似于简谐运动；若离子处在不稳定区内，离子运动轨迹会以指数增加或减少的形式离开平衡的场。为了得到离子的质荷比，以二维的四极杆为例，只有单一质量的离子能稳定经过场，并经由质量扫描后，离子一个一个地进入稳定区，进而得到质谱图，此即质量选择稳定性模式。另外，以三维的四极离子阱为例，离子阱同时捕捉不同质量的离子，操作离子阱让离子一个一个依次经历不稳定点被排出，抵达离子检测器从而得到质谱图，此即质量选择不稳定性模式。

3.1.3 GC-MS 仪器结构与技术要求

GC-MS 联用仪是较早实现联用技术的仪器。自 1957 年 Holmes J C 和 Morrell F A 首次实现气相色谱和质谱联用以来，GC-MS 技术得到了长足的发展，也是所有联用技术中发展最为完善的，应用也非常广泛。一个典型的 GC-MS 仪器各部分组成如图 3-8 所示，主要包括：①气相色谱仪，实现对复杂试样的分离；②连接装置，让 GC 的大气压操作环境与 MS 的针孔操作体系相匹配；③质谱仪，实现对各组分的检测分析；④计算机系统，交互控制气相色谱仪、接口、质谱仪及数据采集、处理等。挥发性样品或气态样品借由样品注射针穿透橡胶隔垫而被注入样品加热区，样品在此区会快速气化，并经由载气推动而进入气相色谱柱，不同分析物在柱中因作用力不同而被分离，依次流入气相色谱仪与质谱仪器的接口装置，并顺序进入质谱系统，经质谱检测器分析后，按时序将测试数据传递给计算机系统并存储。整个分析过程中，色谱柱置于加热箱以维持样品分析物在整个分离过程中均为气态。气相色谱接至质谱离子源的路径中，通常会使气相色谱柱通过可加热的玻璃管，以确保柱内的化合物到离子源时均为气态。

3.1.3.1 气质连接系统

通常气相色谱柱出口端压力为一个大气压，然而质谱仪中试样是在 10^{-5}～10^{-7} mbar❶ 真空条件的离子源或电离室中实现离子化，连接装置就是从大气压到真空之间的转换。中间连接装置的性能在很大程度上决定着整个 GC-MS 仪器所得结果的形式，该装置安放在关键处，并用于单一目的。理想的接口应当能将色谱柱流出物中的载气尽可能除去，却不损失待测试样组分，并把预留的最大量的待测物送入质谱计离子源。常用的接口设计可分为以下三种，直接导入型接口、开口分流型接口和喷射型接口。

---

❶ bar 为非法定计量单位，1bar=1000mbar=1×10⁵Pa。全书同。——编者注

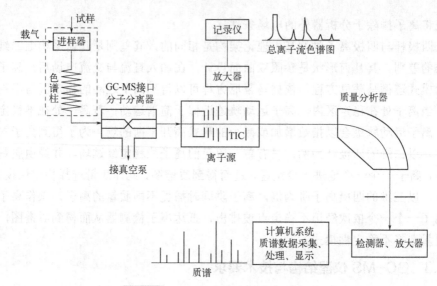

图 3-8　GC-MS 联用仪结构示意图

直接导入型接口，即指色谱柱的流出物包括载气、试样等全部导入质谱的离子源。这种接口的优点是结构简单、收率高，缺点是无浓缩作用，对色谱部分的要求较高，通常仅适用于毛细管柱气相色谱，载气的使用仅限于氦气或氢气，流量应控制在 0.7~1.0mL/min，过大流量会引起质谱仪检测灵敏度的下降。

开口分流型接口，即仅有一部分色谱洗出物被送入质谱仪，其余部分直接排空或引入其它检测器。流出物经过一个存在分子流条件的区域，较轻分子的载气以较快速度通过狭孔，实现选择性地排除载气并产生所需压差。这种接口的优点在于结构简单、操作方便，色谱柱出口压力为恒定大气压，联用时不需对仪器进行任何改造，且不影响色谱的分离性能。又因为有氢气补充气的存在，可实现即时色谱柱的更换而避免质谱仪的开关操作。而缺点在于当色谱流出量较大时，由于分流过多，待测试样离子化效率低，给检测、定量等带来困难，不适合于填充柱气相色谱。

喷射型接口，即将色谱流出物接入喷射式分子分离器接口后，分子量小的载气在喷射过程中偏离喷射方向，被真空泵抽走，分子量大的试样沿喷射方向进入质谱的离子源系统，最终经离子化后检测。由于试样分子与载气分离，喷射式接口有利于浓缩试样。这种接口适合于各种流量的气相色谱柱，但对于易挥发的试样传输效率低，效果不甚理想。

在 GC-MS 联用中，常用参数为传输收率 Y、浓缩系数 N、延时 t 和峰展宽系数 H。如表 3-1 所示。当传输收率 Y 趋向 100%，t 趋向 0，H 趋向 1，浓缩系数 N 足够大时，接口达到理想状态，能提供最优异的分子分离性能。

表 3-1 评价 GC-MS 联用连接装置接口性能指标

评价参数	计算方法	物理意义
传输收率，Y	$Y = \left(\dfrac{q_{MS}}{q_{GC}}\right) \times 100\%$	待测试样的传输能力，与灵敏度成正比
浓缩系数，N	$N = \left(\dfrac{Q_{GC}}{Q_{MS}}\right) \times Y$	消除载气和试样浓缩的能力
延时，t	$t = t_{MS} - t_{GC}$	质谱检测器上色谱出峰时间的延迟
峰展宽系数，H	$H = \dfrac{W_{MS}}{W_{GC}}$	气质联用仪峰宽和气相色谱峰宽的比值

注：q_{MS} 和 Q_{MS} 分别表示从接口流出进入质谱仪的试样量和流量；q_{GC} 和 Q_{GC} 分别表示从色谱仪流出，进入接口的试样量和流量；t_{GC} 和 W_{GC} 表示没接口时，气相色谱同样条件下检测到的色谱峰保留时间和 10%峰高处的峰宽；t_{MS} 和 W_{MS} 表示有接口时，气相色谱同样条件下质谱仪检测到的色谱峰保留时间和 10%峰高处的峰宽。

3.1.3.2 对气相色谱系统的要求

（1）色谱分离柱的选择

必须根据接口部件的特点选择不同类型的色谱柱，如直接导入型接口只可选择细内径的毛细管柱，而开口分流型或喷射型接口则可综合柱容量、分离效率等选择合适结构的填充柱或毛细管柱。GC 色谱柱可分为填充柱和空心柱两类。空心柱的发展，尤其是熔融二氧化硅空心柱，其本身是直的，易与质谱仪离子源连接，而键合或横向交联固定相在使用时流失较少，所以现代 GC-MS 中最为常用。

在 GC 中，固定相的流失造成基线的提高，可用基始电流补偿器补偿；而在 GC-MS 中，色谱柱稳定性要求较高，必须采用充分老化或限制使用温度的方法，尽量避免色谱柱的固定相流失以降低质谱仪器检测噪声；另外固定相和进样口隔膜的蒸气进入离子源将不断离子化并产生碎片。在每次质谱扫描中，这些离子均将存在，这将影响样品中低含量成分的检测，减低了 GC-MS 的检测限。

（2）载气选择

氢气和氦气为最常用的载气，是基于分子量、电离电位和中间连接装置来选择的。采用较高分子量和较浓密的气体作为载气，会减少组分扩张效应而实现 GC柱的良好分离，但对于喷射原理的中间装置或分子分离器，则采用较低分子量和分子尺寸的载气才是适宜的，这将导致较大的浓缩度和离子源工作于较低的操作压力。当 MS 作为 GC 检测器，以检测一部分总离子流时，轰击电离用的电子能量必须低于载气的电离电位，为了在离子束中排除这些离子。因为大部分有机组分的电离电位低于 15eV，如果要记录总离子流和质谱，则 EI 能量的选择至关重要。以氦气为载气时，电离电压通常置于 20eV。在 20eV 时的电离效率仅相当于标准电离电压 70eV 时的 10%，但由于不存在氦离子，总离子流监测的灵敏度可增加近 100 倍。然而，在这些条件下取得的质谱只显示很少量的离子，并与 70eV 情况的离子分布略微有些差别。因此，为了不影响质谱灵敏度，引入了双离子流设计。GC 流出物在流入质谱计时实行分流，每个离子源各流入一部分，其中一个离子源操作在 20eV 条件下并带一个收集所有离子的收集器，提供 GC 的输出或色谱图。而另一个离子源置于 70eV，并带有一个通向质量分析器的狭缝，当需要质谱时，狭缝处就开始扫描。

（3）载气流速

对于给定的色谱柱，实际的分离能力在很宽流速范围内并不会变更，因此，采用较高的流速虽缩短了组分保留时间，却不会影响各组分间的相对分离度或分配系数。但柱效率与载气流速有关，GC-MS 联用系统对载气流速的变化很敏感，故程序升温气相色谱中配备专门的流速控制装置，常采用恒定流量和恒定压力两种操作方式。另外，程序升流方法即可缩短宽沸程范围混合物的分析周期，且允许柱操作于较低温度下，故程序升流分析时的基线飘移甚小。同时较低的柱温减少了热不稳定样品可能产生的分解现象。

3.1.3.3 对质谱系统的要求

（1）离子源温度

离子源温度对质谱的影响即是吸附或热分解的结果。在以 GC-MS 联用方式操作时，离子源温度应足够高，以避免流出的 GC 组分出现冷凝现象。但应避免温度过高，尽量降低可能出现的热分解的程度。此外，仪器结构（GC 柱、连接管线和中间装置）中特殊材料与热金属表面发生催化反应也会导致热分解情况发生。

离子源温度对组分的质谱线有影响。通常认为，一个较热的离子源将产生较多的碎片，并伴随分子离子强度的最终损失。同时温度对化学电离的影响尤为严重，因此必须保持离子处于恒定温度，尽量减少质谱图的变化。根据文献报道，对于电子电离源，温度应保持在 250℃。

（2）离子源压力

调节输送至质谱计的 GC 载气流量是至关重要的，只要不超过无损离子源操作的最佳质谱性能的真空或压力水准，则对每种待测物都能达到最高灵敏度。这一压力主要根据输入质谱计的体积流量与抽吸速率之间的关系来确定。当离子源抽速和离子源导气率增加，在保持相应压力不变时，输入离子室的 GC 流出物亦将增加。在差动抽吸的仪器中，离子源和质量分析器是通过各自的抽吸系统达到真空，它们之间的连接仅是输送离子束所经过的极小狭缝。另外，由于离子源压力会影响分子的平均自由程，如果平均自由程比离子源开孔要小，则粘滞流将占主要地位，这种情况随压力的增加而增强。而湍流或粘滞流会造成灵敏度损失，故离子源压力必须低至能形成和助长黏滞流的压力水准。通常，离子源压力低于

$5×10^{-8}$ Torr[1] 已被认为是大多数气质仪要求的，能否达到这一压力，不仅取决于载气流、输入质谱计的流速，还取决于质谱计真空系统的特性。

（3）电离电位

基于特征质谱线来鉴别化合物时，常使用 70eV 的电离电压。如果将探针插入质谱计来取得总离子色谱图时，所记录的大部分是氦载气的结果，所以监测器的灵敏度较差，即使实行氦散焦方法也将导致其它质谱线的畸变。前文已提到大多数有机物的电离电位低于 15eV，当需要同时记录总离子流和质谱线时，常把电离电位设置于 20eV。

在化学电离方式操作时,过多的反应气体必须从质谱计的离子源区域被抽去,使用的泵要具有大的抽吸速率或具有大的容量，并以差动抽吸系统为基础。为了使反应气体有效的电离，电子应能穿透密集的气体等离子体，因此需增加电子能量。化学电离过程基本上是一个低能量过程，会产生较少的碎片，并可以通过选择一种适当的反应气体来控制碎片程度。

（4）扫描技术和附属问题

需关注以下问题：①质谱线扫描系统。在飞行时间、四极杆和磁扇形质谱仪中，质量和时间的关系是各不相同的，但各自也存在"固有的"扫描函数，对所有质量峰提供相同的峰值或时间宽度。另外扫描方式有手动、循环和"接连跃变"扫描三类。②扫描速率、分辨率和灵敏度之间的关系。在 GC-MS 联用操作方式中，扫描速率取决于检测系统（放大器和记录仪）的频率极限以及质谱仪的分辨率。因为分辨率能确定在给定的扫描速率下经过一个质量峰需要的时间，故分辨率和记录系统的参数必须是特定的。当分辨率增加时，如果记录系统没有快速响应，则必须经过较长的扫描时间。③扫描速率与灵敏度和动态分辨能力之间的关系。放大器和记录系统有限带宽导致质谱峰的扩展和峰幅值的下降，且当扫描速度增加时，就会使灵敏度和分辨率降低。④扫描速率和在 GC 峰流出时样品浓度的变化。在 GC-MS 系统中，必须使每 10 倍程质量的扫描时间小于 GC 峰的流出时间。经验法认为，扫描时间应不超过 GC 峰半高处宽度的 1/5；或至少 10 个扫描周期要经过色谱峰的底线，以免出现离子源中流出物在扫描期间浓度变化而引起质谱线的畸变或偏移，进而不能反映出化合物固有的表征质谱线离子丰度的相对分布状况。比例扫描方式可排除这样的质谱线的畸变或偏移。

3.1.4 LC-MS 仪器结构与技术要求

若分析物本身因高沸点、高极性、热不稳定性与高分子量而无法经出加热形成气态，就无法使用 GC-MS 技术测定。只需分析物可溶于液相样品，就可以利用以液体为流动相的液相色谱技术分离，并可在柱末端直接检测回收。与 GC-MS

---

[1] Torr 为非法定计量单位，1Torr=133Pa。全书同。——编者注

相比，LC-MS 连接更为复杂，对接口的要求更为苛刻，原因是 LC 的流动相为液体，而经典的电子轰击法和化学电离法中，待测试样的电离均是在 MS 的高真空条件下实现。此外，由于 LC 分析的化合物大多是极性强、挥发性差、易分解或不稳定的化合物，对质谱的离子源系统有很高的要求。因此，在连接 LC 和 MS 时，为避免大量溶剂进入高真空的离子源，必须先脱溶剂。本节涉及的 LC 主要是指 HPLC（高效液相色谱）。

3.1.4.1 LC-MS 联用技术要求

（1）对接口的要求

接口装置是 LC-MS 联用的技术关键之一，其主要作用是去除溶剂并使试样离子化。早期设计中，溶剂和待测试样的分离主要靠两者间挥发度的不同或动量的不同或二者兼之。然而由于溶剂的量远远超过待测试样的量，仅仅依靠这种差异，难于获得溶剂和待测试样的良好分离。大气压电离接口的设计跳出传统思维，利用试样与溶剂电离能力的不同，将分析物首先在大气压或略低于大气压条件下电离，而后利用电场导引，将带电试样"萃取"进入质谱高真空系统，与传统的方法相比，大气压电离接口模式利用待测试样和溶剂间带电能力的差异，更利于将二者分开。同时，大气压电离接口更容易与 LC 相匹配。因此，大气压电离源成为绝大多数 LC-MS 联用仪使用的接口装置和离子源。目前常用的大气压电离接口由电喷雾电离（ESI）和大气压化学电离（atmospheric pressure chemical ionization，APCI）。

溶液样品的进样方式主要有注入和流动注射两种，前者用注射泵将样品溶液直接缓慢输入离子源，这种方法简便、快速，但需要相对多的样品（通常将样品配成溶液，体积大于 10μL），且样品中其它物质可能产生干扰。后者是将样品溶液置于 HPLC 进样系统中，不连接色谱柱，用连接毛细管代替，溶剂（流动相）输送（高压泵）采用低流速；再用进样器将样品溶液注入流动相，直接输入离子源。此法也简便、快速，样品用量可以很小（如 0.1μL），易于实现自动进样分析，但样品中的盐和其它成分可能干扰测定，且进样过程中样品溶液被稀释而降低检测限。

（2）对液相色谱的要求

在 LC-MS 联用中，LC 必须与 MS 相匹配，首先就是色谱流动相液流的匹配，包括液流的流速和稳定性等。由于质谱是在真空条件下工作，色谱流动相需经过蒸发气化的过程，以此减轻质谱真空系统的负荷，同时避免溶剂对质谱仪器的损坏以及对待测试样的干扰。流动相的流速应控制在较低的范围，通常不能超过1mL/min，依接口的不同略有差异。另外，LC 必须提供高精度的输液泵，以保证在低速下输液的稳定性。对于分析柱，则最好选用细内径的分离柱，与低流量 LC 相匹配，从而减轻 LC-MS 接口去除溶剂的负担。

（3）对质谱的要求

质谱仪的真空系统必须具备很高的效率、大的排空容量，以利于将溶剂气最大限度地抽出质谱仪，避免引入质量分析系统，而对待测试样的分析造成干扰。由于LC-MS 采用软电离技术，所获试样离子信息多为分子离子峰，对试样的定性造成一定困难。因此，好的质谱仪可提供多级 MS 串联使用，有利于获得丰富的结构信息。例如，液相色谱-三重四极杆质谱联用仪（LC-MS/MS）是将两个高分辨四极杆与一个用于碰撞的四极杆在空间上串联，再与 HPLC 连接的分析仪器。其中，两个高分辨四极杆 1 和 2 用于离子筛选，而另一个四极杆 3 主要用于碰撞破裂离子，此三者在空间上串联故称作三重四极杆串联技术。四极杆 1 主要根据设定的质荷比范围扫描和选择所需的离子（即前体离子）；四极杆 2 则作为碰撞池，用于聚集和传送前体离子，引入碰撞气体，通过碰撞形成产物离子碎片；四极杆 3 用于对经四极杆 2 碰撞后前体离子产生的碎片离子进行检测，也可筛选产物离子，定量相应离子碎片的强度。目前商品化仪器中，四极杆 2 不再使用四极杆，而是采用六级杆的设计，因其拥有更好的聚焦和传输离子的能力，但仍沿用三重四极杆的名称。

（4）液相色谱和质谱分析条件的选择

① LC 分析条件的选择　　LC 分析条件的选择要考虑使分析试样获得最佳分离并有利于其电离，LC 可调节的参数主要有流动相的组成和流速。在 LC-MS 联用的情况下，则要考虑喷雾雾化和离子化，常规的 LC 体系并不一定适合，如正相体系和离子色谱体系难以用于 LC-MS 联用。前者由于流动相极性太小，试样难于电离，同时流动相和待测试样间的分离困难；后者由于广泛采用离子对试剂，容易堵塞毛细管喷口，也应用得很少。而反相色谱体系，大多可很好地与 MS 联用，但许多体系并不适合用作 LC-MS 联用的流动相，包括无机酸、难挥发性盐和表面活性剂等。无机酸和难挥发性盐在喷雾过程中会因为溶剂快速蒸发而在喷雾口或离子源内析出结晶，造成仪器损坏或污染；表面活性剂会降低体系的表面张力或与待测试样复合而影响其离子化。在较成熟可靠的 LC-MS 分析中，常用流动相体系由水、乙腈、甲醇、甲酸、乙酸、氢氧化铵和乙酸铵等组成。

LC 分离的最佳流量，往往超过电喷雾允许的最佳流量，此时需采取柱后分流，以达到好的雾化效果。柱后分流不会导致明显的信号丢失，易于安装且不会使系统变复杂。分流器的好处有：可同时收集经色谱纯化的样品；可同时使用与质谱仪平行的另一检测器；以较低的流速通过喷雾器以提高离子化效能；因为只有一小部分样品进入离子源，故有利于保持质谱仪内部的清洁。

② 质谱条件的选择　　质谱条件的选择主要是为了改善雾化和电离状况，提高检测的灵敏度。调节雾化气流量和干燥气流量可达到最佳雾化条件，改变喷嘴电离电压和聚焦透镜电压等可以得到最佳灵敏度。对于多级质谱仪器，还要调节碰撞气流量和碰撞电压及多级质谱的扫描条件。

对于不同的试样应当根据试样带电能力的不同、带电性质的差异，选择不同的质谱电离方式和工作模式。如：（a）极性试样、多电荷大分子试样等倾向于采用 ESI 模式；中等极性或非极性试样适合采用 APCI 电离模式。（b）碱性试样或容易带正电荷的试样宜选用正离子模式检测，并可通过调节流动相体系的 pH 让试样尽可能带正电；酸性试样或容易带负电荷试样适合采用负离子模式（通常为 ESI⁻和 APCI⁻）检测。（c）对于无法判断试样可能的带电模式时，则应当在正、负离子模式下均对试样进行测试，然后根据其它信息来判断。

③ LC-MS 定性、定量分析　LC-MS 分析得到的质谱过于简单，结构信息少，进行定性分析比较困难，主要依靠标准试样定性，对于多数试样，保留时间相同，子离子谱也相同，即可定性。当缺乏标准试样时，为了对试样定性或获得其结构信息，必须使用串联质谱检测器，将准分子离子通过碰撞火花得到其子离子谱，然后解释子离子谱来推断结构。

用 LC-MS 进行定量分析，其基本方法与普通液相色谱法相同。即通过色谱峰面积和校正因子（或标样）进行定量，但由于色谱分离问题，一个色谱峰可能包含几种不同的组分，给定量分析造成误差。因此，定量分析不采用总离子色谱图，而是采用与待测组分对应的特征离子得到的质量色谱图或多离子检测色谱图，此时，不相关组分的峰将不出现，从而减少组分间的互相干扰。LC-MS 所分析的经常是体系十分复杂的试样，比如血液、尿样等。为了消除试样中保留时间相同、分子量也相同的干扰组分的影响，LC-MS 定量的最好办法是采用串联质谱的多反应监测技术，如图 3-9 所示。即对质量为 m_1 的待测组分作子离子谱，从子离子谱中选择一个特征离子 m_2。正式分析试样时，第一级质量选定 m_1，经碰撞活化后，第二级质谱选定 m_2。只有同时具有 m_1 和 m_2 特征质量的离子才被记录。这样得到的色谱图就进行了三次选择：LC 选择了组分的保留时间，第一级 MS 选择了 m_1，第二级质谱选定了 m_2，这样得到的色谱峰可以消除其它组分的干扰。然后，根据色谱峰面积，采用外标法或内标法进行定量。此方法适用待测组分含量低，体系组分复杂且干扰验证的试样分析。

3.1.4.2　超高效液相色谱串联四极杆飞行时间质谱联用仪

目前分析级的液相色谱管柱较常用的为多孔性固定相颗粒，粒径约为 5μm。然而当使用固定相颗粒粒径降至 3μm 或 1.7μm 以下时，由于多重路径效应降低且分析物在固定相的质量传递速度更快，因此可有效提升管径分离效率。使用固定相颗粒越小，其管压力越高，因此使用颗粒粒径在 2μm 以下（亚 2μm）时就需要能输出 400bar 以上的超高压液相泵以推动适当的流动相流速。这种可用于亚 2μm 色谱柱的系统称为超高效液相色谱，由于颗粒越小时其柱塔板高度越不易随管柱流速提升而增加，因此可以使用较高流速使分离时间缩短到数分钟内，且不损失其分离效能。

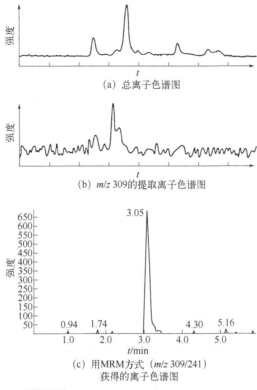

(a) 总离子色谱图

(b) *m/z* 309的提取离子色谱图

(c) 用MRM方式（*m/z* 309/241）
获得的离子色谱图

图 3-9　多反应监测技术用于定量测定

　　飞行时间串联质谱仪的设计，是为了解决配备线性反射器的飞行时间质量分析器，无法一次聚焦并分离在无场区所产生的裂解离子。超高效液相色谱串联四极杆飞行时间质谱联用仪（UPLC-Q-TOF），主要是用飞行时间质量分析器代替了第 3.1.4.1 节中介绍的三重四极杆中的四极杆 3，即由四极杆和飞行时间质谱组成的空间串联型质谱，与 UPLC 通过接口连接的仪器。如图 3-10 为 Q-TOF 的结构示意图，其中四极杆主要起离子导向和质量分选功能，而装有反射器的飞行时间分析装置与四极杆垂直配置，主要进行质量分析，两者之间的碰撞活化室能实现碰撞诱导解离。由于 TOF 的分辨率远高于四极杆，故 UPLC-Q-TOF 可实现高分辨检测。

　　UPLC-Q-TOF 通常有三种工作模式：

　　① MS 扫描　一般用于四极杆的质量校正，不针对样品。

　　② TOF 一级质谱分析　HPLC 流出的组分经电喷雾电离源气化形成离子，经过四极杆离子光学系统的调制形成可控离子束进入飞行时间质量分析器，离子束被垂直引入加速区加速，进入无场漂移区，经过二级反射镜后再返回，打在微通道板上产生电脉冲信号，然后经过信号转换输出色谱-质谱二维图。这种模式可获得大分子乃至肽的指纹图谱及蛋白质的图谱。

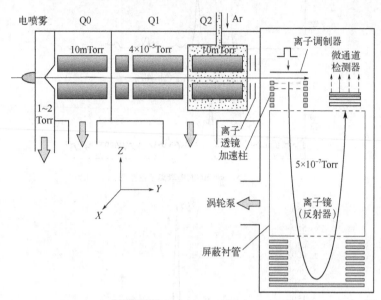

图 3-10　Q-TOF 结构示意图

③ TOF 二级质谱分析　第一重四极杆选择母离子，加速至一定能量，进入只有射频的碰撞池与惰性气体碰撞而碎裂成产物离子，这些离子再经加速和聚焦进入 TOF 分析器，按照质荷比进行分离。这种模式主要用于进一步选择目标碎片来进行二级质谱，从而得到更大量的信息，增加测定结果的准确性，尤其有利于对未知蛋白的研究。

UPLC-Q-TOF 具有质量范围广、分辨率好、质量精度高、分析速度快等特点，与低分辨率质谱相比，它可通过全扫描获得化合物的精确质量和可能的化学分子式，大大提高了复杂背景下的抗干扰能力，使检测结果更加准确可靠。同时，TOF 的扫描速率高，理论上同时扫描的目标数量无上限，可真正实现一次扫描几百种样品的高通量检测。

3.2　实验技术

3.2.1　离子化方法的选择

在选择离子化方法时，可以大略地根据想获得的信息以及被分析物分子的物理、化学性质进行筛选。由于每一种离子化方法都有特定的电离反应机理，其反应环境也已被定义的很清楚，所以能够检测的分子也有很多限制，需要从以下几方面考虑：

（1）样品的物理性质

待分析样品的物理性质决定了可以选用的离子化方法的范围。电子电离与化学电离适用于气体或汽化后仍然稳定的样品。电喷雾电离和大气压化学电离适用于液态或是可溶解在溶液中的样品。激光解吸电离和基质辅助激光解吸电离则适用于固态或可溶于高沸点液体或是可和基质形成共结晶的样品。

（2）需得到的定性信息

在 EI 与 CI 的使用中，前者由于在离子化过程中主要观察到的是碎片离子，甚至无法观察到分子离子，因此并不适用于完全未知的被分析物的分析或是混合物的直接分析。虽然 EI 会发生显著的碎裂反应从而导致无法用分子离子的信号区别被分析物，但目前已有的 EI 谱图资料库已囊括了超过二十万种不同的分子，这对于无靶标的分子分析十分有利。对于没有 EI 标准谱图的被分析物分子，或是分子组成过于复杂而无法利用色谱分离开的样品，CI 是一个好的选择。由于 CI 可产生主要为分子离子的信号，有利于得到分子量甚至同位素组成的信息，这在初期鉴定完全未知的物质时十分有帮助。另外，CI 可以通过被分析物气相反应的热力学特性，使用反应气体选择性地离子化特定化合物，这就可降低样品基质所产生地背景干扰。ESI/APCI/LDI/MALDI 也主要产生分子离子的信号，可以很容易地得到分子量以及同位素组成的信息，且可离子化较大分子量的极性分子。其中，ESI 甚至可以通过调节离子化参数保持分子在溶液中的非共价作用力，进而开展分子间非共价相互作用的研究。在分子分子量超过质谱质量上限分子时，则可以利用 ESI 离子化过程带多电荷的特性测得其分子量。

（3）待测分子的分子特性

在选择离子化技术时，可以以被分析物分子的分子量和极性作为依据，如图 3-11 所示，横轴以被分析物的极性归纳出合适的离子化方法。非极性的分子无法在 ESI/APCI/MALDI 中实现质子化或去质子化而电离，因此较适合选择 EI 和 CI 对其进行分析。但过高分子量的非极性分子因为沸点过高，无法在 EI/CI 离子源中汽化，且无法通过质子化或去质子化的方法使其电离，因此并无可使用的离子化方法。极性高的分子因分子间作用力强，挥发性低，通常呈现液态或固态。分子极性过高会因样品无法被汽化而无法引入 EI/CI 离子源进行离子化。若使用过高的温度汽化样品，则被分析物会因高温导致其在离子化前发生热裂解，故极性高的分子常直接选用 ESI 与 MALDI，极性太高的分子也可经衍生化后利用 EI/CI 方式电离，方法最多。ESI 基本上在待分析分子变成气态时必须要先在溶液中形成预生成离子，因此具有高极性或离子性的待测分子才能在 ESI 中获得好的离子化效率。若分子属于低极性或中低极性，则可选择使用 APCI 方式电离。APCI 在离子源的设计上与 ESI 接近，可将溶液态中无法形成预生成离子的分子先汽化，然后借助气相化学反应将样品离子化。气相化学反应不需要克服溶解能，因此气态的质子化或去质子化反应较溶液态更易发生。

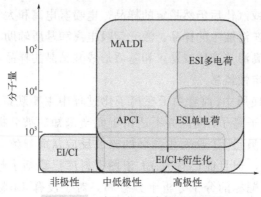

图 3-11 离子化方法的适用范围

（4）与质谱联用的色谱

一般而言，使用 GC 与 MS 进行在线联用时，最常用的离子化方法是 EI 或 CI，主要是由于 GC 流出的分子为气态且这两种离子化方法也需将样品先进行汽化才能进行电离。另外，使用 GC 法分析的样品通常极性较低，才能在色谱柱中被汽化，且 EI 和 CI 具有直接电离低极性或非极性待测物的能力。由于一般样品多为混合物，未经分离的多种分子同时进入 EI 离子源所产生的碎片信号会相互重叠，而影响数据库检索或谱图检索的准确率，故市面上配备 EI 离子源的 MS（EI-MS）也配备了 GC 以解决上述问题。对于分离含有高极性或高沸点待测物的样品而言，LC 是最常用的分离技术。ESI 由于可在大气压下将溶解的待测物直接转化为气相分子离子，已成为 LC 与 MS 在线联用中的主要离子化方法。LC 与 MALDI 进行联用，但目前无法实现在线联用，需要将色谱分级后的组分收集在靶板上再送入质谱仪进行分析。

（5）定量分析的需求

进行定量分析时要求离子化方法具有很好的稳定性和重现性。一般气态与液态的离子化方法因为样品的流动性高，均匀度好，所以稳定性与重现性均适合定量分析。固态样品的离子化方法因样品无法流动，所以一旦某一处样品被电离，样品表面即开始变化并持续减少。同时，固态样品的表面也可能分布不均匀，造成离子信号强度的偏差，如 MALDI 法常见的甜点效应。

3.2.2 质量分析器的选择

质量分析器所测量的对象是离子，但不同的质量分析器其解析离子的物理量是不同的，数据处理系统可运用数学运算将不同物理量换算为质量。四极杆与四极离子阱质量分析器所测量的物理量是离子的质荷比（m/z），扇形电场所测量的是离子的能量电荷比（$mv^2/2z$），扇形磁场质谱仪测量的是离子的动量电荷比（mv/z），飞行时间质量分析器所测量的是离子的速度（v）。选择质量分析器时，除了要了解其工作原理外，还要考虑其它的参数，如质量分辨能力、准确度、精密度、质量范围、动态范围、检测速度、体积大小、操作界面等。表 3-2 总结了本章所述的质谱分析器的特性与性能。

表 3-2　常见质量分析器性能比较表

质量分析器	飞行时间	扇形聚焦	四极杆	四极离子阱
质量分辨能力	约 10^4	约 10^5	约 10^3	约 10^3
质量精确度	5~50	1~5	100	50~100
质量范围	>10^5	10^4	>10^3	>10^3
串联质谱	有	有	有	有
功能与离子源相容性	脉冲与连续	连续	连续	脉冲与连续

没有理想的质量分析器可以适用于所有的应用领域，可依据应用领域和仪器性能来选择。每台质谱仪都有其特性与限制，例如，四极离子阱质量分析器的优点是灵敏度高、体积小、串联质谱性能好，缺点是空间电荷限制离子捕获数目，因此动态范围不高。在应用上，四极离子阱质量分析器可与 LC 与 GC 联用，用来测定待测物，也可以探讨气相离子的化学反应。飞行时间质量分析器的特点是质量分析快速，非常适合脉冲式激光离子源，离子传输效率极高，质量检测范围宽，但若与连续式离子源搭配会存在工作周期问题。

3.2.3　影响分辨率和灵敏度的操作条件

GC-MS 灵敏度是指在一定的试样、一定分辨率下，产生特定信噪比的分子离子峰所需的试样量。例如，通过 GC 进标准测试试样八氟萘 1pg，用八氟萘的分子离子 m/z 272 作质量色谱图并测定离子的信噪比，如果信噪比为 20，则该仪器的灵敏度可表示为 1pg 八氟萘（信噪比 20:1）。LC-MS 的灵敏度表示方法与 GC-MS 相同，例如，配制一定浓度的利血平（10pg/μL），通过 LC 进适当量试样，以水和甲醇各 50%为流动相（加入 1%乙酸），作质量范围全扫描，提取利血平分子离子峰 m/z 609 的质量色谱图，计算其信噪比，最终仪器的灵敏度用进样量和信噪比标定。

对单一峰而言，质量分辨率被定义为 $M/\Delta m_{10\%}$ 或 $M/\Delta m_{50\%}$，即所检测到的质量（M）除以峰宽。$\Delta m_{10\%}$ 定义为峰高 10%时该峰的宽度，$\Delta m_{50\%}$ 定义为一半峰高时该峰的宽度，称为半高宽（FWHM），其关系可由图 3-12 表示，在分图（a）中定义为 $M/\Delta m_{10\%}$，计算出其质量分辨率约为 500；在分图（b）中定义为 $M/\Delta m_{50\%}$ 的情况下，其质量分辨率则约为 1040。由此可推出，采用不同峰宽的情况下，$M/\Delta m_{50\%}$ 所得的质量分辨率数值相较于 $M/\Delta m_{10\%}$ 为两倍左右。而质量准确度的定义为实验测量质量与理论计算质量（M_t）的质量误差，常用的表达方式为 Mass Error/M_t，即将此差值除以真实理论质量，此值通常会乘以 10^6。

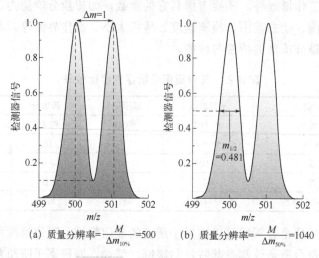

(a) 质量分辨率=$\dfrac{M}{\Delta m_{10\%}}$=500　　(b) 质量分辨率=$\dfrac{M}{\Delta m_{50\%}}$=1040

图 3-12　质量分辨能力示意图

分辨率和灵敏度受仪器离子光学类型、光学尺寸等仪器设计、结构和制造因素及操作条件的影响，这里只讨论基本操作影响。以双聚焦仪器的离子光学系统为例，如图 3-6（b）所示，影响因素主要有：

① 分析器入口主缝（S_1）和分析器出口接收缝（S_2）的大小。在灵敏度允许范围内，缩小 S_1 和 S_2 可提高分辨率，但会降低灵敏度，力求两者相等，且相互平行。S_1 和 S_2 应与磁场平行，和电场垂直。

② 离子源推斥、引出、聚焦等电极电位及与静电场电压匹配性，影响离子进入分析器入口散角、静电场能量分散。调节这些电位力求质谱峰最高、最窄，且峰形对称。降低 α 缝和 β 缝宽度有利提高分辨率，但会降低灵敏度。

③ 噪声信号影响分辨率和灵敏度，尽可能降低加速电压、静电场、磁场及其它电子部件噪声，有利于提高分辨率和灵敏度。

④ 分析系统真空度不够，压力升高，分子自由程缩短，离子-分子碰撞概率增加，导致离子束发散，分辨率降低。

⑤ 要尽量防止离子源、分析器污染。因污染导致离子堆积形成附加电场，导致分辨率和灵敏度下降。当系统被污染造成很高本底噪声，严重影响仪器性能，需要进行清洗、烘烤。

⑥ 扫描速度适当。扫描速度增加，分辨率和灵敏度下降，特别在高分辨率时。因此，在确保不丢失质谱数据条件下，扫描速度不宜过快。

⑦ 分辨率选择，一般总是先进行低分辨率质谱测定，减少进样量，避免污染。高分辨率（$R \geqslant 50000$）质谱可测量离子质量到小数点后第 4 位，还能确定实验式，但仪器成本高，调试技术难度较大。

参考书目

[1] 台湾质谱学会. 质谱分析技术原理与应用. 北京: 科学出版社, 2019.

[2] 麦克法登. 气相色谱: 质谱联用技术在有机分析中的应用. 北京: 科学出版社, 1983.

[3] 本杰明·J·贾津诺威兹, 等. 气相色谱仪-质谱计联用分析系统. 北京: 机械工业出版社, 1982.

[4] Edmond de Hoffmann, et al. Mass spectrometry: principles and applications (3rd Edition). Chichester: Wiley-Interscience, 2007.

[5] Gary D. Christian, 等. 分析化学（原著第 7 版）. 李银环, 等译. 上海: 华东理工大学出版社, 2017.

[6] 李桂贞. 气相、高效液相及薄层色谱分析. 上海: 华东化工学院出版社, 1992.

第4章　高场核磁共振波谱仪

对于化学工作者，核磁共振波谱仪可能是最重要的一类分析仪器。1946 年 Felix Bloch 和 Edward Purcell（分享 1952 年度诺贝尔物理奖）发现质子的磁共振现象。自此，作为精密检测原子核磁共振行为以及观察核间作用与关系的仪器，核磁共振波谱仪得到发展。核磁共振波谱仪具有高频率分辨率、长探测尺度、宽时间范围、无辐射损伤以及一定的灵敏度等特点。依据被分析样品的形态或数据的呈现方式，核磁共振波谱仪大致分作液体核磁、固体核磁和 MRI（成像）三类。

现代核磁共振波谱仪因 Richard Ernst（1991 年诺贝尔化学奖获得者）和 Kurt Wüthrich（2002 年诺贝尔化学奖获得者）开创性工作的推动，应用已覆盖化学、生物、医药、材料科学、地质学等领域。核磁共振波谱仪不仅用于鉴定有机合成化合物、天然产物的化学结构，还研究反应动态过程（如反应动力学、化学或构象平衡）等。

4.1　核磁共振基础知识

核磁共振波谱［nuclear magnetic resonance（NMR）spectroscopy］简单而言即处于强磁场中的自旋核因受迫共振运动产生的光谱。

4.1.1　原子核自旋现象与核磁共振产生

（1）核自旋与自旋量子数

原子由原子核和电子组成，带正电的质子与电中性的中子构成原子核，使得原子核具有一定质量并同时带有正电荷。二十世纪初，原子物理学家发现，某些核素原子核可以作自旋运动从而产生磁矩，但并非所有核素原子核都可以自旋。

原子核自旋运动可以用自旋量子数 I 描述，即仅当自旋量子数不为零（$I \neq 0$）的原子核存在自旋运动。自旋量子数 I 值与原子核中质子数和中子数奇偶性有关，常见核素自旋量子数值参见表 4-1。

表 4-1　常见核素原子核自旋量子数 I

自旋量子数 I	中子数/质子数奇偶性	核素示例
0	均为偶数	^{12}C, ^{16}O, ^{32}S
1/2	一个为偶数，另一个为奇数	^1H, ^{13}C, ^{15}N, ^{19}F, ^{31}P, ^{77}Se, ^{119}Sn, ^{195}Pt
3/2		^7Li, ^9Be, ^{11}B, ^{23}Na, ^{33}S, ^{35}Cl, ^{37}Cl, ^{39}K
5/2		^{17}O, ^{25}Mg, ^{27}Al, ^{55}Mn, ^{67}Zn
1	均为奇数	^2H, ^6Li, ^{14}N
2		^{58}Co
3		^{10}B

对于 $I = 1/2$ 的原子核，电荷均匀分布在原子核表面，核磁共振谱峰窄。$I > 1/2$ 的原子核表面，电荷呈非均匀分布，即存在电四极矩，此类核又被称为四极核。四极核核磁共振谱的特征为谱峰宽。

（2）磁矩、角动量及旋磁比

任何带电粒子的转动必定产生磁矩。当原子核自旋量子数 $I \neq 0$ 时，原子核围绕核轴以角动量 P 自旋运动因此产生磁矩 μ。

自旋核磁矩 μ 的大小与自旋角动量 P 有关，两者存在的关系可以关系式（4-1）表达。

$$\mu = \gamma P \tag{4-1}$$

式中，γ 为旋磁比，是自旋核的特征物理常数，单位为 rad/T·s。旋磁比值可以用于比较不同原子核自旋运动磁性的大小。

核磁矩 μ 和自旋角动量 P 都是矢量，具有大小和方向。根据量子力学原理，自旋角动量 P 是量子化的，其状态由核的自旋量子数 I 决定，P 的绝对值可由式（4-2）计算。

$$P = \frac{h}{2\pi}\sqrt{I(I+1)} = \hbar\sqrt{I(I+1)} \tag{4-2}$$

式中，h 为普朗克常量，$\hbar = \dfrac{h}{2\pi}$。

（3）磁场中自旋核的能量和核磁共振的产生

在没有外加磁场时，自旋核的磁矩可任意取向，相应的能级处于简并状态。当自旋核处于外加强静磁场（B_0）中时，自旋核除自旋外还将围绕外磁场（B_0）方向旋转，其结果核磁矩发生取向裂分。自旋核磁矩取向数即磁量子数 m 有 $2I+1$ 个；原有简并能级分裂为 $2I+1$ 个能级。例如图 4-1，^1H 磁量子数为 2 个（1/2 和 $-1/2$），核磁矩与 B_0 方向平行，能级低；与 B_0 反方向平行，能级高。

每个能级的能量用式（4-3）表示。

$$E = -\mu_H B_0 \tag{4-3}$$

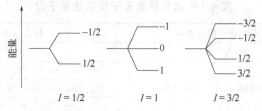

图 4-1 自旋量子数 I、磁量子数 m 与能级关系

其中，B_0 为外加磁场强度，μ_H 为核磁矩在外磁场方向的分量，$\mu_H = \gamma m \hbar$。因而，

$$E = -\gamma m \hbar B_0 \tag{4-4}$$

在外加磁场中，不同能级间自旋核的能量差为 ΔE，即 $\Delta E = -\gamma \Delta m \hbar B_0$。根据量子力学选率要求，只有 $\Delta m = \pm 1$ 的跃迁才是允许的，因而相邻能级跃迁的能级差为：

$$\Delta E = \gamma \hbar B_0 \tag{4-5}$$

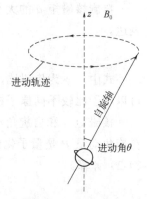

自旋核在外磁场 B_0 中，既绕自旋轴自转又绕 B_0 方向转动，其间存在特定夹角，这种类似陀螺在重力场中的运动称为拉莫尔（Larmor）进动，如图 4-2 所示。进动速率或频率取决于原子核的种类及外磁场的大小。定义自旋核磁矩沿外磁场方向进动的圆频率 ω 为拉莫尔频率，$\omega = \gamma B_0$，该物理量是核磁共振的重要参数。

设想在静磁场 B_0 垂直平面对检测体系施加频率为 ν 射频电磁波。当射频电磁波能量 $h\nu$ 与某自旋核能级跃迁所需能量相当时，满足式（4-5）自旋核能级跃迁要求，则自旋核吸收射频电磁波能量后发生共振跃迁。可以推得该电磁波频率 ν 与核拉莫尔进动频率的 $\dfrac{\omega}{2\pi}$ 相等，即

图 4-2 自旋核在静磁场 B_0 中的进动

$$\nu = \frac{\omega}{2\pi} = \frac{\gamma B_0}{2\pi} \tag{4-6}$$

实际检测中，单一自旋核的核磁信号非常小而无法观测，检测信号为被检测宏观体系所有自旋核的贡献，即单位体积内原子核磁矩的矢量和——宏观磁化强度 M_0。Bloch 沿用法拉第电磁感应理论提出，磁化强度本质是宏观磁矩，它在线圈中有自身的磁通量。当磁化强度绕静磁场旋进时，线圈中的磁通量发生周期性的变化，因而可以记录到在线圈中振动频率为 $\gamma \hbar B_0$ 的交变电流。这一理论是核磁共振波谱仪检测自旋核的基础。

Curie 定律［式（4-7）］指出，核自旋系统的宏观磁化强度 M_0 与静磁场强度 B_0、自旋核旋磁比 γ^2 成正比。显然 600M NMR 比 400M NMR 检测灵敏度高；而 ^{1}H 是样品最广泛被检测核。

$$M_0 = \frac{N\gamma^2 h^2 I(I+1)B_0}{3KT} \qquad (4\text{-}7)$$

表 4-2　常见核素核磁共振相关物理参数（400M 核磁共振波谱仪）

核素	天然丰度/%	旋磁比/10^7rad/T·s	共振频率/MHz	相对灵敏度
^{1}H	99.98	26.752	400.130	1
^{2}H	0.015	4.107	61.422	9.65×10^{-6}
^{13}C	1.108	6.728	100.613	1.59×10^{-2}
^{15}N	0.368	−2.712	40.545	1.04×10^{-3}
^{19}F	100	25.181	376.498	0.83
^{29}Si	4.683	−5.319	79.494	7.84×10^{-3}
^{31}P	100	10.841	161.975	6.63×10^{-2}
^{77}Se	7.58	5.101	76.311	6.93×10^{-3}
^{11}B	80.42	8.584	128.378	0.17
^{17}O	0.037	−3.628	54.243	3.7×10^{-2}
^{27}Al	100	6.976	104.261	0.21

表 4-2 列出常见核素 NMR 有关物理参数，包括天然丰度、旋磁比、共振频率、相对灵敏度等。

4.1.2　弛豫过程

宏观体系中的具微磁矩的原子核处于磁场中时，粒子按玻兹曼分布处于 $2I+1$ 个能级上。对于 $I=1/2$ 的原子核，则有高低两个能级。能级上的粒子数或布居数分别为：

$$\frac{n_H}{n_L} = e^{-\frac{\Delta E}{kT}} \qquad (4\text{-}8)$$

由分布式（4-8）可见，位于低能级粒子的布居数 n_L 多于高能级粒子布居数 n_H。粒子可吸收能量自低能级跃迁至高能级，也可以释放能量由高能级回迁至低能级。自旋核的高、低能级差很小，整个体系处于高、低能级的动态平衡。当自旋核吸收外加电磁辐射，从低能级跃迁至高能级，会通过无辐射途径转移能量到周围环境回至低能级态，此过程被称之为弛豫过程。核磁共振波谱仪中 NMR 信号采集即在受激核弛豫过程中进行。

按原子核与环境交换能量方式的不同，弛豫分为两种。第一种为自旋-晶格弛豫，又称为纵向弛豫；第二种为自旋-自旋弛豫，又称为横向弛豫。

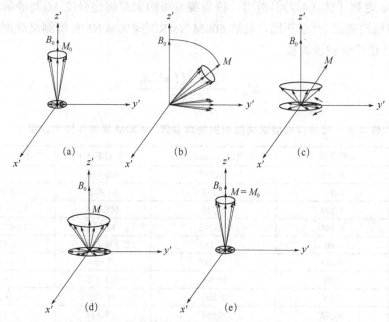

图 4-3　宏观磁化矢量 M 被扰动后纵向弛豫行为

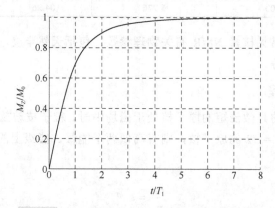

图 4-4　宏观磁化矢量 M 纵向弛豫时间进程

在没有给体系施加射频电磁波时，宏观磁化强度 M 方向与外磁场方向相同，如图 4-3 所示记为 M_0。当在 xy 平面对体系施以射频，满足共振条件时 M 如同图 4-3 所示发生偏转。将 M 分解为纵向分量 $M_{/\!/}$ 和横向分量 $M_{\perp}$。

自旋-晶格弛豫或纵向弛豫即指纵向分量 $M_{/\!/}$ 向 M_0 恢复的过程。体系原子核从高能态转移能量至环境回到低能态，从而恢复平衡。固体样品中能量转移给晶格，液体样品能量转移给周围分子或溶剂。自旋-晶格弛豫所需时间以半衰期 T_1 表示，T_1 值越小弛豫越快。通常认为经过 5 倍 T_1 时间，弛豫接近百分百完成（参见图 4-4）。

自旋-自旋弛豫或横向弛豫指横向分量 $M_\perp$ 的弛豫。横向弛豫使核磁矩在 $x'y'$ 平面上的旋转圆频率分散开，对体系贡献了熵效应，没有能量的改变。自旋-自旋弛豫反映了核磁矩之间的相互作用；弛豫所需时间以半衰期 T_2 表示。T_2 远小于 T_1。

弛豫时间长短与自旋核种类、温度、溶剂、环境等因素有关。分析检测中常需测定 T_1/T_2，以优化 NMR 采集参数。

4.1.3 化学位移

（1）电子屏蔽效应

由核磁共振产生条件推测，同一种核素原子核似乎只有单一共振频率，然而早在 1940 年，Proctor 与虞福春在研究硝酸铵的 ^{14}N 核磁共振时，发现两条核磁共振谱线，表明 ^{14}N 核的共振行为受化学化境影响。原子核外存在核外电子，电子云对原子核如同屏障，影响原子核对外磁场的感应。因此，式（4-6）改写为式（4-9），其中 σ 称为屏蔽常数。同一种核素其原子核所处化学环境不同，则 σ 大小不同。

$$\nu = \frac{\gamma}{2\pi} B_0 (1-\sigma) \tag{4-9}$$

σ 为正值意味着核外电子产生的感应磁场对抗外加磁场，其值越大原子核实际感受磁场强度越小。由式（4-9），如固定射频频率扫描磁场强度，σ 大则外加磁场强度 B_0 必须增强方能使该原子核发生共振。

早期规定核磁共振谱图从左至右为磁场强度增大方向。现代超导体核磁共振波谱仪采用固定外磁场强度，改变射频波频率而获得核磁共振谱，但"左低右高"场的描述习惯保留下来。谱图从左至右，可以理解为核从"去屏蔽"到"屏蔽"。

（2）化学位移的表示

现代核磁共振波谱仪磁场强度高达几到几十特斯拉，而由屏蔽效应带来的核感应磁场强度只有百万分之一。为方便比较同种核素自旋核间核磁共振行为差异，人们提出化学位移的概念，即以某一物质自旋核的共振吸收峰频率为参比（ν_{ref}），测出样品中各共振吸收峰频率（ν_s）与参比频率差值 $\Delta\nu$，并采用无量纲比值 $\frac{\Delta\nu}{\nu_{ref}}$ 来表示化学位移。由于比值非常小，故乘以 10^6 并记为 δ，数学表达式为

$$\delta = \frac{\Delta\nu}{\nu_{ref}} = \frac{\nu_s - \nu_{ref}}{\nu_{ref}} \times 10^6 \tag{4-10}$$

四甲基硅烷（tetramethyl silicon，TMS）各质子处于相同的化学环境，谱图

中相应谱峰单一尖锐。由于 TMS 中质子核外电子云屏蔽作用强，峰常处于其它化合物质子峰右侧而易于识别。TMS 易溶于许多有机溶剂，性质稳定一般不与其它物质反应，沸点低（27℃）易于分离去除，因此 TMS 常用作标准参比物质。国际纯粹与应用化学联合会（IUPAC）建议 TMS 的化学位移值 δ 为 0，谱图 TMS 峰左侧为正值，右侧为负值。TMS 也是 ^{13}C NMR、^{29}Si NMR 谱常用标准物质。

化学位移为无量纲数值，其值与核磁共振波谱仪技术规格无关，同一样品在不同规格 NMR 谱仪采集谱图可以进行比对。

4.1.4 自旋-自旋耦合——J 耦合效应

自旋核弛豫行为取决于自旋核与外磁场、射频场间的相互作用，以及自旋核与自旋核内部间相互作用。自旋核间相互作用又分为直接和间接两类。自旋核间直接相互作用主要包括：偶极-偶极相互作用（D-耦合）、化学位移各向异性作用、核四极矩相互作用。

自旋-自旋核间通过化学成键电子发生间接磁相互作用，这种间接耦合称为标量耦合或 J-耦合。液体环境中分子快速运动，导致内部大部分自旋核间直接相互作用平均为零，自旋核间主要耦合为 J-耦合。但如溶液黏度大，或自旋核间空间距离很近，则需考虑自旋核间直接耦合（D-耦合）作用。J-耦合既存在于同种自旋核间，也存在于异种自旋核间。自旋耦合产生的分裂谱线间距称为耦合常数，即 J 值，单位为 Hz。

耦合常数 J 是对分子成键类型、分子构型较敏感的 NMR 参数，许多核磁共振实验依据 J 值设置测试参数。

（1）质子间自旋-自旋耦合和峰裂分

由第 4.1.1 节可知，对于自旋量子数为半整数的自旋核，在外磁场中有两个自旋方向，↑ 或 ↓。两种自旋方向发生概率几乎相同（各 50%），但微磁矩方向相反。

假设两个半整数自旋核 A 与 B 以成键电子对键合，则 A 核与 B 核的微磁场通过成键电子对彼此作用。由于 B 核存在 B↑ 与 B↓ 两种自旋状态，A 核感受到两个大小不等的磁场，NMR 谱峰裂分为化学位移不同的两个峰。B 共振谱峰亦然。A、B 两核由此各自产生的峰分裂，其耦合常数相等。

常见质子间自旋-自旋耦合形式，根据间隔键数区分为：

① 同碳耦合，即 ^1H—C—^1H，记为 $^2J_{HH}$ 耦合；

② 邻碳耦合，即 ^1H—C—C—^1H，记为 $^3J_{HH}$ 耦合；

③ 长程耦合，间隔键数大于 3。

限于间接耦合特点，饱和烃类化合物质子间自旋-自旋耦合主要为 $^2J_{HH}$、$^3J_{HH}$ 耦合，不饱和共轭化合物有四键以上长程耦合。表 4-3 列举了部分质子间自旋-自旋耦合常数数据。

表 4-3 常见质子间自旋-自旋耦合常数 J_{HH}

类型	J_{ab}/Hz	典型 J_{ab}/Hz	类型	J_{ab}/Hz	典型 J_{ab}/Hz
［C(H_a)(H_b)］	0～30	12～15	环戊烷 H_a/H_b	cis 5～10 trans 5～10	
$_aHC-CH_b$（化学键自由旋转）	6～8	7	环丁烷 H_a/H_b	cis 4～12 trans 2～10	
$_aHC-C-CH_b$	0～1	0	环丙烷 H_a/H_b	cis 7～13 trans 4～9	
$_aHC-OH_b$（无活性氢交换）	4～10	5	环氧（$_bH$...$_bH$）		6
$CH_a-C(=O)H_b$	1～3	2～3	环氧（$_aH$...H_b）		4
$C=CH_a-C(=O)H_b$	5～8	6	环氧（$_aH$...）		2.5
［C=C, H_b］	12～18	17	苯 H_a/H_b	o 6～10 m 1～3 p 0～1	o 9 m 3 p 约 0
［C=C, H_a/H_b］	0～3	0～2	吡啶	J(2,3) 5～6 J(3,4) 7～9 J(2,4) 1～2 J(3,5) 1～2 J(2,5) 0～1 J(2,6) 0～1	5 8 1.5 1.5 1 约 0
［_aH, C=C, H_b］	6～12	10	呋喃	J(2,3) 1.3～2.0 J(3,4) 3.1～3.8 J(2,4) 0～1 J(2,5) 1～2	1.8 3.6 约 0 1.5
［_aHC, C=C, CH_b］	0～3	1～2	噻吩	J(2,3) 4.9～6.2 J(3,4) 3.4～5.0 J(2,4) 1.2～1.7 J(2,5) 3.2～3.7	5.4 4.0 1.5 3.4
［C=C, CH_a/H_b］	4～10	7	吡咯	J(1,2) 2～3 J(1,3) 2～3 J(2,3) 2～3 J(3,4) 3～4 J(2,4) 1～2 J(2,5) 1.5～2.5	

类型	J_{ab}/Hz	典型 J_{ab}/Hz	类型	J_{ab}/Hz	典型 J_{ab}/Hz
结构图 $_aH$C=C—CH_b	0~3	1.5	嘧啶环结构	$J(4,5)$ 4~6 $J(2,5)$ 1~2 $J(2,4)$ 0~1 $J(4,6)$ 2~3	
结构图 $_aH$C=C—CH_b	0~3	2	噻唑环结构	$J(4,5)$ 3~4 $J(2,5)$ 1~2 $J(2,4)$ ~0	
C=CH_a—CH_b=C	9~13	10	C=C 环		三元环 0.5~2.0 四元环 2.5~4.0 五元环 5.1~7.0 六元环 8.8~11.0 七元环 9~13 八元环 10~13
$_aHC$—C≡CH_b	2~3		环己烷 H_a/H_b	ax-ax 6~14 ax-eq 0~5 eq-eq 0~5	8~10 2~3 2~3
—H_aC—C≡C—CH_b	2~3				

质子吸收峰的裂分状态决定于相邻质子数及相邻质子自旋状态组合。例如，CH_3—C—^1H，质子峰裂分为 4，四重峰各峰强度比为 1:3:3:1。适用于所有核的多重峰数的一般公式为 $2nI+1$，其中 n 为相邻核数，I 为核自旋量子数。在 ^1H NMR 谱中，质子 I 为 1/2，因而多重峰数符合简式 $n+1$，n 为同等耦合相邻基团上的质子数。以上又称为一级谱规则。

符合一级谱规则的多重峰称为简单一级多重峰谱峰数。简单一级多重峰谱通常 $\Delta\nu/J > 8$，$\Delta\nu$ 为发生耦合的多重峰中间点的频率差值，J 为耦合常数。n 个相邻质子具有相同的耦合常数，各谱线间距离相等。简单一级裂分峰呈中心对称，最强峰居中心位置，谱线强度比近似 $(a+b)^n$ 展开式的系数比，参见表 4-4。

表 4-4　耦合裂分峰相对强度比和峰多重性

相邻质子数 n	裂分峰相对强度	峰形
0	1	单峰
1	1　1	双峰
2	1　2　1	三重峰
3	1　3　3　1	四重峰
4	1　4　6　4　1	五重峰
5	1　5　10　10　5　1	六重峰
6	1　6　15　20　15　6　1	七重峰

同一个一级自旋体系，既存在相邻质子相互耦合，也存在远程耦合，质子间的耦合能力有差异；另外，质子与其它杂自旋核也存在耦合。以上原因导致 NMR 谱的复杂性。多重峰的裂分既有简单一级裂分，又存在复杂一级裂分和高级裂分。后两者不可以简单套用 $n+1$ 规则计算谱峰数。

随着现代核磁共振波谱仪制造水平的提高，$\Delta v/J$ 值因静磁场 B_0 强度增大而增大从而简化了谱图。同一样品在 100M 核磁共振波谱仪谱图上显示的是高级裂分，在 600M 核磁共振波谱仪谱图上可能就显示为简单一级裂分。

有关自旋体系进一步的讨论，可参阅核磁共振波谱专业书籍或文献。

（2）^{1}H 与异核间耦合

质子与质子间存在自旋-自旋耦合，与其它非质子自旋核也存在自旋-自旋耦合作用，例如 ^{1}H 与 ^{13}C（表 4-5）、^{1}H 与 ^{19}F（表 4-6）、^{1}H 与 ^{31}P（表 4-7）间的 J-耦合比较常见。^{1}H 与 ^{2}H（D）间也存在自旋-自旋耦合。

有机化合物常见 ^{1}H 与 ^{13}C 间耦合，$^1J_{HC}$ 值约为 110～270Hz（见表 4-5）。^{13}C 受 ^{1}H 耦合裂分的现象可以很容易在 ^{13}C NMR 谱发现。而 ^{1}H 受 ^{13}C 发生耦合裂分，谱图显示不显著，这是由于 ^{13}C 自然丰度较低（1.11%）。常称呼氢谱中受 ^{13}C 耦合裂分峰为"卫星峰"。对氢谱定性分析可以忽略卫星峰，但在定量分析时需考虑卫星峰。

^{19}F 自然丰度高，旋磁比 γ 值与 ^{1}H 相当，核磁检测灵敏度是质子的 80%。^{1}H 与 ^{19}F 间自旋-自旋耦合使含氟化合物 ^{19}F NMR 谱图较复杂。

^{1}H 与异核耦合裂峰数可按 $2nI+1$ 计算。例如氘代试剂 DMSO-d$_6$ 有氘代不完全杂质 CD$_2$HSOCD$_3$ 存在，由 I_D 为 1 可知质子峰裂分五重峰，此多重峰视作在氢谱中 DMSO-d$_6$ 溶剂峰。

表 4-5　常见化合物 ^{1}H-^{13}C 自旋耦合常数 $^1J_{CH}$

杂化类型	化合物	$^1J_{CH}$/Hz	杂化类型	化合物	$^1J_{CH}$/Hz
sp^3	CH$_3$CH$_3$	124.9	sp^2	CH$_2$=CH$_2$	156.2
	CH$_3$CH$_2$CH$_3$	119.2		CH$_3$CH=C(CH$_3$)$_2$	148.4
	(CH$_3$)$_3$CH	114.2		CH$_3$CH=O	172.4
	CH$_3$NH$_2$	133.0		NH$_2$CH=O	188.3
	CH$_3$OH	141.0		C$_6$H$_6$	159.0
	CH$_3$Cl	150	sp	CH≡CH	249
	CH$_2$Cl$_2$	178		C$_6$H$_5$C≡CH	251
	CHCl$_3$	209		HC≡N	269
	⬡—H	123			
	⬠—H	128			
	▷—H	161			

表 4-6　典型 ^{1}H-^{19}F 自旋耦合常数 J_{HF}

类型	J_{HF}/Hz	类型	J_{HF}/Hz
C(Ha)(Fb)	44~48	Ha—C=C—Fb	1~8
CHa—CFb	3~25	Ha(C=C)—Fb	12~40
CHa—C—CFb	0	苯环 F / Ha	o 6~10 m 5~6 p 2

表 4-7　典型 ^{1}H-^{31}P 自旋耦合常数 J_{HP}

类型	J_{HP}/Hz	类型	J_{HP}/Hz
PH (P=O)	630~707	H_3C—P(=O)(OR)(OR)	10~13
H_3C, H_3C—P	2.7	H_3C—C—P(=O)(OR)(OR)	15~20
H_3C, H_3C, H_3C—P=O	13.4	H_3C—O—P(=O)(OR)(OR)	10.5~12
H_3CH_2C, H_3CH_2C, H_3CH_2C—P	HCCP 13.7 HCP 0.5	$(H_3C)_2N$—P(—N(CH_3)_2)—N(CH_3)_2	8.8
H_3CH_2C, H_3CH_2C, H_3CH_2C—P=O	HCCP 16.3 HCP 11.9	$(H_3C)_2N$—P(=O)(—N(CH_3)_2)—N(CH_3)_2	9.5

4.1.5　偶极耦合——核间奥氏效应

假设有自旋核质子 S，当以该质子的共振频率应用强射频电磁波照射时，质子 S 将达到磁饱和，即自旋态+1/2 与−1/2 的布居数各占 50%。若同分子内存在另一个质子I，其与 S 间隔化学键数大于 4 以上但与质子 S 空间距离较近（<5Å），因而质子间自旋-自旋耦合作用小至可以忽略，两质子微磁矩直接相互作用凸显。此时对质子 S 的射频照射，交叉弛豫效应使得质子 I 自旋行为受到影响，I 的共振峰会变强、变弱甚至倒峰。Overhauser 发现了这种效应，核间直接偶极耦合也称为核 Overhauser 效应（nuclear Overhauser effect，NOE）。

分子内同核间有 NOE 作用，异核间也存在。NOE 效应常用于研究分子的立体构型。

4.1.6 化学等价与磁等价

（1）化学等价

立体化学中，分子中两相同原子或基团处于相同化学环境时，可认为它们化学等价；相应地，化学不等价基团的化学反应具有不同的反应速率。反映在核磁共振谱，原子或基团间化学等价性的自旋核可以视为一组。

有机化合物分子内核的化学等价性可以通过对称操作判断。分子空间结构中存在有对称轴、对称面、对称中心等对称元素，依据对称元素对分子进行对称操作，观察核或基团是否可相互交换。图 4-5 示例典型分子立体结构。

如图 4-5 所示，二氯甲烷上两个质子围绕 C_2 轴作 180°旋转，完全互换，因此是化学等价，并且在任何溶剂中都以同一频率发生核磁共振。而丙酸分子结构无对称轴但存在对称面，—CH$_2$ 基两个质子在含甲基和羧基的对称面两侧，相互对映互为镜像。在非手性溶剂或手性溶剂，丙酸其核磁共振谱不同，也就是—CH$_2$ 基两个质子在非手性溶剂中表现为化学等价，手性溶剂中表现为不等价。

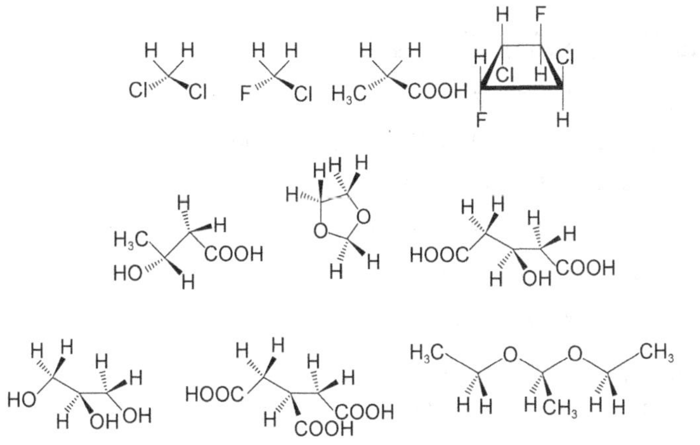

图 4-5 典型分子立体结构示例

含对称中心的分子,对称操作可分解为先沿对称轴旋转再按对称面对映操作，因此互为镜像的质子只在非手性溶剂中为化学等价。

分子内快速运动可能将一些不能通过对称操作交换的基团变为化学等价的基团，也可能因存在共振结构使化学等价的质子不等价。

例如环己烷环的反转使直立氢和平伏氢相互交换，室温时由于构象快速转换平均化，导致无法区分两种形式的氢，但低温条件构象反转受到阻碍，在 ^{1}H NMR 可以发现两种构象。

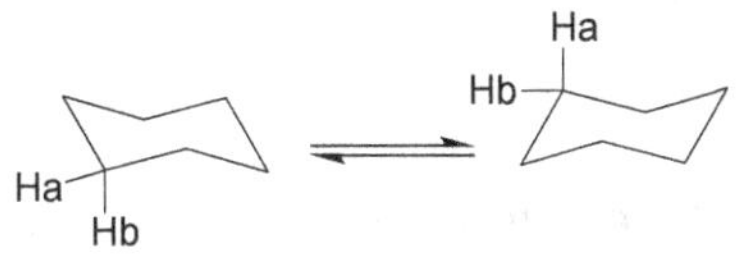

N,N-二甲基甲酰胺分子室温时存在两种共振结构，C—N 单键有部分双键性质而不能自由旋转，同 N 上两个甲基化学不等价，^{1}H NMR 谱图表现为两个峰（Ha/Hb 化学位移不等，$\delta\,2.85$ 和 $\delta\,2.94$）。高温条件克服键阻，相应谱峰合而为单峰。

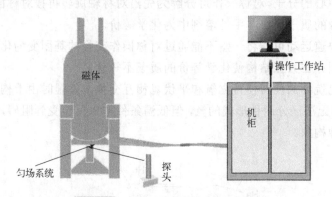

（2）磁等价

一组核中的两个化学等价的质子，如果与其它组自旋核具有相同的自旋耦合常数，则认为这两个质子是磁等价。磁等价则必化学等价，而化学等价未必磁等价。

典型例子如 1,2-二氟乙烯分子。两个质子、两个 ^{19}F 对垂直于烯键的 C_2 轴做对称操作可以互换，因此是化学等价。然而就某一个 ^{19}F 核而言，一个质子为顺式，另一个为反式。质子磁不等价使得 1,2-二氟乙烯分子 ^{19}F NMR 谱图较复杂。

4.2 现代核磁共振波谱仪结构与工作原理

4.2.1 核磁共振信号的产生和检测

（1）现代核磁共振波谱仪结构

早期核磁共振波谱仪使用永磁体或电磁体提供质子共振的磁场，场强最高 2.34T，对自旋核检测灵敏度较低。现代核磁共振波谱仪采用液氦环境下超导体产生高强度磁场，NMR 在检测灵敏度和峰分辨率方面都获得极大改善。目前布鲁克公司推出的 1.2GHz 商业核磁共振波谱仪，配置 28.2T 超高强度磁体，以满足分辨率要求极高的蛋白质的结构研究。

核磁共振波谱仪一般由磁体、探头、室温匀场系统、前置放大器、控制机柜和操作工作站组成（见图 4-6）。例如 400M 核磁共振波谱仪，探头内固定有射频线圈，线圈呈马鞍形。通过同一套射频线圈，探头既发射射频脉冲也接收核磁信号。探头自磁体下方插入磁体内腔，样品管从磁体上方进入，两者均置于磁体静

图 4-6　核磁共振波谱仪主要组件

磁场环境。根据不同配置，样品检测温度可在-140℃到140℃，满足实验要求。探头上方是室温匀场系统。机柜是核磁共振波谱仪的中枢，负责射频的产生与放大、核磁信号检测、数据采集控制、数据信息交流、谱仪运行控制、磁体控制等功能，内置有前置放大器、锁场控制板、温控单元、射频发生单元、脉冲序列管理器、FID信号检测单元及模-数转换单元等。操作工作站通常是基于Windows NT、LINUX等系统的计算机，负责仪器控制和数据储存、处理等功能。

（2）核磁信号的产生与检测

由量子力学的观点（参见第4.1.1节）较容易理解NMR信号产生。强磁场中自旋量子数 $I = 1/2$ 的核，自旋能级分裂为二，能级差 $\Delta E = \gamma \hbar B_0$。当射频能量与之匹配时即会诱发自旋核的核磁共振吸收谱发生。

对核磁共振波谱仪需要从电磁感应的角度理解NMR信号的产生与检测。如前所述，处于强静磁场 B_0 的自旋核以拉莫尔进动的方式围绕磁场方向 z 轴转动，此时磁化强度 M_0 沿 z 轴取向。如果在 x 方向施加射频脉冲，对自旋核另引入射频场 B_1，则 M_0 将向垂直于 z 轴的 xy 平面偏转，这种偏离平衡态的被迫运动称之为章动。章动意即自旋激发。当射频脉冲结束，射频场 B_1 撤离，受激发的磁化强度即绕静磁场 B_0 旋进，经由纵向弛豫和横向弛豫恢复至平衡态。旋进过程中 y 方向横向磁化强度发生变化，检测线圈的磁通量发生相应改变，感应线圈产生相应的电流表现为自由感应衰减信号（freedom induction decay，简称FID）。FID为时域信号，经傅里叶变换，从而获得NMR检测信号。信号经放大、数模转换等处理后，最后由计算机完成数据储存和处理。

NMR信号的检测灵敏度与核旋磁比 γ 的5/2次方成正比，与静磁场强度 B_0 的3/2次方成正比。

4.2.2 调谐、锁场、匀场技术

核磁共振波谱仪检测样品时，按以下步骤依次进行：

设置采样参数建立方法→样品管进入磁体→温度平衡→探头调谐→锁场→匀场→采集时域信号和傅里叶变换生成NMR谱图。

NMR信号非常弱，调谐、锁场、匀场是谱仪检测中的重要操作环节，直接影响检测信噪比和谱图分辨率。

（1）探头调谐（atm）

不同自旋核共振频率不同；即便是同种自旋核，处于不同化学环境其共振频率也不尽相同。如前所述，探头内紧贴样品管的线圈既发射射频脉冲也接收弱NMR信号。为对样品内自旋核进行有效的射频激发和信号接收，核磁共振波谱仪通过探头内电容器调制线圈回路电流，以达到预期的共振频率。这种操作称为调谐。可类比于收音机寻找电台的调谐动作。如果没有调谐，收音机会传来"呲呲"

的杂音。同样，必须将探头射频准确调谐到目标自旋核，否则对样品调谐不佳致 NMR 检测噪声信号大。

（2）锁场（lock）

现代核磁共振波谱仪磁体强磁场由超导体提供，相比永磁体或电磁体要稳定得多。尽管如此，场强在若干小时后也会发生显著漂移，导致 NMR 共振频率偏移和谱图分辨率降低。对磁场稳定性的要求，通常通过锁通道或锁场实现。具体地，在射频激发 ^{1}H 或其它自旋核时，同时通过锁场发射单元（Lock TX）和锁场接收单元（Lock RX），不间断地测量溶液中 ^{2}H 信号（氘 D 信号）并与标准频率进行比较。依据反馈到的偏差值，通过增加或减少辅助线圈（Z_0）的电流来进行校正，达到磁场强度稳定的目的。见图 4-7。

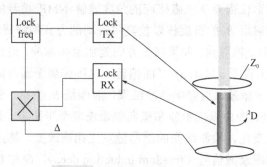

图 4-7 锁场操作原理示意图

不同氘代分子的 ^{2}H 共振频率不同，因此在 NMR 实验中一定要明确氘代溶剂。

（3）匀场（shim）

核磁共振谱图中化学位移信息是由样品中磁等价自旋核共同贡献的。磁等价自旋核在样品管的不同几何位置，应该感受到相同的磁场强度 B_0，对同一射频脉冲表现出同样的弛豫行为。如果谱仪磁场强度不均匀，则谱峰展宽，分辨率受损。优化磁场的均匀度以提高谱图分辨率的过程，称为匀场。

谱仪匀场通过在磁体内筒安装数十组匀场线圈实现。匀场线圈按一定方式绕制给出补偿，以消除磁场的不均匀性，从而得到窄线形的谱峰。实际应用中可分为低温匀场（cryo-shims）线圈和室温匀场线圈（RT-shims)。低温匀场线圈可提供较大的矫正。

匀场操作可以由谱仪管理技术人员手动完成，配备有自动进样器的谱仪可以调用方法软件完成匀场。分析者需特别注意的是，溶液样品的容积要符合谱仪规定。受测样品匀场范围由谱仪匀场线圈规定。参见图 4-8，使用深度规量度样品溶液是否处于 NMR 探头检测范围。

样品浓度太小、信噪比过低，或样品溶液不均匀（高黏度样品常见），都可能导致匀场失败。

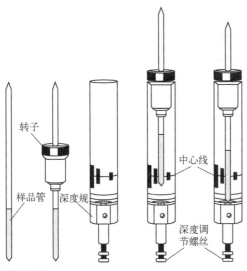

图 4-8　样品管、转子、深度规结构示意图

（图中标注：转子、样品管、深度规、中心线、深度调节螺丝）

4.3　常用核磁共振实验介绍

本章涉及 NMR 仪器专用术语、方法名称和脉冲序列均采用 Bruker 公司 NMR 谱仪标准。

4.3.1　一维核磁共振谱

（1）单脉冲一维核磁共振谱（1D NMR）实验

一维单脉冲实验是 NMR 最基础实验。设置合理的实验参数是 NMR 实验的第一步，也是重要环节。理解一维 NMR 实验基本参数（表 4-8）的意义有助于二维以上 NMR 实验参数设置。

表 4-8　一维 NMR 实验基本参数

采样参数（AcqPar）	脉冲序列参数（Pulse）	数据处理参数（ProcPar）
观测核	90°脉冲（p1）	变换点数（SI）
频率偏置（O1）	射频功率（PL）	窗函数（LB）
谱宽（SW）	弛豫延迟时间（D1）	谱仪频率（SF）
采样点数（TD）	累加次数（NS）	
增益（RG）	空扫次数（DS）	

① 观测核　依据 NMR 检测要求首先将要分析的自旋核作为观测核，随之确定基本频率。自旋核的基频由谱仪技术规格决定。例如技术规格 400M 的核磁共振波谱仪质子 ^{1}H 基频为 400.13MHz，^{13}C 基频为 100.61MHz。NMR 分析时自旋核的精确共振频率与其基频接近。

② 采样点数（TD） TD是采集自由感应衰减（FID）及被存储数据的点数。采集足够的点数，可保证谱图不因 FID 信号未衰减到零而出现截尾。

③ 谱宽（SW） 谱宽即频率扫描范围，设置应使同一样品所有被检自旋核共振频率被包含，否则会出现谱峰缺失或折叠。如图 4-9 所示。

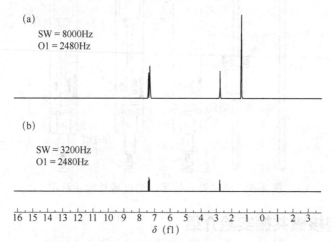

图 4-9 谱宽（SW）对 NMR 谱图影响示例

④ 频率偏置（O1） NMR 谱图中中心位置对应频率称为中心频率，中心频率并不一定与被观测核的基频一致。调整 O1 使射频脉冲处于 NMR 谱中心的频率，设置合适谱宽，可以改善谱图质量。对于杂核谱，谱宽通常较宽，要注意设置适当的 O1，使射频激发效率高，检测信噪比（S/N）高。见图 4-10。

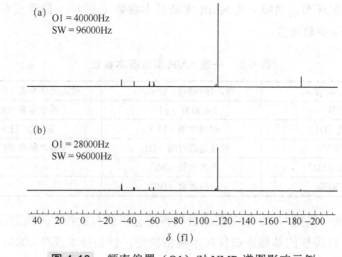

图 4-10 频率偏置（O1）对 NMR 谱图影响示例

⑤ 弛豫延迟时间（D1） 设置弛豫延迟时间 D1 是令自旋系统在施加激发脉

冲前建立热平衡。通常 D1 值是 5 倍的 T_1 值，即在此条件下自旋核获得完全弛豫。在定量 NMR（qNMR）尤其需要注意，避免因弛豫不完全带来低信噪比的结果。

⑥ 增益（RG）　RG 即信号接收器增益，使信号放大。但信号增益并不一定提高信噪比（S/N）。信号增益需选择合适，既提高检测灵敏度，又不致信号超出计算机动态范围即溢出现象发生。

⑦ 扫描次数（NS）　增加扫描次数或累加次数，可以提高检测信噪比。根据样品浓度做设定。

⑧ 变换点数（SI）　变换点数（SI）是数据处理参数，通常设置值大于采集点数（TD），多余点数参与变换对 FID 尾部作零填充。

（2）一维 ^{13}C 去耦实验

化合物中与 ^{1}H 发生核间自旋耦合的常见有 ^{13}C、^{19}F、^{31}P 等磁性杂核，其中 ^{1}H-^{13}C 核间耦合最为常见。核间的自旋耦合效应导致核磁共振谱峰发生裂分，使得谱图复杂程度加大。核素 ^{13}C 的天然丰度较低，只有 1.11%。^{13}C-^{13}C 核间耦合对 ^{13}C NMR 谱影响很弱。对于 ^{13}C NMR 谱，主要考虑 ^{13}C-^{1}H 核间耦合。^{13}C-^{1}H 核间耦合致谱峰裂分，峰信号信噪比降低；并且 ^{13}C 自旋核连接质子数不同，谱峰耦合裂分程度不同。为消除质子对 ^{13}C 的核间耦合效应影响，常采用去耦合脉冲序列使 ^{13}C NMR 谱裂分峰重聚为单峰，谱峰分辨率和峰强度都得以提高。

有关核磁共振自旋核去耦合物理机制方面的知识可参考相关书籍文献。

核磁共振技术采用射频场对质子进行照射，以解除质子对 ^{13}C 的耦合，从而达到去耦的目的，见图 4-11。最早采用的射频场通常是连续波的形式，现代核磁共振技术则将若干个相位不同的脉冲组合在一起作为射频场，称为组合脉冲（compounded pulse decoupling），英文缩写记为 CPD。

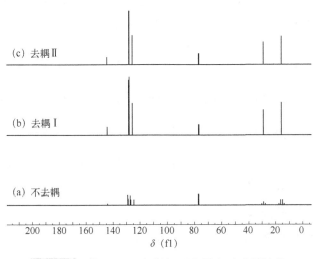

图 4-11　^{13}C NMR 去耦与不去耦实验谱图比较

依据在一维 ^{13}C NMR 谱实验进程中的去耦时机，去耦方法分为全程去耦、门控去耦、反向门控去耦三种方法。在实验全程施加去耦射频场，称之为全程去耦。在脉冲前的等待时间施加射频场开启去耦门，而在采样期间关闭去耦门，则称为门控去耦。如果在采样期间开启去耦门，在等待时间内关闭去耦门，则称之为反门控去耦。三种去耦方式的比较参见表 4-9。

表 4-9　宽带去耦中三种去耦方式比较

方式名称	去耦控制		谱图特征	
	等待时间	采样时间	耦合	NOE
全程去耦	照射	照射	无	有
门控去耦	照射	不照射	有	有
反门控去耦	不照射	照射	无	无

全程去耦可以有效地去除质子对 ^{13}C 的耦合效应，同时带来额外的 Overhauser 效应（NOE）。NOE 使得 ^{13}C NMR 谱峰检测信噪比增加，但峰信号相对强度与相应碳原子数不成比例。^{13}C 全程去耦实验是应用最为广泛的 ^{13}C NMR 谱采集实验。反门控去耦可以去除 ^{1}H-^{13}C 的核间耦合效应，而 NOE 影响最弱。因此定量 ^{13}C NMR 谱常采用 ^{13}C 反门控去耦，以保证峰信号相对强度与相应碳原子数成正比，同时峰分辨率高。

去耦实验有六个主要参数，即去耦核、去耦方法（或脉冲序列）、去耦中心频率、去耦时间、去耦功率和去耦脉冲宽度。

（3）^{13}C DEPT 实验

^{13}C DEPT 是非常有用的一类核磁共振谱实验，通常在采集一维 ^{13}C NMR 谱后进行，以助力碳谱谱图解析。

DEPT（distortionless enhancement by polarization transfer）实验即无畸变的极化转移增强谱。实验以甲基、亚甲基、次甲基上 ^{1}H-^{13}C 耦合差异为基础，通过调整脉冲序列的时间间隔获得相位不同的甲基、亚甲基、次甲基信号。DEPT 实验对质子脉冲角度可不同，设为 45°、90°和 135°，其中 ^{13}C DEPT135 是最常采用的 DEPT 实验。三种 DEPT 实验谱图特征表现为：^{13}C DEPT135 谱的—$\overset{|}{C}$H—、CH$_3$—峰向上，—CH$_2$—峰向下；^{13}C DEPT45 谱的 CH$_3$—、—CH$_2$—、—$\overset{|}{C}$H—峰均向上；^{13}C DEPT90 谱主要显示—$\overset{|}{C}$H—峰。与一维 ^{13}C NMR 谱比较，DEPT 谱上缺失季碳信号。参见图 4-12 谱图比较。

4.3.2　二维核磁共振谱

二维核磁共振波谱学理论的确立是在 20 世纪 70 年代初。1974 年瑞士科学家 Richard R. Ernst（1991 年诺贝尔化学奖获得者）首先提出傅里叶变换核磁共振方法，之后二维核磁共振谱（2D NMR）实验得到不断开发和应用。与 1D NMR 谱比较，2D NMR 谱具有直观、明确、可信、结构信息多的特点。越来越多开发出的 2D NMR 实验，使得核磁共振波谱法成为化学、材料、食品、生物医药学等领域里强有力的研究手段。

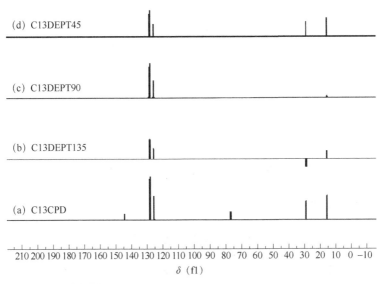

图 4-12　^{13}C CPD 实验与 ^{13}C DEPT 实验谱图比较

　　二维核磁共振谱有两个时间变量，经傅里叶变换得到两个独立的频率变量的谱图。一般直接采样时间 t2 转换频率记为 f2。另一独立变量，即脉冲序列中的某一个变化的时间间隔 t1 转换频率记为 f1。二维 NMR 谱图的横坐标，f2 维（又称为直接维），自右向左化学位移值由小到大（或称为高场至低场）；纵坐标，f1 维（又称为间接维），从上向下化学位移值由小到大（或称为高场至低场）。如图 4-13 所示，f2 维为直接观测核采集谱，与 1D NMR 谱图一致，可以将 1D NMR 谱图投影至上。f1 维因实验不同，可以是化学位移 δ，或是耦合裂分常数 J。1D NMR 谱图中峰强以高度或峰面积显示；2D NMR 谱图中峰以等高线构成，等高线密度越大表明峰强度越大。

　　当 2D NMR 为同核实验谱时，f2 维与 f1 维谱宽相等（如 ^{1}H-^{1}H COSY 谱），位于对角线上的峰称为对角峰，对角线以外的峰称为交叉峰。异核 2D NMR 谱只有交叉峰。由横坐标和纵坐标决定峰的所在位置，暗含着某种由分子结构或分子动态决定的内在关系。

　　常见二维核磁共振谱有三类：①化学位移相关谱，也称之为 δ-δ 谱，是应用最多的一类谱，分同核和异核；②J 分辨谱，也称之为 δ-J 谱，可以把化学位移 δ 和耦合作用分辨开来；③由多量子跃迁脉冲序列得到的多量子二维谱。

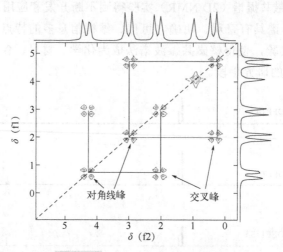

图 4-13 2D NMR 谱图示意图

对角线峰　交叉峰

2D NMR 实验的基本参数见表 4-10。

表 4-10 2D NMR 实验的基本参数

采样参数		脉冲序列参数	数据处理参数	
f2	f1		f2	f1
观测核	观测核	脉冲宽度	变换点数	变换点数
频率偏置	频率偏置	射频功率	窗函数	窗函数
谱宽	谱宽	等待时间	变换方式	
采样点数	采样点数	累加次数	显示方式	
增益	采样方式	空扫次数		

4.3.2.1 同核 2D NMR 谱

（1）^{1}H-^{1}H COSY 实验

^{1}H-^{1}H COSY（correlation spectroscopy）称为质子相关谱实验，是最常用的位移相关谱。当分子中质子间存在自旋耦合，2D NMR 谱图中就有相应的交叉峰（图 4-14）。^{1}H-^{1}H COSY 实验检出质子的耦合对，通常是耦合作用较强的 ^3J（质子间隔三个化学键），也因此借 ^{1}H-^{1}H COSY 实验可确定质子的连接顺序，推测分子化学结构。

做 2D NMR 实验要注意选择实验方法和脉冲序列。例如，^{1}H-^{1}H COSY 实验常采用 DQF-COSY 法，脉冲序列为 cosygpmfqf（Bruker topspin 软件）。DQF，double-quantum filter，意即双量子滤波。采用 DQF-COSY 实验，可以降低对角峰强度，交叉峰信噪比相应提高而易于辨认；同时谱图峰强度相对均衡，一些溶剂或叔丁基类强峰得到一定抑制。

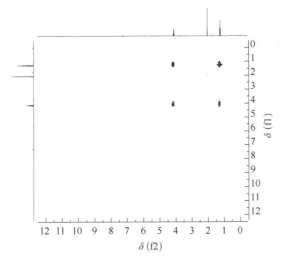

图 4-14 COSY 谱图示例（乙酸乙酯的 CDCl₃ 溶液）

（2）¹H-¹H TOCSY 实验

¹H-¹H TOCSY（total correlation spectrocopy）称为质子总相关谱实验。TOCSY 实验是由 COSY 实验进一步发展而来，质子相关仍然基于自旋耦合。理论上，从某一氢核的谱峰出发，能找到与它处在同一耦合体系的所有氢核谱峰的相关峰。2D TOCSY 谱图显示出分子中质子的耦合网络，在较复杂的多肽或低聚糖的结构鉴定应用较多（如图 4-15 所示）。

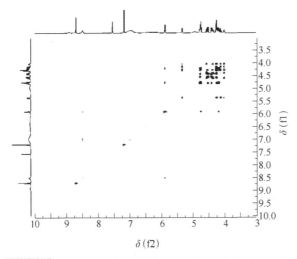

图 4-15 TOCSY 谱图示例（葡萄糖的吡啶-d₄ 溶液）

（3）NOESY 实验和 ROESY 实验

NOESY（nuclear Overhauser enhancement spectroscopy）实验，质子核的

Overhauser 增强谱实验。与自旋耦合不同，NOESY 是由于质子间在空间距离接近引起偶极交叉弛豫所致，交叉峰的强度与核间距离的负 6 次方成正比。NOESY 实验可用于分析分子烯键连接顺/反异构，研究蛋白质三级结构等立体化学问题。

ROESY（rotating frame Overhauser enhancement spcctroscopy）实验，旋转坐标系中质子核的 Overhauser 增强谱实验。ROESY 实验与 NOSESY 实验检测信号一致，同样可用于立体化学结构分析。对于化合物分子质量在 1000～3000Da，应用 ROESY 实验测试信噪比（S/N）更高。

观察 NOESY 谱图时应注意，由质子核间存在 Overhauser 效应带来的交叉峰与对角峰相位正好相反（图 4-16）。

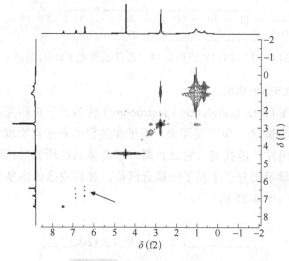

图 4-16　NOESY 图谱示例

4.3.2.2　异核 2D NMR 谱

（1）^{1}H-^{13}C HSQC 实验

HSQC（heteronuclear single quantum coherence），称为异核单量子相干谱实验。^{1}H-^{13}C HSQC 实验通过单量子相干的 ^{13}C 化学位移演化实现 ^{1}H-^{13}C 相关，实验直接检测 ^{1}H 而间接获得 ^{13}C 信息（图 4-17）。^{1}H-^{13}C HSQC 谱图中交叉峰，表明存在氢碳间的直接连接或一键耦合（$^1J_{CH}$）。HSQC 实验在结构分析中非常有用，由于实验直接观测核是质子，因此样品较直接采集 ^{13}C NMR 谱用量少。

与 HSQC 实验类似，HMQC（heteronuclear multiple quantum coherence），即异核多量子相干谱实验，获得 ^{1}H-^{13}C 相关信息与 HSQC 基本一致，只是采集信号受 ^{1}H-^{1}H 耦合影响。

（2）^{1}H-^{13}C HMBC 实验

HMBC（heteronuclear multiple bond correlation），称为异核多键相关谱实验。

HMBC 实验是在 HMQC 实验基础上发展的一种对 ^{1}H 与 ^{13}C 长程耦合辨识的实验，可以检出 $^2J_{CH}$、$^3J_{CH}$ 及以上耦合（如苯环或共轭双键的 $^4J_{CH}$、$^5J_{CH}$）。HMQC 或 HSQC 实验只对 ^{1}H 与 ^{13}C 一键耦合（$^1J_{CH}$）识别，因此谱图缺失季碳信息，这一点通过 HMBC 实验予以克服。需要注意的是，HMBC 谱图显示峰为不去耦峰；较之 HMQC，HMBC 谱图峰信噪比较低（图 4-18）。

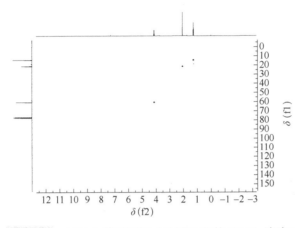

图 4-17　HSQC 谱图示例（乙酸乙酯的 CDCl$_3$ 溶液）

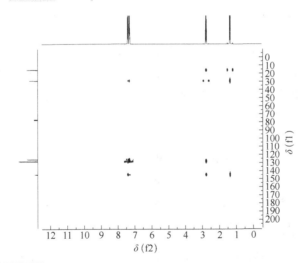

图 4-18　^{1}H-^{13}C HMBC 谱图示例（乙基苯的 CDCl$_3$ 溶液）

4.3.3　水峰抑制实验

　　水是自然界中物质的重要溶解介质。除研究生物分子 NMR 样品常为水溶液，近年来研究热点碳一（C$_1$）转化产物也多以水作吸收溶剂。两者共同点是溶液浓度低，在加入 5%～10% 的 D$_2$O 作锁场和匀场后，目标检测物峰信噪比非常低。其原因，一是以上检测体系中 H$_2$O 摩尔浓度高达 100mol/L 以上，NMR 数据采集

动态范围被 H_2O 的质子信号占满，其它溶质信号淹没在噪声信号中。其二，H_2O 的辐射阻尼效应使水峰严重展宽，临近水峰的样品峰信号"骑"在水峰上，致使无法进行有效的峰辨识继而定量。这些问题不能通过简单地增加采集扫描次数，或修改数据处理参数所能克服的。图 4-19 显示应用水峰抑制实验，样品中水峰得到有效抑制，低浓度成分 S/N 值增大得以检出。

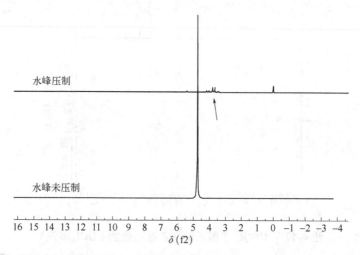

图 4-19　压制水峰效果示例（2mmol/L 蔗糖水溶液，溶剂为 90% H_2O-10% D_2O）

水峰抑制实验是一类压制水峰信号的实验，包括水峰预饱和法、"前跳-回跃"法、"水门"法等。水峰预饱和法是射频针对水峰进行照射足够长时间，使水峰饱和而不影响其它共振峰，达到抑制水峰的目的。预饱和法是应用最广泛，实践证明也是最有效的压制水峰方法。应用中要注意，该方法不适于有化学交换自旋体系的样品。

压制水峰实验是所有 NMR 实验中难度最大的实验，同时又是最重要的实验之一。一些 2D NMR 实验脉冲序列中嵌入压制水峰方法，在主检测实验进行的同时压制水峰而提高检测灵敏度，可注意选用。

4.3.4　2D 扩散排序谱

扩散，指溶液中溶质分子由布朗运动驱动下发生空间位移的现象。核磁共振可以测量扩散系数，其理论基础是，当沿 Z 方向施加脉冲场梯度，处于外部强磁场中的自旋核其拉莫尔进动频率的大小与其空间位置有关。2D 扩散排序谱（diffusion ordered spectroscopy，DOSY）实验，是在应用脉冲梯度场自旋回波实验测量扩散系数基础上发展起来的。DOSY 扩散谱图中横坐标为直接观测核化学位移，纵坐标为分子自扩散系数（单位：m^2/s）的对数值。不同化合物在溶液中扩散系数可能不同，然而同一化合物在 DOSY 谱图中各信号峰必有相同扩散系数值。混合物在 DOSY 谱中得到分离,如同色谱图,参见图 4-20。DOSY 谱没有色谱分析中混合物时间维度的分离过程。通过 DOSY 谱,可以获得分子物种的有效尺寸和形状、检测分子间相互作用、获取复合物的结合常数等。做 DOSY 实验要注意温度、溶剂对实验结果的影响。如需测量物质分子的扩散系数,须先校正脉冲场梯度。

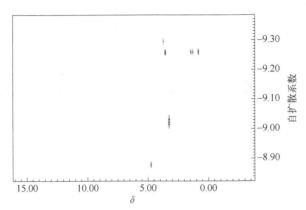

图 4-20 DOSY 谱图示例(混合醇的 D_2O 溶液)

4.4 实验前准备

在开始 NMR 测试前,首先要明确被检测对象、检测目的;其次,在查阅文献或与 NMR 波谱仪技术人员沟通基础上,确定检测方法。

(1)样品的要求

样品必须为非顺磁性及非导电性的物质。顺磁性物质存在会导致场漂移。导电性物质可能在射频照射时致探头损坏。

样品溶液浓度适当。浓度过低,NMR 检测信噪比低,需要很长时间累加。浓度过高杂质含量提高,谱峰分辨率低。对于一些溶胀性物质,溶液浓度要低,以减弱高黏度带来的不利影响。应用 400MHz 的 NMR 波谱仪采集 ^1H NMR 谱,采用 5mm 核磁管时溶液浓度至少 20mmol/L,或分子量 300Da 的溶质 5mg。由于 ^{13}C 旋磁比低于 ^1H,同时天然丰度较低,检测 ^{13}C NMR 谱样品溶液浓度较高方能获得理想的数据结果。

表 4-11 常用氘代溶剂 ^1H 化学位移

氘代溶剂	分子式	溶剂峰	水峰
氘代四氢呋喃(THF-d_8)	C_4D_8O	1.72, 3.58	2.46
氘代二氯甲烷(DCM-d_2)	CD_2Cl_2	5.32	1.52
氘代氯仿(CDCl$_3$-d)	$CDCl_3$	7.26	1.56
氘代甲苯(PhMe-d_8)	$C_6D_5CD_3$	2.08, 6.97, 7.01, 7.09	0.43

氘代溶剂	分子式	溶剂峰	水峰
氘代苯（PhH-d₆）	C₆D₆	7.16	0.4
氘代氯苯（PhCl-d₅）	C₆D₅Cl	6.96, 6.99, 7.14	1.03
氘代丙酮（CH₃COCH₃-d₆）	(CD₃)₂CO	2.05	2.84
氘代二甲亚砜（DMSO-d₆）	(CD₃)₂SO	2.5	3.33
氘代乙腈（CH₃CN-d₃）	CD₃CN	1.94	2.13
氘代三氟乙醇（CF₃CH₂OH-d₃）	CF₃CD₂OD	5.02, 3.88	3.66
氘代甲醇（MEOD-d₄）	CD₃OD	3.31	4.87
氘代水（D₂O）	D₂O	4.79	—

样品的体积一般 500～700μL 左右，5mm 核磁管液高约 4cm，参见图 4-8。样品体积过少，锁场/匀场困难；样品体积过大，液体涡流效应使检测体系温度不均。

（2）氘代试剂的选择

核磁共振波谱仪磁场强度受各种因素影响存在波动。为确保实验进程中磁场的稳定，需要进行锁场操作。锁场以核素 ^2H 信号为参照进行电磁补偿。氘代试剂既作为锁场参照物，又是待测物质溶剂。见表 4-11。

氘代试剂选择原则，首先试剂不与待测物发生反应，其次能很好溶解待测物，再者溶剂峰不与样品谱峰重叠而干扰样品检出，并且在实验温度范围内保持液体状态。

如溶解度相当，宜选择粘度小的氘代试剂作溶剂。粘度大，会带来 NMR 谱峰展宽效应。

考虑成本时注意，尽量选用 0.55mL 左右规格的安瓿瓶装试剂。大瓶装氘代试剂就每毫升价格计要便宜，然而使用中多次反复开启瓶盖，会因试剂吸收空气中的水分，或操作不当带来污染导致试剂质量下降。

（3）样品管

样品管要选择质量高、口碑好的品牌样品管，保证对射频电磁波的透过性和几何尺寸的一致性。见图 4-21。样品测试后要及时清洗样品管。清洗最好采用溶剂灌洗的方式，切忌超声清洗或毛刷刷洗。样品管宜自然干燥。

（4）过滤与脱气处理

样品存在沉淀或悬浮物，会影响到匀场效果而降低峰分辨率，需要离心或过滤去除。跟踪反应过程的样品，若反应中产生气体，样品管壁可能附着细密的气泡，对此测试前要作脱气处理，尽量保证 NMR 检测过程中样品溶液的均一。

NOESY 实验时最好对样品通氮气驱除溶解氧，避免氧分子顺磁性的干扰。

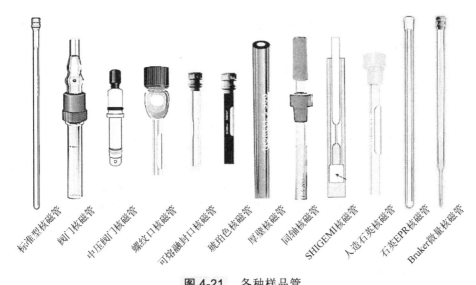

图 4-21　各种样品管

（从左至右标签）标准型核磁管　阀门核磁管　中压阀门核磁管　螺纹口核磁管　可熔融封口核磁管　琥珀色核磁管　厚壁核磁管　同轴核磁管　SHIGEMI核磁管　人造石英核磁管　石英EPR核磁管　Bruker微量核磁管

4.5　数据的基本处理

4.5.1　傅里叶变换/相位调整/基线校正/峰位定标

　　由 NMR 谱仪获得的原始数据是呈自由衰减（FID）状态的时域（time domain）数据，首先需要进行傅里叶变换成频域（frequency domain）数据。

　　NMR 检测方法中为避免射频脉冲对后续采样的影响，通常在脉冲结束时刻到采样开始间设置时间延迟。在此时间内，化学位移和耦合常数不同的自旋核获得不同的相位，表现在谱图上有吸收相（正峰），或色散相（负峰）。然而脉冲结束时磁化强度的相位是同步的，所有的信号有相同的相位，因而需要调整相位。见图 4-22。

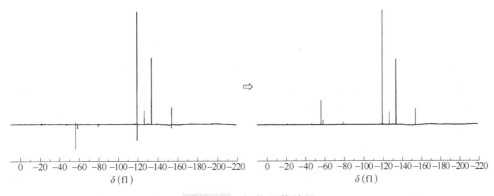

图 4-22　相位调整效果

　　应用 NMR 谱仪自带软件或第三方软件都可以进行相位调整（phasing）。一般先对最大峰作零级相位调整 PH0，再对其它峰作一级相位调整 PH1。经相位调节后谱图所有峰均是吸收相。

基线校正（baseline correction），以去除由谱仪硬件或实验方法带来的噪声。

峰位定标（peak calibration），可采用已添加在氘代试剂中的 TMS 化学位移值（δ_H 与 δ_C 均为 0），也可采用溶剂峰化学位移进行峰位定标。

4.5.2　MestReNova 软件简介

NMR 波谱仪一般安装有生产商自有软件，通常对仪器进行控制、数据采集及多任务管理，同时还具有数据处理、检测报告生成等功能。例如 Bruker NMR 谱仪预装 Topspin 软件。此外，还有专业处理 NMR 谱数据的第三方软件，MestReNova（简称 Mnova）即是此类软件。Mnova 软件是由西班牙 Mestrelab Research 公司开发的科学软件，目前已广泛应用于 NMR 谱数据处理。Mnova 软件可兼容不同操作系统（Windows、Mac、Linux 等），处理不同品牌 NMR 波谱仪检测数据，包含丰富的功能插件，具有对实验数据进行处理、分析、报告、互动、共享、验证、解析、储存、管理、检索、应用等多种功能。

最新版本 Mnova14 软件中与 NMR 谱相关的插件，主要有 Mnova NMR、Mnova NMR Predict、Mnova Verify、Mnova qNMR 等，其它较高级的插件有 Mnova DB、Mnova Screen 和 Mnova Structure Elucidation 等。

Mnova NMR 是 Mnova 软件中最基本插件，是处理 1D 和 2D NMR 光谱数据的专业工具。应用 Mnova NMR，直接打开原始 1D 或 2D 的 fid 或 ser 文件，可自动完成窗函数、傅里叶变换、相位校正等处理过程。可以进行基线背底扣除、峰位校正、峰值拾取、峰面积积分等操作。可手动或自动归属 1D 和 2D 峰到分子结构，并可导出归属结果、列表用于文章和论文的写作等。

应用 Mnova NMR Predict 插件，基于给出的化合物分子结构式，可以预测 ^{1}H NMR、^{13}C NMR 以及 2D HSQC 理论谱图。通过化合物分子结构式，预测 ^{14}N、^{17}O、^{19}F、^{29}Si 的化学位移。支持 CDCl$_3$、DMSO-d$_6$、D$_2$O 等不同溶剂环境下，^{1}H 化学位移及耦合常数预测。

Mnova Verify 插件是结构验证工具，通过一系列光谱（H-1、C-13、HSQC、LC/MS 等）理论谱图与实际谱图比较，评估预测结构与所用光谱之间的匹配度并排序。目前自动结构验证已得到越来越广泛的应用，例如生物分析之前快速排除错误结构。

应用 Mnova qNMR（quantitative NMR）插件，可以使用内标/外标方法，通过手动或自动以及批处理的方式对浓度或纯度进行精确的测定。例如通过峰值强度的减少或增加来监测反应；通过测量峰强度变化来筛选配体-蛋白结合；使用内标/外标精确测量摩尔浓度/纯度；通过监测标记物/指纹峰的峰值强度变化，进行质量控制或代谢组学研究。

有关 MestReNova 软件的详细使用方法可以查看 MestReNova 使用教程。

参考书目

[1] 毛希安. 现代核磁共振实用技术及应用. 北京: 科学技术文献出版社, 2000.

[2] 宁永成. 有机化合物结构鉴定与有机波谱学. 3 版. 北京: 科学出版社, 2014.

[3] 斯蒂芬·勃格等. 核磁共振实验 200 例——实用教程: 原著第 3 版. 陶家洵, 等译. 北京: 化学工业出版社, 2008.

[4] 王乃兴. 核磁共振谱学——在有机化学中的应用. 3 版. 北京: 化学工业出版社, 2015.

[5] Timothy D. W. Claridge. 有机化学中的高分辨 NMR 技术(导读版): 原著第 2 版. 北京: 科学出版社, 2010.

[6] 西尔弗斯坦, 等. 有机化合物的波谱解析: 原版第 8 版. 药明康德新药开发有限公司分析部译. 上海: 华东理工大学出版社, 2017.

[7] Jeffrey H. Simpson. 有机结构鉴定: 应用二维核磁谱(导读版). 北京: 科学出版社, 2011.

[8] 艾伦·托内利. 核磁共振波谱学与聚合物微结构. 杜宗良, 等译. 北京: 化学工业出版社, 2021.

[9] 赵天增, 等. 核磁共振二维谱. 北京: 化学工业出版社, 2021.

[10] Pretsch E, 等. 波谱数据表-有机化合物的结构解析(原书第四版). 荣国斌, 译. 北京: 科学出版社. 2013.

第 5 章　低场核磁共振波谱仪

低场核磁共振分析技术是核磁共振技术的另一个重要分支。低场核磁谱仪又称为时域核磁共振波谱仪，可以获得自旋核与分子动力学特性相关的弛豫信号。物质的弛豫行为与物质内部原子核所处的化学环境以及分子之间的相互作用相关，弛豫特性可以灵敏地反映出物质所处环境的变化以及物体内不同物质含量比例的变化。通过弛豫分析，可以实现物体内物质的鉴别，物体内部的结构分析以及物质的定量分析等目的。低场核磁共振谱仪是一种无损的快速检测手段，目前已在农业食品、能源勘探、高分子材料、纺织工业、生命科学等许多领域获得应用，例如测定玻璃态转化温度、水分迁移及分布、高分子材料交联密度、造影剂弛豫率、孔径分布及孔隙度等。具有非接触式、无电离辐射、安全等优点。

5.1　低场核磁共振分析基本原理

本节将重点阐述低场核磁共振弛豫过程，有关核磁共振的基础知识详见第 4 章，这里就不再赘述。弛豫是自然界物质的固有属性，任何物质系统在平衡时具有的状态称为平衡状态。当系统在受到外界刺激（即激励）时，会产生相应的系统变化（即响应）。当外界激励消失后，系统就会恢复到原始的平衡状态，系统从激励状态恢复到原始状态的过程就叫弛豫过程。比如我们熟知的指南针，就类似于一个小磁针，地球就像一个磁场。在静止状态下，指南针在地球表面作定向排列并指向磁场方向，若给它一个力使小磁针偏离磁场方向，一旦外力撤销后，小磁针还会在磁场的作用下，重新恢复到沿磁场的方向上。同样，对于核磁共振来说，在无外磁场 B_0 作用时，核自旋的方向是杂乱无章的，自旋系统的宏观磁化矢量 M 为零。当置于外磁场 B_0 后，核自旋空间取向从无序向有序过渡，自旋系统的磁化矢量从零开始逐渐增加，当系统达到热平衡状态时，磁化强度达到稳定值。但当自旋系统受到某种外界作用，如对其施加一射频脉冲后，磁化矢量就会偏离平衡位置。当撤销射频脉冲后，自旋系统的这种不平衡状态不能维持下去，会自发地恢复到平衡状态，即弛豫过程。不同系统受到不同激励回到平衡状态所需要的时间不同，弛豫有快有慢。

如图 5-1 所示，在外磁场 B_0 中，质子在达到热平衡后会产生一个与主磁场方向一致的宏观磁化矢量 M_0，即 $M_z=M_0$，$M_{xy}=0$。由于质子的旋进很快，很难被检测到；当在与 B_0 垂直方向上施加 90° 射频脉冲时，宏观磁化强度 M_0 从 M 位置沿着球面向 M′ 做回旋运动，在受迫章动过程中，所有的原子核都会被强制以相同的相位做受迫运动，在坐标系中表现为宏观磁化矢量 M_0 则由 Z 轴绕向 Y 轴，此时 M_z 变为零，而 M_0 在 XY 平面的分量 M_{xy} 逐渐增大到最大值 M_0。当射频脉冲结束后，磁化矢量要逐渐恢复到初始平衡状态，即从 M′ 位置重回 M 位置，其横向分量 M_{xy} 逐渐衰减为零，M_z 重新恢复到 M_0。因此，弛豫过程宏观表现为与外磁场方向 B_0 成一定角度的磁化矢量 M_0 重新恢复到与 B_0 方向一致的初始状态，即磁化强度变化的逆过程，如图 5-2 所示，记录到恢复或者衰减的信号是弛豫过程的特征。弛豫过程可以分为两类：纵向弛豫（自旋-晶格弛豫）和横向弛豫（自旋-自旋弛豫），描述弛豫过程的时间常数为弛豫时间，纵向弛豫时间和横向弛豫时间分别用 T_1、T_2 表示，T_1 是表征磁化强度的纵向分量 M_z 恢复过程的时间常数，T_2 则表征磁化强度的横向分量 M_{xy} 恢复过程的时间常数。样品的弛豫时间取决于样品本身的性质，比如样品内含有磁性核分子的均匀性程度、相互结合状态等，通过测定 T_1、T_2 值可以分析检测不同的样品成分、状态分布、分子结合等物理化学性质。

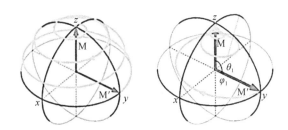

图 5-1 宏观磁化强度章动的示意图

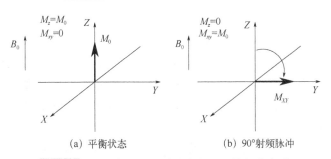

(a) 平衡状态　　　　　　　　(b) 90°射频脉冲

图 5-2 90°脉冲下，磁化矢量 M_0 的行为方式

5.1.1 自旋-晶格弛豫

纵向弛豫是由自旋系统与周围介质交换能量完成的，又叫自旋-晶格弛豫。晶格是指质子周围外在的环境或者物质的质点（通常把原子核所在环境的周围所有分子，不管是固体、液体或气体，都概括地用"晶格"代表），晶格运动产生磁场，

当晶格磁场频率和进动的质子磁场频率一致时，质子能量将会转移给晶格，进动质子自身恢复到稳态，即进动质子与周围的环境产生能量交换，释放吸收的电磁能量，恢复到热平衡的过程便是纵向弛豫过程。纵向弛豫过程的本质是激励过程吸收了射频能量的质子释放能量返回到基态的过程，即从脉冲撤销时刻至恢复到完全纵向磁化状态所需的时间由纵向弛豫时间 T_1 决定，这一现象就是 T_1 弛豫，纵向弛豫的快慢主要取决于自旋的原子核与周围分子（固体中的晶格，液体中的同类分子或溶剂分子）之间的相互作用情况。从理论上来讲，达到热平衡需要无穷长的时间，然而当 $t = 5T_1$ 时，M_z 已恢复到 99.33%，接近于 M_0，认为达到热平衡（如图 5-3 所示）。因此，在实际应用中，一般将 T_1 的值定为纵向磁化矢量从零恢复至最大值的 63%时所需的时间 ［图 5-4（a）］。

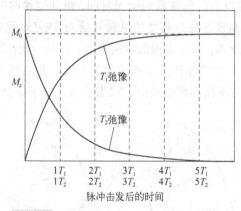

图 5-3 90°脉冲停止后的弛豫信号变化

5.1.2 自旋-自旋弛豫

自旋-晶格弛豫是磁化强度的纵向分量恢复的过程，它是靠自旋和晶格交换能量来实现的，自旋系统本身的能量发生变化。而对于横向弛豫，是磁化强度横向分量消失的过程，它是由自旋系统内部交换能量引起的，表示相互紧邻的自旋质子相互作用，核自旋受到邻近核产生的涨落磁场作用而产生弛豫跃迁，即高能态的原子核将能量传递给低能态的原子核，此时，前者跃迁到低能态，而后者将跃迁到高能态，能量相互转移，由相位一致性逐渐失相位的过程，此过程没有能量的消长，也称自旋-自旋弛豫。当自旋系统处于平衡状态时，各个核自旋的进动相位是无关系的，所以 $M_{xy}=0$。当离开平衡位置时 $M_{xy}\neq0$，说明此时核自旋的进动相位有一定关系。横向弛豫时间的速率主要取决于质子进动相位的一致性逐渐散相过程，其散相有效程度与质子周围分子结构的均匀性有密切关系。分子结构越均匀，散相效果越差，横向磁化减小过程越慢。一般将 T_2 的值定为从最大值 $M_{xy,\mathrm{max}}$ 下降到最大值的 37%所需的时间 ［如图 5-4（b）所示］。

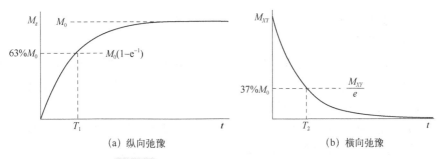

(a) 纵向弛豫   (b) 横向弛豫

图 5-4　纵向弛豫曲线和横向弛豫曲线

T_1 弛豫与 T_2 弛豫之间有一定的内在联系,但根据其发生机制表现形式及速度的差别来看又是相对独立的两个不同过程,T_1 弛豫需要时间长,是质子群把能量传递给质子外的其它分子的过程;而 T_2 所需要的时间较短,是质子群内质子与质子间的能量传递过程。因此,通常 T_1 值都比其 T_2 值要大很多。

5.2　低场核磁共振波谱仪结构与工作原理

5.2.1　仪器组成

低场核磁共振谱仪按照仪器部件来分,主要包括工控机（PC 机）、谱仪系统、射频单元、磁体柜及温控单元五大部分;按照工作任务来分,仪器由谱仪系统、射频系统、磁体系统、恒温系统四大部分组成。其中,谱仪系统负责接收操作者的指令,并通过序列发生软件产生各种控制信号传递给谱仪系统的各个部件协调工作,完成数据处理、存储和图像重建以及显示任务;射频系统主要负责射频脉冲序列的发射和采样信号的接收;磁体主要负责提供均匀、稳定的主磁场;恒温系统主要负责磁体柜内的温度控制,如图 5-5 所示。

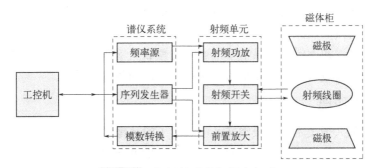

图 5-5　低场核磁共振设备组成

（1）谱仪系统（电子控制系统）

电子控制系统是低场核磁共振设备的核心部件。包括 PC 机、脉冲序列发生器、数模转换器等部件且各个模块之间相互独立,承担着产生和精确控制射频脉冲、数字化核磁共振信号以及实现与计算机通信的任务。

（2）磁体系统

静磁场是核磁共振产生的必要条件之一，磁体对于核磁共振设备来说非常重要，在核磁共振中通常用对应质子的共振频率来描述不同场强。常用的磁铁主要有三种：永磁铁、电磁铁和超导磁铁。考察核磁共振磁体的主要指标有磁场强度、磁场均匀性以及磁场的温度稳定性。增加磁场强度能够提高检测的灵敏度，磁场均匀性的增加能够提高弛豫信号的质量，磁场的温度稳定性则限制了磁体的使用环境。在改善磁体的工作环境温度方面，使用一个磁体恒温系统能够确保磁体的工作温度在很小的范围内波动，极大地提高了磁场的稳定性。磁体的磁场强度主要受磁体材质的影响，目前常用的磁体材料主要有：稀土合金、钕铁硼和衫钴等。在低场核磁共振设备中主要使用永磁铁产生静磁场，永磁铁一般可提供 0.7046T 或 1.4092T 的磁场，对应质子共振频率 30MHz 和 60MHz，永磁铁通常具有场强较低、对温度敏感、维护简单、寿命长等特点。

（3）射频系统

射频系统是低场核磁共振设备的关键部件之一，它主要完成向静磁场中的样品发射脉冲电磁场以激发原子核的磁共振，以及检测核磁共振信号。由于核磁共振信号的幅值只有微伏级，因而射频接收系统的灵敏度和放大倍数都要非常高。射频功放主要功能是将频率源产生的射频信号进行放大，并将该信号送入到射频线圈中用于激励样品；而前置放大器的主要功能是将由射频线圈产生的核磁共振信号进行滤波降噪、有效放大，然后再送到谱仪系统的模数转换中将核磁共振信号转换为数字信号。在射频线圈设计过程中，最主要的目标是提高信噪比，目前常见的射频线圈主要有螺线管线圈和平面线圈。其中螺线管线圈是最常用的射频线圈，尺寸较大的螺线管（直径大于 1mm）线圈的设计、加工和制作工艺都比较成熟。

具体工作流程表现为：谱仪系统中的频率源和序列发生器分别发出设定频率的正弦波和所需的门控信号；随后射频系统中的射频功率放大器对射频脉冲进行放大，从而通过线圈激发样品信号，通过前置放大器对样品信号进行放大，最后经谱仪系统的模数转换器将模拟信号转化为所需的数字信号。

5.2.2 工作原理

低场核磁共振技术主要检测样品中氢质子的弛豫信号，将样品放入磁场中之后，通过施加射频场持续一段时间后，磁化矢量就会偏离平衡位置，在坐标系中表现为宏观磁化矢量 M_0 由 Z 轴绕向 Y 轴，M_0 在 XY 平面的分量 M_{xy} 逐渐增大到最大值 M_0。当射频脉冲结束后，磁化矢量要逐渐回复到初始平衡状态，在 XY 平面内，以角速度 ω_0 绕 Z 轴旋转，其横向分量 M_{xy} 会逐渐衰减为零。此时如果在 XY 平面内放置一个检测线圈，那么 M_{xy} 将会以 $\omega_0 / 2\pi$ 频率切割检测线圈，从而产生感应电动势，即为检测到的核磁共振信号（如图 5-6 所示）。对于性质不同的样品，其能量释放的快慢是不同的，通过这些信号差别就可以寻找规律，研究样品内部性质。不同物质的弛豫时间存在差别，同一种物质，处于不同相态，弛豫时间也不同。样品的弛豫特性可通过不同的脉冲序列测定，脉冲序列是一系列有规律的磁场作用于置于恒定磁场 B_0 中的样品，并按一定规律扳转宏观磁化矢量，产生特定核磁共振信号的测量方法。常用的序列主要有自由感应衰减（free induction decay，FID）、反转恢复序列（invesion recovery，IR）、（Carr-Purcell-Meiboom-Gill，CPMG）脉冲序列采样。

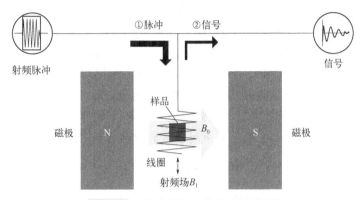

图 5-6 核磁共振工作原理示意图

（1）FID 脉冲序列

FID 脉冲序列是对样品施加一个 90°脉冲后，宏观磁化矢量被扳转到 XY 平面，此时 M_{xy} 与 M_0 相同；之后，具有相同相位的质子群开始散相，M_{xy} 开始呈指数形式衰减，这个过程称为自由感应衰减，脉冲序列称为 FID 脉冲序列（如图 5-7 所示）。FID 序列测量的是横向弛豫时间，但是由于自旋与自旋能量焦化的同时，自旋还收到磁场非均匀性和扩散性影响，使 FID 信号衰减加快，实验测得的 T_2 值远远小于理论计算值。因此 FID 得到的弛豫时间为样品本身的横向弛豫时间与磁场影响产生的时间的加和。对于不同仪器，磁场可能不同，对相同的样品测试结果也会不同。因此，FID 脉冲序列一般用于仪器调试及仪器的系统参数设置。

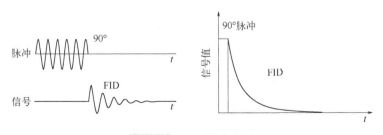

图 5-7 FID 脉冲序列

（2）IR 反转恢复序列

由于磁化强度沿着 Z 轴难以观察，不能运用 90°脉冲信号测定 T_1 值。因此，常用的方法是利用反转恢复脉冲序列产生信号。反转恢复脉冲序列是 180°-τ-90°序列，即先加入 180°脉冲后，再加入一个 90°脉冲［图 5-8（a）］。具体过程为：样品置于静磁场 B_0 中，达到稳定状态后施加一个 180°的脉冲，此时样品宏观磁化矢量扳转至 Z 轴负方向使得 M_0 变为 $-M_0$，之后以 T_1 时间常数弛豫，等待时间间隔 τ 后，M_z 可能仍为负，但变短；此时再施加一个 90°脉冲，宏观磁化矢量扳转到 XY 平面上，测量此时的核磁共振信号量。FID 信号消失后还需要等待一个较长的恢复时间间隔（满足完全弛豫），使得宏观磁化矢量 M_z 恢复到平衡状态 M_0，此时为第一个脉冲序列周期结束，一般一个周期需要 $5T_1$。此后再次施加 180°脉冲，开始第二个序列周期，多次重复上述过程，每周期中步骤都相同，只是改变 τ，且每次时间间隔 τ 都逐渐增加，经过 n 次实验之后，各次 90°脉冲的核磁信号峰值就给出了 M_z 的恢复曲线。根据核磁共振信号幅度与时间间隔 τ 的关系曲线，恢复曲线如图 5-8（b）所示，就可以得到纵向弛豫时间 T_1。曲线方程为：

$$M_{z(\tau)} = M_0 \left(1 - 2e^{-\tau/T_1}\right) \tag{5-1}$$

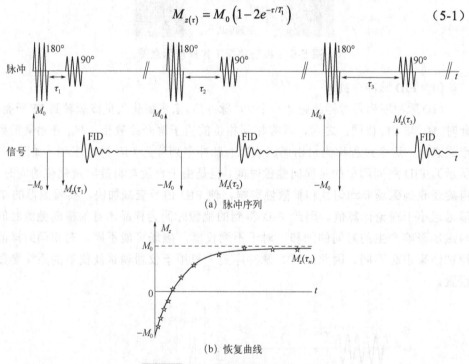

(a) 脉冲序列

(b) 恢复曲线

图 5-8 IR 脉冲序列及恢复曲线

在曲线与横轴的交点处 $M_z = 0$，可以得到关于 T_1 的表达式：$\tau = T_1 \ln 2$。τ 已知，所以可以求得 T_1 值。因此，通过运用多个 180°-τ-90°脉冲序列和不断改变反转恢

复序列中的 τ 值，并记录每次的 FID 信号幅值，就能通过软件拟合得到的恢复曲线，计算得到样品的 T_1 值。

（3）CPMG 序列

T_2 描述的是 M_{xy} 的衰减情况，理论上采用 FID 序列即可检测，但实际上测得的 T_2 弛豫时间远远小于理论计算值，这是因为在实际弛豫过程中，静磁场 B_0 本身并不是绝对均匀的，且容易受到外部电磁干扰，完全屏蔽电磁干扰在实践中很难达到，这样磁场本身的不均匀性和外部的干扰会导致不同位置的质子具有不同的拉莫尔频率，加剧了质子的散相，进而造成 T_2 的衰减速度加快。实际上是采用 CPMG 序列测量 T_2 弛豫时间。CPMG 序列是由一个 90°脉冲和后续施加的多个 180°脉冲组成的，它能够测得与设备及环境无关的 T_2 值，因此该序列克服了仪器本身磁场不均匀性带来的弛豫回波幅度误差问题。从图 5-9 可以看出，各个回波信号的峰值呈指数规律逐渐减小，由回波峰值形成的指数衰减曲线就是 T_2 衰减曲线，因此可以利用这个峰值衰减规律来测得样品的 T_2 值。在实际工作中，一般认为 M_{xy} 经过 $5T_2$ 时间已经基本衰减到零，T_2 衰减曲线方程为：

$$M_{xy(\tau)} = M_0 e^{-\tau/T_2} \tag{5-2}$$

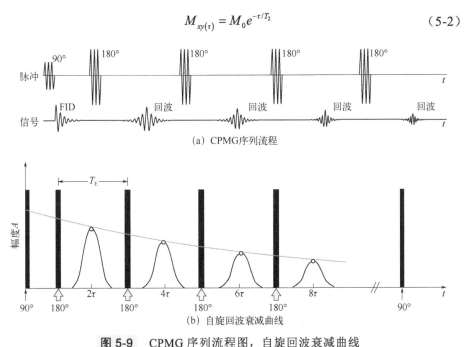

(a) CPMG序列流程

(b) 自旋回波衰减曲线

图 5-9 CPMG 序列流程图，自旋回波衰减曲线

5.2.3 低场核磁共振波谱仪与高场核磁共振波谱仪的比较

核磁共振波谱仪根据磁体强度来分，大致可分为 3 类：恒定场强大于 1.0T 的为高场核磁共振；恒定场强在 0.5～1.0T 之间的为中场核磁共振；恒定场强低于

0.5T 的为低场核磁共振（如图 5-10）。从理论上来讲，核磁共振技术主要基于 6个参数的测量：化学位移、J 偶极间接相互作用、偶极-偶极直接相互作用和横向弛豫时间、纵向弛豫时间和扩散系数。前三个参数主要反映分子的结构信息，为高场核磁共振技术的研究对象；后三者主要反映分子的动态信息，为低场核磁共振分析的研究领域。目前，高场核磁共振主要用于测试分子化学结构和医学成像，通过化学位移得到分子内部结构信息，高场核磁使用的是频域谱（化学位移谱），横坐标是频率标度。如图 5-11 所示。高场核磁的研究领域属微观领域（分子内部），具有高灵敏度、高分辨率、高信噪比等特点；高场核磁对样品的均匀度要求高，通常液体需要去离子化，固体需要是粉末状。此外，高场核磁对磁体要求也非常高，磁场越均匀，获得的分子结构越清晰，有些甚至需要配备昂贵复杂的低温超导系统来实现，且设备体积庞大，需要放置在专门的实验室中，采购成本和维护成本都比较高。

图 5-10 核磁共振按强度分类

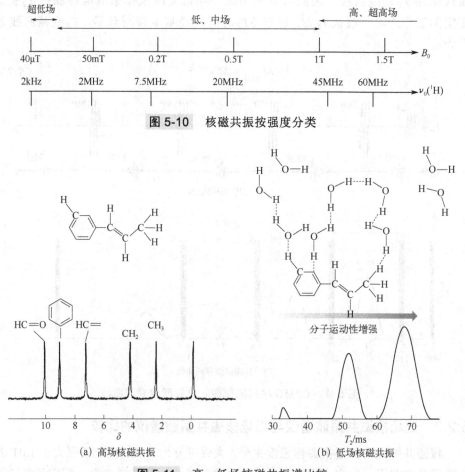

(a) 高场核磁共振　　(b) 低场核磁共振

图 5-11 高、低场核磁共振谱比较

而低场核磁共振又称低分辨率核磁共振，是根据物体内部不同物质的弛豫特性实现物质组分的鉴别和定量分析。低场核磁主要使用 T_2 谱、T_1 谱等时域谱。与高场频域谱的主要区别是：时域谱的横坐标是诸如 T_2、T_1 等特定参数值。例如，低场核磁共振技术重点关注油、水及高分子聚合物中的氢原子核，获取样品的氢核所产生的共振信号之后，经由信号处理对样品特性或分布进行分析测量，从而间接对其载体或环境（如孔隙大小）进行研究分析。该技术可深入观测、分析物质内部信息而不破坏样品，并具有快速、准确、无辐射、无环境污染等特点。此外，低场核磁对磁场的要求相对比较低，使用磁场均匀度较差的低场永磁体即可满足应用需求，体积相对于高场核磁共振仪要小得多，且具有成本低廉的优势。

与高场核磁共振设备相比，虽然低场核磁难以达到高场核磁的高精度，不能得到精细的分子结构信息，但它能得到分子之间的相互作用引起的信号变化，也能发挥高场设备不可替代的作用。例如：①分析样品内部不同相态水的分布，由于不同相态的水在高场环境下获得的 ^1H 谱重叠于同一位置，因此难以对不同相态水的分布进行分析，需要在低场环境下进行；②内部存在磁性物质的样品只能在低场下进行采样（如岩芯），如果在高场下采样，主磁场的均匀性将会受到磁性物质产生的内部磁场的影响，从而影响所采集信号的准确性，并且主磁场强度越高影响越严重。因此，低场核磁共振技术在复杂体系中自旋核相互作用信息上已吸引众多领域的研究。

5.3 实验方法

低场核磁共振技术对磁场不均匀性要求低，无需像高场核磁共振制样时需要氘代试剂、固体样品磨成粉状，低场核磁无需样品处理即可对样品进行测试，针对样品的大小，可选择不同口径的线圈。在具体测试时，低场核磁共振分析是针对常用的硬脉冲序列设计的，可以实现 FID、IR、CPMG 等序列采样分析。因此，对于不同的序列，合理的设置参数是获得良好结果的关键，下面介绍具体的参数设置方法。

5.3.1 仪器参数设置

在实际测试过程中，通常有两类参数需要设置，分别是仪器系统参数和序列参数。系统参数只与仪器的硬件有关，通常情况下是不会随序列的变化而改变的；序列参数则与所选用的序列以及使用的目的有关，是根据需要随时进行调整的参数。低场核磁共振波谱仪检测的重要参数主要有：射频信号主频、射频信号频率偏置、90°和180°射频脉宽、射频线圈死时间以及接收器死时间。在实验时，为了能够正确设置系统参数，需要准备校准样品。校准样品需要满足以下两个条件：单一物质，并且性质不随时间变化；具有较强的核磁共振信号且相对较短的纵向弛豫时间。实验中，常常将不含杂质的植物油作为校准样品。

5.3.1.1 系统参数

（1）射频信号主频

原子核在磁场中的自旋遵循拉莫尔定律，即：$\omega_0 = \gamma B_0$，拉莫频率 ω_0 也叫中心频率。当射频场的频率等于拉莫尔频率时，氢质子就发生共振。主频是施加在样品上的射频脉冲频率主值。每台仪器都有符合自身要求的射频频率主值，主频的大小是由仪器的磁体决定的，它是一个不随时间改变的常量。因此，主频需要设置成与出厂时的数值一致，否则将很难观察到核磁共振信号。

（2）射频信号频率偏置

射频的中心频率即共振频率由主频和频率偏置两部分组成。当射频的中心频率与磁体频率一致时，才能产生核磁共振现象。但实际上磁体频率会随着时间的推移发生微小的变化，因此，经过一段时间就需要重新调整频率偏置使射频的中心频率与磁体频率保持一致。在每天进行实验之前，需要重新调整频率偏置，通常依靠 FID 序列来寻找。

（3）90°和180°射频脉宽

90°和180°脉冲均为硬脉冲，是核磁共振实验中最重要的两个脉冲。其它复杂的脉冲，如 CPMG、IR 等都以这两个脉冲为基础。若将180°脉宽记为 P_2，90°脉宽记为 P_1。一般 $P_2 = 2 \times P_1$，因为拉莫尔进动频率由射频场强度决定，质子旋转180°的时间约为质子旋转90°的两倍。90°和180°射频脉宽的大小与样品本身无关，而是由射频线圈的大小和射频功放的大小共同决定。由于射频线圈的尺寸以及射频功放的功率不同，激发样品所需的脉冲能量也不同，而脉冲能量又由脉冲幅度和脉冲宽度来决定。因此，改变硬脉冲宽度其本质就是在改变硬脉冲能量，在脉冲序列中较为常用的是90°硬脉冲和180°硬脉冲。在测试前，一般通过标准油样对二者参数进行校订，在测试过程中如果射频线圈和射频功放没有发生变化，90°和180°射频脉宽大小将保持不变。

（4）射频线圈死时间

对样品外部增加射频脉冲后，在射频脉冲被突然停止时，磁场中的射频脉冲能量不能马上从射频线圈中消失，这个消失过程是一个非常短时间的振荡衰减的过程，此种振荡称为零荡。在零荡期间，系统无法对核磁信号进行有效的数据采集，这个震荡时间被称作射频线圈死时间，射频线圈的大小决定了震荡时间的长短。在射频脉冲结束后至少等待死时间后，仪器才能进行信号采集，该参数不需要人为设定。

（5）接收器死时间

低场核磁共振设备的滤波器需要等待一定时间，才能进行下一次滤波信号数据采集，滤波器采集到的核磁共振信号较为平滑，仪器设备产生的噪声比较小。

在滤波器等待并使仪器达到稳定工作状态所需要的时间称为接收机死时间。接收机的硬件条件决定了接收机死时间的长短，该参数也不需要人为设定。

5.3.1.2　序列参数设置

脉冲序列实验是获取核磁共振信号的基本方法，核磁共振信号的激发完全依靠脉冲序列通过线圈激励出的射频场，由脉冲序列中控制的射频脉冲产生的频率、强度和时长等参数都是影响弛豫信号的重要控制参数，即脉冲序列及其参数的设计直接决定了弛豫信号的产生。因此，脉冲序列是核磁共振系统最重要也是最核心部分，产生核磁共振信号需要精确地控制射频脉冲的控制参数。FID、IR 和 CPMG 等常用脉冲序列的参数设置如下：

（1）FID 脉冲序列参数设置

最简单的核磁共振信号就是核磁信号的自由感应衰减（FID）。采用单一的 90°射频脉冲激发样品，然后接收由此产生的 FID 信号。在 FID 脉冲序列中涉及的需要设置的序列参数主要有：射频延时、信号采集时间和采样等待时间等，如图 5-12所示。

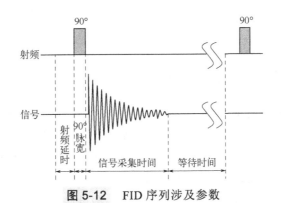

图 5-12　FID 序列涉及参数

① 射频延时　通过延迟 90°脉冲的施加时间来控制第一个采样点的采样时间为射频延时（单位：ms）。如果过早的施加 90°脉宽，会导致接收机采集到 90°脉宽的施加信号及零荡信号，这是因为接收机的开始接收时间是固定的。如图 5-13所示，当射频延时设置过大时，样品的信号实际上是从 90°脉冲之前就已经开始采集找到有效信号的起始点，真正的信号点对应的采样时间应该出现在零荡结束以后，通常选择零荡结束后的第一个不受零荡干扰的幅值最高点作为起始点。因此，在实际测试过程中，需要设置一个合适的射频延时，去除 90°脉宽及 90°脉冲后的零荡信号，从而找到正确的信号采集起始点。

② 信号采集时间　信号采集的总时间是由信号采集点数和信号采集频率这两个参数共同决定。信号采集的总时间=采样点数/采样频率，通过改变采样点数和采样频率可以改变信号采集的总时间。通常来说信号采集的总时间必须要足够

长以保证信号的完全弛豫，但如果过长，采样会消耗更长的时间及降低所采集到信号的信噪比。在实际测试过程中，应先通过调节采样点数值来调节信号采集的总时间，如果轻易减小采样频率很可能会丢失样品中的有效信号，因为采样频率的减小会导致采样时间间隔变长，很可能导致部分短弛豫信号丢失。但如果样品信号的弛豫很快，可以考虑增大采样频率，这样也许会采集到更多的有效信号，通常固体的弛豫要比液体快很多。

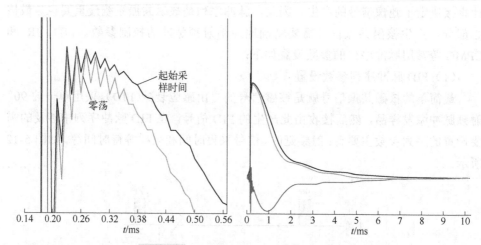

图 5-13　射频延时过大时的样品信号

采样点数为仪器采集信号时的采样点个数，它的大小是由样品信号衰减的快慢决定的。理论上，应该选择使信号完全弛豫的最少点数作为信号采样点数。若采样点数设置的比实际需要的小则可能丢失部分有用信号；若采样点数设置过大，则会导致实验效率和采样信号信噪比的降低。信号采集频率是指采集信号时，接收机接收的信号频率范围，俗称接收机带宽。假设接收机的中心频率（主频+频率偏置）为 x，采样频率为 y，则接收机接收信号的频率范围是（$x-0.5\times y$，$x+0.5\times y$）。如果将采样频率设置为 100kHz，那么仪器将每隔 10μs 采集一次信号。在大多数实验中，采样频率一般不小于 100kHz，如果采样频率太小则有可能丢掉部分该样品中的有效信号。在设置该参数时，需要根据样品实际衰减的快慢来调节采样频率值。通常情况下，可以设置采样频率为 100kHz，该采样频率几乎适用于所有样品；如果信号弛豫速度很快，则应该增大采样频率。

③ 采样等待时间　加入射频脉冲时，样品中的氢吸收能量；当射频脉冲撤销时，样品中的氢核释放能量。需要等待一段时间，样品才能恢复到原始状态。需要的等待时间也称为重复采样等待时间，具体来说是前一次采样结束到后一次采样开始的这段时间，系统在一次信号采集之后需要等待足够长的时间才能进行下一次信号的采集，等待的目的是使系统恢复到原来所固有的平衡状态，不同的样

品等待的时间是不同的，这和它们释放能量的速度相关。如果等待的时间不够而直接进行下一次的信号采集，那么所采集到的信号值幅度会偏小。当然也可以设置一个很长的时间，这样可以适应于任何样品，但会浪费时间，因此为了提高工作效率，并保证每次数据采集具有相同的信号幅度，设定合适的重复采样等待时间尤为重要。这个参数值一般由试验样品中最长的纵向弛豫时间 T_1 决定，通常重复采样等待时间的大小一般为纵向弛豫间 T_1 的 5 倍。因此，总的采样时间加上等待时间的值应该大于 5 倍的 T_1，如果知道样品中最长的自旋-晶格弛豫时间，就可以计算重复采样等待时间值。

（2）CPMG 序列参数设置

FID 脉冲序列虽然在设置系统参数时很有效，但是 FID 实验本身有一定的缺陷。它的主要缺陷在于通过 FID 序列采集到的信号的大小和形状，受到样品和磁场均匀性的影响。CPMG 序列正是具有排除磁场均匀性干扰性质的脉冲序列。该序列不是单纯的只施加一个 90°射频脉冲，而是在其后又施加了很多个 180°射频脉冲。每施加一个 180°射频脉冲都会延缓由于磁场不均匀而导致的信号衰减，并且可以在信号的回波峰点处采样到不受磁场均匀性影响的数据，CPMG 序列只反映样品本身的特性。CPMG 序列中最重要的可调参数就是射频延时、回波时间、回波个数、等待时间和信号采集时间等参数。其中，射频延时、采样等待时间和信号采集时间可以参考 FID 序列设置，如图 5-14 所示。

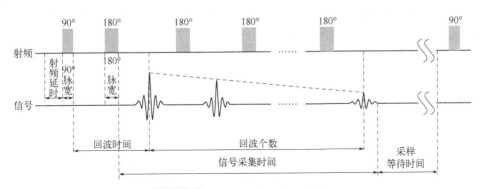

图 5-14 CMPG 序列涉及参数

① 回波时间 通常把两个的 180°射频脉冲之间的时间间隔记为回波时间 T_E（time echo），把 90°射频脉冲与 180°射频脉冲之间的时间间隔称为半回波时间 $T_E/2$。CPMG 序列中最重要的可调参数就是 T_E。回波时间值的改变可能会影响 CPMG 信号的形状，这往往是由于样品内部分子间发生的自扩散和分子交换所引起的。若需要减小分子自扩散对信号的影响，则应该选择比较小的回波时间值；若需要增大分子自扩散对信号的影响，则应该选择比较大的回波时间值。T_E 设置的整体原则是样品能够满足完全弛豫。一般来说，对于整体都是短弛豫（$T_2<$

1000ms）的样品，T_E 设置时尽可能短；对于整体都是长弛豫（$T_2>1000$ms）的样品，T_E 设置可稍大。但如果检测的是超短弛豫组分，可以直接用 FID 序列检测。如果采用 CPMG 信号检测，超短弛豫组的 CPMG 信号衰减速度很快，它的 T_2 值若比设备设计的最短 T_E 值还要小很多，这样会导致短弛豫组分欠采样，采集得到的信息不足以完成反演。

② 回波个数　回波个数是指信号采样得到的回波数量，也是采样时施加 180° 脉冲的个数。通常情况下需要设置足够大的回波个数使信号完全弛豫，但回波个数又不能太大，否则会导致实验效率和采样信号的信噪比的降低。理论上，回波个数应该设置成使样品完全弛豫的最小回波数。在 CPMG 序列的实际测试过程中，对于 T_E 和回波个数的设置，当遇到样品衰减不完全的情况，应优先调整回波个数，然后再调整 T_E 值。例如，对于食品干燥过程的参数设置，应综合考虑不同干燥程度样品之间的弛豫特性，干燥前的样品弛豫时间长，信号量大，那么所需的 T_E、回波个数、采样等待时间都较大；而干燥后，样品的弛豫时间变短，信号变弱，此时所需的 T_E、回波个数、采样等待时间减小。因此，在设置参数时，应根据长弛豫样品设置采样等待时间，T_E 和回波个数在保证长弛豫样品完全弛豫完的基础上，尽量用较小的 T_E。

（3）IR 序列参数设置

IR 脉冲序列由反转脉冲 180° 脉冲和读出脉冲 90° 脉冲两部分组成。在 IR 脉冲序列中需要设置的序列参数主要有：反转恢复时间、信号采集时间和采样等待时间，如图 5-15 所示。其中，信号采集时间和采样等待时间可以参考 FID 序列设置，下面主要介绍反转恢复时间。

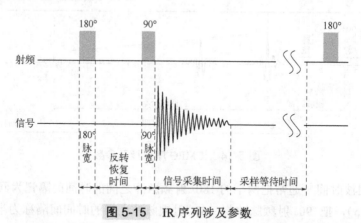

图 5-15　IR 序列涉及参数

反转恢复时间为 IR 脉冲序列中 180° 和 90° 两个射频脉冲之间的等待时间间隔 τ，是 IR 序列的一个重要参数，采用多个反转恢复时间即可完成对 T_1 的编码。为了测量 T_1，需要反复进行 IR 采样，并且每次采样都需要使用不同的反转时间值。而每改变一次反转时间，将得到一个信号的最大幅值。利用不同反转时间得到的幅值来描述样品的纵向弛豫曲线，其形状由样品的 T_1 值所决定。为了准确描述样品的纵向弛豫曲线，反转时间的变化范围应该从接近零值的位置一直到使纵向磁化矢量完全弛豫的反转时间值。在设置时，可以适当增加等待时间值，使信号完全恢复，例如对于油样，最大的反转时间可以设置为3000～5000ms。除了反转恢复时间，在实际测试过程中，通常还涉及到反转恢复时间值的个数，用来控制描述纵向弛豫曲线所需要的数据点数。反转时间个数一般应该不小于20，并可根据弛豫曲线的平滑程度来调节反转时间值。若弛豫曲线不够平滑应适当增大反转时间值，但该参数不宜过大，否则实验可能要花费相当长的时间。

5.3.2 数据处理

低场核磁共振分析技术包含两个阶段，一个是对核磁共振信号采集，另一个就是对采集的信号进行分析。由核磁共振理论可知，弛豫时间是描述物质微观结构和动态过程的重要参数之一，因此，其测量和数据分析方法的研究受到广泛重视。低场核磁虽然具有成本低、检测速度快、可以直接对样品进行测量等优点，但同时也有信息分辨率低的不足，实验采集的信号可能伴随着一些噪声或外在因素的影响需要算法矫正。对于单一弛豫组分的检测样品，在每个点测得的弛豫时间均相同，可直接采用指数拟合获得对应的弛豫时间。然而，在实际测试过程中，直接采集得到的原始信号往往非常复杂，因为受试样品中全部的氢质子会同时受到硬脉冲射频的激发，这样得到的核磁共振信号是一个叠加信号，包含了所有氢质子产生的弛豫信号。这样的叠加信号无法区分物质的不同成分。因此，在实验后期，需要对该叠加信号进行处理。目前通常借助于反演技术将其转化为易于理解的时域谱来获得各种成分的信号强度和弛豫时间。反演技术是低场核磁共振信号分析的核心，它是国内外该领域的一个研究热点。通过反演可以确定样品中含油率或含水率的大小、样品中的水分相态、样品中的成分、分子结合状态、样品的品质以及样品内部水分的流动情况等。

对于绝大多数样品来说，无论是磁场核纵向弛豫还是横向弛豫，低场核磁弛豫信号都可以用多指数函数来表达。通常情况下，分别利用CPMG实验和IR实验来检测样品中磁性核的横向弛豫过程和纵向弛豫过程，低场核磁弛豫信号的数学表达式如公式（5-3）和公式（5-4）所示。其中 f_i 表示样品中第 i 种成分的信号强度，总信号的大小是所有成分产生信号大小的总和，T_{2i} 和 T_{1i} 表示样品中第 i 种成分的横向弛豫时间和纵向弛豫时间。弛豫信号反演的目标是通过式（5-3）、（5-4）来计算样品中的每个值（或者称为样品中质子分布的密度函数），也称为 T_1 分布或 T_2 分布）。

$$M(t) = \sum_i f_i \exp\left(-\frac{t}{T_{2i}}\right) \qquad (5\text{-}3)$$

$$M(t) = \sum_i f_i \left[1 - 2\exp\left(-\frac{t}{T_{1i}}\right) \right] \tag{5-4}$$

目前常用的反演算法主要有奇异值分解法（SVD）、稳健迭代修正技术（SIRT迭代算法）和罚函数（BRD）法等。SVD 的算法存在缺陷，通常需要大量反演时间，对于弛豫分量很多的情况需要花费大量计算导致运算速度变慢，同时由于SVD 采用迭代法逐渐去除负组分，这会破坏 T_2 谱图的连续性，导致谱图畸形化。SIRT 迭代算法，是一种整体迭代修正多指数反演算法，在计算中是将数据点误差进行校正，能够有效抑制测量数据中的噪声，SIRT 算法的收敛性能以及收敛速度都得到极大的改善，无需预先设置反演控制参数，迭代收敛快，反演效果佳，且对于低信噪比的低场核磁共振信号，其反演的数据结果更加符合实际情况。因此，现如今许多主流的回波串信号反演算法都是以 SIRT 算法为主要反演手段来对弛豫信号进行反演解析。一般来说，反演谱峰的个数代表了不同状态或不同环境中的氢质子，谱峰所对应的时间就是不同状态氢质子的弛豫时间。

参考书目

[1] 高汉宾, 张振芳. 核磁共振原理与实验方法. 武汉: 武汉大学出版社, 2008.

[2] 俎栋林. 核磁共振成像学. 北京: 高等教育出版社, 2004.

[3] 陶少华, 刘国根. 现代谱学. 北京: 科学出版社, 2015.

[4] 陈海生. 现代光谱分析. 北京: 人民卫生出版社, 2010.

[5] 王丽芳, 信颖, 王炎. 现代光谱技术与光谱应用研究. 北京: 中国原子能出版传媒有限公司, 2011.

[6] 阮榕生. 核磁共振技术在食品和生物体系中的应用. 北京: 中国轻工业出版社, 2009.

第6章 动态/静态激光光散射仪

激光光散射技术作为一种分析手段,在表征许多种特殊高分子的性质中发挥了重要作用,并逐步成为一种常规的手段。动态/静态激光光散射仪是以动态和静态光散射两种技术理论为基础,给出溶液体系物质分子多方面的信息。

静态光散射(static lighting scattering,SLS)技术,可以测量分子量(重均分子量 M_W)、大分子链均方根回转半径 R_g、链形态(第二位力系数 A_2)、获得聚合物分子在溶液中的形状等微结构信息。角度连续变化的静态光散射仪,研究范围比固定角度的静态光散射仪更广,可以根据样品和体系的特殊性进行角度的调整与设定。动态光散射(dynamic lighting scattering,DLS)技术,对溶液中微粒进行动力学特性研究,测量粒度及其分布、扩散系数、体系聚集与生长、扩散波谱、规则样品的形貌分析等。如,获得高聚物流体力学半径 R_h、粒子尺寸大小及分布等。

将静态和动态光散射有机地结合在一起,研究高聚物以及胶体粒子在溶液中的许多涉及质量和流体力学体积变化的过程,如聚集与分散、结晶与溶解、吸附与解吸、高分子链的伸展与蜷缩等过程。此外还可用于聚合反应动力学研究,聚合物缔合、团聚现象等。动态/静态激光光散射仪具有适用体系广泛、测量粒径范围宽、数据重复性准确性好、测量速度快且所需参数少以及仪器智能化程度高等特点。

6.1 动态/静态光散射技术理论基础

6.1.1 光散射现象及其分类

自然界中光束通过光学性质不均匀的介质时,光线向四面八方传播的现象称之为光的散射。而当一束单色、相干的激光束照射到高分子稀溶液时,也会发生光散射现象。光波作为电磁波,会诱导溶液中分子电子云发生极化,形成诱导偶极子。光束大部分沿入射方向继续前进,部分光束由于溶液中光诱导偶极子的作用,光传播方向发生了改变,并以诱导偶极为中心向各个方向辐射出次生电子波,该电子波成为二次光波源,也就是散射光,如图6-1所示。

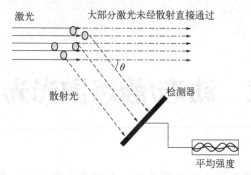

图 6-1 光散射原理图

定义溶液中颗粒的尺寸参数为 α，表达式为 $\alpha = \dfrac{\pi D}{\lambda}$，式中，$D$ 为颗粒直径，λ 为入射光波长。依据 α 值范围将颗粒对激光的散射分为三类，分别为瑞利散射、夫琅禾费衍射以及米氏散射。

（1）瑞利散射

当 $\alpha \ll 1$ 时，颗粒直径远小于入射光波长（$D < \lambda/10$），此时发生的散射称为瑞利散射。散射光不相干，强度只是每个粒子的振幅平方的总和，与入射光频率的 4 次方成正比，入射频率越高，散射越强。入射光强度为 I_i，衍射角为 θ 时，散射光强度公式（6-1）如下：

$$I_s = I_i \frac{9\pi^2 NV^2}{2} \cdot \frac{1}{\lambda_i^4 r^2} \left(\frac{\varepsilon - \varepsilon_0}{\varepsilon + 2\varepsilon_0} \right)^2 \left(1 + \cos^2\theta \right) \qquad (6\text{-}1)$$

式中，I_i 和 λ_i 分别为入射光的强度和波长；N 为光照射的散射体积 V 内散射粒子数；ε 和 ε_0 分别为散射粒子内和真空中的介电常量；r 为散射体积中心至测量点的位矢，θ 为散射角，即入射光和散射光之间的夹角。

根据式（6-1）可以得出：散射光强度与入射光波长的 4 次方成反比；瑞利散射不会改变光波的波长；散射光强随散射角的变化而变化。

（2）夫琅禾费衍射

$\alpha \gg 1$ 时，颗粒直径远大于入射光波长，发生衍射，此时的衍射称为夫琅禾费衍射，又称远场衍射（距离较近时为菲涅尔衍射而非夫琅禾费衍射）。光斑中心出现一个较大的亮斑，外围是一些较弱的明暗相间的同心圆环，此后再往外移动，衍射花样出现稳定分布，中心处总是亮的，只是半径不断扩大。

（3）米氏散射

$\alpha \approx 1$ 时，即粒子直径与辐射波长相当时，称为米氏散射。米式散射理论是由德国物理学家古斯塔夫·米于 1908 年提出的，得到了均匀球形粒子散射问题的严格解，具有极大的实用价值，可以研究雾、云、日冕、胶体和金属悬浮液的散射等。米氏散射光强计算为：

$$I = \frac{\lambda^2}{4\pi^2 r^2}\left(i_1\sin^2\alpha + i_2\cos^2\alpha\right)I_0 \tag{6-2}$$

$$i_1 = S_1\left(m,\theta,a\right)\times S_1^*\left(m,\theta,a\right) \tag{6-3}$$

$$i_2 = S_2\left(m,\theta,a\right)\times S_2^*\left(m,\theta,a\right) \tag{6-4}$$

式中，α 为入射光的电矢量相对于散射光的夹角；θ 为散射角；λ 为入射光波长；m 为颗粒相对于周围介质的折射率；r 为颗粒到观察面的距离；a 为颗粒的尺寸参数；S_1、S_2 为散射光的振幅函数。

由上述公式可以得出：米氏散射的散射强度与入射光波长的 2 次方成正比；并且散射在光线向前方向比向后方向更强，方向性比较明显。

6.1.2 动态光散射技术

动态光散射（DLS）也叫准弹性散射或光子相关谱，是测量光强的波动随时间变化的一种技术。DLS 技术测量粒子粒径，具有准确、快速、重复性好等优点，已经成为纳米科技中比较常规的一种表征方法。一般而言现在的动态光散射技术主要包含了几个分支：传统的准弹性光散射、扩散波光谱法、偏振动态光散射。从应用的领域，该项技术广泛用于亚微米或纳米颗粒测量、高分子聚合物溶液的分析与检测、生物医学、药学以及液晶性质的研究等。

6.1.2.1 粒子的布朗运动

动态光散射之所以用动态来形容，是因为溶液中的粒子无时无刻不在运动。当溶液中悬浮的微粒足够小时，其受到的来自各个方向液体分子的撞击作用是不平衡的，在某一瞬间，微粒在另一个方向受到的撞击作用超强的时候，致使微粒向其它方向运动，这样就引起了微粒的无规则运动，即布朗运动。布朗运动导致了光强的波动。布朗运动的速度依赖于粒子的大小和媒介的黏度，粒子越小，媒介黏度越小，布朗运动越快。

6.1.2.2 光信号与粒径的关系

当激光束通过胶体时，粒子会将光散射，在已知散射角 θ 处用快速光子检测器检测散射光的涨落。与静态光散射不同，动态光散射并不需要计算纯溶剂和溶液散射光强之间的微小差别。运动慢的粒子的散射信号能够清晰的与溶液中其它部分产生的信号区分开。所检测到的信号是多个光子叠加后的结果，具有统计学意义。

瞬间光强不是固定值，但其波动是在某一平均值下，且波动的振幅与粒子粒径大小相关，如图 6-2 所示。

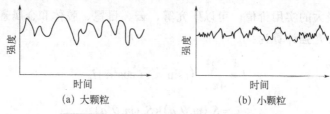

(a) 大颗粒   (b) 小颗粒

图 6-2   不同大小颗粒的光强波动曲线

一时间的光强与另一时间的光强相比，在极短时间内，可以认为是相同的，相关度为 1，在稍长时间后，光强相似度下降，时间无穷长时，光强完全与之前的不同，认为相关度为 0。如上文所说颗粒的布朗运动速度与粒径相关。大颗粒的运动缓慢，散射光强度的波动也较为缓慢。相反的，小颗粒运动速度快，散射光的波动也随之加快。相关函数衰减的速度与粒径相关，小颗粒的衰减速度远远大于大颗粒的。最后通过光强波动变化和光强相关函数计算出粒径及其分布。

计算相隔 τ 的两个时间点的散射光强 $I(t)$ 和 $I(t+\tau)$ 的乘积的平均值，τ 就是弛豫时间（delay time）。平均值 $\langle I(t)I(t+\tau) \rangle$ 是 τ 的函数，称为 $I(t)$ 的自相关函数（autocorrelation function）或者光强-光强自相关函数，即 $g_2(\tau)$。动态光散射实验中还有一种相关函数是基于电场相关的电场相关函数，也叫作振幅相关函数，即 $g_1(\tau)$。根据光学理论，可以得出光强相关方程为：

$$g_2(\tau) = \frac{\langle I(0)I(t-\tau) \rangle}{\langle I(0)^2 \rangle} = A\left[1 + B\left|g_1(\tau)\right|^2\right] \tag{6-5}$$

式中，A 为相关方程基线；B 为相关方程截距。通过数学处理获得相关曲线，如图 6-3 所示。该曲线初始斜率依赖于粒子大小，衰减过程与粒子的尺寸分布相关，基线是否归于零可以获知体系中是否有灰尘存在。

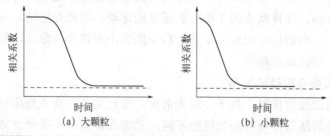

(a) 大颗粒   (b) 小颗粒

图 6-3   不同大小颗粒的散射光信号通过相关器得到的相关曲线

6.1.2.3   分布系数

通过测量散射光光强的涨落变化，得到颗粒的运动速度即扩散系数的值，将扩散系数代入斯托克斯-爱因斯坦方程可以获得流体力学半径以及分布系数。粒径分布系数（PDI）体现了粒子的均一程度，当 PDI 小于 0.05 时，体系视为单分散体系；当 PDI 小于 0.08 时，可近似认为是单分散体系；当 PDI 介于 0.08 到 0.7 之间时，体系具有适中的分散度；PDI 大于 0.7 时，尺寸分布很宽。

6.1.2.4　数量分布、体积分布与光强分布的关系

动态光散射技术最原始得到的粒径分布是以颗粒的散射光为权重的光强分布，在所有颗粒都为球形、所有颗粒密度都相同且均匀以及颗粒光学性质（折光指数、吸收率）已知三个前提下，通常可以通过米氏理论计算转化为以颗粒的体积和数量为权重的分布。为了简单说明三者之间的关系，只考虑 5nm 和 50nm 两种大小的粒子，并且这两种粒子数量相等。

如图 6-4 所示，由数量分布图可以看出，两种粒径的峰的权重相同，因为它们数量相等。体积分布图则显示 50nm 粒子峰区比 5nm 大 1000 倍，这是因为 50nm 球形粒子的体积比 5nm 的大 1000 倍。但是光强分布图显示 50nm 峰区比 5nm 大了 1000000 倍，这是因为大粒子比小粒子散射更多的光，而散射光强与直径的 6 次方成正比。

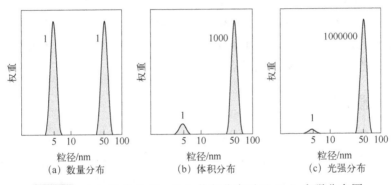

图 6-4　（a）数量分布，（b）体积分布以及（c）光强分布图

由此可知，大颗粒对于体积权重及光强权重影响更大，一般体积分布（≈质量分布）和光强分布的平均粒径大致相同，但数量分布的平均粒径会与它们大相径庭。建议在报告各分布峰所对应粒径时，使用光强分布曲线的结果；在报告各分布峰的相对数量时，使用体积或者数量分布曲线的结果。

6.1.3　静态光散射技术

静态光散射（SLS）技术又称弹性散射技术，假定体系中分子静止，且入射光频率与散射光相同，仅测定体系中散射光强与角度依赖性。静态光散射技术是测量一段时间内散射光的时间平均强度。因这个时间平均光强不能反映信号随时间的动态变化，故称为"静态光散射"。

当一束单色、相干的激光束沿着入射方向照射到无吸收的高分子稀溶液，其散射光强高度依赖于高聚物的分子量、链形态（构象）、溶液浓度、散射角度和折

射率增量（dn/dc 值）。利用散射理论研究光强与角度/浓度的函数关系，就可得到聚合物、高分子、超分子溶液等体系的重均分子量 M_W、大分子链尺寸（均方根回转半径 R_g）、链结构和链形态等纳微结构信息（第二位力系数 A_2）。

静态光散射以式（6-6）描述如下：

$$\frac{KC}{R_\theta} = \frac{1}{M_W}\left[1 + \frac{16\pi^2 n^2}{3\lambda_0^2}\left\langle R_g^2 \right\rangle \sin^2\left(\frac{\theta}{2}\right) + \cdots\right] + 2A_2 C \tag{6-6}$$

将散射因子 $q = \frac{4\pi n}{\lambda_0}\sin\left(\frac{\theta}{2}\right)$ 代入式（6-6）中，可得：

$$\frac{KC}{R_\theta} = \frac{1}{M_w}\left[1 + \frac{q^2 \left\langle R_g^2 \right\rangle}{3} + \cdots\right] + 2A_2 C \tag{6-7}$$

式中，K 为光学常数，$K = 4\pi^2 \left(\mathrm{d}n/\mathrm{d}c\right)^2 n_0^2 \left(N_A \lambda_0^4\right)$；$R_\theta$ 为瑞利因子，$R_\theta = I_\theta r^2 / I_0$；$M_W$ 为重均分子量；R_g 为均方根回转半径；A_2 为第二位力系数；n 为溶剂的折射率；c 为溶质分子的浓度，g/mol；n_0 为标准液体的折射率；$\mathrm{d}n/\mathrm{d}c$ 为溶液的折射率与其浓度变化的比值；N_A 为阿伏伽德罗常数；λ_0 为入射光波长；I_0 为入射光光强；I_θ 为散射光光强；r 为光源到测量点的距离。

6.2　仪器结构

激光光散射仪的基本结构如图 6-5 所示。由激光器发射的光束，经过空间滤波器和扩束透镜后成为一束具有特定波长的平行光。颗粒粉体分散在空气流或液体介质中，由分散系统传输进样品室，以保证颗粒分散均匀。平行光经过样品室发生衍射和散射，出射的散射光经傅里叶透镜后成像在焦平面上。焦平面上排列搭载有多环光电探测器，探测器探测到的散射光信息被转换为电信号，经测量和反演可以获得颗粒的粒度分布特征。

仪器的主要结构包含以下几个部分：

① 激光器。对于测量来说，He-Ne 激光器最稳定，所产生的光束质量最好。但是在一般的光散射仪里面，所需要光源的体积小、强度大、所需功率为几十毫瓦（几十毫瓦的 He-Ne 激光器体积过大），所以通常仪器还是采用了半导体激光器。

② 光路系统。激光器光束经过滤波、扩束、准直后以平行光射出，经过透镜聚焦到样品池的中心。散射光会在特定的角度被接收，为了保证相干性，会在接收光路配置针孔或者透镜。

③ 样品池。样品池的透光面是玻璃的，与入射光方向垂直，粉体样品（悬浮液）处于样品池中，激光从一个面透过玻璃照射到被测颗粒上，检测从另一个面射出散射光。样品池有方形或者圆形，为光学玻璃制造而成。方形样品池适用于

固定探测角度的光散射实验，圆形适用于多角度旋转测量。样品池的形状不是影响测试的关键因素，影响实验的关键因素是样品池的保温，要求控温温差在±0.1℃以内，常见的控温方法为水浴法。

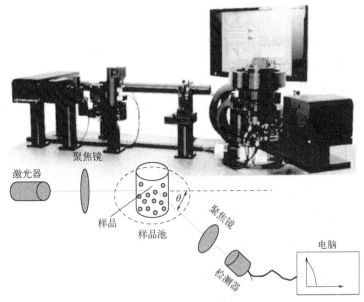

图 6-5 激光光散射仪的结构图

④ 检测器。检测器一般有雪崩型二极管（APD）和光电倍增管（PMT）。早期一般使用自由光路，采用 PMT，现在的光路大多为光纤，对应的检测器为 APD。检测器将接收到的散射光变成电信号。

⑤ 相关器检测器。接收的光信号输入给相关器，相关器分为硬件相关器和软件相关器。硬件相关器有一个专门的硬件电路来进行相关函数的计算，比较稳定且数据传输压力小。另一种方法是直接将光信号上传到计算机进行计算，为软件相关器，对数据传输的压力比较大，但是相关函数的计算灵活。

6.3 实验技术

6.3.1 实验准备

光散射实验对实验室环境、实验器皿的净化以及仪器预检验都有严格要求。

（1）实验环境

光散射仪器应放置于一个洁净的环境中。所谓洁净，一是指实验时无尘，二是无电子信号干扰。空气中的灰尘会污染散射池以及分散体系，一段时间后，灰尘会吸附在激光强度衰减片、凸透镜和光电二极管感光面上，导致更多的杂散光进入光电二极管，进而影响测试结果。而环境的温度湿度也很重要，所以仪器应放置在无尘且恒温恒湿的环境里。此外，还要避免强烈的电子噪声，降低对目标信号的干扰。

（2）样品池清洗

样品池为玻璃制品，作为光学器件表面应光滑不能有磨损，不可用试管刷清洗，样品池之间尽量避免摩擦。操作时需戴上手套，避免油脂粘在样品池上。超声及干燥过程不可与空气接触。

详细清洗步骤如下：

① 清水超声。将样品池中的废液倒出，用自来水冲洗（如为油溶性样品，需先用四氢呋喃清洗），轻放于烧杯中，以玻璃棒引流加入蒸馏水超声 10min 左右。重复上述操作，烘干样品池。

② 洗液清洗。用浓硫酸与双氧水混合溶液（体积比为 1∶3），以玻璃棒引流注入装有样品池的烧杯中，水浴（80℃）加热 1h，冷却后再次加热 1h。冷却后倒出洗液，超纯水超声三次，每次 10min，烘干。

③ 锡纸包裹。将烘干后的样品池用锡纸包裹好（锡纸平整），包裹时要紧贴样品池。

④ 丙酮回流。打开冲洗回流装置的冷凝水，将样品池放置于回流装置中，以丙酮蒸汽冲洗，回流 30min 完毕立即封口，速度要快，避免接触空气。

⑤ 清洗样品池盖子。

重复上述①③④⑤步骤，回流 10min 后低温干燥。

（3）样品制备

由于动/静态光散射仪对灰尘和气泡及其它大颗粒非常敏感，制备样品溶液的所有器具皆需经过无尘处理，一旦不慎引入灰尘会导致溶液中真正的分子散射被掩盖。特别是在测定散射光强的角度分布时，由于尘粒的影响，就会呈现显著的前后向散射不对称性。因此光散射实验的任何溶剂都必须经过严格净化。

对于多数有机溶剂，经过多次重复蒸馏或减压蒸馏，再过滤除尘（所用滤膜对实验溶液无吸附性，无需对过滤溶液进行浓度检测就可得到较为满意的纯净溶剂）。不同溶剂使用一次性注射器注入容器，甲苯等有机溶剂应使用玻璃注射器。溶液的配制必须在清洁的环境中迅速完成，一旦样品制备好后切勿剧烈振摇，降低灰尘或气泡污染的风险。

对于一些有沉淀的样品，制备时可以采取先将样品离心处理，取上清液过滤，水相体系选择亲水性膜，油相体系选择疏水性膜。样品量不少于 6mL，配制样品需用的超纯水、样品池及滴管等相关仪器必须洁净，尽量无尘。

测试前的进样需在超净室中进行，取出样品池，先剥去下半部分的锡纸，取出一次性注射器针头，插上合适的滤膜。用针筒取 2mL 左右待测样品，排出气泡，润洗滤膜和针头。缓慢推动样品，以免破坏滤膜。再次取 3.5mL 左右的样品，用 1mL 淋洗针头，剩下的 2.5mL 样品注入样品池。进样时取出样品池盖子，待进样完毕迅速盖上盖子。接着就可以进行下一步测试。

6.3.2 样品要求

动态光散射可用来研究纳米粒子、复杂聚合物、蛋白质、乳液等体系。静态光散射技术适用于研究蛋白质、高分子溶液、超支化聚合物等体系。动态/静态光散射样品的要求分为以下几个方面：

（1）分散介质

动态光散射样品在分散介质中分散良好，分散剂应具备以下条件①透明；②与溶质粒子折射率不同；③不会导致溶质的溶胀、解析或缔合；④可以查阅到准确的折射率和黏度（误差小于 0.5%）；⑤干净无尘且可被过滤。

（2）带电样品

样品体系要求均一，对于带电样品，通过加盐可以屏蔽电荷作用。盐的种类要根据溶剂来选择：①水溶液可选择 KBr、NaBr、NaCl 或 KNO_3；②非卤代溶剂（THF、DMF、DMA）可选择 LiBr；③卤代溶剂（$CHCl_3$、CH_2Cl_2、邻二氯苯）宜选择 Bu_4NBr。

（3）粒径范围 v

所能测得粒径的下限值取决于以下因素：①粒子相对于溶剂产生的剩余光散射强度；②溶质与溶剂的折射率差；③仪器灵敏度；④光强和波长；⑤检测器灵敏度；⑥仪器的光学构造等。而所能测得粒径上限值则取决于是否有布朗运动，且与粒子和分散剂的密度相关。

（4）样品浓度

对于样品浓度也有一定的要求，样品浓度过高，会受到多重光散射、扩散受限、聚集效应（依赖于浓度的聚集效应）以及应电力作用（这种作用力会影响平移扩散）的影响。理想样品的浓度应该在 0.1～10g/L 范围内。

6.3.3 测试中常见问题及解决方法

散射信号弱（小颗粒、低浓度或带颜色样品）：采用高稳定度高功率的激光器或提高样品浓度，增强散射光信号，采用高量子效应的高灵敏检测器，提高系统信噪比。

宽分布或大颗粒影响：使用多峰分析模型。如果有杂质或灰尘，需要对样品进行处理（如过滤或离心）；数据呈现递增或递减：需要增加温度稳定时间，消除由于温度漂移造成的黏度变化。

6.3.4 动态光散射数据分析

6.3.4.1 单分散体系

对于单分散体系（所有颗粒粒径大小相同，无分布），相关公式如下：

$$g(\tau) = A\exp(-\Gamma\tau) \qquad (6\text{-}8)$$

式中，$g(\tau)$ 是通过相关器得到的相关函数，通过拟合可以得到两个未知数 A 和 Γ；A 为相关函数的截距，代表样品的信噪比，正常情况 A 小于 1，而 A 越接近于 1 说明测试的信噪比越高；τ 为豫驰时间；而 Γ 是相关方程的衰减率，其单位为 s^{-1}，与颗粒的运动速度，即扩散系数相关，关系式为：

$$\Gamma = Dq^2 \qquad (6\text{-}9)$$

根据斯托克斯-爱因斯坦（Stokes-Einstein）方程：

$$D = k_B T / 6\pi\eta R_h \qquad (6\text{-}10)$$

式中，q 为散射因子，$q = \dfrac{4\pi n}{\lambda_0}\sin\left(\dfrac{\theta}{2}\right)$；$k_B$ 为玻尔兹曼常数；T 为热力学温度，K；η 为溶剂黏度，$mPa \cdot s$；R_h 为流体力学半径。

6.3.4.2 多分散体系

对于多分散体系，多分散体系的样品颗粒粒径不均一，即其粒径具有分布特征。对于这样的样品需要得到其平均粒径，还需要得到粒径分布的信息。对应的有两种拟合相关函数的方法，一个是累积法，另一种是多指数模型拟合法。

（1）累积法

累积法相关函数拟合的方程为：

$$\lg g(\tau) = \ln(A) - \bar{\Gamma}\tau + \left(\frac{\mu_2}{2!}\right)\tau^2 - \left(\frac{\mu_3}{3!}\right)\tau^3 \qquad (6\text{-}11)$$

多分散样品对应的 Γ 也是多分散，这时用 $\bar{\Gamma}$ 平均衰减速率代替 Γ，对应表达式为：

$$\bar{\Gamma} = \bar{D}q^2 \qquad (6\text{-}12)$$

式中，$\bar{D}$ 为平均扩散系数。同样根据 Stokes-Einstein 方程可得：

$$\bar{D} = k_B T / 6\pi\eta\overline{R_h} \qquad (6\text{-}13)$$

式中，$\overline{R_h}$ 为平均流体力学半径。动态光散射中，通常将平均粒径称作 Z-平均，表示得到的是光强权重的 Z 均直径。

式（6-14）中 μ_2 的大小代表了颗粒粒径分布宽窄，这时多分散指数 PDI 定义式为：

$$\text{PDI} = \mu_2 / \bar{\Gamma} \qquad (6\text{-}14)$$

PDI 小于 0.05 为单分散样品；大于 0.05 小于 0.08 为窄分布；大于 0.7 为宽分布。

（2）多指数模型拟合法

多指数模型拟合法比较复杂，涉及拉普拉斯转换、多组拟合参数设定及其拟合程度调节。其通过下面的公式进行拟合，得到粒子实际尺寸和分布：

$$g(\tau) = \sum_1^n G(\varGamma_I)\exp(-\varGamma_I\tau) \qquad (6\text{-}15)$$

一般情况下，如果每个频道有 10^7 个光子数，n 取 8～14 即可。拟合后可获得如图 6-6 所示的分布直方图：

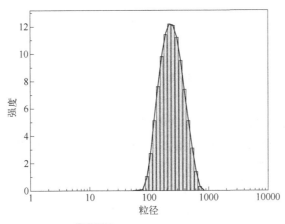

图 6-6　粒径分布直方图

6.3.5　静态光散射数据分析

SLS 法测定分散体系多个角度和浓度下的散射光强数据，并通过外推拟合得到零角度和浓度下的散射光强值，再由光散射公式计算分子量等参数，其中外推形式影响分子量测量的准确性，三种绘图方法分别为 Debye 图、Zimm 图、Berry 图。

（1）Debye 图

Debye 作图法适用于小分子量聚合物，忽略了溶液浓度的依赖性，可以看做是单个溶液浓度下观察到多个角度的散射光强数据外推到零角度的过程。将 $\dfrac{KC}{R_\theta}$ 对 $\sin^2\left(\dfrac{\theta}{2}\right) + KC$ 作图，即可得到 Debye 图（如图 6-7）。通常只需在 $\theta = 90°$ 的时候进行测试即可，此时式（6-6）可简化为：

$$\frac{KC}{R_\theta} = \frac{1}{M_W} + 2A_2C \qquad (6\text{-}16)$$

将式中浓度 C 外推至 0，可得到斜率为 A_2，截距的倒数即为重均分子量 M_W。

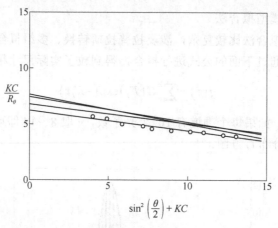

$$\sin^2\left(\frac{\theta}{2}\right) + KC$$

图 6-7 Debye 图

（2）Zimm 图

Zimm 作图法是将多个散射角度和溶液浓度下的散射光强数据外推到零角度和零浓度的过程，与 Debye 拟合相比，Zimm 法考虑到了散射光强度对浓度的依赖性关系。Zimm 曲线的公式为：

$$\frac{KC}{R_\theta} \approx \frac{1}{M_W}\left[1 + \frac{1}{3}q^2\langle R_g^2\rangle\right] + 2A_2C \tag{6-17}$$

将 $\frac{KC}{R_\theta}$ 对 $\sin^2\left(\frac{\theta}{2}\right) + KC$ 作图，即可得到 Zimm 图（如图 6-8），其中 K 为调整横坐标的设定值，具体数值可以根据 q^2 与 C 的相对大小来确定，到达能将不同浓度曲线分开便于观察和数据处理即可。

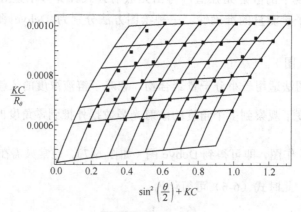

$$\sin^2\left(\frac{\theta}{2}\right) + KC$$

图 6-8 Zimm 图

当 $\theta \to 0$ 时，式（6-17）简化为 $\frac{KC}{R_\theta} = \frac{1}{M_W} + 2A_2C$，此时图的斜率即均方根为

回转半径 R_g；当 $C \to 0$ 时，公式（6-17）简化为 $\dfrac{KC}{R_\theta} = \dfrac{1}{M_W}\left[1 + \dfrac{1}{3}q^2\langle R_g^2\rangle\right]$，斜率即

为第二位力系数 A_2；当 θ 与 C 皆外推至 0 时，公式（6-17）简化为 $\dfrac{KC}{R_\theta} = \dfrac{1}{M_W}$，

截距的倒数即为重均分子量 M_W。

（3）Berry 图

Berry 作图法适用于大尺寸高浓度体系，或者体系中存在较强的相互作用。Berry 曲线对应的公式为：

$$\left[\frac{KC}{R_\theta}\right]^{\frac{1}{2}} \approx \left(\frac{1}{M_W}\right)^{\frac{1}{2}}\left(1 + \frac{1}{3}q^2\langle R_g^2\rangle\right) + A_2 M_W^{\frac{1}{2}}C \tag{6-18}$$

将 $\left[\dfrac{KC}{R_\theta}\right]^{\frac{1}{2}}$ 对 $\sin^2\left(\dfrac{\theta}{2}\right) + KC$ 作图，得到 Berry 图（图 6-9），与 Zimm 法相似，

C 外推至零，可得到 A_2；当 θ 外推零，斜率即均方根为回转半径 R_g；θ 与 C 皆外推至 0 时，截距的倒数即为重均分子量 M_W。

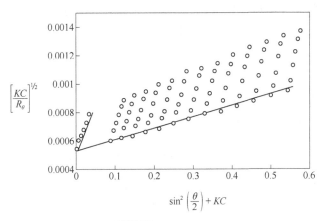

图 6-9　Berry 图

6.4　光散射与凝胶渗透色谱/尺寸排阻色谱联用

光散射只能测定分子量、分子旋转半径以及第二位力系数，而 GPC/SEC 受泵流速的限制，对低浓度高分子量的（如微凝胶、二聚体、多聚体等）信号不敏感，误差较大，色谱柱易老化。将光散射技术与凝胶渗透色谱（gel permeation chromatography，GPC）或尺寸排阻色谱（size exclusion chromatography，SEC）技术相结合，不但可以测得大分子的绝对分子量、分子旋转半径、第二位力系数，还可以测得分子量分布、分辨分子量大小不同的族群以及分子形状、接枝度及聚

集态等。技术联用，相互补充，对样品的组成、浓度以及分子量大小的要求大大降低。

　　GPC 色谱分析原理是利用分子的流体力学半径（R_h）或流体力学体积（V_h）差异进行分离，而非利用分子量的差异。分离过程在 GPC 色谱柱中进行，其柱填充物通常是聚苯乙烯凝胶、玻璃粉或硅胶等多孔物质。由于分子大小的差异，较大的分子无法进入凝胶的空隙，能更快地从色谱柱中被洗脱。分子分离后用检测器对洗脱液进行分析，传统方法是使用示差折光检测器或紫外光谱仪进行检测。样品测定前先以标样校准色谱柱。需要注意的是，为消除流速的影响，所选择的标样必须覆盖被测样品的全部分子量范围。这种方法的缺点是忽略了被测样品与标准样品间组分和结构的差异，此方法建立在假设被测样品和标样密度相同的情况下。

　　GPC 与光散射检测器联用，无需校准色谱柱，使用单个窄分布的标样即可完成检测器校准并且可以修正谱带变宽效应以及结果偏移。此外，光散射检测器能通过一次进样测得绝对分子量，可以在持续流动模式下采集获得直观的图形结果。

　　与 GPC 类似，传统 SEC 也是假设待测样与标样性质相似即构象相似、密度相似且与柱填料无任何相互作用。将 SEC 与光散射联用可以克服色谱柱校准的局限性，得到溶液中摩尔质量和均方旋转半径 R_g。

参考书目

[1]　郑忠编. 胶体科学导论. 北京: 高教育出版社, 1989.

[2]　姚金水. 高分子物理. 北京: 化学工业出版社, 2016.

[3]　Barth H G et al. Modern methods of particle size analysis. New York: John Wiley and Sons, 1986.

[4]　Bob D. Guenther, et al. Encyclopedia of Modern Optics (Second Edition). Amsterdam: Elsevier, 2005.

[5]　Kerker M. The scattering of light, and other electromagnetic radiation. New York: Academic Press, 1969.

[6]　Xu R. Particle Characterization: Light scattering methods. Dordrecht: Kluwer Academic Publishers, 2009.

[7]　何曼君等. 高分子物理. 3 版. 上海: 复旦大学出版社, 2019.

第 7 章　粉末 X 射线衍射仪

X 射线衍射（X-ray diffraction，XRD）仪是一种利用 X 射线在晶体中发生衍射，进行物相鉴定的现代晶体学分析仪器，广泛应用于化学、材料、制药、电子、半导体、纳米和生物技术、交通、能源和环境科学等领域。XRD 可对样品进行快速、准确、高效的无损检测，定性分析与定量分析样品中晶相和非晶相成分，还可作晶体结构测定和精修，以及晶体取向分析、微观结构分析（包括微晶尺寸、无序）和残余应力分析等。

X 射线衍射仪分为单晶 X 射线衍射仪（single-crystal XRD）和多晶粉末 X 射线衍射仪（powder XRD）。单晶 X 射线衍射仪常用于测定单晶样品并确定未知晶体材料的结构，本章不作介绍，感兴趣读者可以查阅相关书籍。多晶粉末 X 射线衍射仪也称为粉末 X 射线衍射仪（PXRD），用于测定粉末、薄膜、多晶金属或高聚物等块体材料，以对样品进行定性分析、定量分析等，使用范围较为广泛。本章将从 X 射线的产生以及 X 射线与物质的相互作用等方面简要介绍相关的基础物理学知识，继而重点讨论粉末 X 衍射仪的原理、应用、晶体学相关基础知识，并简要介绍一些常见数据分析软件。

7.1　X 射线的产生与 X 射线的性质

X 射线（X-ray）又称为伦琴射线、X 光，是一种电磁波。其频率和能量仅次于 γ 射线。自 1895 年被发现以来，X 射线相关技术为科学研究提供了丰富多样的探测和分析手段，在军事、医疗卫生、科学及工农业各方面有着广泛的应用，并推动了前沿基础和应用科学研究的发展。

7.1.1　X 射线的产生

X 射线是由高速运动的粒子（一般为电子）与某种物质相撞击后猝然减速，其损失的动能转化为光子形式辐射，或与该物质中的内层电子相互作用而使原子的内层电子跃迁而产生。因此 X 射线的产生条件是：①在电子源存在下，能根据需要随时提供足够数量的电子；②能够获得高速电子流；③要有一个能够经受高速电子撞击而产生 X 射线的靶。因此凡是高速运动的电子流或其它高能射流（如

γ 射线、X 射线、中子流等）被突然减速时均能产生 X 射线。简单而言，X 射线产生的三要素：灯丝（产生自由电子）、高压（加速电子，使电子作定向的高速运动）、靶面（阻挡电子，在其运动的路径上设置一个障碍物使电子突然减速或停止）。

实验室常规 X 光源主要采用高速电子轰击金属阳极靶以轫致辐射方式的产生。X 射线通常来自 X 射线管。X 射线管是一个真空二极管，主要由产生电子并将电子束聚焦的电子枪（阴极）和发射 X 射线的金属靶（阳极）两部分组成。电子枪即为螺旋状钨灯丝。对钨灯丝通以电流，灯丝发热释放自由电子。由于整个 X 射线管处于真空状态，当阴极和阳极之间加以数万伏的高电压时，阴极灯丝产生的电子在电场的作用下被加速并高速射向阳极靶，最终高速电子与阳极靶的碰撞使阳极靶产生 X 射线。常用的靶材料有 Cr、Fe、Ni、Co、Cu、Mo、Ag、W 等，靶材料的原子序数愈大，X 射线波长愈短，能量愈大，穿透能力愈强。阳极靶的选择原则是使阳极靶所产生的特征 X 射线不激发试样元素的 X 射线。最常用的 X 射线管是 Cu 靶，其次是 Fe 和 Co。产生的 X 射线由 X 射线管上小窗口穿射出，以提供给实验所用。窗口常采用对 X 射线吸收较小的轻元素铍制成，铍窗尽可能薄。铍窗的厚度取决于靶原子序数，钨靶则铍窗通常厚 1～2mm，而铬靶则铍窗可薄至 0.2～0.5mm。

X 射线波长不同表现为贯穿本领差异，又称为 X 射线的硬度，即分为：超硬（<0.1Å）、硬（0.1～1Å）、软（1～10Å）以及超软（>10Å）X 射线。X 射线的硬度只取决于 X 射线的波长，如表 7-1 所示，即光子的能量，与光子数目无关。因此它与管电压有关，而与管电流无关。管电压越高，产生的 X 射线的硬度就越大。通常用管电压的千伏数（kV）来表示 X 射线的硬度。不同靶材可以产生不同 X 射线，常见的金属靶材所产生 X 射线波长与能量如表 7-2 所示。

表 7-1　不同类型 X 射线

名称	管电压/kV	最短波长/nm
极软 X 射线	5～20	0.25～0.062
软 X 射线	20～100	0.062～0.012
硬 X 射线	100～250	0.012～0.005
极硬 X 射线	250 以上	0.005 以下

表 7-2　不同金属靶材所产生 X 射线波长与能量

物理量	Mg K_α	Ca K_α	Fe K_β	Pb L_α	Cu K_α	Mo K_α
E/keV	1.253	3.69	7.057	10.55	8.047	1.753
λ/nm	0.9895	0.3360	0.1757	0.1175	0.1541	0.07073

产生 X 射线的另一种重要方法是同步辐射（synchrotron radiation），基于高能电子加速器发展而来的同步辐射已经成为当今最优质的 X 射线光源。其它 X 射线

产生方式，如激光等离子体、X 射线激光等，有兴趣读者可参阅相关书籍。

7.1.2　X 射线的性质

X 射线（X-Ray）又称伦琴（Wilhelm Konrad Röntgen）射线，是德国物理学家伦琴在进行阴极射线实验时，偶尔发现的一种穿透力强的射线。因为不清楚 X 射线的本质，因此伦琴把这种新发现的射线取名为 X 射线。1912 年德国物理学家劳厄以硫酸铜晶体作为光栅，发现 X 射线的衍射现象。劳厄认为 X 射线透过晶体时发生了衍射，证明 X 射线具有波动性。

X 射线的本质是电磁波，波长在埃（Å, 10^{-10}m）量级，具有波粒二象性，会产生干涉、衍射、吸收和光电效应等现象。X 射线波粒二象性，其波动性表现为以光速直线传播、反射、折射、衍射、偏振和相干散射；其粒子性表现为光电吸收、非相干散射、气体电离和产生闪光等。因此 X 射线是由高能量粒子轰击原子所产生的电磁辐射，电磁辐射的辐射能是由光子传输的，而光子所取的路径是由波动场引导。X 射线是一种波长较短的电磁辐射，其频率范围 30PHz～300EHz，对应波长为 0.01～10nm，如图 7-1 所示，其短波段与 γ 射线长波段相重叠，长波段则与真空紫外的短波段相重叠。将 X 射线看成由一种量子或光子组成的粒子流，每个光子的能量由式（7-1）可知：

$$E = h\nu = h\frac{c}{\lambda} \tag{7-1}$$

式中，h 为普朗克常量，$h = 6.62607015 \times 10^{-34}$J・s；光速为 $c = 3.0 \times 10^{8}$m/s。依据 X 射线的波长即可计算出其能量，因此 X 射线辐射能量对应为 124eV～1.24MeV。

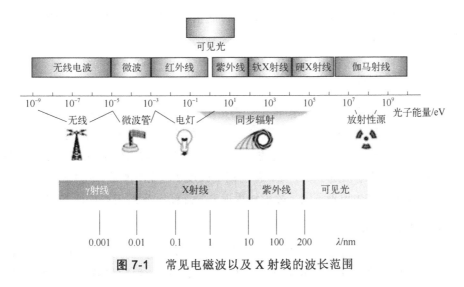

图 7-1　常见电磁波以及 X 射线的波长范围

而且X射线散射实验证实了X射线的横波特性，也就是若波的传播方向沿 z 轴，且电场 E 和磁场 H 的方向垂直，则X射线的电磁场 E 和 H 互相垂直且都与波的传播方向 k 垂直。电场方向即其偏振单位矢量 ε 的方向，如图7-2所示。

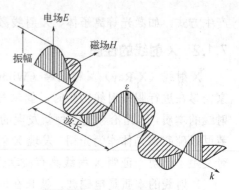

图 7-2　X射线传播示意图

X射线与可见光的区别在于：

① X射线具有很强的穿透能力，可以穿过黑纸及许多对于可见光不透明的物质。X射线可以穿透 2～3cm 木板、15mm 铝板或 1.5mm 铅板。而人体受到过量X射线照射时，会受到伤害，引起局部组织灼伤、坏死或其它疾患，因此进行X射线试验需要做好防护，注意不要将手或身体的任何部位直接暴露在X射线下。因为重金属铅可强烈吸收X射线，因此实验室中所用 XRD 仪器开关的门一般采用铅玻璃制做，厚度约 1cm，可以有效阻挡X射线泄露。因此，XRD 仪通常设计门与X射线发生器联锁，突然开门，X射线发生自动中断。此外，由于高压和X射线的电离作用，仪器附近会产生臭氧等对人体有害的气体，所以工作场所必须通风良好。

② X射线折射率几乎等于 1。X射线穿过不同媒质时几乎不折射、不反射，仍可视为直线传播。所以无X光透镜或X光显微镜。

③ X射线可以使照相底片感光。在通过一些物质时，使物质原子中的外层电子发生跃迁产生可见光；通过气体时，X射线光子与气体原子发生碰撞，使气体电离。

④ X射线通过晶体时发生衍射，晶体起衍射光栅作用，因此可利用X射线研究晶体内部结构。

7.2　X射线谱

由常规X射线管发出的X射线束并不是单一波长的辐射。实际上，这种X射线谱由两部分叠加而成，即X射线的强度（I）随波长（λ）连续变化的连续谱。X射线的强度是指垂直X射线传播方向的单位面积上在单位时间内所通过的光子数目的能量总和。常用的单位是 $J/cm^2 \cdot s$。X射线的强度 I 由光子能量 $h\nu$ 和它的数目 n 决定。根据X射线产生原理不同，X射线可以分为连续X射线谱和特征X射线谱。

7.2.1　连续X射线

根据经典电动力学理论，带电粒子在加速（或减速）时必伴随着辐射，而当带电粒子与原子（原子核）相碰撞，发生骤然减速时，由此伴随产生的辐射称之为轫致辐射。因此，高速电子在阳极原子核场中运动受阻能量迅速损失，其动能一部分变为热能，所以 X 光管常需要循环水降温，而另一部分转变为 X 射线。由于在带电粒子到达靶材时，在靶核库仑场作用下，带电粒子的速度是连续变化的。由于能量高低不等，所产生的 X 射线频率高低不同，形成连续的 X 射线，故称之连续 X 射线谱，即宽带连续谱，如图 7-3。需要说明的是，其最短波长是一定的，即极限波长，仅与管压有关。X 射线连续谱的强度与波长的关系如式（7-2）所示：

$$I_\lambda = CZ \frac{1}{\lambda^2} \left(\frac{1}{\lambda^0} - \frac{1}{\lambda} \right) \tag{7-2}$$

式中，λ^0 是最短波长限，λ^0 仅取决于 X 光管内电子加速电压 V，与所加电流 i 和靶材（原子序数 Z）无关，其值为 $\lambda^0(nm) = 1.24/V\,(kV)$。因此，X 射线连续谱的强度随着 X 射线管的管电压增加而增大，例如，当 V 为 40kV 时，λ 最短约 0.03nm，但连续 X 射线强度最大值在 $1.5\lambda^0$，而不在 λ^0 处。目前，X 射线连续谱线应用不大，往往用滤波片将其过滤掉。

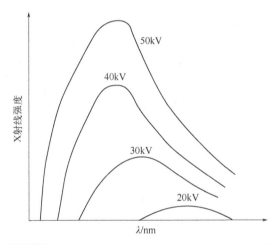

图 7-3 不同外加电压下所产生的连续 X 射线谱

7.2.2　特征 X 射线

X 射线特征谱只有当管电压超过一定值 V_k（激发电压）时才会产生，而且，这种特征谱与 X 射线管的工作条件无关，只取决于光管阳极靶的材料，不同的阳极靶材料具有其特定的特征谱线。因此，将此特征谱又称为标识谱，即可以来标识物质元素。

特征 X 射线谱的产生与阳极物质的原子内部结构紧密相关。根据量子力学理论，原子系统内的电子按泡利不相容原理和能量最低原理分布于 K、L、M、N……等各个能级。按能量最低原理首先填充最靠近原子核的第 K 层，再依次填 L、M、

N 等。在电子轰击阳极靶的过程中，当某个具有足够能量的电子（大于或等于轨道电子的结合能）使阳极靶原子的内层电子逃逸时，于是在低能级上产生电子逃逸后的空穴，系统能量升高，处于不稳定的激发态。而内层空穴将被较高能量轨道的电子所填充，能量差则以 X 射线光子的形式辐射出来，结果得到具有固定能量、固定频率或固定波长的 X 射线，如图 7-4 所示，即当管电压超过某临界值时，特征谱才会出现，该临界电压称激发电压。当管电压增加时，连续谱和特征谱强度都增加，而特征谱对应的波长保持不变。

如原子 K 层电子被击出时，原子系统能量由基态升到 K 激发态，高能级电子向 K 层空位填充时产生 K 系辐射。L 层电子填充空位时，产生 K_α 辐射；M 层电子填充空位时产生 K_β 辐射。由此，特征谱可以分成不同线系，波长最短的称为 K 线系，次短的为 L 线系，再次短的为 M 线系，依次类推以 K、L、M、N……表示的若干谱系。对于给定的元素，各谱系的能量是 K>L>M>N……。不同元素的同名谱系（如同为 K 系）激发电位和同名特征光谱的波长，随原子序数的大小而发生变化，原子序数增加，波长变短，与管电压和管电流的大小无关，取决于元素的原子结构。例如钼靶 X 射线管，在 35kV 电压下的谱线，其特征 X 射线分别位于 0.63Å 和 0.71Å 处，后者的强度约为前者强度的五倍。这两条谱线称钼的 K 系。注意 H 和 He 不存在特征谱，较轻的元素，只出现 K 线系，随原子序数增加，就出现 K 和 L 线系，重元素则有 K、L、M、N 等线系。特征 X 射线谱 K 和 L 系特征 X 射线部分能级图如下图 7-5 所示。X 射线波长与常见的靶材料原子序数关系如表 7-3 所示。

在最有用的 K 线系中，只含有三条具有显著强度的谱线。它们中两条最强线相互靠得很近，即 K_{α_1} 与 K_{α_2} 双线。因为波长相差很小，许多情形下不可分辨，因此常将它们统称为 K_α 线，此时 K_α 的波长要用权重平均值来表示。K 线系的第三条线称为 K_β 线，波长比 K_α 约短 10%，强度约为 K_α 的 1/7，或为 K_{α_1} 的 1/5。在 X 射线衍射分析工作中，经常使用 K 系特征 X 射线，最常用的阳极靶是铜靶：Cu K_{α_1} 为 0.154056nm，K_{α_2} 为 0.154439nm，K_α 平均为 0.15418nm，K_β 为 0.139222nm。特征 X 射线谱的频率和波长只取决于阳极靶物质的原子能级结构，是物质的固有特性。莫塞莱（H. G. J. Moseley）深入研究了放射 X 射线光谱并且建立了特征 X 射线谱的波长 λ 与发生辐射的靶材料原子序数 Z 的关系，即莫塞莱定律：

$$\sqrt{\frac{1}{\lambda}} = C(Z - \sigma) \tag{7-3}$$

式中，C 为常数；σ为有效核电荷数。

此外，K 系标识 X 射线的强度与管电压、管电流的关系为：

$$I_{标} = K_2 i (V - V_k)^n \tag{7-4}$$

式中，$I_标$为 K 系 X 射线的强度；$I_连$为连续 X 射线的强度；K_2 和 n 为常数；V 与 V_k 分别为工作电压和 X 射线的强度激发电压；i 为管电流。当 $I_标/I_连$ 最大，且工作电压为 K 系激发电压的 3～5 倍时，连续谱造成的衍射背景最小。

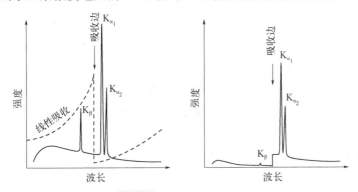

图 7-4　特征 X 射线谱

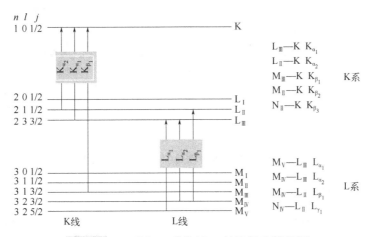

图 7-5　K 系和 L 系特征 X 射线部分能级图

表 7-3　特征 X 射线波长与靶材料原子序数关系

元素	原子序数	K 系特征谱波长/nm				激发电压/kV	工作电压/kV
		K_{α_1}	K_{α_2}	K_α	K_β		
Cr	24	0.22896	0.22935	0.22909	0.20848	5.89	20～25
Fe	26	0.19360	0.19399	0.19373	0.17565	7.10	25～30
Co	27	0.77889	0.17928	0.17902	0.16207	7.71	30
Ni	28	0.16578	0.16617	0.16591	0.15001	8.29	30～35
Cu	29	0.15405	0.15443	0.15418	0.13922	8.86	35～40
Mo	42	0.07093	0.07135	0.07017	0.06323	20.0	50～55
Ag	47	0.05594	0.05638	0.05609	0.04970	25.5	55～60

7.3 X射线与物质间相互作用

电磁波与物质的作用，取决于光子的能量，例如无线电波，穿透物质时无作用；红外电磁波 IR，可以使分子内键振动，产生极化。而 X 射线的能力可以使原子或分子产生电离，因此当一束 X 射线通过物质时，它的能量可分为三部分：一部分被吸收，一部分透过物质继续沿原来的方向传播，还有一部分被散射，会同时发生如图 7-6 所示效应，主要分为四类：散射、透射、吸收和衍射。其中，吸收包括光电效应吸收，X 射线荧光和俄歇吸收；散射包括相干散射和非相干散射。当 X 射线被物质吸收时，该物质会产生热效应、电离效应、光解作用、感光效应、荧光、次级特征 X 射线、光电子、俄歇电子或反冲电子的激发、辐射及对生物组织的刺激和损害等等。

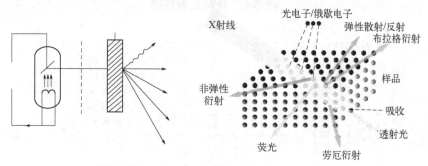

图 7-6 X 射线与物质的相互作用示意图

7.3.1 X 射线的散射

沿着一定方向运动的 X 射线与物质中电子相互碰撞后，入射光子还可与原子碰撞，导致偏离原来的入射方向，这就是 X 射线的散射现象。因此，X 射线与物质的散射是由于 X 射线与外层电子的相互作用而产生，散射是发生衍射的基础。X 射线散射包括两种类型：即弹性散射和非弹性散射。弹性散射波长与入射线波长相同即能量未发生变化，而非弹性散射波长大于入射线波长即能量降低。散射可以分为相干散射（或弹性散射或 Rayleigh 散射）和非相干散射（或非弹性散射又称为 Compton 散射）。

7.3.1.1 相干散射

相干散射是指物质中的电子在 X 射线电场的作用下，产生受迫振动。这样每个电子在各方向产生与入射 X 射线同频率的电磁波。由于相干散射波之间符合发生干涉的条件（振动方向、频率相同，位相差恒定），所以新的散射波之间可以发生干涉称为相干散射，而相干散射是 X 射线衍射分析的工作基础。1913 年劳厄假定晶体中的原子是有规则的周期性排列，那么晶体可以当作是 X 射线的三维衍射光栅。X 射线波长的数量级是 0.01～10nm，这与固体中的原子间距大致相同。相干散射是 X 射线在晶体中产生衍射的基础。1915 年 W. L. Bragg 父子对这些劳厄斑点进行了深入的研究，证明劳厄衍射花样中的各个斑点是由晶体中原子较密集的一些晶面的反射产生的。

如图 7-7 所示，即当两束光的光程差为入射光波长的整数倍时，反射光间会出现衍射现象，而由此得出著名的布拉格公式：

$$n\lambda = 2d\sin\theta \qquad (7\text{-}5)$$

式中，$n = 1, 2, 3, \cdots$ 称为衍射级数；λ 为入射波长；θ 为入射角；d 是晶面间距。

因为 X 射线的波长短，穿透能力强，它不仅能使晶体表面的原子成为散射波源，而且还能使晶体内部的原子成为散射波源。在这种情况下，可以把衍射线看成是由许多平行原子面反射的反射波振幅叠加的结果。干涉加强的条件是晶体中任意相邻两个原子面上的散射波方向相同而相位差为 2π 的整数倍，或者光程差等于波长的整数倍。显然，在 X 射线一定的情况下，根据衍射的花样可以分析晶体的性质。晶体中的原子在射入晶体的 X 射线的作用下被迫振动，形成一个新的 X 射线源发射次生 X 射线。而且 X 射线衍射需要在广角范围内测定，因此又被称为广角 X 射线衍射（wide-angle X-ray scattering，WAXS）。而当 X 射线照射到具有不同电子密度的非周期性结构的试样上，如果试样内部存在纳米尺寸的密度不均匀区（1～100nm），则会在入射 X 射线束周围 2°～5° 的小角度范围内出现散射 X 射线、次生 X 射线被不相干散射，有波长的改变，该现象被称为漫射 X 射线衍射效应（简称散射），因此又被称为小角 X 射线散射（small-angle X-ray scattering，SAXS）。

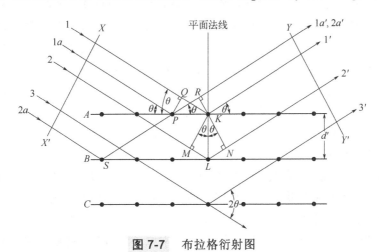

图 7-7　布拉格衍射图

7.3.1.2　非相干散射

非相干散射是康普顿（A. H. Compton）和我国物理学家吴有训等人发现的，

亦称康普顿效应。当 X 射线光子与束缚力不大的外层电子或自由电子碰撞时，电子获得一部分动能成为反冲电子，X 射线光子离开原来方向，能量减小，波长增加。非相干散射突出地表现出 X 射线的微粒特性，只能用量子理论来描述，亦称量子散射。它会增加连续背景，给衍射图像带来不利的影响，特别对轻元素。

对康普顿散射而言，若设入射光子的波长为 λ_0（nm），散射角为 ψ，计算康普顿散射峰波长 λ（nm）的公式如下：

$$\lambda - \lambda_0 = 0.00243\,(1 - \cos\psi) \tag{7-6}$$

因此，康普顿散射的特点：①散射强度随康普顿波长的变短而增加；②随着样品平均原子序数或质量吸收系数的降低，康普顿散射的强度增加。非弹性散射不能在晶体中参与衍射，只会在衍射图像上形成强度随 $\sin\theta/\lambda$ 增加而增大的连续背底，从而给衍射分析工作带来不利的影响。入射 X 射线波长愈短、被照物质元素愈轻，则康普顿效应愈显著。康普顿散射对于分析有两种作用：①构成光谱背景，特别是对于微量分析；②散射靶线或散射背景可作为内标线使用。

7.3.2　X 射线的吸收

X 射线光子与物质中的电子相互作用，会产生光电效应以及俄歇效应，同时伴随着热效应。由于这些效应而消耗的入射 X 射线能量，统称为物质对入射 X 射线的吸收。也就是说，物质对 X 射线的吸收主要指的是 X 射线能量在通过物质时转变为其它形式的能量而产生了能量损耗。由于 X 射线吸收作用远大于散射作用，因此对 X 射线吸收的作用研究也就尤其重要。物质对 X 射线的吸收与元素、化合价等密切相关，其中，X 射线精细结构吸收谱（XAFS），包括近边吸收结构（XANES）和拓展边吸收结构（EXAFS），已经成为材料科学和催化领域重要的表征工具。物质对 X 射线的吸收主要是由原子内部的电子跃迁而引起的。当原子在入射 X 射线光子或电子的作用下失掉 K 层电子，处于 K 激发态；当 L 层电子填充空位时放出能量，产生两种效应：①荧光 X 射线；②产生二次电离，使另一个核外电子成为二次电子——俄歇电子。因此这个过程中发生 X 射线的光电效应和俄歇（Auger）效应。本章节重点介绍光电效应和俄歇效应。

7.3.2.1　光电效应

当入射 X 射线光子的能量足够大时，可以将原子内层电子击出，这种被光子激发出来电子的过程被称为光电效应，被击出的电子被称为光电子。而原子被击出内层电子后，处于激发状态，随之将发生外层电子向内层跃迁的过程，同时辐射出一定波长的特征 X 射线。为了与 X 光管中电子轰击阳极靶所产生的特征辐射相区别，这种辐射出的新的 X 射线称为二次特征辐射。二次特征辐射本质上属于光致发光的荧光现象，故也被称为荧光辐射。例如激发原子产生 K、L 及 M 等线系的荧光辐射，入射 X 射线光量子的能量必须大于或至少等于从原子中击出一个

K、L 及 M 层电子所需做的功，分别为 W_K、W_L 及 W_M。以击出 K 层电子为例，所需做的功可以通过下式计算求出：

$$W_K = h\nu_K = \frac{hc}{\lambda_K} \tag{7-7}$$

式中，ν_K 及 λ_K 为激发 K 系荧光辐射所需要的入射线频率及波长临界值。要产生光电效应，X 射线光子波长必须小于吸收限 λ_K。短波长的 X 射线（所谓硬 X 射线）穿透能力强，而长波长的 X 射线（所谓软 X 射线）则容易被物质吸收。对于 X 射线的实验技术来说，最有用的是第一吸收限，即 K 吸收限。而且，激发不同的元素，会产生不同谱线的荧光辐射，所需的临界能量条件也不同，所以它们的吸收临界也不同。原子序数愈大，吸收限的波长值愈短。而且根据能量守恒，荧光辐射光量子的能量，一定小于激发它产生的入射 X 射线光量子的能量，也就是说荧光 X 射线的波长一定大于入射 X 射线的波长。此外，在 X 射线衍射实验中，如果所用 X 射线波长较短，正好小于样品组成元素的吸收限，则 X 射线将大量地被吸收，产生荧光现象。由于荧光辐射增加了衍射花样的背底，如果靶材元素的原子序数比样品中的元素原子序数大 2~4，则 X 射线将被大量吸收因而产生严重的荧光现象，不利于衍射分析。但在元素分析过程中，荧光辐射又是 X 射线荧光光谱分析的基础。如果所用 X 射线波长正好等于或稍大于吸收限，则吸收最小。因此进行 X 射线衍射实验时，应依据样品的组成来合理选择靶材，以保证样品中最轻元素（钙和原子序数比钙小的元素除外）的原子序数比靶材元素的原子序数稍大或相等。

7.3.2.2 俄歇效应

俄歇电子是由于原子中的电子被激发而产生的次级电子。当原子内壳层的电子被激发形成一个空位时，电子从外壳层跃迁到内壳层的空位并释放出能量；能量有时以光子的形式被释放出来，这种能量也可以被转移到另一个电子，导致其从原子激发出来。这个被激发的电子就是俄歇电子，这个过程被称为俄歇效应，以发现此过程的法国物理学家 P. V. Auger 命名。由于光电子的动能与入射光子能量有关，而 Auger 电子的动能与入射光子能量无关，因此可以通过改变入射光子能量区别光电子峰和 Auger 电子峰。Auger 电子的动能等于初始单电荷离子能量与终态双电荷离子能量之差，这正是 X 射线光电子能谱（X-ray photoelectron spectroscopy，XPS）和 AES（俄歇谱）的分析原理。因此 XPS 技术主要是利用待测物受 X 光照射后内部电子吸收光能而脱离待测物表面（即光电子），透过对光电子能量的分析可了解待测物组成。而 X 射线荧光光谱分析（X ray fluorescence，XRF）是利用的二次特征 X 射线，不同的元素所释放出来的二次 X 射线具有特定的能量特性。XPS 的主要应用是测定电子的结合能来实现对表面元素的定性分析，包括价态，主要测试的是物体表面 10nm 左右的物质的价态和元素含量。而荧光辐射分析是 X 射线荧光分析的理论基础，由于篇幅限制，本书仅侧重在介绍光电子能谱，X 射线荧光分析可以查阅相关书籍。这些分析其原理都有很多的关联性，荧光分析应用于重元素（$Z > 10$）分析较精确，俄歇效应常应用于表层轻元素的分析。

7.3.3　X 射线的透射

当一束 X 射线通过物质时，由于 X 射线与物质之间发生散射和吸收等作用，使其透射方向上的 X 射线强度衰减，这种衰减称为物质所致的衰减。而且 X 射线强度衰减主要是由物质的吸收所造成的（很轻的元素除外），而散射只占很小一部分，一般都被忽略。X 射线衰减的程度与所经过物质中的距离（x）成正比：

$$I_0 = Ie^{-\mu_1 \rho x} \tag{7-8}$$

式中，入射线的强度为 I_0；进入一块密度均匀的吸收体，在 x 处时其强度为 I；μ_1 称为线衰减系数；ρ 为吸收体的密度；x 为试样厚度。物质对于一定波长的入射 X 射线，都具有特定的吸收能力，以质量吸收系数 μ_m 值衡量。质量吸收系数符合下面的近似公式：

$$\mu_m = K\lambda^3 Z^3 \tag{7-9}$$

式中，K 是常数；λ 是 X 射线波长；Z 是原子数。可见物质的原子序数越大，对 X 射线的吸收能力越强，X 射线波长越短，穿透能力越强。质量吸收系数随入射波长呈断续升高变化。而 X 射线的透射率 T 定义为透过 X 射线的强度与入射线的强度之比，用来描述入射 X 射线透过物质的程度，即朗伯-比尔定律：

$$T = \frac{I}{I_0} \tag{7-10}$$

而透射率 T 与衰减系数 μ 以及试样厚度 x 的关系如下：

$$T = e^{-\mu x} \tag{7-11}$$

实验证明，连续 X 射线穿过物质时的质量吸收系数，相当于一个称为有效波长 X 射线所对应的质量吸收系数。有效波长 λ_{eff} 与连续谱短波限 λ_0 的关系为：

$$\lambda_{eff} = 1.35\lambda_0 \tag{7-12}$$

图 7-8 为金属铅的质量吸收系数 μ_m 与 λ 的关系曲线，从图中可知，质量吸收系数并非随 λ 值的减小而连续单调下降或增加。当波长减小到某几个值的位置时 μ_m 突增。这主要与 X 射线的荧光辐射有关。由于对应这几个波长的 X 射线光量子能量刚好等于或略大于击出原子中某内层（如 K、L_I、L_{II} 等）电子的结合能，光子的能量因大量击出内层电子而被消耗，于是 μ_m 值突然增大。这些吸收突增处

的波长，就是物质因被激发荧光辐射而大量吸收 X 射线的吸收限，这是吸收元素的特征量，不随实验条件而变，所有元素的 μ_m 与 λ 关系曲线都类似，但吸收突增的波长位置即吸收限的位置不同。

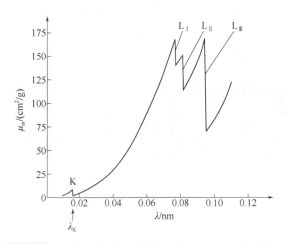

图 7-8　铅的质量吸收系数与波长 λ 之间的关系图

7.4　晶体学基础知识

X 射线衍射分析是以 X 射线在晶体中的衍射现象为基础。因此晶体几何学是本方法研究应具备的基础，下面内容重点介绍晶体学方面的相关基础知识。晶体是一种内部粒子（原子、分子、离子）或粒子基团在空间周期性排列形成的固体。某一个方向上两相邻结点间的距离，称为该方向上的周期。晶体中原子的规则排列可以看作是由一个基本结构单元在空间重复堆砌而成，晶体结构的这一性质称为周期性。在晶体内部呈现的这种原子的有序排列，称为长程有序。按照微结构的有序程度，固体可以分为晶体、准晶体和非晶体（无定形）三类。

7.4.1　晶体的特点

晶体之间存在共同的特征，这主要表现在以下几个方面：

（1）晶体有一定的几何外形

从外观上看，晶体一般都具有规则的几何外形，任何晶态物质总是倾向于以凸多面体的形式存在，晶体的这一性质称为自限性或自范性，围成这个多面体的各个面是光滑的，称为晶面，如图 7-9 所示，食盐晶体是立方体，萤石晶体是四面体，石英（SiO_2）晶体是六角柱体，方解石（$CaCO_3$）晶体是棱面体。

在相同热力学条件下，同一物质的各晶体之间比较，相应晶面的大小、形状和个数可以不同，但相应晶面间的夹角不变，都由一组特定的夹角构成，也就是每一种晶体不论其外形如何，总具有一套特定的夹角，称为晶面角守恒定律，由丹麦科学家斯丹诺于 1669 年提出。而多晶体是由许多小单晶（晶粒）构成，多晶仅在各晶粒内原子才会有序排列，不同晶粒内的原子排列是不同的。另外，有一些物质（如化学反应中刚析出的沉淀等）从外观看虽然不具备整齐的外观，但结构分析证明，这些微米量级的小晶粒内部，原子的排列是有序的。这种物质称为微晶体，微晶仍属于晶体范畴。

(a) 食盐	(b) 萤石	(c) 石英	(d) 方解石

图 7-9   常见晶体形状

（2）晶体有固定的熔点

晶体材料的长程有序这一特性导致晶体在熔化过程中具有一定的熔点，也就是在一定压力下将晶体加热，只有达到某一温度（熔点）时，晶体才开始熔化；在晶体没有全部熔化之前，即使继续加热，温度仍保持恒定不变，这时所吸收的热能都消耗在使晶体从固态转变为液态的过程中，直至晶体完全熔化后温度才继续上升，这说明晶体都具有固定的熔点，例如常压下冰的熔点为 0℃。非晶体则不同，加热时先软化为黏度大的状态，随着温度的升高黏度不断变小，最后成为流动性的熔体，从开始软化到完全熔化的过程中，温度是不断上升的，没有固定的熔点，只能说有一段软化的温度范围。例如松香在 50～70℃ 之间软化，70℃ 以上才基本成为熔体。

（3）晶体有各向异性

晶体的某些性质，如光学性质、力学性质、导热导电性、机械强度、溶解性等，从晶体的不同方向去测定时，常常是不同的。例如云母特别容易按纹理面（称解理面）的方向裂成薄片；石墨晶体内，平行于石墨层方向比垂直于石墨层方向的热导率要大 4～6 倍，电导大 5000 倍。这种晶体的物理性质随方向不同而有所差异的特性，称为晶体的各向异性。而非晶体是各向同性的。晶体和非晶体性质上的差异，反映了两者内部结构的差别。应用 X 射线研究表明，晶体内部微粒（原子、离子或分子）的排列是有次序的、有规律的，它们总是在不同方向上按某些确定的规则重复性地排列，这种有次序的、周期性的排列规律贯穿于整个晶体内部（微粒分布的这种特点称为长程有序），而且在不同方向上的排列方式往往不同，因而造成晶体的各向异性。非晶体内部微粒的排列是无次序的、不规律的。如图7-10 是石英晶体和石英玻璃（非晶体）中微粒排列示意图。

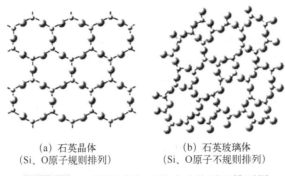

(a) 石英晶体　　　　　　　(b) 石英玻璃体
（Si、O原子规则排列）　　（Si、O原子不规则排列）

图 7-10　石英晶体和石英玻璃的原子排列图

7.4.2　晶体点阵结构

7.4.2.1　点阵与点阵结构

点阵是在空间任何方向上均为周期排布的无限个全同点的集合。点阵中的每一个点称为点阵点。在点阵中以直线连接各个点阵点，形成直线点阵。如相邻两个点阵点的矢量 a 是这个直线点阵的单位矢量，矢量的长度 $|a|$ 称为点阵参数。在一个平面上，由一组平行等距的直线点阵构成平面点阵。平面点阵按确定的平行四边形划分后所形成的格子称为平面格子，只包含一个点阵点的格子叫单位格子；复单位为每一个格子单位分摊到一个以上的点阵点。在三维空间，一组平行等距的平面点阵构成空间点阵。空间点阵中由原点出发与三个最近点连接成三个不相平行的向量 a、b、c，三个向量构成平行六面体，空间点阵按确定的平行六面体单位划分后所形成的格子称为空间格子。如果此平行六面体格子只分摊到一个点阵点，则称为空间点阵单位。

空间点阵具有以下性质：

① 点阵是由无限多个周围环境完全相同的等同点组成的。

② 从点阵中任意一个点阵点出发，按连接其中任意两个点阵点的矢量进行平移，当矢量的一端落在任意一个点阵点时，矢量的另一端必定也落在点阵中的另一个点阵点上。换句话说，可以把点阵看作是一种无限的图形，当按照连接其中任意两个点阵点所得矢量将整个点阵平移时，整个点阵图形必能复原。

点阵的这两条基本性质也正是判断一组点是否为点阵的依据。另外能使一个点阵复原的全部平移矢量组成的一个平移群（符合数学上群的定义）称为该点阵对应的平移群。点阵和平移群有一一对应的关系。一个点阵所对应的平移群能够反映出该点阵的全部特征；点阵是反映结构周期性的几何形式，平移群的表达式则是反映结构周期性的代数形式。

7.4.2.2　晶体结构点阵基础

晶体内部粒子（原子、离子、分子）在空间按一定规律周期性重复排列，因此可以将晶体中周围环境完全相同的点抽取出来，抽象构成晶体的点阵结构。点阵能充分而形象地体现晶体中的微粒在三维空间中周期性地重复排列情况。研究晶体点阵结构，首先需确定晶体中重复出现的最小单元，即晶体的基本结构单元称作结构基元。各个结构基元相互之间不但化学内容完全相同，而且它们所处的环境也必须完全相同。每个结构基元可以用一个数学上的点来代表，称为点阵点或结点。于是，整个晶体就被抽象成了一组点，称为点阵。如果在晶体点阵中各阵点位置上，按同一种方式安置结构基元，就可得到整个晶体的结构。因此晶体结构=点阵+结构基元。对于结构基元而言具有以下特点：①一个基元对应一个结点；②基元的周围环境相同——等效性；③基元内部是有结构的，它可能只包含一个原子，如许多金属晶体的基元；也可能包含多个原子，如蛋白质晶体的基元。基元在晶体中的位置，

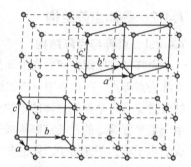

可以用基元中的任一点代表，此代表点称为基点或称为格点。晶体可以看作是由格点沿空间三个不同方向各自按一定长度周期性地平移而构成的，其中每一个方向上的最小平移距离，称为基矢。基矢常用 a、b、c 表示，如图 7-11 所示。三个基矢不要求相互正交，且大小一般也不相同。并且，对于同一个晶格，基矢的选择也不是唯一的。

图 7-11　空间点阵示意图

由基矢为三个棱边所组成的平行六面体是晶体结构中体积最小重复单元（原胞），将这些平行六面体平行地、无交叠地堆积在一起，可以形成整个晶体。注意：原胞是平行六面体中体积最小的重复单元；其格点只出现在平行六面体顶角上，内部和面上都不包含格点；而且每个原胞平均包含一个格点；尽管原胞的选择方式（形状）有多种，但是原胞的体积相等。

空间点阵（三维点阵）阵点坐标的表示方法：以晶胞的任意顶点为坐标原点，以与原点相交的三个棱边为坐标轴，分别用点阵周期（a, b, c）为度量单位，取 i, j, k 为坐标轴的单位矢量。按晶胞中阵点位置的不同可将 14 种空间点阵分为四类：

① 简单格子（P）　简单格子中的原子分布如图 7-12（a）所示，即只在晶胞的 8 个顶点上有阵点，其它部分没有原子分布。每个晶胞只有一个阵点，阵点坐标为 (0,0,0)。对于简立方格子，其原胞的基矢应取为：

$$\begin{cases} \vec{a} = a\vec{i} \\ \vec{b} = b\vec{j} \\ \vec{c} = c\vec{k} \end{cases} \qquad (7-13)$$

② 体心格子（I）　原子除分布在立方体的 8 个顶点上外，体心上还有一个阵点，因此，每个阵胞含有两个阵点，(0,0,0)，(1/2,1/2,1/2)，称为体心立方结构，图 7-12（b）示例了立方体中包含了两个格点。其原胞的基矢为：

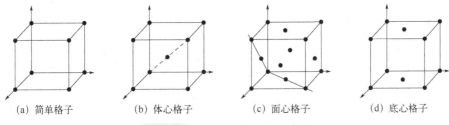

| (a) 简单格子 | (b) 体心格子 | (c) 面心格子 | (d) 底心格子 |

图 7-12 空间点阵分类示意图

$$\begin{cases} \vec{a} = \dfrac{a}{2}(-\vec{i} + \vec{j} + \vec{k}) \\ \vec{b} = \dfrac{b}{2}(\vec{i} - \vec{j} + \vec{k}) \\ \vec{c} = \dfrac{c}{2}(\vec{i} + \vec{j} - \vec{k}) \end{cases} \qquad （7-14）$$

③ 面心格子（F） 原子除分布在立方体的 8 个顶点上外，6 个面的中心各分布一个原子，故称为面心立方结构，由于处于面心的格点被两个面所共有，所以图 7-12（c）所示的立方体中包含了 4 个格点，其坐标分别为 (0,0,0)，(1/2,1/2,0)，(1/2,0,1/2)，(0,1/2,1/2)。其原胞的基矢为：

$$\begin{cases} \vec{a} = \dfrac{a}{2}(\vec{j} + \vec{k}) \\ \vec{b} = \dfrac{b}{2}(\vec{i} + \vec{k}) \\ \vec{c} = \dfrac{c}{2}(\vec{i} + \vec{j}) \end{cases} \qquad （7-15）$$

④ 底心格子（C） 除八个顶点上有阵点外，两个相对的面心上有阵点，面心上的阵点为两个相邻的平行六面体所共有。因此，每个阵胞占有两个阵点。阵点坐标为 (0,0,0)，(1/2,1/2,0)，称为底心格子，如图 7-12（d）所示。平行六面体的三个棱长 a、b、c 及其夹角 α、β、γ，可决定平行六面体的尺寸和形状，这六个量亦称为点阵常数，如图 7-13 所示。

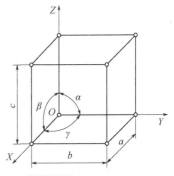

图 7-13 晶胞示意图
（晶胞大小及形状）

7.4.2.3 晶体结构分类

1849 年，法国科学家布拉维提出晶体空间点阵学说，即晶体在三维空间存在 14 种空间点阵又称 14 种 Bravais 格子，从而奠定了晶体结构几何理论的基础。如图 7-14 所示。

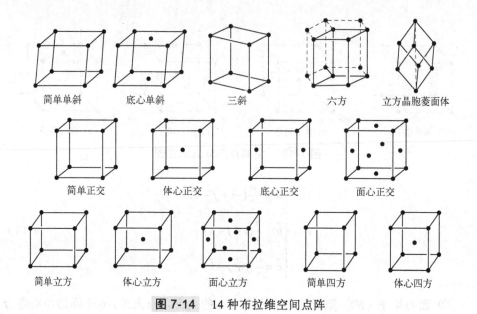

简单单斜　　　底心单斜　　　　三斜　　　　　六方　　　立方晶胞菱面体

简单正交　　　体心正交　　　底心正交　　　面心正交

简单立方　　　体心立方　　　面心立方　　　简单四方　　　体心四方

图 7-14　14 种布拉维空间点阵

　　而按点阵参数可将晶体点阵分为七个晶系，见表 7-4，七个晶系的特征对称元素见表 7-5。

表 7-4　**晶体点阵中的七个晶系**

晶系	边长	夹角	晶体实例
三斜	$a \neq b \neq c$	$\alpha \neq \beta \neq \gamma \neq 90°$	$CuSO_4 \cdot 5H_2O$
单斜	$a \neq b \neq c$	$\alpha = \gamma = 90°,\ \beta \neq 90°$	β-S, $KClO_3$
正交	$a \neq b \neq c$	$\alpha = \beta = \gamma = 90°$	I_2, $HgCl_2$
立方	$a = b = c$	$\alpha = \beta = \gamma = 90°$	Cu, NaCl
四方	$a = b \neq c$	$\alpha = \beta = \gamma = 90°$	Sn, SnO_2
三方	$a = b \neq c$	$\alpha = \beta = 90°,\ \gamma = 120°$	Bi, Al_2O_3
	$a = b = c$	$\alpha = \beta = \gamma \neq 90°$	
六方	$a = b \neq c$	$\alpha = \beta = 90°,\ \gamma = 120°$	Mg, AgI

表 7-5　**晶体七个晶系的特征对称元素**

晶系	特征对称元素	布拉维晶格
三斜	无	P 简单三斜（ap）
单斜	1 个对称面或 2 次对称轴（与 b 轴平行）	P 简单单斜（mP）
		C 底心单斜（mC）
正交	2 个互相垂直的对称面 或 3 个互相垂直的 2 重对称轴 （分别与 a、b、c 轴平行）	P 简单正交（oP）
		C 底心正交（oC）
		I 体心正交（oI）
		F 面心正交（oF）

晶系	特征对称元素	布拉维晶格
立方	4个按立方体对角线取向的3次旋转轴	P 简单立方（cP）
		F 面心立方（cF）
		I 体心立方（cI）
三方或六方	3次对称轴6次对称轴（与c轴平行）	P 简单三方或六方（hP）
		R 心六方 hR
四方	4次对称轴（与c轴平行）	P 简单四方
		I 体心四方

7.4.3 晶体的空间群

群（group）是数学概念，指具有闭合性的一组元素的集合。群用 $G\{E,A,B,C,\cdots\}$ 表示，群 G 中任意两元素按照给定的"乘法"规则相乘，其"乘积"仍为群 G 内的元素。群内存在单位元素 E，对所有元素 P，有 $PE=EP=P$；且对任意元素 P，存在逆元素 P^{-1}，使得 $PP^{-1}=P^{-1}P=E$；元素间的"乘法"运算，满足结合律 $A(BC)=(AB)C$。

晶体空间群，是由晶体结构的对称性元素或其对称操作所组成的对称群。对称性是指在一定的几何操作下，物体保持不变的特性。通过几何变换，使晶体结构实现自身重合（即不变）的运算操作，称为对称操作。晶体的对称元素和对称操作有：

① 对称轴（C_i） 若形体绕轴转过 $360°/n$（n 为整数）后能自身重合，则该形体具有 n 次旋转对称，这个轴就称之为 n 次对称轴。n 次旋转对称本身构成一个群。在晶体中，由于受晶体的点阵结构制约，只能存在 1、2、3、4、6 次旋转对称操作，不可能出现 5 及大于 6 的轴次，这一结论也称为"晶体对称性定律"。

② 对称面（m）或反映面 若形体中的一个面将形体分成两部分，且两部分上的点相对于该平面成镜面对称，则该平面称为该形体的对称面，以符号 m 表示。对称面也构成群。

③ 反演中心（i） 若形体中的所有点都相对于某一点中心对称，则该点就是反演中心，用符号 i 表示。

对称操作分为点操作和平移操作两类。点操作对应于数学上的正交变换，在点操作前后，任意两点的距离保持不变；平移操作指满足布拉维格子周期性要求的变换操作。晶体中的基本对称操作只有旋转、反映、反演和平移四种。旋转和反演组合可构成旋转反演对称操作；旋转和平移可以构成螺旋对称操作；反映和平移可以构成滑移对称操作。对晶体中存在的点对称操作任意组合或对称元素进行组合时须遵循以下原则，其一，宏观对称元素至少必须通过一个公共点；其二，不允许出现与点阵对称性不相容的元素。

　　1887 年，俄国的加多林严格推导出 32 个晶体学点群；1890—1891 年，俄国的费道罗夫和德国的熊夫利斯先后独立地推导出 230 个晶体学空间群。满足上述组合原则的组合能够成群的只有 32 种，这就是 32 种晶体学点群。32 种点群中只有 11 种是中心对称的点群，如下表 7-6 所示。晶体结构的对称元素相互组合的结果或其对称操作的集合，描述晶格的全部对称性的对称操作的集合，总共可以得到也只能得到 230 种组合形式，称为对称群（symmetry group）或空间群，代表 230 种微观对称类型：230 个空间群。空间群的国际符号，如图 7-15 所示。

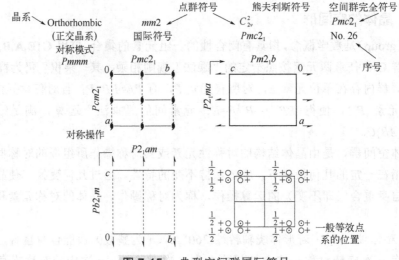

图 7-15　典型空间群国际符号

　　任何一个空间群都必定包含着一个平移群。构成空间群的所有对称元素都按照周期重复的规律无限地配置在整个空间点阵图像中，晶体结构的对称性决定于它的空间群，详细内容可以在国际晶体学联合会（international union of crystallography，IUCr）查阅。利用晶体的衍射效应，可以得出它的空间群。

表 7-6　32 种点群

分类	对应点群
旋转点群	1, 2, 3, 4, 6, 222, 32; 422; 622; 23; 432
中心对称的点群	$\bar{1}, \dfrac{2}{m}, \bar{3}, \dfrac{4}{m}, \dfrac{6}{m}, mmm, \bar{3}m, \dfrac{4}{m}mm, \dfrac{6}{m}mm, m\bar{3}, m\bar{3}m$
非中心对称的点群	$m, mm2, \bar{6}, 3m; 4mm; 6mm; \bar{4}2m; \bar{6}2m; \bar{4}3m; \bar{4}$

　　注意：空间群的国际符号与点群的国际符号的差别有两点：①空间群国际符号前面加了一个大写的英文字母，它表示空间群所属的点阵类型（如下）；

②空间群在三个特定方向上的对称元素为自晶胞中对应方向上对称程度最高的对称要素。

P——简单点阵；A——底心点阵（(100)带心）；I——体心点阵；B——底心点阵（(010)带心）；F——面心点阵；C——底心点阵（(001)带心）；R——简单棱形；

C_n——表示具有 n 次转轴的晶体类型；

C_i——单有对称中心的晶体类型；

C_s——单有对称面的晶体类型；

C_{nh}——表示具有 n 次转轴且还有与该轴垂直的对称面的晶体类型；

C_{nv}——表示具有 n 次轴且还有通过此轴的对称面的晶体类型；

D_n——具有 n 次转轴及 n 个与该轴垂直的 2 次转轴的晶体类型；

D_{nh}——除 D_n 具有的对称元素外，垂直 n 次轴还有对称面的晶体类型；

D_{nd}——除 D_n 具有的对称元素外，平分两个 2 次轴夹角的还有一对称面的晶体类型；

S_n——表示具有 n 次旋转反映轴的晶体类型；

T——表示有 4 个 3 次转轴的晶体类型；

T_h——表示除了具有 T 类对称元素外还有与偶次对称轴垂直的对称面的晶体类型；

T_d——表示除了具有 T 类对称元素外还有通过对称轴的对称面的晶体类型；

O——代表有 3 个互相垂直之 4 次转轴、六个 2 次轴、四个 3 次轴的晶体类型；

O_h——表示除了具有 O 类对称元素外还有与偶次轴垂直的对称面的晶体类型。

7.4.4　晶面及晶面指数

当空间点阵选择某一点阵点为坐标原点，选择三个不相平行的单位矢量 a, b, c 后，该空间点阵就按确定的平行六面体单位进行划分，就可以确定晶胞的大小形状。其中空间点阵中各阵点列的方向（连接点阵中任意结点列的直线方向）即为晶向。通过空间点阵中任意一组阵点的平面（在点阵中由结点构成的平面）为晶面。不同的晶面和晶向具有不同的原子排列和取向。

晶向指数，是指晶列通过轴矢坐标系原点的直线上任取一格点，把该格点指数化为最小整数，称为晶向指数，表示为[uvw]。为了便于确定和区别晶体中不同方位的晶向和晶面，国际上通用密勒（Miller）指数来统一标定晶向指数与晶面指数(uvw)。材料的物理与化学性质都与晶面、晶向密切相关。注意不同括号的用法，方括号[ ]表示晶向，圆括号( )表示晶面。

（1）晶向指数的确定方法

三指数表示晶向指数[uvw]的步骤如下：

① 建立以晶轴 a、b、c 为坐标轴的直角坐标系，各轴上的坐标长度单位分别是晶胞边长 a、b、c，过坐标原点，作直线与待求晶向平行。

② 选取该晶向上原点以外的任一点 P，并确定该点的坐标为（xa，yb，zc）。

③ 将 xa、yb、zc 化成最小的简单整数比 u、v、w，且 $u:v:w = xa:yb:zc$。

④ 将 u、v、w 三个数字置于方括号内就得到晶向指数[uvw]。

因此晶向指数表示了所有相互平行、方向一致的晶向。若所指的方向相反，则晶向指数的数字相同，但符号相反，例如[01̄0]与[010]。

晶向指数代表相互平行、方向一致的所有晶向。标于数字上方为负值，表示同一晶向的相反方向。晶向族指晶体中原子排列情况相同但空间位向不同的一组晶向，用{uvw}表示。数字相同，但排列顺序不同或正负号不同的晶向属于同一晶向族。晶体结构中那些原子密度相同的等同晶向称为晶向轴，用{UVW}表示。例如：

{100}包括[100]，[010]，[001]，[1̄00]，[01̄0]，[001̄]；

{111}包括[111]，[1̄1̄1̄]，[1̄1̄1]，[11̄1]，[1̄1̄1̄]，[1̄1̄1]，[1̄1̄1̄]，[11̄1̄]。

（2）晶面指数的确定方法

国际上通用密勒指数来表示晶面指数，即用三个数字(hkl)来表示，见图7-16，确定步骤如下：

① 建立一组以晶轴 a、b、c 为坐标轴的坐标系，令坐标原点不在待标晶面上，各轴上的坐标长度单位分别是晶胞边长 a、b、c。

② 求出待标晶面在 a、b、c 轴上的截距 xa、yb、zc。如该晶面与某轴平行，则截距为∞。

③ 取截距的倒数 $1/xa$、$1/yb$、$1/zc$。

④ 然后约简为 3 个没有公约数的整数，即将其化简成最简单的整数比 h、k、l，使 $h:k:l= 1/xa:1/yb:1/zc$。

⑤ 如有某一数为负值，则将负号标注在该数字的上方，将 h、k、l 置于圆括号内，写成(hkl)，则(hkl)就是待标晶面的晶面指数。

晶面指数所代表的不仅是某一晶面，而是代表着一组相互平行的晶面，其具有相同条件（原子排列和晶面间距完全相同），空间位向不同的各组晶面，用{hkl}表示。例如在立方系中，{100}包括(100) (010) (001)；{110}包括(110) (101) (011) (1̄10) (1̄01) (01̄1)；{111}包括(111) (1̄11) (11̄1) (111̄)等。

若晶面与晶向同面，则 $hu + kv + lw = 0$；若晶面与晶向垂直，则 $u = h$、$k = v$、$w = l$。

需要注意六方中的晶面指数常使用四个晶轴 a_1、a_2、a_3、c 所组成的坐标系，如图7-17。由此确定四个坐标指数表示晶面，被称为密勒布拉维指数($hkil$)，其中只有三个是独立的，$h+k+i = 0$。

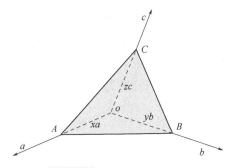
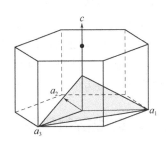

| 图 7-16 晶面指数示意图 | 图 7-17 六方晶系中的晶面指数示意图 |

7.4.5 倒易点阵

为了从几何学上形象的确定衍射条件,人们就找到一个新的点阵(倒易点阵),使其与正点阵（实际点阵）相对应。相对于晶体点阵描述的是阵点个体的空间位置等特征而言;倒易点阵描述了阵点群体的特征,包括晶面、晶向。因此利用倒易点阵可以比较方便地导出晶体几何学中的各种重要关系式;还可以方便形象地表示晶体的衍射几何学。倒易点阵是相对于晶体的正空间点阵而言的,它与正空间点阵互为倒易。倒易点阵基矢与正空间矢量间的关系是:

$$\boldsymbol{a}^* = \frac{\boldsymbol{b} \times \boldsymbol{c}}{V}, \quad \boldsymbol{b}^* = \frac{\boldsymbol{c} \times \boldsymbol{a}}{V}, \quad \boldsymbol{c}^* = \frac{\boldsymbol{a} \times \boldsymbol{b}}{V}$$

其中 V 是正空间点阵单胞的体积,等于三个基矢的混合积。由倒易点阵基矢的定义,可以推导出:$V \cdot V^* = 1$;$\boldsymbol{a}^* \cdot \boldsymbol{a} = 1$;$\boldsymbol{a}^* \cdot \boldsymbol{b} = 0$;$\boldsymbol{a}^* \cdot \boldsymbol{c} = 0$;$\boldsymbol{b}^* \cdot \boldsymbol{a} = 0$;$\boldsymbol{b}^* \cdot \boldsymbol{b} = 1$;$\boldsymbol{b}^* \cdot \boldsymbol{c} = 0$;$\boldsymbol{c}^* \cdot \boldsymbol{a} = 0$;$\boldsymbol{c}^* \cdot \boldsymbol{b} = 0$;$\boldsymbol{c}^* \cdot \boldsymbol{c} = 1$。

$$\begin{pmatrix} \boldsymbol{a}^* \\ \boldsymbol{b}^* \\ \boldsymbol{c}^* \end{pmatrix} (\boldsymbol{a} \quad \boldsymbol{b} \quad \boldsymbol{c}) = \begin{pmatrix} 1 & 0 & 0 \\ 0 & 1 & 0 \\ 0 & 0 & 1 \end{pmatrix} = E \qquad (7\text{-}16)$$

因此倒易点阵的矢量 $\boldsymbol{r}^* = h\boldsymbol{a}^* + k\boldsymbol{b}^* + l\boldsymbol{c}^*$ 的方向是正空间的同名晶面(hkl)的法线方向,矢量的模（数值）为正空间点阵中该晶面(hkl)的面间距的倒数。新点阵中的每一个结点都对应着正空间点阵的一定晶面,该结点既反映该晶面的取向也反映该晶面的面间距。因此从新点阵中原点 O 到任意结点 $P(hkl)$（倒易点）的矢量,正好沿正点阵中{hkl}面的法线方向;而新点阵中原点 O 到任意结点 $P(hkl)$ 的距离等于正点阵中{hkl}面的面间距的倒数,将实际晶体中一切可能的{hkl}面所对应的倒易点都可画出,由这些倒易点组成的点阵称为倒易点阵。倒易点阵是德国物理学家厄瓦尔德（P. P. Ewald）在 1921 年提出的概念。倒易点阵是相对于正空间中的晶体点阵而言的,它是衍射波的方向与强度在空间的分布。由于衍射波是由正空间中的晶体点阵与入射波作用形成的,正空间中的一组平行晶面就可以用倒空间中的一个矢量或阵点来表示。用倒易点阵处理衍射问题时,能使几何概念更清楚，数学推理简化。可以简单地想象，每一幅单晶的衍射花样就是倒易点阵在该花样平面上的投影。当晶体对入射波发生衍射的时候，衍射图谱、衍射波的波矢量、产生衍射的晶面三者之间存在严格的对应关系；晶体的衍射方向与晶胞参数关联，由晶胞间散射的 X 射线所决定；而衍射强度与点阵型式及晶胞内原子分布相关联，由晶胞内原子间散射的 X 射线所决定。

7.5 X 射线衍射原理

当 X 射线作用于晶体时，大部分 X 射线可以透过晶体，一部分通过非散射将能量转换为热能及发生光电效应，而一部分发生不相干散射和相干散射。晶体对 X 射线衍射效应属于相干散射，次生射线与入射线的位相、波长相同，而方向可以改变。晶体点阵结构的周期性，使其可以看作是等宽等间距的平行狭缝的光栅，衍射依赖于晶体结构和入射粒子的波长。当辐射的波长同晶格常量相当或小于晶格常量时，在与入射方向完全不同的方向上将出现衍射束。因此当 X 射线作用于晶体中点阵时，因在结晶内遇到规则排列的原子或离子而发生散射，并作为新的波源向外发射子波，产生次生 X 射线，这种次生 X 射线的波长、频率及位相均与原生 X 射线相同，称为相干波。根据波的干涉原理，当相邻两个波源在某一方向上的波程差 Δ 等于波长的整数倍（$\Delta = n\lambda$）时，波峰与波峰（或者波谷与波谷）之间会得到最大加强。这种最大加强的波称为衍射波，衍射波的传播方向称为衍射方向。所谓衍射就是相干散射波之间发生干涉、叠加而相互加强的现象，从而显示与结晶结构相对应的特有的衍射现象。

采用已知波长为 λ 的光源作为激发源，通过 X 射线光谱仪测定 θ 角后，计算产生衍射的晶体的 d 值，就可以知道所分析物质的晶格间距，从而了解待测物的结构性质，这即是 X 射线衍射的分析原理，在 7.3.1 节中已讲述，如图 7-18 所示。采用单晶衍射可以确定未知相结构，而粉末衍射法可以确定已知结构相。

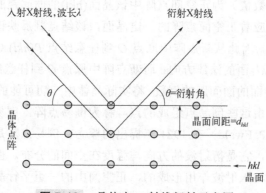

图 7-18 晶体内 X 射线衍射示意图

7.5.1 劳厄方程

劳厄（Laue）假设晶体为光栅（点阵常数即光栅常数），晶体中原子受 X 射线照射产生球面波并在一定方向上相互干涉，形成衍射波。Laue 方程是联系衍射方向与晶胞大小、形状的方程。它的出发点是将晶体的空间点阵分解成三组互不平行的直线点阵，考察直线点阵上的衍射条件。每一组直线点阵上得到一个方程，整个空间点阵上就有三个形式相似的方程，构成一个方程组。

（1）一维劳厄方程——单一原子列衍射方向

当 X 射线照射到一列原子上时，各原子散射线之间相干加强成衍射波，此时在空间形成一系列衍射圆锥，见图 7-19（b）。要在 $\vec{s}$ 方向观察到衍射，两列次生 X 射线应相互叠加，其波程差必须是波长的整数倍，见图 7-19（a）。

$$\Delta = OA - PB = a(\cos\alpha - \cos\alpha_0) = H\lambda$$

或
$$a\left(\vec{S} - \vec{S_0}\right) = H\lambda, \ H = 0, \pm 1, \pm 2, \pm 3, \cdots \tag{7-17}$$

式中，$\vec{S_0}$ 和 $\vec{S}$ 分别为入射线和衍射线的单位向量；α_0 和 α 分别为入射线和衍射线与 a 向量间的夹角；H 称为衍射指标。

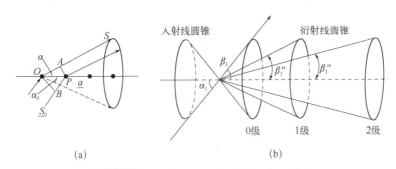

图 7-19 一维 Laue 方程的推导示意图

（2）二维劳厄方程——单一原子面衍射方向

$$\begin{cases} \vec{a}\left(\vec{S} - \vec{S_0}\right) = H\lambda \\ \vec{b}\left(\vec{S} - \vec{S_0}\right) = K\lambda \end{cases} \rightarrow \begin{cases} a(\cos\beta_1 - \cos\alpha_1) = H\lambda \\ b(\cos\beta_2 - \cos\alpha_2) = K\lambda \end{cases} \tag{7-18}$$

表明构成平面的两列原子产生的衍射圆锥的交线才是衍射方向，见图 7-20。

（3）三维劳厄方程——虑三维晶体衍射方向

空间点阵可以看成是由三组独立的直线点阵（矢量 $\vec{a}, \vec{b}, \vec{c}$）所组成，所以空间点阵的 Laue 方程为：

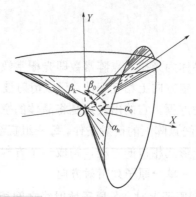

图 7-20　二维 Laue 方程的推导示意图

$$\begin{cases} \vec{a}\left(\vec{S}-\vec{S}_0\right)=H\lambda \\ \vec{b}\left(\vec{S}-\vec{S}_0\right)=K\lambda \\ \vec{c}\left(\vec{S}-\vec{S}_0\right)=L\lambda \end{cases} \text{或} \begin{cases} a(\cos\beta_1-\cos\alpha_1)=H\lambda \\ b(\cos\beta_2-\cos\alpha_2)=K\lambda \\ c(\cos\beta_3-\cos\alpha_3)=L\lambda \end{cases} \tag{7-19}$$

且 $\cos^2\alpha_1+\cos^2\alpha_2+\cos^2\alpha_3=1;\ \cos^2\beta_1+\cos^2\beta_2+\cos^2\beta_3=1$

　　H、K、L 称为衍射指标,表示为 HKL 或 (HKL),并不一定互质,这是与晶面指标的区别所在。X 射线与晶体作用时,同时要满足 Laue 方程中的三个方程,且 H、K、L 的整数性决定了衍射方程的分裂性,即只有在空间某些方向上出现衍射(也可以理解为两个圆锥面为交线,三个圆锥面只能是交点)。在 Laue 方程规定的方向上所有的晶胞之间散射的次生 X 射线都互相加强,即波程差肯定是波长的整数倍。

7.5.2　布拉格方程

　　若将晶体视为平面点阵,等程面上的衍射可以等效为平面点阵的反射,这样尽管同一个等程面上各点之间都没有波程差,但相互平行的各个等程面之间却仍有波程差。只有相邻等程面之间的波程差为波长的整数倍时,衍射才会发生。这一条件可以推导出布拉格(Bragg)方程:

$$2d_{h'k'l'}\sin\theta_{hkl}=n\lambda\ (\text{衍射级数 } n=1,2,3) \tag{7-20}$$

　　同一晶面上各点阵点散射的 X 射线相互加强见图 7-21(a),相邻晶面散射 X 射线的波程差见图 7-21(b)。

$$\Delta=MB+BN=2d_{h'k'l'}\sin\theta_{hkl} \tag{7-21}$$

　　若使相邻晶面产生的 X 射线相互加强,则满足 $2d_{h'k'l'}\sin\theta_{hkl}=n\lambda$,且只有当 $\lambda\leqslant 2d_{h'k'l'}$ 时才可观察到衍射,若 λ 过长,则不能观测到衍射。因为 $2d_{h'k'l'}\sin\theta_{hkl}=n\lambda$,

则 $2\dfrac{d_{h^*k^*l^*}}{n}\sin\theta_{hkl}=\lambda$，对立方晶系而言，$d_{h^*k^*l^*}=\dfrac{a}{\sqrt{h^{*2}+k^{*2}+l^{*2}}}$ 则 $\dfrac{d_{h^*k^*l^*}}{n}=$

$\dfrac{a}{\sqrt{h^2+k^2+l^2}}=d_{hkl}$，可得 $d_{hkl}=\dfrac{d_{h^*k^*l^*}}{n}=\dfrac{d_{(hkl)}}{n}$（对其它晶系也适用），则 $2d_{hkl}\sin\theta_{hkl}=\lambda$。

式中，d_{hkl} 为以衍射指标表示的面距，不一定是真实的面间距。

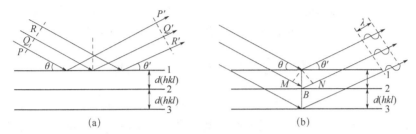

图 7-21 （a）同一晶面上各点阵点散射的 X 射线相互加强；
（b）相邻晶面散射 X 射线的波程差

因此利用布拉格方程需注意以下内容：

① 衍射产生的必要条件。选择性反射，反射受 λ、θ、d 的制约。反射线实质是各原子面反射方向上散射线干涉加强的结果，即衍射，因此，此处"反射"与"衍射"可不作区别。

② 干涉指数和干涉面。将布拉格方程改写成 $2d_{HKL}\sin\theta=\lambda$，其中，$d_{HKL}=d/n$，$H=nh$，$K=nk$，$L=nl$。即把 (hkl) 晶面的 n 级反射看成是与之平行、面间距为 d/n 的晶面 (HKL) 的一级反射。(HKL) 不一定是真实的原子面，通常称为干涉面，而将 (HKL) 称为干涉指数。

③ 产生衍射的极限条件。由布拉格方程可知，晶体中只有满足 $d>\lambda/2$ 的晶面才产生衍射，所以产生的衍射线是有限的，利用此条件可判断出现衍射线条的数目。

④ 布拉格方程反映晶体结构中晶胞大小及形状，而对晶胞中原子的品种和位置并未反映，d 相同，θ 相同。

7.5.3 晶胞中的原子分布与衍射强度的关系

衍射强度 I_{hkl} 既与衍射方向 hkl 有关，也与晶胞中原子分布（由分数坐标 x_j, y_j, z_j 表示）有关。当 X 射线照射到晶体上，原子要随 X 射线的电磁场做受迫振动，但核的振动可忽略不计，电子受迫振动将作为波源辐射球面电磁波。在空间某点，一个电子的辐射强度记为 I_e，一个原子中，Z 个电子的辐射强度 $I_0'=I_e Z^2$（点原子，将 Z 个电子集中在一点），实际情况并非点原子，即电子不可能处在空间的同一点。

（1）原子散射因子 f

$$I_a = I_e f^2 \tag{7-22}$$

式中，I_a 为原子中全部电子相干散射波强度；f 为原子散射因子且 $f \leqslant Z$，相当于有效散射电子数，与衍射指标有关。

（2）结构因子 F_{hkl}

既然各晶胞间散射的次生 X 射线在 Laue 和 Bragg 方程规定的方向上都是相互加强的，可以只讨论一个晶胞中原子的分布与衍射强度的关系即 $I_c = I_e |F_{hkl}|^2$，其中 I_c 表示一个晶胞的散射波强度。当晶胞中有 N 个原子时，这 N 束次生 X 射线间发生干涉，其结构是否加强或减弱与原子的坐标及衍射方向有关，满足的关系式为：

$$F_{hkl} = \sum_{j=1}^{N} f_j \exp\left[2\pi i(hx_j + ky_j + lz_j)\right] \tag{7-23}$$

式中，f_j 为第 j 个原子的散射因子；x_j, y_j, z_j 为原子的分数坐标；hkl 为衍射指标；F_{hkl} 称为结构因子。F_{hkl} 是复数，其模量 $|F_{hkl}|$ 称为结构振幅，如式（7-21）所示。

$$\left|F_{hkl}\right|^2 = \left[\sum_{j=1}^{N} f_j \cos 2\pi\left(hx_j + ky_j + lz_j\right)\right]^2 + \left[\sum_{j=1}^{N} f_j \sin 2\pi\left(hx_j + ky_j + lz_j\right)\right]^2 \tag{7-24}$$

因此衍射强度正比于结构因子，可以表达为 $I_{hkl} \propto |F_{hlk}|^2$ 或 $I_{hkl} = k|F_{hlk}|^2$，在结构因子中，晶胞的大小和形状以及衍射方向已经包含在衍射指标中，晶胞中原子种类反映在原子的散射因子中，晶胞中原子的分布由各原子的分数坐标(x_j, y_j, z_j)表达。

（3）系统消光

在推导 Laue 和 Bragg 方程时，都从空间格子的矢量出发，格子单位顶点上的阵点在满足 Laue 和 Bragg 方程衍射都是加强的。当为复单位时，非顶点上阵点散射的 X 射线与顶点上阵点散射的 X 射线之间也要发生相互干涉，结果是可能加强，也可能减弱。由于点阵结构型式的不同，使得某些按照 Laue 或 Bragg 方程的这种现象称为系统消光。通过系统消光，可推断点阵型式和某些对称元素。例如在体心点阵中，晶胞只有两个原子（每一个原子为一个结构基元）。金属 Na 为 A_2 型（体心）结构，其两个原子的分数坐标为(0,0,0)和(1/2,1/2,1/2)；利用 $F_{hkl} = \sum_{j=1}^{N} f_j \exp\left[2\pi i(hx_j + ky_j + lz_j)\right]$，可得

$$F_{hkl} = f_{Na}e^0 + f_{Na}e^{2\pi i(\frac{1}{2}h + \frac{1}{2}k + \frac{1}{2}l)} = f_{Na}[1 + e^{(h+k+l)\pi i}] \tag{7-25}$$

因为 $e^{(h+k+l)\pi i} = \cos(h+k+l)\pi + i\sin(h+k+l)\pi = \cos(h+k+l)\pi$，所以，

$$F_{hkl} = f_{Na}[1 + \cos(h+k+l)\pi] \tag{7-26}$$

式中，当 $h+k+l =$ 偶数时，$F_{hkl} = 2f_{Na}$；当 $h+k+l =$ 奇数时，$F_{hkl} = 0$。

即当 $h+k+l=$ 奇数时，hkl 的衍射不出现，例如 210、221、300、410 等衍射系统全部消失。

对各种点阵型式的消光规律可以理解为当一个结构基元由多个原子组成时，这一点阵代表的各原子间散射的次生 X 射线还可能进一步抵消，所以凡是消光规律排除的衍射一定不出现，但消光规律未排除的衍射也不一定出现。目前 X 射线结构分析方法可分为单晶衍射和多晶衍射。单晶是基本由同一空间点阵所贯穿形成的晶块，多晶是由许多很小的单晶体按不同取向聚集而成的晶块，微晶是指只有几百个或几千个晶胞并置而成的微小晶粒或粉末。本文重点介绍多晶衍射仪法，利用计数管将接收到的衍射线转换成正比于光强的电压讯号，经放大记录，给出 X 射线粉末衍射图谱。将样品放在衍射仪测角仪的圆心，计数管对准中心。样品转过 θ 角时，计数管转过 2θ。记录纸横坐标为 2θ，纵坐标为衍射线强度。不同的晶体有一系列不同的特定 d 值及相应的强度，即 $d_{hkl} = \dfrac{d_{h'k'l'}}{n} \sim \dfrac{I}{I_0}$，就如同人的指纹，这套数据可用来确定相应的结晶物相。现在大部分物质是通过由 JCPDS（joint committee on powder diffraction standards）编辑的 PDF 卡（即粉末衍射卡）来确定多晶衍射数据。

7.6 粉末 X 射线衍射仪

粉末衍射仪主要由四部分构成：①X 射线发生器——产生 X 射线光源的装置，主要包括高压发生器与 X 光管；②精密测角仪（光路系统）——测量角度 2θ 的装置；③X 射线探测器——测量 X 射线强度的计数装置；④X 射线系统控制装置——数据采集系统和各种电气系统、保护系统。粉末 X 射线衍射仪可以根据晶体对 X 射线的衍射特征如衍射线的位置、强度及数量来鉴定结晶物质之物相的方法，称之为 X 射线物相分析法。多晶物质其结构与组成元素各不相同，它们的衍射花样在线条数目、角度位置、强度上就显现出差异，衍射花样与多晶体的结构和组成（如原子或离子的种类和位置分布，晶胞形状和大小等）有关。一种物相有自己独特的一组衍射线条（衍射谱），反之，不同的衍射谱代表着不同的物相，若多种物相混合成一个试样，则其衍射谱就是其中各个物相衍射谱叠加而成的复合衍射谱。每一种结晶物质，它们的晶胞大小、质点种类及其在晶胞中的排列方式是完全一致的。因此，当 X 射线被晶体衍射时，每一种结晶物质都有自己独特的衍射花样，它们的特征可以用各个衍射晶面间距 d 和衍射线的相对强度来表征。晶面间距 d 与晶胞的形状和大小有关，而相对强度则与质点的种类及其在晶胞中的位置有关，所以任何一种结晶物质的衍射数据 d 和衍射强度是其晶体结构的必然反映，因而可以根据它们来鉴别晶体物质的物相。图 7-22 所示为 X 射线粉末衍射仪结构与典型衍射图。

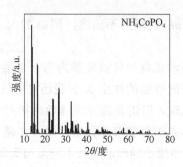

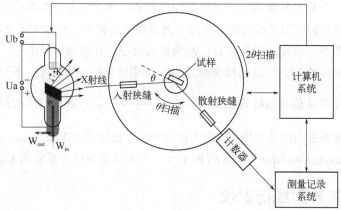

图 7-22　X 射线粉末衍射仪结构与典型衍射图（磷酸钴铵盐）

7.6.1 定性分析

　　XRD 物相定性分析，主要利用 XRD 衍射角位置及强度，鉴定未知样品是由哪些物相所组成，并对比国际衍射数据中心（international centre for diffraction data，ICDD）出版的粉末衍射卡片（PDF 卡片）进行鉴定。ICDD 是全球 X 射线衍射领域的权威机构，是一个收集、编辑、出版和分发粉末衍射的数据库，并用于结晶材料的物相鉴定。ICDD 前身为 JCPDS（joint committee on poder diffraction standards），并将物质的衍射数据统一分类和编号，编制成卡片出版，即被称为 PDF 卡片，有时也称其为 JCPDS 卡片。粉末衍射文件 PDF，是用 X 射线衍射法准确测定晶体结构已知物相的 d 值和衍射强度 I 值，将 d 值及其它有关资料汇集成该物相的标准数据卡片。定性分析即是将所测得的数据与标准数据对比，运用各种判据以确定所测试样中所含的物相，各相的化学式、晶体结构类型、晶胞参数等，从而实现鉴定物相的分析工作。

　　三强线法具体实施办法：

　　① 从衍射区（$2\theta < 90°$）中选取强度最大的三根线，并使其 d 值按强度递减的次序排列。在数字索引中找到对应的 d_1（最强线的面间距）组。

　　② 按次强线的面间距 d_2 找到接近的几列。检查这几列数据中的第三个 d 值是否与待测样的数据对应，再查看第四至第八强线数据并进行对照，最后从中找

出最可能的物相及其卡片号。

③ 找出可能的标准卡片，将实验所得 d 及 I/I_1 跟卡片上的数据详细对照，如果完全符合，物相鉴定即完成。

④ 如果待测样的数据与标准数据不符，则必须重新排列组合并重复②～③的检索手续。如为多相物质，当找出第一物相之后，可将其线条剔出，并将留下线条的强度重新归一化，再按过程①～③进行检索，直到得出正确答案。

7.6.2　定量分析

X 射线物相定量分析，基于某物相的衍射线强度 I_j 与该物相在样品中的含量 X_j 成正比，基本公式如下：

$$I_j = B \cdot C_j \frac{1}{\mu_m} \cdot \frac{X_j}{\rho_j}$$ （7-27）

式中，B 是常数（只与入射光强度、所用 X 射线波长、衍射仪圆的半径及受照射的试样体积有关）；C_j 也是常数（只与 j 物相的结构及实验条件有关，当该相的结构已知、实验条件确定后，可以计算出来）；μ_m 为试样（多相混合物）的质量吸收系数；X_j 为 j 物相的质量分数；ρ_j 为 j 物相的密度。

X 射线物相定量分析可采用外标法、内标法和 K 值法。

（1）外标法

方法——将待测样品中待测物相 j（如钙矾石）的某根衍射线的强度与已知 j 相含量的标准样品的同一根衍射线强度进行对比，得出待测样品中 j 相的含量。标准样品中的 j 相称为外标物，该法则原则上只适用于两相系统。

一般步骤：

① 配制一组标准样品，其中包含已知其含量为 X_j 的待测物相 j（如钙矾石）；

② 在固定的实验条件下，测出标准样品中 j 相的某根衍射线的强度 I_j，并绘出 I_j 与 X_j 的关系曲线（定标曲线）；

③ 在同样的实验条件下，测出待测样品中 j 相的同一根衍射线的强度 I_j；

④ 根据定标曲线确定待测样品中 j 相的含量。

（2）内标法

当试样中所含物相数 $n>2$，而且各相的质量吸收系数不相同时，需要往试样中加入某种标准物质（内标物质）来帮助分析，这种方法称为内标法。

一般步骤：

① 配制一组标准样品，其中包含已知其含量 X_j 的待测相 j（如石英）和恒定质量分数 X_s 的内标物质 s（如萤石）；

② 用 X 射线衍射仪测定标准样品中 j 相和 s 相的特定衍射线（衍射角和衍射强度相近的衍射线）的强度并计算其比值 I_j/I_s，作出 X_j—I_j/I_s 关系曲线（定标曲线）；

③ 在待测样品中掺入相同质量分数 X_s 的内标物质 s，用 X 射线衍射仪测定待测样品中 j 相和 s 相的相应衍射线的强度并计算其比值 I_j/I_s；

④ 根据定标曲线确定待测样品中 j 相的含量 X_j。

（3）K 值法

一般步骤：

① 确定 K 值。通常是用待测物相 j（如石英）的纯物质和选定的内标物质 s（如萤石）配制成质量比为 1：1 的混合物，选定 j 和 s 相衍射线（一般是最强线）各一条，测出它们的强度，按公式测出 K 值：$K_s^j = I_j/I_s$；

② 将一定量的内标物质与待测试样混合（一般控制大约 $X_s = 0.2$），并充分研磨搅匀并使粒度达到 $1\sim5\mu m$；

③ 用 X 射线衍射仪测定混合好的待测样品的 I_j/I_s 值；

④ 根据公式求出 X_j：$X_j = \dfrac{I_j}{I_s}\dfrac{1}{K_s^j} \cdot \dfrac{X_s}{1-X_s}$。

7.6.3 晶粒尺寸计算

对于 XRD 分析样品的晶粒尺寸的方法，采用谢乐（Scherrer）公式，即

$$D = \frac{K\lambda}{\beta\cos\theta} \tag{7-28}$$

式中，K 为常数，一般取值为 0.89 或 0.94，但实际应用中一般取 $K = 1$；λ 是辐射波长，按 K_{α_1} 谱线波长计算，如铜靶，则 $\lambda = 0.154056\,nm$；β 是指因为晶粒细化导致的衍射峰加宽部分，单位为弧度；θ 是半衍射角，单位可以是度或者弧度；晶块尺寸 $D = md$，其中 d 是垂直(HKL)晶面方向的晶面间距，m 是晶块在这个方向包含的晶胞数，由于不同晶面的 d 值和 m 不同，因此不同(HKL)晶面测量出来的 D 值也会有差别。

7.7　X 射线晶体点阵常数精确测定

通过 X 射线粉末衍射可以提供晶态物质的衍射情况，例如衍射线位置、峰形和强度等，通过这些衍射信息可以确定晶体精确的点阵常数。晶体的点阵常数是晶态物质的重要物理参量之一，它与晶态物质的化学成分和外界条件密切相关，例如晶体物质的键合能、密度、热膨胀、固溶体类型、固溶度、固态相变、宏观应力等。因此对晶体物质点阵常数的精确测定，可以揭示晶体物质的物理本质及变化规律，在固体物理的研究工作中具有十分重要的理论意义和应用价值。

7.7.1　晶体点阵常数测定原理

用 X 射线衍射仪测定点阵常数的依据是衍射线的位置，即 2θ 角，根据晶体中某一晶面族 (hkl) 的衍射角 θ，可以通过布拉格方程 $2d\sin\theta = \lambda$ 和面间距公式，求出此

晶面族的面间距 d_{hkl}，然后根据晶面间距与点阵常数的关系，求得点阵常数 a，例如对于立方晶系有：

$$a = d\sqrt{h^2 + k^2 + l^2} = d\sqrt{N}, \quad N \equiv h^2 + k^2 + l^2$$

由布拉格方程得：

$$a = \frac{\lambda}{2\sin\theta}\sqrt{h^2 + k^2 + l^2} = \frac{\lambda}{2\sin\theta}\sqrt{N} \qquad (7\text{-}29)$$

表 7-7　各晶系晶面间距的计算公式

晶系	晶面间距公式
单斜	$1/d^2 = \left(\dfrac{h^2}{a^2} + \dfrac{l^2}{c^2} - \dfrac{2hl\cos\beta}{ac}\right)\Big/ \sin^2\beta + \dfrac{k^2}{b^2}$
正交	$1/d^2 = \dfrac{h^2}{a^2} + \dfrac{k^2}{b^2} + \dfrac{l^2}{c^2}$
三方和六方	$1/d^2 = \dfrac{4}{3} \times \dfrac{h^2 + hk + k^2}{a^2} + \dfrac{l^2}{c^2}$
四方	$1/d^2 = \dfrac{h^2 + k^2}{a^2} + \dfrac{l^2}{c^2}$
立方	$1/d^2 = \dfrac{h^2 + k^2 + l^2}{a^2}$

还可求得：$\dfrac{\Delta d}{d} = \text{ctg}\theta\Delta\theta$，对立方晶系有 $\dfrac{\Delta a}{a} = \dfrac{\Delta d}{d} = -\text{ctg}\theta\Delta\theta$，可见点阵常数 a 的偏差 Δa 与 $\text{ctg}\theta$ 成正比、与 $\Delta\theta$ 成正比，然后外推至 $\theta = 90°$ 处时 $\Delta a = 0$，即可求得真实的 a；衍射角越大，衍射角的正切值越小，测量误差相应减小。所以要精确测定点阵常数必须适当选择衍射角 θ，减小 $\Delta\theta$ 才能使 Δa 最小。这就是精确测量点阵常数时选用高衍射角的衍射线的原因。表 7-7 给出了不同晶系的晶面间距的计算公式，其中 d 为晶面间距 d_{hkl} 的缩写，表示晶面族(hkl)之间的距离；a、b、c，α、β、γ 为晶胞常数。

7.7.2　Rietveld 全谱拟合精修晶体结构法

Rietveld 全谱拟合法最早由 H. M. Rietveld 提出，在粉末中子衍射数据分析中采用粉末衍射全谱最小二乘拟合结构修正法；后 Young 等人将该方法引入多晶 X 射线衍射分析。Rietveld 全谱拟合精修晶体结构的方法，是在假设晶体结构模型和结构参数基础上，结合某种峰形函数来计算多晶衍射谱，调整结构参数与峰形参数使计算出的衍射谱与实验谱相符合，从而确定结构参数与峰值参数的方法，这一逐步逼近的拟合过程称全谱拟合。通过 Rietveld 全谱拟合，可以得到晶体结构方面的多种信息，例如晶胞参数、晶胞体积、原子位置、原子占有率、温度因子、晶粒尺寸、微观应变、定量相分析、结构因子、结构解析以及磁结构等。

Rietveld 全谱拟合精修的一般步骤：①建立结构模型、计算理论强度。按照物相检索的结果，输入样品中各个物相的晶体结构，设置背景函数、衍射峰形函数等初值，并由此计算出一套初始计算谱；②将计算谱与实验谱图进行比较，计算残差 M 值；③按一定的顺序调整各种参数再计算、再比较，使 M 值减小；④当 M 值收敛于某一给定的目标值 E 时，拟合结束，从修正后的模型中获得被测样品和样品中各个物相的各种参数。

Rietveld 分析是一个循环过程，以 R 因子为收敛标度。一般地，R 值越小，峰形拟合就越好，晶体结构的正确性就越大。

Rietveld 分析的优化参数主要有结构参数和非结构参数两类。结构参数包括晶胞参数、晶胞中每个原子坐标、温度因子、位置占有率、标度因子、试样衍射峰的半高宽、总的温度因子、择优取向、晶粒大小和微观应力、消光、微吸收等。非结构参数包括 2θ 零点、仪器参数、衍射峰的非对称性、背景、样品位移、样品透明性、样品吸收等。

Rietveld 的精修参数一般按先优化非结构参数，然后再优化结构参数的顺序。由于 Rietveld 分析是在假定结构已知的情况下进行的，所以往往非结构参数的优化要比结构参数的优化重要一些。只有获得良好的非结构参数，才能保证优化后的结构参数的可靠性。

在利用 Rietveld 精修时需注意，要保证衍射谱峰强度。噪声很大的数据，衍射峰强度不高的数据，通常得不到可靠的结果。一般最强衍射峰强度计数达到数万，中等强度要达到 10000 左右。用于精修的衍射数据，其扫描范围一般要到 120°。

7.7.3　晶体点阵常数测定的误差与消除

衍射仪测量点阵常数时主要误差来源如下：

① 测角仪的机械零点误差。机械零点误差是测量点阵常数时误差的主要来源。现代衍射仪一般都带有自动调整功能，可以减小测角仪的机械零点误差。

② 试样偏心误差。由于机械加工精度而造成的试样架转动轴与圆筒底片中心轴的不完全重合产生误差。

③ 吸收误差。由于 X 射线较强的穿透能力，随被测试样的线吸收系数 μ 的减小，穿透能力增大，因此，试样内表层物质都可以参与衍射。对于一个调整好中心位置的高吸收试样，吸收误差相当于试样水平偏离所造成的误差，可以将标准物质加入被测样品中或者测量标准物质的全谱，并与标准物质的标准图谱对照，来消除仪器误差和试样离心误差这两种误差。

④ X 射线折射误差。X 射线从一种介质进入另一种介质时，也会发生折射现

象。在高精度测量过程中，必须对布拉格方程进行校正，以消除折射误差。

经校正以后的布拉格方程为：

$$n\lambda = 2d\left(1-\frac{\delta}{\sin^2\theta}\right)\sin\theta \qquad (7\text{-}30)$$

用校正折射的布拉格方程，计算$d_{观察}$时，$d_{观察} < d_{校正}$。对立方晶系，点阵常数的折射校正公式可以近似地表达为：

$$a_{校正} = a_{观察}(1+\delta) \qquad (7\text{-}31)$$

通常，δ在$10^{-5}\sim10^{-7}$之间。

为了确保晶体点阵常数的精确测量，需要尽量消除各种系统误差的影响。常见误差校正方法可以德拜-谢乐法图解外推法、柯亨最小二乘法等校正，具体可参考相关书籍或文献。

7.8 实验技术

粉末衍射技术要求样品为细小的粉末颗粒，使试样在受光照的体积中有足够多数目的晶粒，这样才能使晶粒的取向完全随机，由此可获得准确的粉末衍射图谱数据。为使粉末衍射晶粒各个方向分布均等，需要样品尽量磨细，必须最大限度消除择优取向；一般以几微米为宜。衍射线强度与衍射晶体量有关，因此准备样品时需尽量使压样力量保持相同，保证样品松紧程度相似，且样品表面与样品架边缘保持平整，避免峰位系统位移。

7.8.1 样品制备方法

用酒精棉球擦拭样品架内孔，待酒精挥发完后，将适量的粉末加入样品板内孔中间空槽中，用盖玻片轻轻压平；使其上表面平整，高度与样品架平齐。极少量的微粉、非晶条带、液体样品等需使用特殊低背景的样品架，将微粉或液体轻置在单晶 Si 片上均匀分散开；非晶条带平铺在单晶 Si 片上，尽可能与其贴合，如对于薄膜样品，可以用透明胶带固定在样品板背面；纤维状样品缠绕样品板，注意尽量呈单丝密集排列。

7.8.2 样品测试

将样品架放置于样品台上，勿污染样品台，然后选择合适的参数，例如开始角度和结束角度、扫描速度及步长、扫描类型等、然后进行测试，并保存数据。

7.9 XRD 数据分析软件与数据库简介

（1）JADE 软件

JADE 软件是由美国 Materials Data（MDI）公司开发的一款独立于 XRD 仪器

的第三方分析软件。JADE 具有界面友好、功能强大且使用方便的特点，在分析粉末 XRD 图谱数据方面获得广泛应用。

应用 JADE 软件可拟合背景、寻峰、鉴定物相以及标定品质因数（FOM），还有全谱拟合-Rietveld 精修、晶粒尺寸和微观应力分析、粉末解析结构等功能。JADE 软件可兼容大部分晶体学数据库，包括 PDF 数据库、CIF 等，支持用户自定义数据库。

目前 JADE 软件分 JADE 标准版（JADE standard）和 JADE 专业版（JADE pro）两个系列。

JADE 标准版在数据导入、零点偏移和 θ 校准、背景拟合、自动寻峰、峰形拟合与 RIR 定量分析、访问 ICDD PDF 和其它数据库等基础操作上，还有两个主要功能模块，即物相检索（Search/Match，S/M）和全谱拟合（whole pattern fitting，WPF）。JADE 专业版则包含 XRD 数据分析相关的所有功能。

（2）PDF 数据库

PDF 数据库（powder diffraction file，PDF）集合了矿物、金属合金、药物、赋形剂、聚合物等单晶衍射数据，是全球唯一经过 ISO 认证的晶体学数据库。主要用于结晶材料的物相鉴定，应用于材料学、物理学、化学、地质学、药物学、生物学、检验检疫、司法鉴定等科学研究及工业生产等领域。

PDF 数据库主要包含：①不同靶材的 X 射线、中子、电子及同步辐射衍射数据；②物相的原位高温、高压衍射数据；③用于定量分析的物相参比强度 I/I_c 值；④2D/3D 晶体结构、选区电子衍射图（SAED）、自动指标化 SAED 图、电子背散射衍射图（EBSD）、二维德拜环等；⑤材料相关的物性、文献信息。PDF 数据库界面友好，检索功能强大，与 JADE、EVA、HIGHSCORE 等软件兼容。

（3）GSAS 软件

GSAS 全称为 general structure analysis system，中文名称为"综合结构分析系统"，是分析 X 射线多晶衍射、修正晶体结构的常用全谱拟合软件。它不仅可以用来单独精修常规 X 射线/中子衍射/同步辐射的数据，还可以将它们联合起来进行精修。

参考书目

[1]　梁敬魁. 粉末衍射法测定晶体结构. 2 版. 北京：科学出版社，2011.

[2]　周公度等. 结构化学基础. 5 版. 北京：北京大学出版社，2017.

[3]　梁栋材. X 射线晶体学基础. 2 版. 北京：科学出版社，2018.

[4]　郭立伟，等. 现代材料分析测试方法. 北京：兵器工业出版社，2008.

[5]　Als-Nielsen J，等. 现代 X 光物理原理. 封东来译. 上海：复旦大学出版社，2015.

[6]　莫志深，等. 晶态聚合物结构和 X 射线衍射. 北京：中国科学技术出版社，2017.

[7]　唐正霞，等. 材料研究方法. 西安：西安电子科技大学出版社，2018.

[8] 高林峰. X 射线诊断的医疗照射防护技术. 上海: 上海交通大学出版社, 2019.

[9] 杨福家. 原子物理学. 5 版. 北京: 高等教育出版社, 2019.

[10] 黄继武, 等. X 射线衍射理论与实践. 北京: 化学工业出版社, 2021.

[11] 李树棠. 晶体 X 射线衍射学基础. 北京: 冶金工业出版社, 1990.

[12] Jonkins R, et al. Introduction to X-ray porder difractometry. New York: John Wiley & Sons, 1996.

[13] Pecharsky V K, et al. Fundamentals of powder diffraction and structural characterization of materials. Norwell: Kluwer Academic Publishers, 2003.

[14] 刘粤惠, 等. X 射线衍射分析原理与应用. 北京: 化学工业出版社, 2003.

[15] 江超华. 多晶 X 射线衍射技术与应用. 北京: 化学工业出版社, 2014.

[16] 张江威, 李凤彩, 魏永革, 等. Olex2 软件单晶结构解析及晶体可视化. 北京: 化学工业出版社, 2020.

第 8 章　X 射线光电子能谱仪

　　电子能谱法是采用单色光源（如 X 射线、紫外光）或电子束去轰击样品，使样品中电子受激而发射出来，进而测量这些电子的强度和空间分布从中取得有关信息的一类分析方法，是固体表面分析的主要方法之一。常见的能谱分析法主要有 X 射线光电子能谱分析（X-ray photoelectron spectroscopy，XPS）、俄歇电子能谱分析（AES）和紫外光电子能谱分析（UPS）。AES 以电子束为激发源，用于表面成分的快速分析。UPS 以紫外光为激发源，光源一般为光子能量小于 100eV 的真空紫外光源，只能激发原子的价电子，用于价电子和能带结构的研究等。XPS 是以 X 射线辐照样品，采用电子能谱仪测量样品表面所发射出的光电子和俄歇电子能量分布的方法。XPS 也被称作化学分析用电子能谱（ESCA），是 20 世纪 60 年代由瑞典 Uppsala 大学 K. Siegbahn 及其同事建立的一种分析方法。由于发现了内层电子结合能的位移现象，解决了电子能量分析等技术问题，并测定了元素周期表中各元素轨道结合能，K. Siegbahn 因此获 1981 年度诺贝尔奖。该技术通过 X 射线辐射样品，使原子或分子的内层电子或价电子受激发射光电子和俄歇电子，然后通过收集从材料表面（10nm 内）激发的光电子能量、角度、强度等信息，获得材料表面元素（氢元素除外）的 XPS 图谱；通过特征峰位和峰形，提供样品表面元素的组成和含量、化学价态、分子结构、化学键等方面的信息。本章将围绕仪器组成、工作原理以及应用介绍 X 射线光电子能谱仪。

8.1　X 射线光电子能谱仪结构与工作原理

　　获取物质的表面结构如表面元素成分、化学态和分子结构等方面的信息，对材料科学、化学、物理学、生物学等诸多研究领域具有重要的意义。X 射线光电子能谱（XPS）是迄今使用最早、最广泛、最成功的表面分析技术。本节重点介绍 X 光电子能谱仪的基本结构与工作原理。

8.1.1　X 射线光电子能谱仪结构

　　现代 XPS 仪器由进样室、超高真空系统、X 射线激发源、离子源、电子能量分析器、检测器系统、荷电补偿系统及计算机数据采集和处理系统等组成，基本结构如图 8-1 所示，其中激发源、样品进样室及探测器等都安装在超高真空系统中。

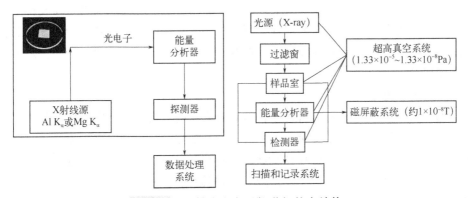

图 8-1 X 射线光电子能谱仪基本结构

（1）超高真空系统

XPS 是一种表面分析技术，超高真空系统是 X 射线光电子能谱仪的主要组成部分。如果样品分析室内真空度不够，短时间内试样表面会吸附残余气体分子，两者之间可能发生反应，导致产生外来干扰谱线。此外，由于光电子的信号和能量都非常弱，如果激发源内真空度不够，光电子容易与残余气体分子因碰撞作用而损失信号强度，最后不能到达检测器。XPS 中光源、样品室、电子能量分析器、检测器都必须在超高真空条件下工作。

超高真空系统的真空室由不锈钢材料制成，真空度优于 1×10^{-5} Pa。为使分析室的真空度能达到 1×10^{-8} Pa，一般采用三级真空泵系统。前级泵一般采用旋转机械泵或分子筛吸附泵，极限真空度能达到 10^{-2} Pa；采用油扩散泵或分子泵，极限真空度能达到 10^{-8} Pa；而采用溅射离子泵和钛升华泵，极限真空度能达到 10^{-9} Pa。

（2）样品进样室

为了不破坏分析室超高真空的调剂，X 射线光电子能谱仪多配备有快速进样室。快速进样室的体积很小，以便能快速达到高真空（例如 5～10 分钟内能达到 10^{-3} Pa，40～50 分钟内能达到 10^{-7} Pa 的高真空）。还可以把快速进样室当作样品预处理室，对样品进行加热，蒸镀和刻蚀等预操作。

（3）X 射线激发源

XPS 仪配置的 X 射线激发源与 X 射线衍射仪的光管类同，在第 7 章已经介绍较为详细。XPS 中的 X 射线源利用的是高能电子轰击阳极靶时发出的特征 X 射线，要求能量足够激发芯电子层；强度要求产生足够的光电子通量；线宽（决定 XPS 峰的半高宽 FWHM）尽量窄，一般采用双阳极靶激发源。常用的激发源有 Al K_α（光子能量为 1486.6eV）和 Mg K_α（光子能量为 1253.8eV）X 射线。这两种 X 射线具有强度高，自然宽度小的优点，即使未经单色化的 X 射线的线宽也能分别达到 0.83eV 和 0.68eV。为了获得更高的观测精度，实验中常常使用石英晶体单色器（利用其对固定波长的色散效果）进行单色化处理，这样可以将不同波长的 X 射线分离，选出能量最高的 X 射线，而且使线宽可降低到 0.2eV，从而提高信号/本底之比，并可以消除 X 射线中的杂线和韧致辐射。但经单色化处理后，X 射线的强度明显下降。

（4）离子源

XPS 测试需要对样品表面进行表面清洁或深度剖析实验，应用离子源来实现这一目的。常用的离子源为 Ar 离子源。按工作方式可分为固定式和扫描式离子源。固定式 Ar 离子源提供使用静电聚焦而得到的直径从 125μm 到毫米量级变化的离子束，不能进行扫描剥离，对样品表面刻蚀的均匀性较差，仅用作表面清洁；扫描式 Ar 离子源可提供一个可变直径（直径从 35μm 到毫米量级）的高束流密度和可扫描的离子束，可以对样品进行深度剖析，用于精确的研究和应用。

（5）荷电补偿系统

在 XPS 测试中，X 射线连续辐射固体样品时，样品表面光电子连续发射却得不到足够的电子补充，导致样品表面出现电子"缺损"，这种现象称为"荷电效应"。这种效应将导致样品表面产生稳定的表面电势，这种表面电势会对光电子逃离产生束缚作用，使谱线发生位移，而且还会导致谱线变宽、畸变等现象。为了避免这种荷电效应，XPS 中会配置荷电中和系统，在测试时产生低能电子束，中和试样表面的电荷从而减少荷电效应。

（6）能量分析器

能量分析器是 X 射线光电子能谱仪的核心部件，如图 8-2 所示，其作用是测量从样品中发射出来的电子能量分布。常用的能量分析器有两种结构类型：筒镜分析器（CMA）和同心半球分析器（CHA）。CMA 由同轴圆筒构成，外筒接负压、内筒接地，两筒之间形成静电场；灵敏度高、分辨率低。常将两个同轴筒镜串联以提高分辨率，其对俄歇电子的传输效率高，有很

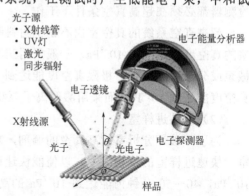

图 8-2　XPS 能谱仪工作原理示意图

高的信噪比，主要用在俄歇电子能谱仪上。CHA 具有对光电子的传输效率高和能量分辨率高等特点，多用在 XPS 谱仪上。半球型电子能量分析器可以通过改变两球面间的电位差，使不同能量的电子依次通过分析器。球形电容器上加控制电压后使电子偏转，从而把能量不同的电子分离开来，使其分辨率提高。

（7）探测器系统

光电子能谱仪中被检测的电子流非常弱，一般在 $10^{-3} \sim 10^{-9}$ mA，所以 XPS

中多采用电子倍增器来记录单个到达探测器的电子数目（即脉冲计数），提高检测灵敏度。电子倍增器主要有两种类型：单通道电子倍增器和多通道电子检测器。单通道电子倍增器可有 $10^6 \sim 10^9$ 倍的电子增益。为提高数据采集能力，减少采集时间，现在 XPS 谱仪越来越多地采用多通道电子检测器（MCD）。MCD由多通道板组成，每块多通道板由大量的单通道电子倍增器的阵列所组成。位置灵敏探测器（PSD）是一种高效探测器，它可用于小面积 XPS 和四级透镜系统。最新应用于光电子能谱仪的延迟线检测器（delay line detector，DLD），采用多通道电子检测器，尤其在微区（约 $10\mu m$）分析时，可以大大提高图谱收集和成像的灵敏度。

（8）数据处理系统

光电子信号由电子检测器输出转化成一系列脉冲，经前置放大后将其输入到脉冲放大器或鉴频器，经模数转换最终信号由记录仪或在线计算机自动采集。电子能谱分析涉及大量复杂的数据采集、储存、分析和处理工作，均由计算机系统对谱仪直接控制并对实验数据实时采集和处理，并进行一定的数学和统计处理，从而结合能谱数据库获取对检测样品的定性和定量分析。常用数学处理方法包括对谱线进行平滑、扣背底以及卫星峰微分积分等，由此准确测定电子谱线的峰位半高宽、峰高度或峰面积（强度）及峰的解重叠（peak fitting）和退卷积等，可在数秒内拟合出来样品的基本信息。

8.1.2　X射线光电子能谱仪工作原理

当一束光子辐照到样品表面时，光子把能量转移给样品中某元素的原子轨道上的电子，电子若获得足够能量则脱离原子核的束缚，以一定的动能从原子内部发射出来，变成自由的光电子，而原子本身则变成一个激发态的离子，即爱因斯坦提出的光电效应，可以表示为：$M + h\nu \rightarrow M^{+*} + e^-$。

原子中各能级发射光电子的概率可以用光电效应截面 s 衡量，s 为某能级的电子对入射光子有效能量转换面积，也可理解为一定能量的光子与原子作用时从某个能级激发出一个电子的概率。s 与电子所在壳层的平均半径 r、入射光子频率 ν 和原子序数 Z 等因素有关（见表 8-1）。在入射光子能量一定的条件下，同一原子中半径越小的壳层 s 越大；电子结合能与入射光子能量越接近 s 越大。对不同原子的同一壳层电子，原子序数越大，光电效应截面 s 越大。

表 8-1　光电效应截面 s 与原子序数 Z 的关系

Z	3	4	5	6	7	8	9	11	12
元素	Li	Be	B	C	N	O	F	Na	Mg
s	1.1	4.2	11	22	40	64	100	195	266

根据能量守恒，则 $h\nu = \Phi_{sa} + E_b + E_k' + E_r$，式中，$h\nu$ 为 X 射线源光子的能量；E_k' 为光电子动能；E_b 为不同原子轨道上的电子结合能，指原子中某个电子吸收了全部能量后，消耗一部分能量以克服原子核的束缚而到达其费米（Fermi）能级，这一过程所消耗的能量；E_r 为原子反冲补偿入射光子和光电子的动量之间的差额，即反冲能（很小，可以忽略不计）；Φ_{sa} 为样品功函数，是电子由费米能级到自由能级的能量，此阶段电子虽不再受原子核束缚，仍需克服样品材料晶格对它的引力，这一过程所消耗的能量即为功函数，如图 8-3 和图 8-4 所示。

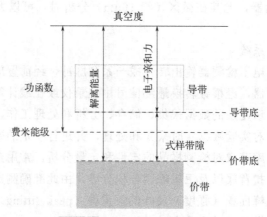

图 8-3 试样功函数示意图

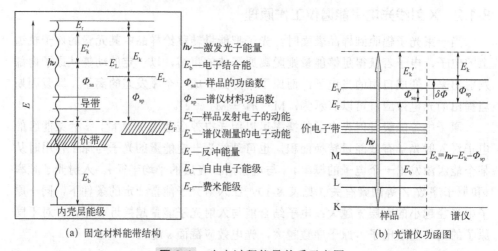

(a) 固定材料能带结构   (b) 光谱仪功函图

图 8-4 光电过程能量关系示意图

图 8-4（a）中，若将样品的功函数（定义为 Φ_{sa}）与能谱仪的功函数（Φ_{sp}）、样品发射电子的动能（E_k'）与能谱仪测量的电子动能（E_k）联系起来，则 $E_b \approx h\nu - \Phi_{sa} - E_k'$。对于固体试样，如图 8-4（b）所示，选费米能级为参比能级，则 $E_b = h\nu - \Phi_{sa} - E_k' \approx h\nu - \Phi_{sp} - E_k$，而且每台仪器的 Φ_{sp} 固定，与试样无关，其平均值为 $3\sim4eV$。因此 $h\nu$、

Φ_{sp} 及 E_k 均可以由仪器测出实验值，所以试样的结合能就比较容易得到，上式可以理解为激发出的电子需克服仪器功函数进入真空，变成自由电子所需的能量。由于每个原子里有不同的原子轨道，相应的每个轨道上的结合能是不同的，因此结合能与能级轨道有关，是量子化的，内层轨道的结合能高于外层轨道。结合能的变化规律是，同一周期的元素，随着核电荷数增加，其电子结合能增加。而且在 XPS 分析中，由于采用的 X 射线激发源的能量较高，可以激发出试样能级上的内层轨道电子，其出射的光电子的能量仅与入射光子的能量及原子轨道结合能有关，因此可以得知，对于特定的单色激发源和特定的原子轨道，具有特定的光电子的能量当固定激发源能量时，其光电子的能量仅与元素的种类和所电离激发的原子轨道有关。因此，可以根据光电子的结合能定性分析物质的元素种类。这是 XPS 技术试样定性分析的理论基础。

XPS 测得待测元素被激发出一系列具有不同结合能的电子能谱图，即元素的特征谱峰群。根据量子力学理论，电子的轨道运动和自旋运动间存在电磁相互作用，即自旋-轨道耦合作用导致能级发生分裂。对角量子数 $l>0$ 的内壳层来说，这种分裂可用内量子数 j 表示；内量子数 j 由角量子数 l 和自旋角动量量子数 m_s 决定，即 $j=|l+m_s|=|l\pm1/2|$。据此，$l=0$（s 轨道），则 $j=1/2$；$l=1$（p 轨道），则 $j=3/2$ 或 $1/2$；$l=2$ 时（d 轨道），$j=3/2$ 或 $5/2$；$l=3$ 时（f 轨道），$j=5/2$ 或 $7/2$。除 s 亚层不发生自旋分裂外，凡 $l>0$ 的各亚壳层都将分裂成两个能级，在 XPS 出现双峰，谓之自旋-轨道劈裂。

XPS 图谱中，峰的表示如图 8-5 所示，显然，自旋-轨道分裂形成的双峰结构情况有助于识别元素。特别是当样品中含量少的元素的主峰与含量多的另一元素的非主峰相重叠时，双峰结构是识别元素的重要依据。

图 8-5 XPS 图谱中峰的表示方法

自旋-轨道耦合分裂强度比为：

$$\frac{I_{nl_{l-1/2}}}{I_{nl_{l+1/2}}}=\frac{l}{l+1} \tag{8-1}$$

可得，$\dfrac{I_{2p_{1/2}}}{I_{2p_{3/2}}}=\dfrac{1}{2}$；$\dfrac{I_{3d_{3/2}}}{I_{3d_{5/2}}}=\dfrac{2}{3}$；$\dfrac{I_{4f_{5/2}}}{I_{4f_{7/2}}}=\dfrac{3}{4}$。

对于某一特定价态的元素而言，其 p、d、f 等双峰谱线的双峰间距及峰高比一般为一定值。p 峰的强度比为 1:2，d 线为 2:3，f 线为 3:4。双峰间距也是判断元素化学状态的一个重要指标。此外，谱峰出现规律为：①主量子数 n 小的峰比 n 大的峰强；②n 相同，角量子数 l 大的峰比 l 小的峰强；③内量子数 j 大的峰比 j 小的峰强。因此用 X 射线作为入射光，即可得到有不同谱峰（不同轨道上电子的结合能或电子动能）和伴峰（X 射线特征峰、俄歇峰、多重态分裂峰）的光电子能量分布曲线，图 8-6 为典型的 XPS 图谱。

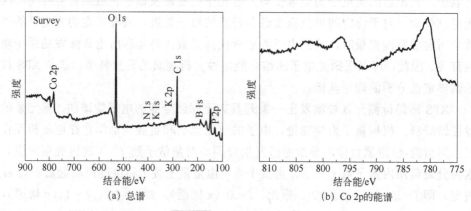

(a) 总谱   (b) Co 2p的能谱

图 8-6   典型 XPS 图谱

XPS 的主要应用方面如图 8-7 所示。

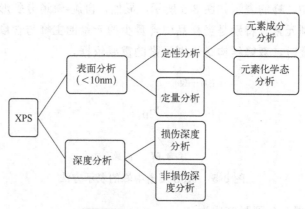

图 8-7   XPS 的主要应用

8.2   X 射线光电子能谱图及物质表面分析

目前 XPS 已成为材料表面表征的强有力工具，固体材料来源非常广泛如金属、无机非金属材料、聚合物、涂层材料、矿石等。通过 XPS 技术可以了解材料层表面处和界面处的物理和化学相互作用。可以根据能谱图中出现的特征谱线的位置鉴定除 H、He 以外的元素。根据光电子谱线强度（光电子峰的面积）反应原子的含量或相对浓度，进行元素的半定量分析。对固体表面进行分析包括表面的化学组成或元素组成、原子价态、表面能态分布、表面电子的电子云分布和能级结构等。对化合物中原子内层电子结合能的化学位移精确测量，提供化学键和电荷分布的信息。XPS 技术具有以下优势：①测试样品用量小，不需要进行样品前处理；②表面灵敏度高，一般信息深度小于 10nm；③分析速度快，可同时测试多种元素（H、He 除外），获得元素成分分析以及化学价信息；④样品不受导体、半导体、绝缘体等的限制，是非破坏性分析方法；⑤结合离子溅射，可做深度剖析等。

8.2.1 X 射线光电子能谱图的谱线特点

X 射线光电子能谱图的谱线较复杂，按特点可分作光电子谱线、卫星峰（伴峰）、俄歇电子谱线、多重分裂线、振激、振离线、能量损失线等。

（1）光电子谱线

光电子谱线通常是谱图中强度最大、峰宽最小、对称性最好的谱峰，称为 XPS 的主线。每一种元素都有特征最强的、具有表征作用的光电子线，它是元素定性分析的主要依据。如图 8-8 被氧化的 InAs 的 XPS 图谱，对于 In 元素而言，In 3d 强度最大、峰宽最小、对称性最好，是 In 元素的主谱线。而除了主谱线 In 3d 之外，其实还有 In 4d、In 3p 等其它谱线，这是因为 In 元素有多种内层电子，因而可以产生 In 的多种 XPS 信号。

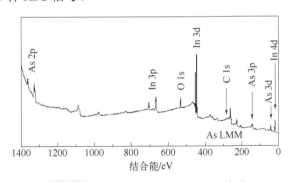

图 8-8 被氧化的 InAs 的 XPS 谱图

（2）X 射线卫星峰

卫星峰（satellites）由特征 X 射线主线以外的其它伴线产生。XPS 仪的 X 射线源必须是单色的锐光电发射线，但常规 X 射线源（Al/Mg $K_{\alpha_{1,2}}$）并非是单色的。由于 X 射线发射 $2p_{3/2} \rightarrow 1s$ 和 $2p_{1/2} \rightarrow 1s$ 跃迁产生软 X 射线 $K_{\alpha_{1,2}}$ 辐射（不可分辨的双线），同时在双电离的 Mg 或 Al 中的同一跃迁产生 $K_{\alpha_{3,4}}$ 线，其光子能量 $h\nu$ 比 $K_{\alpha_{1,2}}$

约高 9~10eV。3p→1s 跃迁产生 K_β X 射线。所以导致 XPS 中，除 $K_{a_{1,2}}$ 所激发的主谱外，还在低结合能端产生一些小的伴峰，这些射线统称 XPS 卫星线。例如图 8-6 中，Co 2p 的 XPS 图谱中，窄峰伴随的宽峰即为其卫星峰，从图中可以看出，主峰的强度比伴峰要强。XPS 谱图中化学位移比较小，一般只有几个电子伏，要想对化学状态作出鉴定，首先要区分光电子峰和伴峰。

（3）俄歇电子峰

当样品受 X 射线辐射，原子中的一个电子受激发射后，在内层留下一个空穴，这时原子处于激发态。这种激发态离子要向低能转化而发生弛豫，通过辐射跃迁释放能量，即特征 X 射线；通过无辐射跃迁使另一个电子激发成自由电子，即俄歇电子，如图 8-9 所示。因此俄歇电子谱线总是伴随着 XPS，但具有比 XPS 更宽更复杂的结构，多以谱线群的方式出现。在 XPS 谱图中，可以观察到 KLL、LMM、MNN 和 NOO 四个系列的俄歇线；三个字母表示的含义为，左边字母代表起始空穴的电子层，中间字母代表填补起始空穴的电子所属的电子层，右边字母代表发射俄歇电子的电子层，其动能与入射光 $h\nu$ 无关，也就是说改变 X 射线波长，并不改变俄歇电子动能。俄歇电子峰的能量也能反映化学位移效应，光电子峰的位移变化并不显著时，俄歇电子峰位移将变得非常重要。在某一激发下俄歇峰与光电子峰重叠时，双阳极可以将它们区分开。在结合能的标尺上，从 Al K_a-X 射线源切换到 Mg K_a-X 射线源，XPS 峰保持不变，但俄歇峰（X-AES）将移动 233eV。图 8-10 中可见，Ag 的典型 XPS 图谱中，包含多组谱图，包括主峰、俄歇峰、伴峰等，而且从图中可见，s 轨道为单峰，p、d 轨道为双峰，且双峰分裂的间距因不同的轨道而不同，而且 3s、3p、3d 的谱峰强度高于 4s、4p，而且 3d 高于 3s、3p 等。

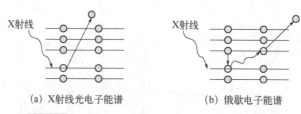

(a) X射线光电子能谱　　　　　(b) 俄歇电子能谱

图 8-9 XPS 能谱与俄歇电子能谱产生示意图

（4）多重分裂峰（multiplet splitting）

对于一个多电子原子，其内部存在着复杂的相互作用，包括原子核和电子的库仑作用、各电子间的排斥作用，轨道角动量之间、自旋角动量之间的作用以及轨道角动量和自旋角动量之间的耦合作用等等。一旦从基态体系激发出一个电子，上述各种相互作用便将受到不同程度的扰动而使体系出现各种可能的激发状态，因此当原子或自由离子的价壳层拥有未配对的自旋电子即当体系的总角动量 J 不为零时，那么光致电离所形成的内壳层空位便将与价轨道未配对自旋电子发生耦

合，使体系出现不止一个终态，而相应于每个终态，XPS 谱图上将有一条谱线对应，这就是多重分裂。另外，由于电子的轨道运动和自旋运动发生耦合后使轨道能级发生分裂（称为自旋-轨道分裂，SOS）。对于 $l>0$ 的内壳层来说，用内量子数 j（$j=|l\pm m_s|$）表示自旋轨道分裂。即若 $l=0$ 则 $j=1/2$；若 $l=1$ 则 $j=1/2$ 或 $3/2$。除 s 亚壳层不发生分裂外，其余亚壳层都将分裂成两个峰。特别是，在基态外层有未成对电子时，若其自旋方向与内层未配对电子的自旋方向相反，则会发生自旋耦合，使能量降低；若自旋平行，则会产生较高的能量状态。由于所产生的未配对电子可有两种自旋方式，使体系出现多个终态，这就是多重分裂，在 XPS 谱图上表现为多重分裂峰。例如：Mn^{2+} 离子具有 5 个未成对电子，从 Mn^{2+} 内层发射一个 3s 电子，即可形成 2 个分裂缝，且所形成的分裂峰相对强度为 7:5。

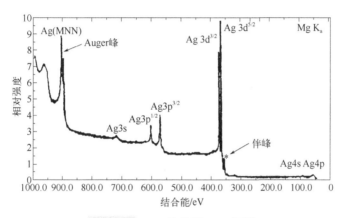

图 8-10 Ag 的典型 XPS 图谱

（5）振激、振离峰

振激谱线是一种与光电离同时发生的激发过程。在光电子发射中，因为内层形成空位，原子中心电位发生突然变化将引起外层电子跃迁，这时有两种可能：若外层电子跃迁到更高能级，则称为电子的振激（shake-up）；若外层电子跃迁到非束缚的连续区而成为自由电子，则称为电子的振离（shake-off）。外层电子的跃迁导致发射光电子动能减小，结果是在谱图主峰低动能侧出现分立的伴峰，伴峰同主峰之间的能量差等于带有一个内层空穴的离子的基态同它的激发态之间的能量差。通常振激峰比较弱，只有用高分辨的 XPS 谱仪才能测出，振激峰也是出现在其低能端，比主峰高几个 eV，并且一条光电子峰可能有几条振激伴线。易出现 shake-up 峰的情况：①具有未充满的 d、f 轨道的过渡金属化合物和稀土化合物；②具有不饱和侧链或不饱和骨架的高聚物；③某些具有共轭π电子体系的化合物。因此振激峰可以提供试样的多种信息，例如顺磁反磁性、化学键的共价性和离子性、配位中心的几何构型、金属自旋密度、配合物中的电荷转移等。而振离谱线一般在谱图主峰的低动能端出现平滑的连续谱,在连续谱的高动能端有一个陡限,此陡限同主峰之间的能量差等于带有一个内层空穴离子基态的电离电位,振离信号极弱通常被掩盖于背景中,一般很难测出。

（6）能量损失线

光电子能量损失谱线是由于光电子在穿过样品表面时同原子（或分子）之间发生非弹性碰撞,能量损失后在谱图上出现的伴峰,典型图谱如图 8-11 所示。因此特征能量损失的大小与样品有关,其特点是随 X 射线的波动而波动;能量损失峰的强度取决于样品特性、穿过样品的电子动能。由于受到多次损失,故而在谱图上呈现一系列等间距的峰,强度逐渐减弱。

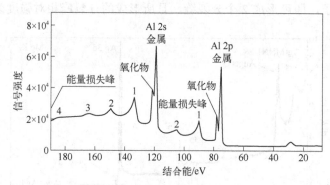

图 8-11　Al_2O_3 中的能量损失峰

（7）鬼峰

由于 X 射源的阳极可能不纯或被污染或来自微量杂质元素,则产生的 X 射线不纯,在 XPS 谱图中出现的难以解释的谱线被称为"鬼峰"。

8.2.2　X 射线光电子能谱定性分析

XPS 谱图的横坐标为结合能,直接反映电子壳层/能级结构;纵坐标为光电子的计数率（以秒计数,counts per second）或相对光电子流强度。根据光电子产生的机理可知,对于特定的单色激发源和特定元素的原子轨道,其光电子的能量是特征的。当固定激发源能量时,其光电子的能量仅与元素的种类和所电离激发的原子轨道有关。因此,可以根据光电子的结合能,利用 XPS 对样品表面元素的组成以及化学态和分子结构进行定性分析。

（1）XPS 定性分析元素的组成

由于各种元素都有它的特征电子结合能,因此在 XPS 能谱图中出现特征谱线,根据这些谱线在能谱图中的位置来鉴定周期表中除 H 和 He 以外的所有元素。对于一个化学成分未知的样品,通过对试样元素种类进行全谱分析,以初步判定表面的化学成分。全谱能量扫描范围一般取 0~1200eV,由于几乎所有元素的最强峰都在这一范围之内。而且由于组成元素的光电子线和俄歇峰的能量值具特征性，由此可以与 XPS 标准谱图手册和数据库的结合能进行对比，以鉴别某特定元素的存在。这样通过对样品进行全扫描，在一次测定中就可以确定试样中的大部分或全部元素。XPS 中鉴定顺序如下：①利用污染碳的 C 1s 或其它方法扣除荷电效应，常见方法是以测量值和参考值（284.6eV）之差作为荷电校正值（Δ）来校正谱中其它元素的结合能，整个过程中 XPS 谱图强度不变；②鉴别总是存在的元素谱线，如 C、O 的谱线；③鉴别样品中主要元素的强谱线和有关的次强谱线；④鉴别剩余的弱谱线假设它们是未知元素的最强谱线。对感兴趣的几个元素的峰可进行窄区域高分辨细扫描，其目的是获取更加精确的信息如结合能的准确位置，由此鉴定元素的化学状态或为了获取精确的线形以及定量分析，来获得更为精确的计数，或为了扣除背景或退卷积等数学处理。

一般采用 NIST XPS database（数据库）可以查到 XPS 相关数据，通过 XPS 电子结合能对照表可以确定元素分峰的位置。

另外还可以查阅 XPS 图谱手册：Handbook of X-ray photoelectron spectroscopy: a reference book of standard spectra for identification and interpretation of XPS data. Eden Prairie, MN: Physical Electronics, 1995。

（2）XPS 定性分析元素的化学态与分子结构

原子因所处化学环境不同，其内壳层电子结合能会发生变化，这种变化在谱图上表现为谱峰的位移（化学位移）。化学环境的不同可以是与原子相结合的元素种类或者数量不同，也可能是原子具有不同的化学价态。因为原子核对内层电子有吸引力，外层电子对内层电子有排斥（屏蔽）作用。当原子的化学环境发生改变，会引起原子核的吸引力和外层电子的屏蔽作用的改变，从而改变内层电子的结合能。一般而言，化学位移与原子上的总电荷有关（价电荷减少，其结合能 E_b 增加），因此与中心原子的取代物的数目、取代物的电负性以及价态都密切相关。当外层电子密度减少时，电子屏蔽作用减弱，内层电子结合能增加；反之减少。也就是说原子内壳层电子的结合能随原子氧化态的增高而增大；氧化态愈高，化学位移也愈大；也就是增加价电子，使屏蔽效应增强，降低电子的束缚能；反之，价电子减少，有效正电荷增加，电子束缚能增加。

8.2.3　X 射线光电子能谱定量分析

经 X 射线辐照后，从样品表面出射的光电子的强度（I，指特征峰的峰面积）与样品中该原子的浓度（n）有线性关系，因此可以利用它进行元素的半定量分析。

XPS 定量分析不够精确，给出的仅是一种半定量的分析结果，即相对含量而不是绝对含量。因此由 XPS 提供的定量数据是以原子百分比含量表示的，而不是我们平常所使用的重量百分比。这种比例关系可以通过式（8-2）换算：

$$c_i^{wt} = \frac{c_i A_i}{\sum_{i=1}^{i=n} c_i A_i}$$
(8-2)

式中，c_i^{wt} 为第 i 种元素的质量分数浓度；c_i 为第 i 种元素的 XPS 摩尔分数；A_i 为第 i 种元素的原子量。

尤其值得注意的是，XPS 给出的相对含量也与谱仪的状况有关，因为不仅各元素的灵敏度因子是不同的，XPS 谱仪对不同能量的光电子的传输效率也是不同的，并随谱仪受污染程度而改变。XPS 仅提供表面 3～5nm 厚的表面信息，其组成不能反映体相成分。样品表面的 C、O 污染以及吸附物的存在也会大大影响其定量分析的可靠性。半定量的计算方法有以下几种：

（1）几何作图法

固体表面 XPS 谱带强度在谱图上表现为谱峰的峰面积或峰高。应用峰面积=峰高×半峰宽（见图 8-12）公式求出峰面积，对比峰面积计算出各种元素的相对含量。需要注意的是，必须对 XPS 中的 X 射线卫星峰、化学位移形式、振激峰、等离子激元或其它损失进行修正。

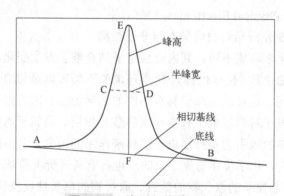

图 8-12 峰面积关系示意图

（2）经验校准常数（称为原子灵敏度因子）法

使用由标样测得的元素灵敏度因子法是一种半经验性的相对定量方法。对于单相均匀无限厚的固体表面，有：

$$I_{ij} = KT(E)L_{ij}(\gamma)\sigma_{ij}n_i\lambda(E)\cos\theta$$
(8-3)

因此，
$$n_i = I_{ij} / KT(E)L_{ij}(\gamma)\sigma_{ij}\lambda(E)\cos\theta = \frac{I_{ij}}{S_{ij}}$$
(8-4)

式中，$S_{ij} = KT(E)L_{ij}(\gamma)\sigma_{ij}\lambda(E)\cos\theta$，$S_{ij}$ 定义为原子灵敏度因子；I_{ij} 为 i 元素 j 峰的面积；K 为仪器比例常数；$T(E)$ 为 X 射线光子通量；$L_{ij}(\gamma)$ 是 i 元素 j 轨道的角不对称因子；σ_{ij} 为表面 i 元素 j 轨道的光电离截面；n_i 为表面 i 元素在表

面的原子浓度；$\lambda(E)$ 为光电子的非弹性平均自由程；θ 是测量的光电子相对于表面法线的夹角，它可用适当的方法加以计算，一般通过实验测定。可取 $S_{F1s}=1$ 作为标准来确定其它元素的相对灵敏度因子。因此，$I_{ij}=n_i\times S_{ij}$，对于某一固体试样中两个元素 i 和 j，如已知它们的灵敏度因子 S_i 和 S_j，测出各自特定谱线强度 I_i 和 I_j，则它们的原子浓度之比为 $\dfrac{n_i}{n_j}=\dfrac{I_i}{S_i}:\dfrac{I_j}{S_j}$，因此可以求得相对含量。一般情况

下：$c_i=\dfrac{I_i/S_i}{\sum\limits_{j=1}^{i=n}I_j/S_j}$；使用原子灵敏度因子法可以保证有较好的准确度。

通过 XPS 图谱应用可以确定试样中所含的不同物种及相对含量，可以利用 XPS 中元素结合能及拟合后的峰高与峰面积，确定试样中所含的不同物质种类及相对含量。例如图 8-13 中玻璃表面二氧化钛涂层 O 1s 的 XPS 图谱。由于与 O 原子相结合的元素种类以及数量不同，所以不同试样中 O 1s 的结合能（化学位移）不同，在四种试样 TiO_2、Ti_2O_3、OH^- 与 CO_3^{2-} 中，O 周围的电子密度依此增加，因为屏蔽作用减少，结合能依此减弱，因此可以对图谱中不同试样中的 O 1s 进行分峰确定相应的位置，分峰拟合结果如图 8-13 所示，结合峰面积计算，进行半定量分析，确定相应物质的相对含量，见表 8-2。

表 8-2 玻璃表面二氧化钛涂层中不同组分中 O 相对含量

O 离子峰位/eV	529.40	530.70	531.90	532.80
相对原子含量/%	65.74	20.37	10.65	3.24
对应的结合状态	TiO_2	Ti_2O_3	OH^-	CO_3^{2-}

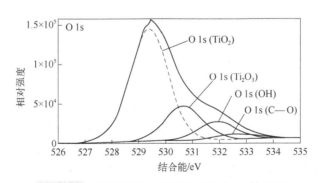

图 8-13 玻璃表面二氧化钛涂层 O 1s 的 XPS

8.2.4 X 射线光电子能谱深度分析

尽管 XPS 是一种表面分析方法（深度小于 10nm），但是可以通过多种方法实现元素沿深度方向分布的分析，尤其是对非均相覆盖层需要进行深度分布分析。

对于不同的试样，电子逃逸深度不同，电子逃逸深度λ即为逸出电子的非弹性散射平均自由程。金属试样，其λ为 0.5～2nm；氧化物λ为 1.5～4nm；有机和高分子化合物λ为 4～10nm。所以通常试样的取样深度 $d = 3\lambda$，是一种表面无损分析技术。实际上 X 射线的穿透深度约为 1μm，但只有无能量损失逃逸出样品的光电子才是有用信号。常规 XPS 分析，是分析来自相对于样品表面 90°方向出射的电子。在一张 XPS 谱图中，无损的分析深度，大约 65%的信号来自小于 λ 的深度内，85%的信号来自小于 2λ 的深度内，95%的信号来自小于 3λ 的深度内（见图 8-14）。当相对于样品表面方向的电子发射角接近于 θ=0°时，分析深度就接近极限值 3λ。3λ 经常被认为是 XPS 的分析深度（更确切的表达式为 3λcosθ）。

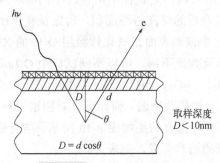

图 8-14　取样深度示意图

　　这里介绍最常用的两种方法：Ar 离子剥离深度分析和变角 XPS 深度分析。

（1）Ar 离子束溅射法

　　Ar 离子剥离深度分析方法是一种应用最广泛的深度剖析方法，同时是一种破坏性分析方法。在获得大于 10nm 的深度信息时，必须用离子轰击对物体进行剥离，此举会引起样品表面晶格的损伤，出现某一特定类型的离子或原子择优溅射和表面原子混合等现象，而且随着样品被剥离，刻蚀坑底的粗糙度增加，最终界面会模糊。其优点是可以分析表面层较厚的体系，深度分析的速度较快。其分析原理是先把表面一定厚度的元素溅射掉，然后再用 XPS 分析剥离后的表面元素含量，这样就可以获得元素沿样品深度方向的分布。由于普通的 X 光枪的束斑面积较大，离子束的束斑面积也相应较大，因此，其剥离速度很慢，降低深度分辨效果。为了提高深度分辨率，一般应采用间断溅射的方式，但是由于离子束剥离作用时间较长，样品元素的离子束溅射还原会相当严重，改变了元素的存在状态。此外，为了降低离子束的择优溅射效应及基底效应，应提高溅射速率和降低每次溅射的时间。一般的深度分析所给出的深度值均是相对于某种标准物质的相对溅射速率。

（2）变角 XPS 深度分析

　　变角 XPS 深度分析是一种非破坏性的深度分析技术，但只能适用于表面层非常薄（1～5nm）的体系。其原理是利用 XPS 的采样深度与样品表面出射的光电子的接收角的正弦关系，可以获得元素浓度与深度的关系。图 8-15 是 XPS 变角分析的示意图。

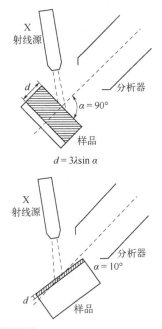

图 8-15 XPS 变角分析的示意图

图 8-15 中，α 为掠射角，定义为进入分析器方向的电子与样品表面间的夹角。取样深度 d 与掠射角 α 的关系为：$d = 3\lambda\sin\alpha$。当 α 为 90°时，XPS 的采样深度最深，减小 α 可以获得更多的表面层信息，当 α 为 5°时，可以使表面灵敏度提高 10 倍。在运用变角深度分析技术时，必须注意下面因素的影响：①单晶表面的点阵衍射效应；②表面粗糙度的影响；③表面层厚度应小于 10nm。

8.3 实验技术

XPS 是一种典型的表面分析手段，尽管 X 射线可穿透样品很深，但只有样品近表面的薄层发射出的光电子可逃逸出来。样品的探测深度 d 由电子的逃逸深度 λ（受 X 射线波长和样品状态等因素影响）决定。通常取样深度 $d = 3\lambda$。对于金属而言 λ 为 0.5～3nm；无机非金属材料为 2～4nm；有机物和高分子化合物为 4～10nm。

8.3.1 样品准备

通过对 XPS 能谱仪的构成可知，XPS 技术对分析的样品有特殊的要求，试样分析前需要根据情况进行一定的预处理。固体样品，可以用环己烷、丙酮等清洗掉样品表面的油污。为了保证样品表面不被氧化，一般采用真空干燥或长时间抽真空除表面污染物；或者用氩离子刻蚀除去表面污染物，同时注意刻蚀不能引起表面化学性质的变化（如氧化还原反应）。另外可以对样品表面进行擦磨、刮剥或研磨等，例如可用 SiC 砂纸擦磨或小刀刮剥表面污层。粉末样品可采用研磨的方法。此外对于能耐高温的样品，还可采用高真空下加热的办法，除去样品表面吸附物。考虑到对真空度的影响，对于含有挥发性物质的样品（如单质 S 或 P 或有机挥发物），在样品进入真空系统前，必须通过对样品加热或用溶剂清洗等方法清除掉挥发性物质。此外，光电子带有负电荷，在微弱的磁场作用下，可以发生偏转。因此，在能量分析系统中，当样品具有磁性时，由样品表面出射的光电子就会在磁场的作用下偏离接收角，最后不能到达分析器，从而得不到准确的 XPS 谱。当样品的磁性很强时，还可能磁化分析器头及样品架，因此，绝对禁止带有磁性的样品进入分析室。对于具有弱磁性的样品，通过退磁的方法去掉样品的微弱磁性，才可以进行 XPS 分析。

8.3.2　样品测试

以下将从样品安装、样品荷电的校正以及仪器设置等方面，介绍 X 光电子能谱仪样品测试方法以及注意事项。

（1）样品安装

由于在实验过程中样品必须通过传递杆，穿过超高真空隔离阀，送进样品分析室。因此样品的尺寸必须符合一定的大小规范，以利于真空进样。通常固体薄膜或块状样品要求切割成面积为 0.5cm×0.8cm 大小，厚度小于 4mm。为了不影响真空，要求样品尽量干燥。另外，盛装样品不要使用纸袋，以免纸纤维污染样品表面。对于粉体样品，可以用胶带法制样，一般是把粉末样品粘在双面胶带上或压入铟箔（或金属网）内，块状样品可直接夹在样品台上或用导电胶带粘在样品台上进行测定。这时粉末样品要求研细。这种方法制样方便且样品用量少，预抽到高真空的时间较短，但缺点是可能会引进胶带的成分。另外一种制样方法是压片制样，即把粉体样品压成薄片，然后再固定在样品台上，有利于在真空中对样品进行处理，而且其信号强度也要比胶带法高得多，不过样品用量大，所以抽到超高真空的时间较长。在普通的实验过程中，一般采用胶带法制样。此外，其它常用方法还有溶解法，即将样品溶解于易挥发的有机溶剂中，然后将其滴在样品台上晾干或吹干后再进行测量；而对不易溶于挥发性有机溶剂的样品，可采用研压法，将其少量研压在金箔上，使其成薄层，再进行测量。

（2）样品荷电的校正

绝缘体样品或导电性能不好的样品，经 X 射线辐照后，其表面会产生一定的电荷积累，主要是正电荷。荷电电势的大小同样品的厚度、X 射线源的工作参数等因素有关。样品表面荷电相当于给从表面出射的自由光电子增加了一定的额外电压，使测得的结合能比正常的要高。实际工作中必须采取有效的措施解决荷电效应所导致的能量偏差。但是样品荷电问题非常复杂，一般难以用某一种方法彻底消除。常见的方法主要有：①中和法。通过制备超薄样品，使谱仪和样品台达到良好的电接触状态；或者测试时用低能电子束中和试样表面的电荷，使 $E_c<$ 0.1eV，这种方法需要在设备上配置电子中和枪，并且荷电效应的消除要靠使用者的经验。②内标法。即在实验条件下，根据试样表面吸附或沉积元素谱线的结合能，测出表面荷电电势，然后确定其它元素的结合能。在实际工作中，一般选用 $(CH_2)_n$ 中的 C 1s 峰，$(CH_2)_n$ 一般来自样品的制备处理及机械泵油的污染。也有人将金镀到样品表面，利用已知能量值的金标样峰 Au $4f_{7/2}$ 进行谱线修正，但这种方法对溅射处理后的样品不适用。另外，金可能会与某些材料反应，使其进行校准的 C 1s 谱线的结合能也有一定的差异。在实际的 XPS 分析中，一般采用内标法进行校准。最常用的方法是用真空系统中最常见的有机污染碳的 C 1s 进行校准，其结合能为 284.6eV。

（3）仪器检测条件

① 仪器硬件调整　通过调整样品台位置和倾角，使掠射角达到正常分析位置，然后将待测样品台送入进样室，抽真空，使其真空度至少达到 10^{-7}mbar（10^{-5}Pa），再选择和启动 X 射线光源。

② 仪器参数设置和数据采集　进入测量条件设置界面，根据所测试样品要求，设置合适的参数，例如起始角、终止角、扫描速度、扫描步长等。一般扫描角度宜设置在 3°～140°之间，否则会使测角仪受损。扫描的能量范围为 0～1200eV，即可包括大部分的元素最强峰，具体依据元素种类而设。对于宽扫描，扫描步长一般选 1eV，而窄扫描为 0.05～0.5eV 不等，视具体情况而定。对元素含量低的样品，可以适当增加扫描次数等。例如，设置定性分析参数，步长为 1eV/步，分析器通能为 89.0eV，扫描时间为 2min；设置定量分析和化学价态分析参数，设定扫描能量范围，扫描步长为 0.05eV/步，分析器的通能为 37.25eV，收谱时间为 5～10min，对于非导电性样品要通过 C1s 谱来进行荷电校正。

8.3.3　XPS 图谱常用数据处理分析软件

XPS 是表面分析中普遍使用的工具，已成为研究材料表面元素组成、化学状态及关键组分分析的主要方法，通过对 XPS 谱图的解析可以获取以上信息。XPS解谱步骤如下：①标识那些总是出现的谱线，例如 C 1s、C KLL、O 1s、O KLL、O 2s、X 射线卫星峰和能量损失线；②根据结合能数值标识谱图中最强的、代表样品中主体元素的强光电子线，并且与元素内层电子结合能的标准值仔细核对，并找出与此匹配的其它弱光电子线和俄歇线群；③最后标出余下较弱的谱线，标识方法同上，应想到它们可能来自微量元素或杂质元素的信号，也可能来自 X 射线等卫星峰的干扰；对于确实没有归属的谱线，可能是来源于不纯杂质的鬼峰。以下将简要介绍两款 XPS 图谱常用数据处理分析软件。

（1）CasaXPS

该软件是一款常用的 XPS 分析软件，可以用来分析 XPS、AES 等分析数据。该软件可以用来进行谱峰识别、荷电校正、分峰拟合，并可处理深度剖析、XPS 成像等数据，其默认的数据格式为 vms。

（2）XPS Peak

XPS Peak 是一款简单实用的分峰软件，默认的数据格式为 ASCII 格式，需要将测量数据输出为 Excel 表格，然后复制到空的记事本文档中，并存盘。具体操作是将荷电校正过之后的数据用 Excel 打开，复制 Binding Energy 和 Counts，然后拷贝到一个新建的 txt 文件中（即成两列的格式，左边为结合能，右边为峰强），并存盘。如要对数据进行去脉冲处理或截取其中一部分数据，需在 Origin 中做好处理。需要注意的是：第一行要直接以数据开始，最后一行以数据结束，不能有空行或其它文字，否则将无法导入 XPS peak 软件中。

在 XPS 图谱拟合时，不同元素的结合能可查阅 NIST XPS 数据库及参考文献[3]中的附录 2，此外有机聚合物中的 C、O、N、F 等的化学位移值可参考 John Willey & Sons 出版的《有机聚合物高分辨 XPS 谱图》中的附录。

参考书目

[1] Briggs D. X 射线与紫外光电子能谱. 桂琳琳等译. 北京：北京大学出版社, 1984.

[2] 刘世宏，等. X 射线光电子能谱分析. 北京：科学出版社, 1988.

[3] John F. Moulder, et al. Handbook of X-ray Photoelectron Spectroscopy-A Reference Book of Standard Spectra for Identification and Interpretation of XPS Data. Eden Prairie, Minn: Physical Electronics Industries, 1992.

[4] 王建琪，等. 电子能谱学(XPS/XAES/UPS)引论. 北京：国防工业出版社, 1992.

[5] 黄惠忠.论表面分析及其在材料研究中的应用. 北京：科学技术文献出版社, 2002.

[6] 左志军. X 光电子能谱及其应用. 北京：中国石化出版社, 2013.

[7] Guinier A. X-Ray Diffraction in Crystals, Imperfect Crystals, and Amorphous Bodies. San Francisco: W. H. Freemanand Company, 1963.

[8] 姜传海，等. X 射线衍射技术及其应用. 上海：华东理工大学出版社, 2010.

[9] 高新华，等. 实用 X 射线光谱分析. 北京：化学工业出版社, 2017.

第 9 章　小角 X 射线散射仪

小角 X 射线散射（small-angle X-ray scattering，SAXS）仪是一类利用 X 射线散射进行分析的仪器。用于分析高分子材料、胶体、乳液等材料的纳米结构，获得粒度分布、形貌信息、结晶度、取向性、比表面积等纳米级结构信息。小角 X 射线散射是一种精确、无损的分析检测技术。样品可以是粉末、薄膜、液体、凝胶等，样品用量较少。小角 X 射线散射仪已在材料科学、生物医学、环境科学等领域获得广泛应用，分析的材料包括纳米材料、聚合物和纳米复合物、纤维、催化剂、表面活性剂与分散体系、液晶、生物材料等。

SAXS 是基于构成材料的电子密度差异来进行表征的。对于纳米尺度结构体系，电子密度在纳米尺度上的空间变化使 X 射线束向低角度散射。因此 SAXS 技术用于研究颗粒结构尺寸范围一般为 1～100nm（2θ 小于 5°）。与 SAXS 相对照，原子尺度上的变化使 X 射线束向高角度散射，广角 X 射线散射（WAXS）测量原子级别尺寸的原子、离子或基团散射强度变化，散射角度大（2θ 大于 5°）。另外与电子显微镜相比较，前者提供材料结构倒易空间散射数据，后者则给出实空间图像。

9.1　小角 X 射线散射技术理论基础

当 X 射线穿过样品（透射模式），处于光束中的颗粒与 X 射线相互作用，致 X 射线发生散射。散射 X 射线携带有被照射颗粒平均结构形态的信息，如颗粒尺寸及分布、周期性纳米结构、取向性及其分布、形状和内部结构、结晶度、比表面积（孔隙度）、颗粒集结成核现象、蛋白质分子形状、尺寸、分子量、聚集状态等，具有一定的规律性。

9.1.1　散射公式

当一束近乎平行的 X 射线穿透样品时，构成样品原子中的电子被迫随着辐射的电场发生振动，成为电磁散射波的发射源。原则上，X 射线的磁场也受到电子自旋和磁矩相互作用的影响，但是这种散射波的数量与电场产生的波相比可以忽略不计。样品中空间不同位置原子的电子产生的二级波到达检测器时具有不同相位，各个位置的振幅通过积分叠加，对应的公式为：

$$A(q) = \int_V \rho(r) \mathrm{e}^{-iqr} \mathrm{d}r \tag{9-1}$$

式中，$\rho(r)$ 是样品内部电子云分布函数；r 是样品内电子的坐标；V 是 X 射线照射的体积；q 是散射矢量（定义为：$q = \dfrac{4\pi \sin\theta}{\lambda}$，$2\theta$ 为入射光和散射光之间的夹角）。由函数 $\rho(r)$ 得到函数 $A(q)$ 的变换称之为傅里叶变换，反之由函数 $A(q)$ 得到 $\rho(r)$ 的变换称之为傅里叶逆变换，如下式：

$$\rho(r) = \int_V A(q) \mathrm{e}^{-iqr} \mathrm{d}r \tag{9-2}$$

如果可以得到振幅，就能计算出体系电子云密度 $\rho(r)$，但实际情况是振幅的相位信息无法采集，实际实验中只能测试出散射强度的大小，根据式（9-3）可以得到振幅的绝对值。

$$I(q) = \left| A(q) \right|^2 \tag{9-3}$$

SAXS 信号的强度和散射角度之间的关系，可以用散射公式进行描述，小角 X 射线的散射强度 $I(q)$ 公式表示为：

$$I(q) = 4\pi \overline{\Delta\rho^2} V \int_0^\infty \gamma(r) r^2 \frac{\sin(qr)}{qr} \mathrm{d}r \tag{9-4}$$

式中，$I(q)$ 为散射强度函数；q 为散射矢量；$\gamma(r)$ 为相关函数；$\overline{\Delta\rho^2}$ 为电子密度的均方涨落，这个因子可被用来将相关函数 $\gamma(r)$ 归一化为 1。强度函数 $I(q)$ 是相关函数 $\gamma(r)$ 的傅里叶变换，而相关函数 $\gamma(r)$ 则是强度函数 $I(q)$ 的傅里叶逆变换。

至此，可以得到一张 $A(q)$、$I(q)$、$\gamma(r)$ 和 $\rho(r)$ 之间的关系图，如图 9-1 所示：

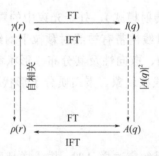

图 9-1 $A(q)$、$I(q)$、$\gamma(r)$ 和 $\rho(r)$ 之间的关系图

图中，FT 表示傅里叶变换，IFT 表示傅里叶逆变换，为自相关，虚线部分表示暂不可实现。

散射强度另一表达式为：

$$I(q) = F(q)S(q) \qquad (9\text{-}5)$$

式中，$F(q)$ 为形状因子（理解为单个粒子的散射强度），形状因子可以用来推断散射体内部结构和形状，形状因子的计算需要使用复杂的数学模型和计算方法。结构因子 $S(q)$ 是描述小角范围内散射强度与样品电子密度分布的关系，通过结构因子可以得到样品的结构信息。当体系为稀疏粒子体系时，$S(q) = 1$，$I(q) = F(q)$；当粒子完全无规分布时，$S(q) = 1$，$I(q) = F(q)$；当体系的有序程度不高时，在高 q 区，$S(q)$ 趋近于 1，可以看到形状因子部分；当体系完全长程有序时，形状因子完全消失。

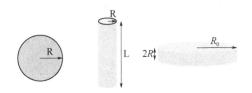

(a) 球形粒子　　(b) 棒状粒子　　(c) 盘状粒子

图 9-2　不同形状的粒子

对于一些特殊形貌的散射体，强度函数可以作进一步变化。例如球形粒子［如图 9-2（a）］，强度函数变化为：

$$I(q) = \left(\Delta\rho V\right)^2 \frac{q\left(\sin qR - qR\cos qR\right)^2}{\left(qR\right)^6} \qquad (9\text{-}6)$$

式中，R 为球形粒子的半径，在 SAXS 数据中，散射强度与散射矢量之间一般具有幂率关系，即 $I(q) \sim q^{-\nu}$。根据式（9-6）可以得出 $I(q) \sim q^{-4}$。

对于棒状粒子［如图 9-2（b）］：

$$I(q) = \left(\Delta\rho V\right)^2 \frac{2}{qL}\left[\sin(qL) - \frac{1-\cos(qL)}{qL}\right] \qquad (9\text{-}7)$$

式中，L 为棒状粒子的长度；$\sin(x)$ 是正弦积分函数，其表达式为：

$$\sin(x) = \int_0^x \frac{\sin u}{u}\mathrm{d}u \qquad (9\text{-}8)$$

结合式（9-7）和式（9-8），可以得到 $I(q) \sim q^{-1}$。

对于盘状粒子［如图 9-2（c）］可以通过推导得到 $I(q) \sim q^{-2}$。

9.1.2　Guinier 定律

当散射角度趋于零时，散射强度服从 Guinier 定律，该定律是确定粒子尺寸的简单高效的方法。R_g 定义为从质心到粒子的每个原子散射长度密度加权距离的均方根（RMS），对于 X 射线分析，R_g 可以被认为是质量加权的 RMS 半径。

当体系为理想的单分散体系时，Guinier 近似式为：

$$\ln I(q) = \ln I(0) - \frac{q^2 R_g^2}{3} \qquad (9\text{-}9)$$

其中 $I(0)$ 是零散射角（$q = 0$）时的强度。

以 $\ln I(q)$ 对 q^2 作图（如图 9-3）为 Guinier 曲线，对曲线进行线性拟合可以求出粒子的回转半径 R_g（可以获知分子的整体大小）和 $I(0)$（取决于分子量与浓度的乘积），图中斜率为$-R_g^2/3$。对于 R_g 相同但形状不相同的粒子，在 $q < 1/R_g$ 的小角区域，其散射强度分布相同，与粒子形状不相干；在 $q > 1/R_g$ 的区域，散射强度分布与粒子形状相关（如图 9-4）。

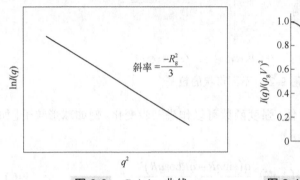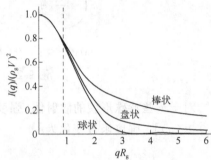

图 9-3　Guinier 曲线　　　　图 9-4　不同形状粒子的 Guinier 图

当体系是非理想体系时（粒子尺寸、形状不均一体系），Guinier 公式依然适用，表达式变为：

$$I(q) = (\Delta\rho)^2 \overline{V^2} \exp\left[-\frac{q^2}{3} \left\langle R_g^2 \right\rangle_z \right] \qquad (9\text{-}10)$$

$$\overline{V^2} = \frac{\sum N_j V_j^2}{N} \qquad (9\text{-}11)$$

Guinier 定律成立的条件：q 远小于 R_g（适用 q 值区间为 $0\sim 1/R_g$，球形粒子的范围可适当拓宽）；稀疏体系每个粒子独立散射；粒子无规取向，体系各向同性；基体（溶剂）密度均匀。实际上，要做到基体密度均匀很难，所以在分析数据时需要扣除基体（溶剂）的散射信号，获取粒子本身的信息。

9.1.3　Porod 定律

Porod 近似描述散射曲线末端斜率（高 q：$q \gg \pi/R_g$）区，散射强度随散射角度变化的渐进行为。因为曲线末端 q 值比较大，对应的 r 很小，且只有散射体表面

上的 r 对 $\gamma_0(r)$（单分散体系的相关函数）有影响，所以该区域主要描述的是粒子表面的结构。

Porod 公式为：

$$\lim_{q \to \infty} \ln\left[q^4 I(q)\right] = \ln K \tag{9-12}$$

式中，K 为 Porod 常数。由式（9-12）可以得出以下结论：当粒子是随机定向且具有光滑界面的三维固体时，高 q 区域的强度遵循 q^{-4} 的幂律衰减，强度曲线末端渐近值与散射体的总表面积成正比，因此强度分布曲线的末端斜率只与表面结构有关。

Porod 常数公式为：

$$K = 2\pi \left(V_{\mathrm{p}}\right)^2 \frac{S}{V} \tag{9-13}$$

式中，S 为样品的总表面积；V 为总体积。设定 $S = N_{\mathrm{p}} \overline{S_{\mathrm{p}}}$，可以得到：

$$\frac{K}{I(0)} = \frac{2\pi \overline{S_{\mathrm{p}}}}{\overline{V_{\mathrm{p}}^2}} \tag{9-14}$$

式中，N_{p} 为样品中粒子的总数；$\overline{S_{\mathrm{p}}}$ 和 $\overline{V_{\mathrm{p}}^2}$ 为所有粒子的平均表面积和体积平方的平均。该定律是计算粒子体系和多孔材料比表面积的重要手段。

将 $\ln\left[q^4 I(q)\right]$ 对 q^2 作图得到 Porod 曲线，如图 9-5 所示。Porod 曲线平台对应的截距可以获取 Porod 常数 K 的值。

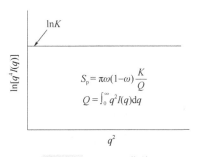

图 9-5　Porod 曲线

9.1.4　散射不变量

散射不变量是整个倒空间散射的体积积分，对于电子密度均匀的体系来说，散射强度的积分为：

$$Q = \frac{1}{2\pi^2} \int_0^\infty q^2 I(q)\,\mathrm{d}q \tag{9-15}$$

顾名思义，散射不变量与总剩余散射长度密度（或 X 射线电子束）成正比。因此，无论粒子的大小、形状、数量或它们的相对位置如何，如果采样体积中多余电子的总数保持不变，Q 将保持不变，对应的曲线如图 9-6 所示。

对于电子密度不均匀体系（如图 9-7），可以将其看作是两个密度不同的均匀电子密度体系，密度分别为 ρ_1、ρ_2，最后可被观察到的体积为 V，密度差为 $\rho_1 - \rho_2$，散射强度积分为：

$$Q = \int I(q)\,\mathrm{d}q = 2\pi^2 V (\rho_1 - \rho_2)^2 \omega(1-\omega) \tag{9-16}$$

式中，ω 为其中一相的体积分数。

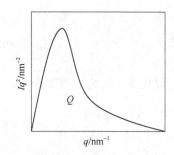

图 9-6 散射不变量曲线

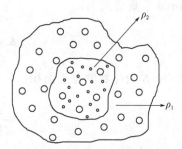

图 9-7 电子密度不均匀体系

对于溶液来说：

$$\frac{1}{2\pi^2}\int_0^\infty q^2 I(q)\,\mathrm{d}q = (\Delta\rho)^2 \overline{V_\mathrm{p}} \tag{9-17}$$

对于稀疏粒子溶液：

$$Q = (\Delta\rho)^2 \phi_\mathrm{p} \tag{9-18}$$

对于非稀疏溶液：

$$Q = (\Delta\rho)^2 \phi_\mathrm{p}(1-\phi_\mathrm{p}) \tag{9-19}$$

有了这些方程，不需要模型拟合就可以得到粒子体积浓度。此外，还可以根据 Porod 公式推导比表面积 S_p 的公式：

$$S_\mathrm{p} = \pi\omega(1-\omega)\frac{K}{Q} \tag{9-20}$$

散射不变量的应用包括：①在共混体系中，已知两相的化学成分，可得两相的相对量，用于测定结晶度；②如果体积分数已知，可计算密度差；③若密度差和体积分数已知，可以了解两相的相容性；④计算粒子的比表面积；⑤计算溶液中粒子体积浓度。

9.2　小角 X 射线散射仪结构

小角 X 射线散射仪（以法国赛普诺为例）主要构成包括 X 射线光源、准直系统、样品台、探测器、真空系统以及控制系统等（图 9-8）。

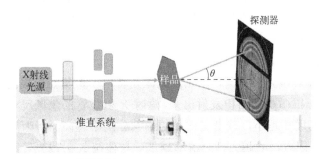

图 9-8　X 射线散射仪主要组成

9.2.1　X 射线光源

X 射线入射样品后，由于样品中原子的散射作用，产生新的散射波，其中引起小角散射的波长较长，散射角度较小，能量较弱。测量这些散射波的强度和角度可以获取样品内部的结构信息。

（1）传统 X 射线光源

传统的 X 射线光源（如图 9-9）由金属灯丝（阴极）以及悬浮在真空管中的金属阳极靶材（在 SAXS 中多为铜靶）组成，当电流通过灯丝时，电子在强电场的作用下朝阳极加速，当电子与阳极中的原子相互作用时，会发生两种不同的情况：第一种可能性是电子将被原子核的正电荷重定向，产生广谱的辐射，称之为韧致辐射；第二种可能性是电子从原子中被击落，空穴被高能量的电子填充，从而发射出具有特定能量的 X 射线，被称之为特征 X 射线。除了产生 X 射线外，大量能量还转换为热量，为了避免阳极损坏，其表面的工作温度必须远低于靶材的熔点，因此靶材的各种物理性质，如熔点、导热系数等极大地限制了电子束功率的范围。

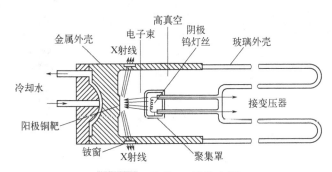

图 9-9　传统 X 射线光源

（2）旋转阳极 X 射线源

如果需要最大信号，则旋转阳极源是最佳选择。阳极在真空室中以几千转的转速旋转，将热量均匀的分布在整个表面上，可以减少单位面积上的损坏，因此，它可以在更高功率水平下运行，但与传统 X 射线光源相比它的结构更为复杂，维护成本和难度都很高。光通量是密封靶的 10 倍，维护费用也增加了 10 倍，并且需要专业人员定期保养。

（3）微焦斑封闭靶 X 射线源

与传统的 X 射线光源不同，微焦斑光源是将电子聚集在阳极的一个点上，使得 X 射线从一个很微小的面积发射出来，这时 X 射线管的焦斑尺寸就成了重要的性能指标。焦斑尺寸越小，被检测样品的影响分辨率越高，清晰度越高，图像边界分明。反之，焦斑尺寸越大，分辨率越低。与传统 X 射线光管一样，微焦斑光源的基本结构也分为阴极、阳极、壳体以及散热系统，通常情况微焦斑的功率不大，因此常规的水循环或是空气冷却作为散热系统就足够了，维护成本较低。

近年来，随着对微焦斑光源的要求越来越高，液态金属阳极（图 9-10）应运而生。所有电子轰击型 X 射线发生器的 X 射线强度都受限于阳极材料的热量承载能力，液态金属阳极则大为不同，因为防止靶材熔化的措施都不需要了，这得益于靶材本身已处于熔化的状态以及其不断自再生的特点。完好如初的液态靶材以接近 100m/s 的速度在腔体内循环。由于阳极不断地自再生，电子束对靶材的损坏将微乎其微。某种程度上，微焦斑 X 射线发生器的功率承载能力大致与焦斑的直径而不是面积成比例。因此，光源的亮度反比于焦斑的直径。通过将极高的功率承载能力以及极小的电子束焦斑相结合，液态金属射流光源能够在微米级的焦斑上实现空前的高亮度。目前可选的有富含镓（Ga）的合金。其 K_α 发射谱线能量为 9.2keV，对应波长约为 1.35Å，近似于铜靶的 K_α 波长。

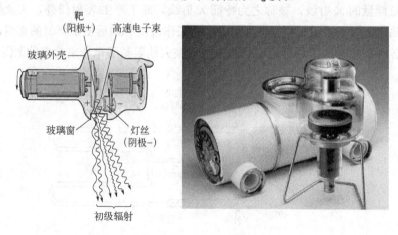

图 9-10 微焦斑液态金属阳极 X 射线源

（4）同步辐射光源

同步辐射光源是一种高性能新型光源，由一台直线加速器、一台电子同步加速器和电子存储环三大部分组成。同步辐射光源是带电粒子在电磁场的作用下沿弯转轨道行进时所发出的轫致辐射，电子在具有多边结构的环形中被转弯处的磁体加速，沿着轨道运动，发出宽而连续分布的谱，跨越了从红外线—可见光—紫外线—软 X 射线—硬 X 射线整个范围（0.3～0.02nm）。与普通 X 射线光源相比，同步辐射光源还具有高亮度（高出 60kW 旋转阳极靶 3～6 个数量级）、高偏振、准直性好、绝对洁净等诸多优点，使得液体、半流体等弱散射体系的测量和原位动态测量成为可能。

目前同步辐射光源已经发展到了第三代，上海同步辐射光源是中国大陆第一台第三代光源，亮度比最亮的第二代光源至少高 100 倍，比通常实验室用的最好的 X 光源要亮一亿倍以上。第三代的特点是大量的装入扭摆磁体（wiggler）和波荡磁体（undulator）而设计的低发散度的电子储存环等诸多插件从而进一步提高了光源的亮度。

9.2.2 准直系统

一个好的小角 X 射线散射（SAXS）实验的特点是高分辨率以及高光通量，实现这一点是建立在提高光束亮度的基础上。除了通过使用微焦光源或同步加速器改变光束亮度外，还可以通过使用准直系统将入射辐射限制在横向平面内并限制其发散，使发散度保持很小来增加主光束的尺寸，因此准直系统是 SAXS 中很重要的一部分，准直系统大致可以分为点准直系统和线准直系统。

① 点准直系统　点准直可以将入射光约束成小的圆形或椭圆形，但照射样品的面积很小，散射光强度很低，分辨率不够，因此需要增加曝光时间。适用于样品取向粒子，可以避免准直误差，还可用于微衍射以及掠入射的研究，但不适用于定量测定。

② 线准直系统　小角的理论基础最初都是建立在入射光为点光源发出的理想直细 X 射线的基础之上，随之带来的是照射样品面积较小且强度不够，分辨率较差。线准直系统可以产生细长条入射光束，照射样品面积大，散射光强度大，曝光时间少，分辨率远好于点准直系统。但是线准直系统会造成入射光在宽度和高度方向上的发散，产生了准直误差即为模糊效应，适用于各向同性的样品分析。

9.2.3 样品台

根据样品的不同形态以及测试要求，样品台的种类也十分多样。有测试粉末状样品的粉末样品台图 9-11（a），测试薄膜的薄膜样品台图 9-11（b），测试液体的液体样品台图 9-11（c），测试凝胶状态的凝胶样品台图 9-11（d）等。随着科研水平的不断进步，测试要求也愈加复杂，随之诞生了掠入射样品台、拉伸台、热台等满足不同测试需求的样品台，用于配合更加复杂的实验。

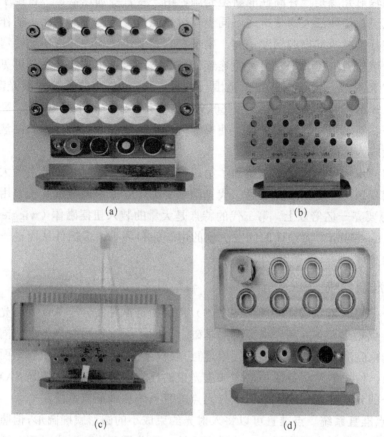

(a)　　　　　　　　　　　　　(b)

(c)　　　　　　　　　　　　　(d)

图 9-11　（a）粉末样品台；（b）薄膜样品台；（c）液体样品台；（d）凝胶样品台

9.2.4　探测器

随着技术的日益革新，从样品中获取微弱信号的需求日益增加，这就要求检测系统不仅具有获取大动态范围的能力，还要有高计数率、高检测效率、低或零暗噪声以及很好的点扩散功能，从而获得高质量的信号。另外，测试系统还需要具备在短时间内记录大量数据的能力以避免长时间辐射损坏。这就意味着探测器系统要有更高的灵敏度和更低的背景噪声，如固体（CMOS）探测器、影像板（IP）探测器和电耦合（CCD）探测器，更先进的还有 PILATUS 探测器、Eiger 探测器。

（1）固体（CMOS）探测器

CMOS（互补金属氧化物半导体）平板 X 射线探测器是带有闪烁器的二维硅图像传感器。X 射线被磷光体转换为可见光后，由 CMOS 光电二极管阵列传感器记录图像。与大多数基于 CCD 的传感器不同，CMOS 平板探测器使用时无需冷却。由于在室温下有很高的暗电流，它们最适合用于同步辐射实验（曝光时间只有几秒），所获取的图像质量可以与其它探测器获得的图像相媲美且探测器体积小巧。

（2）影像板探测器

影像板（IP）探测器是二维位置敏感积分检测器，最初是为 X 射线成像而开发的。它的工作方式与普通照相胶片相似，在普通照相胶片中，先通过将胶片暴露在辐射下形成潜像，然后再通过后处理恢复可见图像。影像板（IP）探测器特点是：①效率高；②空间分辨率高（几十微米）；③有效面积大；④动态范围大；⑤短时间擦除后可以重复使用。上面列出的优点远远超过了一些缺点，例如图像随时间而褪色以及必须保护图像板免受日光照射。这些特性加在一起使图像板成为许多研究领域中具有 X 射线成像和衍射功能的非常有吸引力的检测器。

（3）电耦合探测器

电耦合探测器（charge-coupled device，CCD）是基于光电技术的积分探测器，CCD极大地提高了 X 射线散射数据的质量和图像采集速度。X 射线转换涉及在磷光体或半导体层中阻挡 X 射线，以及将 X 射线能量转换成更容易操纵的可见光或电子量子。

（4）PILATUS 探测器

PILATUS 探测器［如图 9-12（a）］模块由一个像素化硅传感器凸块组成，凸块与一个数量为 8×2 定制设计并且耐辐射的 CMOS 读出芯片（ROC）阵列相连。系统的模块化允许构建任意阵列尺寸的大面积探测器。入射光子在硅传感器中直接转化为电荷，通过凹凸键转移到 ROC 像素的输入端。

PILATUS 是一种多用途硅混合像素 X 射线探测器，以单光子计数模式运行，最初是为大分子晶体学而创建。单光子计数消除了所有探测器噪声，提供优异的数据，在收集数据时，读数无噪声和暗电流消失是它的优势。实验室的光源比较弱需要很长的曝光时间，导致其信号也弱，上述优势使得 PILATUS 探测器更加适合在实验室使用。而混合像素技术可以直接检测 X 射线，与其它探测器相比更清晰，而且读取时间短、可以连续采集、低功耗和低冷却需求。

(a)   (b)

图 9-12　（a）PILATUS 探测器；（b）Eiger 探测器

（5）Eiger 探测器

Eiger 探测器［如图 9-12（b）］是一种更为新型的 X 射线像素探测器，它类似于已经广泛应用的 PILATUS 探测器。它由硅传感器、互补金属氧化物半导体（CMOS）读出芯片和读出电子器件组成。X 射线将其能量储存在一个像素化的硅传感器中，该传感器的厚度通常为320mm。铟凹凸键将每个传感器像素连接到读出芯片中的像素单元。来自传感器的电荷被放大和定形，与12位像素单元的阈值水平进行比较，计数器值直接记录超过阈值的入射光子数，即测量传感器上的强度分布。整个芯片的阈值色散约为70eV，单个芯片尺寸是19.3mm×20.1mm，在75mm间距的网格上包含256×256像素的阵列。

除了PILATUSI探测器的一些优点：高像素、高分辨、高计数率，Eiger系探测器在帧频率和像素密度两方面获得重大突破，帧频高达3000Hz，可在3μs时间内连续采集。由于零背景噪声和同时读写，所以具有很高的动态范围，该系列探测器的巨大动态范围，可以在零死时间同步读写的状态下进行长时间曝光。由于具备可选择的真空兼容性，从而使空气和窗口所产生的吸收和散射最小化。小尺寸像素与X射线直接探测相结合，提高了空间分辨率和角度分辨率，可以进行精细地测量样品并具有宽泛的倒易空间。小尺寸像素和优秀的点扩散函数有助于获得高的空间分辨率，且免维护。

9.3　实验技术

9.3.1　样品制备

小角散射中样品的制备也是获得好的数据的关键步骤，根据样品的不同特性，有着不同的制样方法，对应着不同的样品台，下面就按照分类一一介绍。

（1）液体样品

常规的液体样品只需使用石英毛细管制样即可（如图9-13），用石蜡密封。但是浓度比较低或者散射信号很弱的液体样品，可以使用低噪声毛细管样品台，这种样品台是具有真空兼容性的低散射流动池，能够不断地注入新的样品。

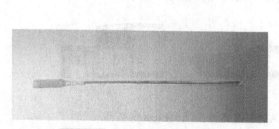

图9-13　石英毛细管液体样　　　　　图9-14　粉末样品制备

（2）固体样品

粉末样品无需特殊处理，取适量使其薄厚适中直接放入凹槽中，凹槽两面贴上Kapton窗口膜材料，这种膜有很好的化学稳定性包括抗腐蚀、耐高温等，且对

X 射线的散射低；对于厚度适中的薄膜样品，可以用胶带贴在薄膜样品台上，如图 9-14 所示。

（3）黏性样品

具有黏性且流动性不好的样品，可以直接用凝胶样品台制备，如图 9-15，制样过程中要避免气泡的产生，且要密封良好，防止抽真空后黏性样品溢出。同样的，窗口材料也使用 Kapton 膜。

图 9-15　凝胶样品制备

图 9-16　硅片负载膜样品制备

（4）负载在基底上的样品

通常使用掠入射模式测试自生长或旋涂在基底上的样品，基底通常为 Si/SiO$_2$、玻璃、ITO 镀膜玻璃，这些基底在使用之前要先用表面活性剂处理或者根据设备在中间层镀膜。样品必须能在真空下稳定，样品表面要光滑如镜面，如图 9-16，样品大小不要超过 1cm，否则信噪分辨率很低。

9.3.2　测试条件与基本参数设定

样品制备完毕后，可以准备测试，测试可以分为空气模式和真空模式。部分样品无法在空气状态下稳定，只能采用真空模式。通常我们想要得到的是散射体本身的信号，所以需要将背景信号扣除，比如胶束样品的测试需要先测定溶剂的信号，然后再测整个体系的信号，后处理的时候将溶剂信号扣除即可。

在测试中，光斑大小、探测器到样品的距离以及曝光时间是决定数据好坏的关键性因素。

（1）光斑大小

光斑的大小可以通过调整狭缝来实现，光斑越大，光强越强，信号分辨率越低，通常使用 0.9mm 大小的光斑即可满足条件，但是对于不同的样品还要根据实际情况调整。比如测试拉伸过程中样品的变化，由于拉伸过程很快，必须在短时间获取较强信号，这时就可以选择光斑交大光通量很大的信号；再如液体样品信号很弱，可以采用光斑较小的信号，增强分辨率。

（2）样品到探测器距离

距离越远，可以获得越小的 q 值范围，类似于液体样品想要获得更具体的小角区信号，距离就需要足够远。通常来说，同一台仪器上其它条件相同时距离越远，信号分辨率越高。

（3）曝光时间

散射强度的标准偏差等于散射强度的平方根，当噪声降低一半时，测试时间需要增长为原来的四倍，原则上曝光时间越长统计性越好，所得数据质量越高。但并不是曝光时间越长越好，还要考虑以下几个因素：探测器的动态范围、强度是否饱和、样品的辐射效应、是否改性。目前，成像板和 CCD 探测器上的最大强度值不超过 5 万计数。在统计性不够的情况下，可以采用多次曝光，如果采集时强度变化太大，可以采用分段曝光的方法。

9.4 应用-测定体系举例

随着小角 X 射线散射技术的发展，其应用领域越来越广泛，如：纳米粒子和胶体、结构生物学、高分子研究、石油和天然气、食品科学、化妆品和护理产品以及可再生能源和无机材料等。

小角 X 射线散射研究的集中常见体系为：胶体分散体系（溶胶、凝胶、表面活性剂缔合结构）、生物大分子（蛋白质、核酸）、聚合物溶液、结晶取向聚合物（纤维、薄膜）、嵌段聚合物、溶质液晶和液晶态生物膜、囊泡、脂质体。

9.4.1 胶体分散体系

胶体体系中分散相与胶体粒子间存在电子密度差，所以可以通过 SAXS 手段广泛研究该体系，如测定粒径分布、界面结构以及分形维数等。表面活性剂胶束一直是学术界和技术界的研究热点，尽管现代表面活性剂科学已经发展了一个多世纪，但由于缺乏足够快的方法来捕捉胶束体系结构变化，所以仍无法从动力学角度解释胶束体系中的形态转变。随着 SAXS 技术的发展，这个难题已经被逐渐攻克。

如图 9-17（a）所示，十二烷基硫酸钠（SDS）溶于纯水时，阴离子头基的负电荷导致胶束中头基之间的高度静电排斥，从而形成球状胶束，随着离子浓度的增加有效的头基面积减少，逐渐形成蠕虫状胶束，这种转变是由于加入盐后头基的静电排斥力降低导致的。如图 9-17（b）所示，用小角 X 射线散射仪测定了在不同比例 SDS/盐溶液下的变化，尤其是低 q 值区域的变化。0.5mol/L NaCl 溶液数据在低 q 区呈现水平状，斜率为 0，表明形成了球形胶束。当浓度变为 1mol/L 时，低 q 值区的曲线斜率有显著的上升，表明胶束的伸长/生长是静电屏蔽的一种效应，通过模型拟合的方法最终确定为蠕虫状结构。通过 SAXS 成功观察到了胶束的形貌转变 [见图 9.17（a）]，且通过定量分析得到了形貌变化的动力学解释，胶束长度与时间几乎呈线性关系，这可能表明胶束形成的动力学类似于分步融合的动力学过程。

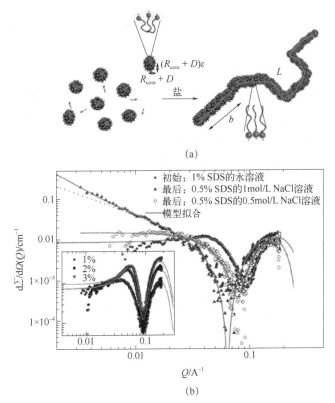

图 9-17　（a）球状胶束向蠕虫状胶束转变的示意图；（b）不同浓度下形成胶束的散射曲线，实线为模型拟合的曲线，点状线为实际测量的曲线（引自：Jensen G V, et al. Angew Chem Int Ed, 2014, 53: 11524-11528）

9.4.2　液晶体系

液晶体系通常具有周期性结构，可以通过 SAXS 表征液晶相结构，也可以表征液晶的有序相转变。表 9-1 中罗列了不同相结构对应的峰位比值。

表 9-1　不同液晶相结构对应峰比值

结构	峰位比值 q/q'
片层	1:2:3:4:5:6
六方	$1:\sqrt{3}:2=\sqrt{4}:\sqrt{7}:3$
体心立方	$1:\sqrt{2}:\sqrt{3}:2$
面心立方	$\sqrt{4}:\sqrt{8}:\sqrt{11}:2\sqrt{3}=\sqrt{3}:2$

结构	峰位比值 q/q'
立方螺旋	$\sqrt{4}:\sqrt{7}:\sqrt{8}:\sqrt{10}:\sqrt{11}:2\sqrt{3}=\sqrt{3}:2$
金刚石结构	$\sqrt{2}:\sqrt{3}:2$

图 9-18 为 CD-MOF 的散射图谱，根据峰位比值 $1:\sqrt{2}:\sqrt{3}:\sqrt{4}:\cdots$，可以判断 CD-MOF 为体心立方晶相。在载药阿齐沙坦（AZL）之后 Bragg 长周期（$L=2.2$nm）与载药之前没有变化。与之相比，载药后（AZL/CD-MOF）的散射行为发生了变化（q_5 处的峰在载药后变弱了），并且峰向高 q 值区偏移，说明 CD-MOF 腔体的直径减小了。更重要的是，q_2 视作 CD-MOF 中最大腔体的信号（$d=2\pi/q_2=1.6$nm）在载药 AZL 后消失了，这是因为大的 CD-MOF 腔体被 AZL 分子占据，导致 SAXS 的信号发生变化。

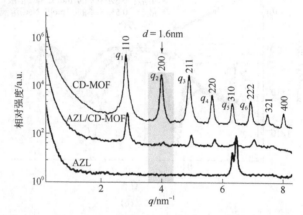

图 9-18 CD-MOF、AZL 以及载入 AZL 后的 CD-MOF 的 SAXS 散射曲线图
（引自：He Y Z, et al. Acta Pharmaceutica Sinica B. 2019, 9: 97-106）

9.4.3 结晶取向聚合物体系

以聚 N,N-二乙基聚丙烯酰胺凝胶（PDAM-NP gel）和聚丙烯酰胺凝胶（PAM-NP gel）样品为研究主体，利用 SAXS 为表征手段研究拉伸过程中的结构变化。图 9-19 为两种凝胶未拉伸前的 SAXS 1D 散射曲线和 2D 散射图谱，可以看出两者的散射图谱完全不同。与纳米复合弹性体和橡胶的情况一样，PDAM-NP 凝胶观察到一个四点图案，而 PAM-NP 凝胶平行于拉伸的方向上的在极低 q 区观察到尖锐的峰。

拉伸状态下 PDAM-NP 凝胶的二维结构因子如图 9-20（a）所示，拉伸凝胶时，观察到一个各向异性的结构因子，为显示低 q 区域的细节，将图 9-20（a）中绘制了放大的光束中心即为图 9-20（b），图中可以观察到一个四点模式。PAM-NP 凝胶拉伸后的散射图谱与 PDAM-NP 凝胶完全不同，如图 9-20（c）、图 9-20（d），可以观察到一个对称的环形图案，低 q 值区域也没有四点图案而是两点图。

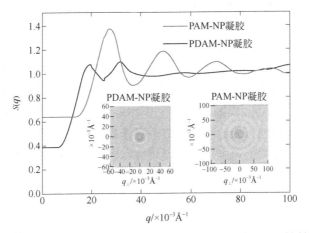

图 9-19　两种凝胶未拉伸前的 SAXS 1D 散射曲线和 2D 散射图谱
（引自：Nishi K, et al. Soft Matter，2016，12(24): 5334-5339）

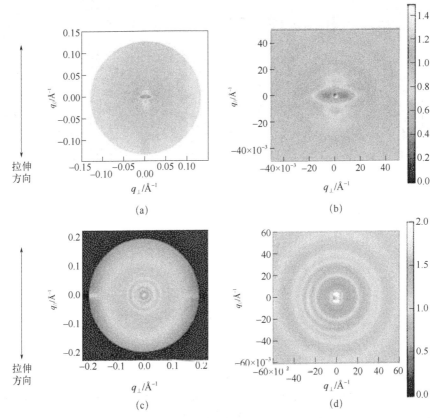

图 9-20　拉伸状态下 PDAM-NP 凝胶（a）、（b）和 PAM-NP 凝胶（c）、（d）的二维结构
（引自：Nishi K, et al. Soft Matter, 2016, 12(24): 5334-5339）

9.4.4 负载在基底上的聚合物体系

一种萘系二甲酰亚胺共聚物［P(NDI2OD-T2)，图 9-21（c）］是一种新兴的半导体聚合物，具有很高的场效应电子迁移率（约 $0.8cm^2/V \cdot s$）。P(NDI2OD-T2)以层状结构封装，但在旋涂条件和用于制造高性能晶体管的溶剂条件作用下，晶体结构主要是 face-on 取向。更有趣的是，当聚合物旋涂后的薄膜在 150℃～180℃之间退火时，根据 GIWAX 2D 图谱可以看出 75% 为 face-on 取向［图 9-21（a）］，产生这种现象的原因可能为旋涂过程中高分子量聚合物链的动力学捕获。相反，当膜在熔点（300～320℃）以上退火并缓慢冷却时，可以观察到明显的纹理变化，取向由 face-on 突变为 edge-on 取向，且占比为 94.5%［图 9-21（b）］，这是由于熔融退火使聚合物向热力学平衡方向移动。结晶度提高了 2 倍，且晶体内累积无序度降低了 40%。

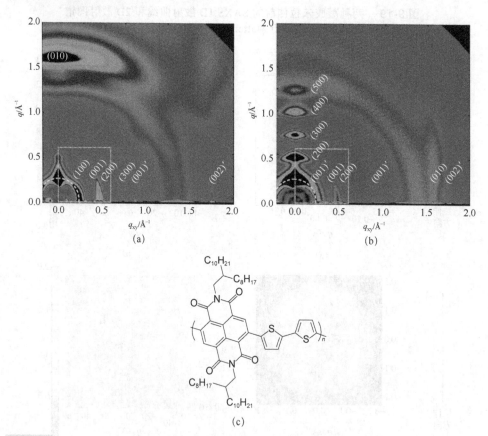

图 9-21 （a）退火前样品的 GIWAX 2D 图谱；（b）退火并缓慢冷却后样品的 GIWAX 2D
图谱；（c）P(NDI2OD-T2)的化学结构
（引自：Rivnay J et al. Macromolecules, 2011, 44: 5246-5255）

参考书目

[1] Guinier A, et al. Small-Angle Scattering of X-Rays. New York: Wiley, 1955.

[2] Jeu D, et al. Basic X-Ray Scattering for Soft Matter. Oxford: Oxford University Press, 2016.

[3] 朱育平. 小角 X 射线散射——理论、测试、计算及应用. 北京: 化学工业出版社, 2008.

[4] Roe R J. Methods of X-ray and Neutron Scattering in Polymer Science. Oxford: Oxford University Press, 2000.

[5] 孟昭富. 小角 X 射线散射理论及应用. 长春: 吉林科学技术出版社,1996.

[6] Stribeck N. X-Ray Scattering of Soft Matter. Berlin: Springer, 2007.

第10章 比表面和孔径分布分析仪

比表面及孔径分布分析仪是一类材料的物理性能测试仪器。其利用气体分子（如氮气）作为吸附探针，测量气体在多孔材料表面（包括孔洞结构）达到物理吸附平衡后的压力值，取得气体吸附/脱附等温线；通过分析气体吸附/脱附等温线，间接测定材料的比表面积、孔径与孔径分布等。比表面及孔径分布分析仪已广泛应用于催化、材料、环境、冶金、生物制药等领域。

例如，新材料研究中，测量各类材料（包括催化剂、吸附材料、纳米材料等）的比表面积和孔径分布数据，揭示材料的微观结构与性能之间的关系，为材料设计和改性提供科学依据。在生物制药领域，检测药物载体材料的孔径和比表面积，可评估其在药物控释和组织工程中的应用潜力。应用比表面及孔径分布分析仪分析环境中的颗粒物、土壤等样品，可为污染程度评估和环境治理决策提供科学依据。

10.1 气体物理吸附基础知识

10.1.1 吸附现象与吸附作用

当一定量的气体或蒸气与洁净的固体接触时，由于范德华力的作用，一部分气体将被固体捕获，若气体体积恒定，则压力下降，若压力恒定，则气体体积减小。从气相中消失的气体分子或进入固体内部，或附着于固体表面，前者被称为吸收（absorption），后者被称为吸附（adsorption），两者统称为吸着（sorption）。多孔固体因毛细凝聚（capillary condensation）而引起的吸着作用也视为吸附作用。能有效地从气相吸附某些组分的固体物质称为吸附剂（adsorbent），被吸附的物质称为吸附质（adsorbate）。

物理吸附又称范德华吸附，其吸附机理是由于吸附质分子与吸附剂表面之间的范德华力作用引起的。范德华力是无方向性的非共价相互作用力，它是由于吸附剂表面所处区域的电荷分布而产生的。因此，物理吸附无选择性。但这只是指任何气体在任何固体上都可以发生物理吸附，而并不意味着吸附量与吸附剂和吸附质的本性无关。事实上，物理吸附在很大程度上依赖于吸附剂表面的性质。

物理吸附是一个动态的平衡过程，当物体表面气体的浓度增加称之为吸附，气体浓度减少称之为脱附，当固体表面的气体量维持不变的时候，即达到了吸附平衡。当待测样品吸附到一种吸附质时，吸附量是温度和压力的函数。恒定的温度下，对应一定的气体压力，物质表面存在着一定的平衡吸附量，通过改变吸附气体的压力，可以得到吸附量随压力变化的曲线，即等温吸脱附曲线。

物理吸附总是放热的。物理吸附发生时，吸附分子被局限于二维的固体表面，失去一个自由度，形成一个更有序的体系，其熵减小。物理吸附中生成单层吸附的平均吸附热通常略高于气体的液化热，其数量级在 $10kJ \cdot mol^{-1}$ 上下。

物理吸附与蒸气的液化有相似的机理，吸附可以是多层的。固体表面在形成单层物理吸附前就可以形成多层吸附，因此吸附到固体表面的气体量不会受到固体表面积的简单限制。在中孔内还会发生毛细凝聚现象。

物理吸附在较低的温度即可以快速地进行，吸附的气体量随温度的上升而减少。物理吸附类似于气体的冷凝（液化）过程，一般发生在其沸点以下温度。

物理吸附是可逆的，通过交替升高和降低压力或温度很容易构建吸附和脱附循环。吸附和脱附可以反复、定量地进行，而不改变气体和吸附剂的性质。对多孔固体的物理吸附，由于毛细凝聚现象的存在，吸附线和脱附线常不相重合。

值得指出的是，在微孔材料（例如分子筛和活性炭）中的物理吸附现象与平坦平面上吸附有很大的差异。这是因为，微孔道尺寸仅略大于吸附质分子尺寸，吸附质分子四面都被固体包围，孔内相对孔壁吸附力场的叠加使得其中的吸附势与平坦表面上的吸附势相比明显增强。此外，除了范德华相互作用产生的引力，当吸附质分子与孔壁相当接近时，二者之间电子云存在一定交叠，还会产生 Born 斥力。然而，微孔填充与毛细凝聚在孔被填满的现象上相似，但本质上是不同的。微孔填充是取决于吸附分子与表面之间增强的势能作用的微观现象，发生在微孔内相对压力很低的条件下；而毛细凝聚则是取决于吸附液体弯液面特性的宏观现象，发生在中孔内和中等相对压力下。一般半径小于 1.6nm 的孔中不发生毛细凝聚，只发生微孔填充。

国际纯粹与应用化学联合会（IUPAC）定义孔的类型：微孔（micropore），孔尺寸小于 2nm；中孔或称介孔（mesopore），孔尺寸介于 2~50nm；大孔（macropore）孔尺寸大于 50nm。孔大小范围的边界还依赖于吸附分子的性质和孔的形状，微孔还可被划分为超微孔（ultramicropore，<0.7nm）和次微孔（supermicropore，0.7~2nm）。

10.1.2　气体物理吸附理论模型

从 19 世纪到 20 世纪已经发展了多种吸附理论，但目前仍没有一种普遍性的吸附理论可以解释各种吸附现象。现在广为接受和使用的吸附理论都是根据动力学、统计力学或热力学，并从某些假设和理论模型出发，对一种或几种类型的吸附等温线或者实际实验结果给出合理的解释，并能最终导出吸附等温式。当前最著名的莫过于 Langmuir 吸附等温式、BET 方程 Freundlich 吸附等温式。

1907 年，H. Freundlich 提出经验性的吸附等温式，认为吸附量与吸附压力的分数指数成正比，只涉及两个常数。1916 年，I. Langmuir 提出单层吸附理论，基于一些明确的假设条件，得到简明的 Langmuir 吸附等温式方程。1938 年，S. Brunauer、P. H. Emmett 和 E. Teller 基于 Langmuir 单层吸附模型提出一种多分子层吸附理论，并推出著名的吸附等温式——BET 方程，是测定固体表面积的理论依据。1951 年，E. P. Barrett、L. G. Joyner 和 P. P. Halenda 提出了 BJH 法，可用于计算中孔孔径分布；1965 年，J. H. de Boer 建立了一种经验的 t-plot 法，后来被 K. S. W. Sing 和 S. J. Gregg 又发展成 α-plot 法，可用于计算表面积、微孔和中孔体积；1983 年，G. Horvath 和 K. Kawazoe 提出了 HK 方程，该法以吸附势理论为基础，可以给出微孔体积相对于孔径的分布曲线。近几十年来，随着计算机技术的迅猛发展，促进了基于分子统计热力学的密度泛函理论（Density functional theory，DFT）和蒙特卡洛模拟方法（Monte Carlo simulation，MC）在吸附的分子模拟以及孔径分布研究中的广泛应用。

下面介绍两种常用的 Langmuir 吸附等温式和 BET 吸附理论。

10.1.2.1 Langmuir 吸附等温式

Langmuir 研究了低压下气体在金属表面的吸附行为，基于分子动力学模型推导出了一个单分子吸附的吸附等温式，如式（10-1）。

$$\theta = \frac{V}{V_m} = \frac{ap}{1+ap} \text{ 或 } \frac{p}{V} = \frac{p}{V_m} + \frac{1}{aV_m} \tag{10-1}$$

式中，θ 为表面覆盖度；V 为吸附量；V_m 为单层吸附容量；p 为吸附质蒸气吸附平衡时的压力；a 为吸附平衡常数，与吸附热有关的参数，可反映固体表面吸附气体的强弱。

该 Langmuir 模型的基本假设包括：①吸附剂表面存在吸附位，吸附质分子只能单层吸附于吸附位上；②吸附位在热力学和动力学上具有均一性，吸附热与表面覆盖度无关；③吸附分子间无相互作用；④吸附和脱附过程处于动力学平衡之中。

从式（10-1）中可以看出，以 p/V 对 p 作图可得一直线，直线的斜率为 $1/V_m$，截距为 $1/(aV_m)$，因而可以求出单层吸附容量 V_m 和吸附平衡常数 a。

Langmuir 吸附模型通常描述的是 IUPAC 定义的 I 型等温线。I 型等温线往往反映的是微孔吸附剂的微孔填充现象，极限吸附量是微孔的填充量。一般而言，在中等的覆盖度范围（θ=0.1～0.4）内，吸附等温线可用 Langmuir 公式表征。达到中等的相对压力后，固体表面的吸附量都有明显的增大，表明发生多层吸附，这就需要下面的 BET 多层吸附模型来描述。

10.1.2.2　BET 吸附理论

S. Brunauer、P. H. Emmett 和 E. Teller 将 Langmuir 吸附等温式推广到多分子层吸附，对 Langmuir 理论进行了修正。BET 吸附模型的假设包括：①吸附热与表面覆盖度无关；②吸附分子间无相互作用；③吸附可以多层吸附，可在单层未铺满情况下铺其它层；④第一层吸附气体分子与固体表面直接作用，其吸附热（E_1）与以后各层吸附热不同；⑤第二层之外是气体分子间的相互作用，各层吸附热均相同，为吸附质的液化热（E_L）。

基于动力学推导，BET 吸附模型可采用式（10-2）描述：

$$\theta = \frac{V}{V_m} = \frac{C \times p}{(p_0 - p) \times \left[1 + (C-1)\dfrac{p}{p_0}\right]} \tag{10-2}$$

式中，p 为气体吸附平衡时的压力；p_0 为气体在吸附温度下的饱和蒸气压；V_m 为单层吸附容量；C 为与吸附热 E_1、E_L 及温度有关的常数。

BET 吸附模型也可整理成线性方程，如式（10-3）所示：

$$\frac{p}{V(p_0 - p)} = \frac{C-1}{V_m C} \times \frac{p}{p_0} + \frac{1}{V_m C} \tag{10-3}$$

若将 $\dfrac{p}{V(p_0 - p)}$ 对 $\dfrac{p}{p_0}$ 作图可得一条直线，然后可从斜率 $\dfrac{C-1}{V_m C}$ 和截距 $\dfrac{1}{V_m C}$ 中求得 V_m 和 C。若已知每个吸附质分子的截面积（σ_m），就可以根据式（10-4）求出吸附剂的总表面积 S 和比表面积。

$$S = \frac{V_m}{22400} N_A \sigma_m \tag{10-4}$$

以上就是经典的气体吸附 BET 法测表面积的基本原理。大量实验数据表明，二常数 BET 公式通常只适用于处理相对压力为 0.05～0.35 的吸附数据。当相对压力小于 0.05 时，不能形成多层物理吸附，甚至连单分子物理吸附层也远未建立，此时，表面的不均匀性就会显得突出；而当相对压力大于 0.35 时，毛细凝聚现象的出现又破坏了多层物理吸附。

C 值的大小会显著影响吸附等温线形状，C 值大于 2 且越大时，等温线在 p/p_0 的最初阶段会不断偏向吸附量 V 轴一侧；C 值小于 1 且越小时，则偏向 p/p_0 轴。C 值的大小也能反映达到单层饱和吸附量，即 $V = V_m$ 时的相对压力 p/p_0 的大小。根据式（10-3），可得出 p/p_0 与 C 值的关系，在 BET 公式适用的相对压力范围内（0.05～0.35），C 值为 3～1000。

一般地，以氮气为吸附质，在金属、聚合物和有机物上，C 值为 2～50；氧化物和二氧化硅上，C 值为 50～200；在活性炭和分子筛等强吸附剂上，C 值大于 200。

在推导 BET 公式时，倘若吸附层数为有限的 n 层，则可得到一个有限层数吸附的三常数 BET 公式，如式（10-5）所示：

$$\theta = \frac{V}{V_m} = \frac{Cp\left[1-(n+1)\left(\dfrac{p}{p_0}\right)^n + n\left(\dfrac{p}{p_0}\right)^{n+1}\right]}{(p_0-p)\left[1+(C-1)\dfrac{p}{p_0}-C\left(\dfrac{p}{p_0}\right)^{n+1}\right]} \qquad (10\text{-}5)$$

若 $n=1$ 时，上式可简化为 Langmuir 公式；当 $n=\infty$ 时，$n \approx n+1$，$(p/p_0)^{\infty}$ 趋向 0，上式可演化为二常数 BET 公式。

通常情况下，利用二常数 BET 公式得到 V_m 和 C 后，再应用三常数公式可求得吸附层数 n。三常数 BET 公式应用的相对压力范围较宽（$p/p_0 = 0.6\sim0.7$），但其仍不能处理毛细凝聚的实验结果。

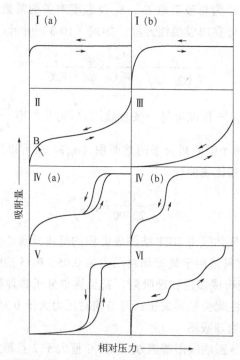

图 10-1 IUPAC 分类的六类吸附等温线

10.1.3　吸附等温线

10.1.3.1　吸附等温线的类型

2015 年 IUPAC 将吸附等温线的类型分成了如图 10-1 所示的六大类，其中 Ⅰ

和Ⅳ类还分成亚类。

Ⅰ型等温线在较低的相对压力下吸附量迅速上升，达到一定相对压力后吸附出现饱和值，可表示为Langmuir型吸附等温线。大多数情况下，Ⅰ型等温线往往可以反映微孔吸附剂（分子筛、微孔活性炭）上的微孔填充现象，饱和吸附值等于微孔的填充体积。其中Ⅰ（a）类是只具有狭窄微孔的材料的吸附等温线，一般孔径小于1nm；Ⅰ（b）类微孔的孔径分布范围比较宽、可能还具有较窄介孔的材料的吸附等温线，一般孔径小于2.5nm。

Ⅱ型等温线发生在非孔或者大孔吸附剂上自由的单一多层可逆吸附过程，是BET公式最常说明的对象。由于吸附质于表面存在较强的相互作用，在较低的相对压力下吸附量迅速上升，曲线向上凸。等温线拐点通常出现于单层吸附附近，随着相对压力的继续增加，多层吸附逐步形成，达到饱和蒸气压时，吸附层无穷多。位于$p/p_0 = 0.05\sim0.10$的B点，可表示单分子层饱和吸附量。

Ⅲ型等温线不出现B点，等温线下凹，且没有拐点，可反映出吸附质分子间的相互作用比吸附质和吸附剂之间的强。第一层的吸附热（E_1）比吸附质的液化热（E_L）小，以致吸附初期吸附质较难于吸附，而随吸附过程的进行，吸附出现自加速现象，表现为吸附气体量随组分分压增加而上升，此时吸附层数也不受限制。Ⅲ型等温线可表征BET公式中C值小于2。

Ⅳ型等温线与Ⅱ型等温线类似，但曲线后一段再次凸起，且中间段可能出现吸附回滞环Ⅳ（a），其对应的是多孔吸附剂出现毛细凝聚的体系，例如介孔材料，回滞环的形状与孔的形状及其大小有关。而Ⅳ（b）类是没有脱附回滞环的介孔吸附等温线，一般发生在介孔孔径较窄的圆柱形和锥形孔材料中。

Ⅴ型等温线发现在具有疏水表面的微孔/介孔材料的水吸附行为中。相对压力较低时由于材料-气体的弱作用力，曲线与Ⅲ类吸附等温线类似。随后发生孔填充和脱附回滞环。

Ⅵ型等温线是一种特殊类型的等温线，发生在高度均一的无孔材料表面，例如氩气、氮气低温下在一些石墨、炭黑表面的吸附过程。材料一层吸附结束后，再发生下一层的吸附。

由吸附等温线的类型反过来也可以定性地了解有关吸附剂表面性质、孔分布及吸附质与表面相互作用的基本信息，如表10-1所示。

表10-1　吸附质与吸附剂表面相互作用和孔径分布信息

作用力	微孔（<2nm）	介孔（2~50nm）	大孔（>50nm）
强	Ⅰ型等温线	Ⅳ型等温线	Ⅱ型等温线
弱		Ⅴ型等温线	Ⅲ型等温线

吸附等温线的低相对压力段的形状反映吸附质与表面相互作用的强弱；中、

高相对压力段反映固体表面有孔或无孔，以及孔径分布和孔体积大小等信息。

10.1.3.2 回滞环

回滞环常见于Ⅳ型吸附等温线，指吸附量随平衡压力增加时测得的吸附分支和压力减小时所测得的脱附分支，在一定的相对压力范围不重合，分离形成环状。在相同的相对压力时，脱附分支的吸附量大于吸附分支的吸附量。这一现象通常发生在具有中孔的吸附剂上，BET公式不能处理回滞环，此时需要毛细凝聚理论来解释。

对回滞环产生的原因，R. Zsigmondy认为吸附和脱附过程液态吸附质在孔壁上的接触角不同，吸附时的前进角总是大于脱附时的后退角，但这一解释的局限性较大。20世纪30年代，E. O. Kreamer、J. W. Mcbain、A. G. Foster和L. H. Cohan等人基于吸附-脱附物理模型分别用吸附剂孔的几何形状解释了不同形状回滞环的成因。这些形状包括：①一端开口的均匀圆筒形孔；②两端开口的均匀圆柱形孔；③四面开口的平板型孔和④"墨水瓶"孔。

根据最新的IUPAC的分类，将常见的回滞环分成以下六种类型，如图10-2所示。

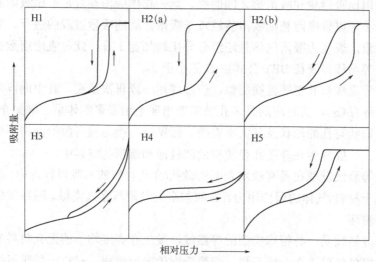

图 10-2　IUPAC 分类的六类回滞环

H1和H2型回滞环吸附等温线上有饱和吸附平台，反映了孔径分布较均匀。其中，H1型反映的是两端开口的管径分布均匀的圆筒状孔，H1型迟滞回线可在孔径分布相对较窄的介孔材料和尺寸较均匀的球形颗粒聚集体中观察到（比如MCM-41、MCM-48、SBA-15等分子筛）。

而H2型反映的孔结构复杂，包括典型的"墨水瓶"孔、孔径分布不均的管形孔和密堆积球形颗粒间隙孔等。H2（a）型中脱附支很陡峭，主要是由于窄孔颈处的孔堵塞/渗或者空穴效应引发的挥发，H2（a）型回滞环常见于硅凝胶以及一些有序三维介孔材料。H2（b）型相对于H2（a）型来说，孔颈宽度的尺寸分布要宽得多，常见于介孔泡沫硅和一些水热处理后的有序介孔硅材料。

H3 和 H4 型回滞环等温线没有明显的饱和吸附平台，表明孔结构很不规整。H3 型回滞环反映了平板狭缝、裂缝和楔形等材料的孔结构，在较高相对压力区域没有表现出吸附饱和。

H4 型回滞环是 Ⅰ 型和 Ⅱ 型吸附等温线的复合。H4 型出现在微孔和中孔混合的吸附剂上和含有狭窄的裂隙孔的固体中，如活性炭、分子筛。

H5 型回滞环较为少见，发现于部分孔道被堵塞的介孔材料。

结合吸附等温线的形状，同时对回滞环形状和宽度的分析，一定程度就可以分析吸附剂的孔结构和结构特性。然而，实际吸附剂孔结构往往很复杂，实验测得的等温线回滞环有时并不能简单地归于某一种分类，有时反映了吸附剂"混合"的孔结构特征。一个有趣的现象是，当介孔分子筛采用 N_2 作为吸附质时，并没有观测到回滞环，但吸附质分子变为 O_2 或 Ar，等温线却又出现了回滞环。这种现象不是由于特殊的孔结构和孔分布，而可能是由毛细凝聚在高度均匀孔结构上的不稳定性造成的。

10.2 比表面和孔径分布分析仪结构与工作原理

测定某一材料的吸附等温线的方法分为静态法和动态法。前者有容量法、重量法等，后者有常压流动法、色谱法等。比较而言，静态容量法和流动色谱法较为常用，而前者更为普遍广泛，将作为本节重点介绍的对象，其它方法请参考相关专业书籍。

实施静态容量法的装置，通常称之为比表面和孔径分布分析仪或物理吸附仪。物理吸附仪器的品牌众多。图 10-3 为国内两款性能优异的商品化的低温静态容量法物理吸附仪外观。目前，国内的物理吸附仪无论是外观还是性能都不逊于国外同类产品。

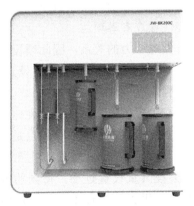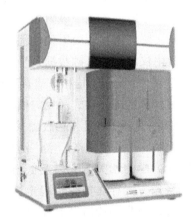

图 10-3 国内两款商品化的低温静态容量法物理吸附仪

物理吸附仪有一套复杂的真空系统，如图 10-4 所示，其测量过程要求操作非常精细因此也比较耗时，多数商品化的仪器已经实现了测定的自动化，且它们的工作原理基本相同。一台物理吸附仪都包含以下基本要素：真空泵、气源、连接样品管的金属或玻璃歧管、冷却剂杜瓦瓶、样品管、饱和压力测定管和压力测量装置（压力传感器）。

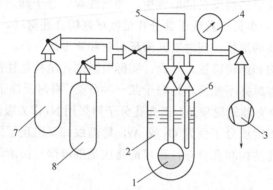

1—样品；2—低温杜瓦；3—真空泵系统；4—压力计（压力传感器）；
5—校准体积（气体定量管）；6—饱和蒸汽压测定管；7—吸附气体；
8—死体积测定气体（He）

图 10-4　静态容量法物理吸附分析仪原理图

物理吸附仪测试通常在液氮温度下进行。首先，在样品管中放置准确称量的经预处理的吸附剂样品，先经抽真空脱气，再使整个系统达到所需的真空度，然后将样品管浸入液氮浴中，并充入已知量的气体（如 N_2），吸附剂吸附气体后会引起压力下降，待达到吸附平衡后测定气体的平衡压力，并根据吸附前后体系压力变化计算吸附量。逐次向系统增加吸附质气体量改变压力，重复上述操作，测定并计算得到不同的平衡压力下的吸附量值。将这些吸附量与对应的平衡压力描绘成曲线即是吸附等温线中吸附曲线一支。然而，准确获得一条准确可靠的吸附等温线，在实际使用物理吸附仪过程中需要注意许多事项。

物理吸附仪测定的基础数据是平衡吸附量与压力的关系，因此须设定一个量值，而测定另一个量值。这样，就有两种进气模式：定投气量模式（设定纵坐标，测量横坐标）和定压力方式（设定横坐标，测量纵坐标）。

① 定投气量模式：是指由仪器采集压力信息。该方法对于仪器硬件及固件设计的要求较低，是各个生产厂家广泛使用的方法。该方法的一个亮点是可以扩展进行吸附动力学的相关研究以及低温反应。但是，对于常规的微孔孔径分布分析，定投气量方式存在如下不确定性：如果投气量设置过小，得到的等温线固然细节丰富，但是实验所花时间急剧增加；如果投气量设置偏大，虽然可以缩短测试时间，但并没有达到真正的吸附平衡，造成吸附等温线向右"漂移"，导

致微孔分析的误差。IUPAC 在 2015 年的报告中指出，太短的平衡时间会生成未平衡的数据，等温吸附线移向过高的相对压力区，因为在窄的微孔中的平衡往往是非常慢的。

② 定压力方式：是指由仪器采集并计算气体饱和吸附量。该方法最大的优点是，由仪器内置程序计算各定义压力下的吸附量，这种方法对于吸附量未知的样品可以既快速又准确地得到吸附等温线。但是，定压力方式对内置程序设计要求极高，尤其是对于微孔定压力测量（实验起始相对压力需达到 $10^{-7} \sim 10^{-5}$ 量级），必须同时考虑饱和蒸气压、系统体积、样品量等信息，具有相当的复杂性。不正确的"定压力方式"编程设计反而很容易导致等温线测量的偏差。

10.3 吸附等温线测定的影响因素

10.3.1 死体积

需要注意的是，在计算吸附剂的吸附量时必须要考虑样品管的体积和样品的体积。样品管自由体积是指样品管内未被样品占领的体积，也称死体积（void volume）。自由空间是系统中吸附质分子传递、扩散的区域，如果要精确计算样品的物理吸附量，死体积值是准确采集数据的基础。因为静态容量法的测量基础是压力，而吸附量的计算基础是理想气体状态方程，所以吸附质气体在扩散过程中压力差越大，则气体绝对量计算越准确。换句话讲，系统死体积越小，对压力变化的灵敏度越高，吸附量计算越准确。

由于大多数样品不吸附氦气，所以常使用氦气测定样品管的死体积，成为精度最高的经典方法。但需要注意氦气不能被吸附剂材料（例如微孔性物质，特别是活性炭）吸附或吸收。

此外还有 IUPAC 推荐的校准曲线法，即将死体积的测定从吸附测定中分离开来，事先用吸附气体测空管进行空白实验，然后保存待用。例如，在环境温度下先将空样品管的体积用氦气测定，随后，再在与吸附测定相同的实验条件下（温度和相对压力范围相同）用该空管进行一次空白实验。该方法省略了每个样品都需要用氦气测死体积的步骤，缩短了分析时间，是一种快速测定比表面或吸附曲线的方法。

此外，测试过程中，样品管在液氮中，因此系统存在着两个不同的温区：液氮面之上为"暖"区，处于室温，而液氮面以下，为"冷"区，处于低温。为了获得可靠结果，不仅要测定样品管总的自由体积，而且要测定处于"冷"区的气体质量。因此，对低温区域的气体还需要进行非理想气体校正。

总之，为尽可能减小误差，样品上方的死体积应尽可能减小，可以通过在样品管的颈部放入玻璃棒（填充棒）来减小死体积。

10.3.2　样品的预处理（脱气）

样品在吸附测定前都必须通过加热预处理，将样品中吸附的水和其它污染物气体脱附掉。微量水气会影响吸附的强度，致使单分子层的形成压力会发生改变，从而影响整体的吸脱附等温曲线；样品孔道因毛细作用极易被水气或者杂质阻塞，也会影响孔径分布的测量。如果脱气不充分，样品在分析过程中会继续脱气，抵消或增加样品所吸附气体的真实性。

一般来讲，当样品表面原吸附气体被脱除到单分子层吸附量的 0.1%以下时，可认为脱气完成。判断脱气是否完全可以先关闭样品阀，使样品与抽真空系统隔开，观察系统压力上升是否小于 1Pa/min。如果压力快速上升，此时还需要考虑系统漏气。事实上系统检漏应该在测试前进行，往往漏气的地方在样品管的密封部位。

脱气时应根据污染分子的吸附特性选择合适的处理条件，避免引起样品性质和结构的改变。脱气需要设置的条件分别是脱气温度和脱气时间。

脱气温度的确定主要遵循以下原则：在不改变样品表面特性的前提下，应选择足够高的温度以快速除去表面吸附物质，但是不能高于固体的熔点或玻璃相变点。有时加热脱除分子筛等微孔材料中的水分子时，应注意热处理有可能改变分子筛的结晶度。通常首先在低于 100℃先缓慢抽除大部分的水气，然后再逐步提高脱气温度。很多样品含有化学吸附水、表面羟基或大量的化学结合水，如果脱除这些水，样品的性质就会发生变化，此时就需要根据经验判断了。例如，可根据热重曲线和 DSC 曲线来辅助确认脱气温度，最好不要超过熔点或分解温度的二分之一。一般而言，脱气温度应当是热重曲线上平台段的温度。

脱气时间的选择与样品孔道的复杂程度有关。一般来说，孔道越复杂，微孔含量越高，脱气时间越长；选择的脱气温度越低，样品所需要的脱气时间也就越长。可以通过在相同脱气温度下，分析样品的结果变化来优化脱气时间。对于一般样品，IUPAC 推荐脱气时间不少于 6 小时，而需要低温脱气的样品则需要长得多的脱气时间。对一些微孔样品，脱气时间甚至需要在 12 小时以上。

脱气的方式有真空脱气和流动脱气两种。大量实验表明，真空脱气对样品清洁能力明显优于流动脱气。但是，真空脱气在去除表面含大量弱结合吸附水的材料时，由于脱附的水会在泵中扩散，导致泵的抽力下降。所以，对于含水量较高的样品，应先在烘箱中烘烤过夜再上真空脱气站，以保护真空泵。

由于脱气温度、时间以及真空度都与比表面积有关，所以测试结果存在误差是不可避免的。这意味着测样时需要固定样品处理条件进行相对比较。当与文献值比较时，也要注意文献上的样品预处理和分析条件。

10.3.3　样品的使用量

由于比表面积是基于样品的单位质量，所以必须在脱气后和分析前对样品管中的样品准确计量。测试前应当对样品的表面积有一个预估，以确定所需样品量。一般而言，所测样品应能提供至少 10～50m² 的总表面积。小于这个范围，测试结果相对误差较大；大于这个范围，会增加不必要的测试时间。当样品有很高的比表面积（>1000m²/g）时，理论上使用 10mg 就满足测试要求，但这时天平称量过程可能带来较大的误差，建议最少的样品量不低于 50mg。对于小比表面积的样品，受样品管容量的限制，装样时尽量多装，只要不超过球体的 2/3 即可。在不知道比表面积情况下，一般测试全孔和微孔样品质量要 100mg 以上，测试介孔时需要 250mg 以上。

样品的状态可以是粉末、块状和薄膜样品等，然而为了吸附完全，尽量提供小尺寸的样品，最大尺寸不能超过样品管口直径。

10.3.4 吸附质的确定

吸附质种类比较多，有 N_2、Ar、CO_2、Kr 等气体分子，IUPAC 在 2015 年的最新报告中指出，吸附气体的纯度不得低于 99.999%。

绝大多数情况下，N_2 是最佳的吸附质分子，在液氮温度 77K 下可以进行比表面积以及微孔、介孔和大孔的孔径分析。这不仅是因为其易获得性和良好的可逆吸附特性，还因为 N_2 可以给出意义明确的 Ⅱ 或 Ⅳ 型等温线。但是在某些情况下，氮气可能与表面发生强的相互作用或者形成化学吸附（如金属表面），也可能与表面相互作用过弱，形成 Ⅲ 或 Ⅴ 型等温线，而无法确定单层饱和吸附量。这时需要改用其它吸附质，使等温线呈 Ⅱ 或 Ⅳ 型等温线。

氩气（Ar）通常的使用温度是液氩温度 87K，能为微孔分析提供更准确的分析结果、更快的分析速度、更高的起始压力（对分析的真空度要求较低）。氩气使用的分析模型与氮气是一样的，二者的区别为在同样的相对压力下，氩气可以测到更小的孔径。但氩气做吸附气体其局限性在于当材料的孔径大于 12nm 时，毛细凝聚就会消失。IUPAC 于 2015 年正式建议，由于氮气不是完全的惰性气体，与孔壁可以发生四极矩作用而不适合微孔样品的分析，而应该采用氩气作为吸附气体。

二氧化碳（CO_2）常用的测试温度是 273K，对微孔碳材料具备最快的分析速度，可分析孔径低至 0.3nm。由于其在冰点下很高的气体扩散速率，因此测试碳材料对 CO_2 吸附行为具有效率高、容易得到饱和吸附量的特点。但是，二氧化碳冰点的饱和蒸气压（3.48MPa）太高，只能在微孔范围内吸附，而不能在较高的 p/p_0 范围内进行，除非选用高压吸附仪。

氪气的使用温度是液氮温度 77K，通常用于测试具有超低比表面积的材料，可以得到一个相对准确的比表面积数据。这是因为对于氪气而言，它在液氮温度下的饱和蒸气压非常小只有 0.26kPa，当相对压力在 0.05～0.3 之间时，气体压力非常小，可以排除因死体积产生的误差。

10.3.5　平衡时间的影响

在静态容量法物理吸附实验中，所谓吸附平衡是在一定的扩散时间内，体系中气体压力变化始终在允许误差范围内的状态。它与投气方式共同组成了物理吸附仪测量准确度中最核心的环节。测试过程中若平衡时间不够，则所测得的样品吸附量或脱附量小于达到平衡状态的量，而且前一点的不完全平衡还会影响到后面点的测定。例如，测定吸附支时，在较低相对压力时没有完成的吸附量将在较高的压力点被吸附，这导致吸附等温线向高压方向位移。由于同样的影响，脱附支则向低压方向位移，形成变宽的回滞环，或者产生不存在的回滞环。对于微孔测量，由于其孔径较小，需要的平衡时间相应增加。

如果平衡时间（equilibrium time）规定的是达到平衡的最低时间要求，那么平衡压力误差（tolerance）则是用于认定达到平衡时允许压力变化范围的参数。这两个参数共同决定了吸附平衡条件。吸附平衡条件设置必须具有足够的灵活性以适应不同类型材料分析的需求。例如，对于柔性 MOF 材料，由于其孔道结构变化需要相当长的时间（>5000s），在实验平衡条件设置时，必须能够针对具体材料的孔道结构变化时间设定仪器的平衡时间。

10.3.6　液氮浴的温度

样品测试时会浸入液氮浴中，因此液氮的温度决定了样品的温度和吸附质的饱和蒸气压（p_0）。但是，由于液氮被转移和放置过程中可能会溶解大气中的氧气，这会导致液氮浴温度轻微的增加。液氮的实际温度可以通过氧气体温度计，即氧压表测定。测得氧的饱和蒸气压 p_0 后，可根据相关理化数据手册查得 p_0 对应的液氮温度和相应的氮饱和蒸气压。

因此，在实际的测试过程中，应当注意：①分析过程中在杜瓦瓶口盖上松紧合适的盖子，杜瓦瓶内向外蒸发的液氮就可有效阻止大气向杜瓦瓶内的渗入；②实验后剩余的液氮应弃之不用，而不能倒回液氮储罐从而造成贮存液氮的纯度下降。当测得的氮气饱和蒸气压显著大于环境大气压时，或液氮颜色发蓝，都有可能说明液氮明显不纯。

为了避免液氮的不纯，也可以采用机械制冷的方式使样品端处于 77.35K。目前，商用 Cryocooler 低温恒温系统可在 20~320K 之间设置样品分析温度，极大地方便了实验设计。

10.4　数据分析——比表面积、孔容及孔径分布

尽管现在大多数的物理吸附仪在获得吸附等温线后，其附带的软件可自动处

理数据并出具含比表面积、孔体积和孔径分布等信息的报告。但是对于具有不同吸附等温线类型的材料，如何选择合理的数学模型才能得到可靠、有效的信息仍是测试者或研究者重点关注的，甚至有必要了解每一种模型所解决的焦点以及注意事项。表 10-2 列举了不同孔径样品的测试模型选择。

表 10-2　不同孔径样品的测试模型选择

孔径大小	分析方法	
微孔（≤2nm）	Langmuir 法分析比表面	H-K 法分析狭缝型孔孔径分布
	t-plot 法分析外比表面积/微孔孔容	SF 法分析圆柱形孔孔径分布
	D-R、DA、MP 法分析孔径（不常用）	H-K 修改法分析球形孔孔径分布
介孔（2～50nm）	BET 法分析比表面积	BJH 法分析孔径分布
微孔+介孔	BET 法分析比表面积；NLDFT 方法分析孔径分布	

10.4.1　表面积的计算方法

表面积或比表面积的计算关键是获得固体表面铺满单分子层时所需的分子数 N 或气体体积 V_m，进而根据分子截面积进行相应的计算[式（10-4）]。这里以常用 BET 法进行说明。

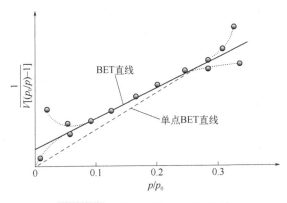

图 10-5　多点和单点 BET 直线

BET 法通常指采用二常数 BET 公式（10-3）的直线形式，以 $\dfrac{p}{V(p_0-p)}$ 对 $\dfrac{p}{p_0}$ 作图获得直线后，根据斜率 $\dfrac{C-1}{V_m C}$ 和截距 $\dfrac{1}{V_m C}$ 的数值计算 V_m，即 $V_m = \dfrac{1}{斜率+截距}$。

为保证数据的可靠性，BET 法作图应该至少使用 p/p_0 在 0.05～0.35 范围五个数据点，不要使用过高或过低的 p/p_0 数据点，否则结果会产生偏差，如图 10-5 所示。

如果多点 BET 直线的截距为负值，一般是由于 C 值过大，这时使用有限吸附层数的三常数 BET 方程［式（10-5）］，可以得到较为可靠的单层吸附容量值 V_m，并由此计算表面积值。

事实上，当 C 值大于 50 时，BET 方程就可以简化成过原点的直线方程，此时斜率即 $1/V_m$。此时利用一个点的 V 与 p 即可计算出 V_m，即可求算出表面积。

在大多数表面上，p/p_0=0.3 时测定吸附量，采用单点法求算得到的表面积与二常数的 BET 法的误差小于 5%。因此，对于表面性质已知的样品，单点 BET 法是一个快速准确的表面积测定方法。

10.4.2　孔体积和孔径分布计算方法

IUPCA 根据孔隙直径大小将多孔材料的孔划分为：微孔（$\varphi \leqslant 2nm$），中孔（介孔）（$2nm < \varphi < 50nm$），大孔（$\varphi > 50nm$）。气体吸附法测试比表面积和孔径分析的孔范围理论值是 $0.35 \sim 500nm$ 之间，有效值在 $0.5 \sim 50nm$ 之间。

微孔结构分析的方法有（表 10-2）：t-plot 法、D-R 法、DA 法、MP 法、H-K 法、H-K-SF 法以及 H-K 改进法，其中 D-R 法、DA 法和 MP 法都是介孔外推的方法得到的微孔部分的实验模型，都是微孔测试发展过程中的模型，目前已不太使用。通过 t-plot 法可以得到微孔部分的孔体积。H-K 法解决了微孔范围吸附的填充压力和孔径之间的定量关系，是一种半经验公式，它适用于具有狭缝型孔的微孔材料。H-K-SF 法是以沸石分子筛为基础开发的模型，适用于具有圆柱孔的微孔材料。H-K 改进方法适用于具有球形孔的微孔材料。

介孔结构分析的方法依据的理论模型是毛细孔凝聚理论，用到的是 Kelvin（开尔文）方程，如式（10-6）描述：

$$\ln\left(\frac{p}{p_0}\right) = -\frac{2\gamma M}{RT\rho} \times \frac{1}{r} \qquad (10\text{-}6)$$

式中，p 和 p_0 分别是吸附质在凹液面和平液面的饱和蒸汽压；γ 为吸附质液体的表面张力，M 为吸附质摩尔质量；ρ 为吸附质液体密度；r 为毛细凝聚部分的曲率半径。

从式中可以看出，孔径 r 越小，毛细凝聚发生的 p/p_0 也越小。需要说明的是，当孔半径接近分子大小时，液体的表面张力已失去物理意义，因此 Kelvin 公式也不再适用。由 Kelvin 公式可以计算出相对压力 p/p_0 所对应发生毛细凝聚的毛细管半径 r_k，也称 Kelvin 半径，如图 10-6 所示。

在此 p/p_0 条件下，所有比 r_k 值小的孔全部被毛细

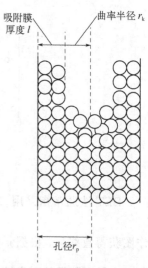

图 10-6　考虑了吸附液膜的毛细凝聚过程

凝聚的吸附质充满。因此，吸附等温线上与此相对压力对应的吸附体积 V_r，即为半径小于等于 r_k 的全部孔的总体积。那么就可以从吸附等温线出发，绘制出 V_r 与 r_k 的孔体积对孔半径的积分分布曲线。对此曲线进行微分处理，以 $\Delta V_r / \Delta r$ 对 r_k 作图，可获得孔半径的微分分布曲线，此曲线最高峰对应的半径成为最可几半径。

然而，需要注意的是，由 Kelvin 公式（10-6）计算所得半径 r_k 并非真实孔（pore）半径 r_p，（$r_k < r_p$），若由 r_k 反推表面积将使结果偏大。

A. Wheeler 认为吸附过程中孔中发生毛细凝聚现象时，孔壁上已经覆盖了厚度为 l 的吸附层，毛细凝聚实际是在吸附层所围成的孔中发生，这意味着孔径由吸附层厚度和 Kelvin 半径构成，即 $r_p = r_k + l$。可以想象，在脱附过程中，毛细管中凝聚的吸附质液体蒸发后，孔壁上应当仍然覆盖着厚度为 l 的吸附层。

10.4.2.1　中孔分布的 BJH 法

E. P. Barett、L. G. Joyner 和 P. P. Halenda 假定了毛细管内吸附层的厚度 t 仅与相对压力 p/p_0 有关，而与吸附质性质和孔半径无关，基于 Kelvin 公式和 Halsey 经验公式提出了计算中孔分布的最经典方法——BJH 法。认为相对压力 p/p_0 所对应的吸附量 V 应当包含吸附层吸附量和毛细凝聚吸附量两部分，可用式（10-7）描述。

$$V_{ads}\left(x_k\right) = \sum_{i=1}^{k} \Delta V_i [r_i \leqslant r_k\left(x_k\right)] + \sum_{j=k+1}^{n} \Delta V_j [r_j \geqslant r_k\left(x_k\right)] \qquad (10\text{-}7)$$

式中，$V_{ads}\left(x_k\right)$ 为 $x_k = p_k / p_0$ 时的总吸附量，此时发生毛细凝聚的 Kelvin 半径为 r_k；ΔV_i 为半径为 r_i 的毛细管内的吸附量（$r_i \leqslant r_k$），ΔV_j 为毛细管的管壁形成液膜对应的吸附量（$r_i \geqslant r_k$）。

在脱附阶段，半径为 r_i 的孔脱去毛细凝聚液时，半径大于 r_i 的孔壁液膜也有蒸发，厚度减少，总脱附量也是二者的叠加。

在采用 BJH 法计算中孔孔径分布时，需要预先设定孔的等效模型，包括圆柱形孔、平板孔和圆筒形孔等。其中圆柱形孔对大多数孔隙来说是统计最佳模型因而也最常使用。在含有回滞环的等温吸附线中，选择吸附支和脱附支数据分别计算中孔分布时，结果可能差别很大。一般情况下，孔径计算应该采用脱附支数据。

BJH 法假设了孔内吸附液膜化学势与液体本体化学势相等，然而 J. C. P. Broekhof 和 J. H. de Boer 认为这样的吸附液膜在热力学上是不稳定的，指出吸附液膜厚度不仅与相对压力有关，而且与吸附液膜曲率有关，他们进而提出一个能满足热力学平衡条件的 BdB 中孔分布计算法，对 BJH 法进行了修正。

10.4.2.2　微孔体积和孔分布的测定

微孔材料的吸附等温线通常呈 I 型，在很低的 p/p_0 下，微孔就吸附饱和，随后等温线形成平台。因此，用吸附法测定微孔材料的孔体积，其实就是要测准样品在很低相对压力下的吸附等温线，要做到这一点除了要求仪器有较高的系统真空度（≤0.5kPa）和高精度压力传感器外，还要选择合适的吸附质分子以及恰当的样品处理和测定条件。

氮气分子（N_2）是常用的吸附介质，但它不是测量微孔体积的最好选择，因为 N_2 可能与样品有较强的作用，影响结果真实性。此时选择氩气（Ar）作为吸附质更加合适。

通常，微孔性材料的样品脱气处理条件要苛刻一些，这是因为排除微孔内的吸附物要比中孔或大孔困难得多。由于这个原因，在测定死体积的过程中，可能有一定量的氦气（He）残留在微孔中，致使测试存在误差。解决这个问题的方案通常是样品在死体积测试后重新加热脱氦气，然后再进行吸附测试。此外，微孔样品的吸附、脱附阶段平衡时间也较长，需要关注。

下面介绍几个常用的微孔体积孔模型和相应的计算方法。

（1）D-R 方程

基于 Polanyi 的吸附势能理论，M. M. Dubinin 和 L. V. Radushkevich 从吸附等温线的低、中压部分导出了可用于计算均匀微孔体系微孔体积的 D-R 方程，描述如式（10-8）所示：

$$\ln V = \ln V_0 - k\left(\ln\frac{p_0}{p}\right)^2 \qquad (10\text{-}8)$$

式中，V 为吸附量；V_0 为微孔饱和吸附量，即微孔体积；k 为与吸附质、吸附剂和温度有关的常数。

可见，以 $\ln V$ 对 $\left(\ln\dfrac{p_0}{p}\right)^2$ 作图得一条直线，由截距可计算得微孔体积 V_0。

D-R 方法在低的相对压力（$p/p_0 < 0.01$）下表现出很好的线性，然而只适用于均匀纯微孔体系，即 I 型等温线。D-R 方程作图也可能形成两条直线，这时可认为微孔样品存在两种尺寸的微孔。

当吸附剂除了大量的微孔外，还有中孔和大孔存在（II、IV 型等温线)，在 p/p_0 较大时，数据会偏离直线，此时 D-R 方法不再适用。M. M. Dubinin 和 V. A. Astakhov 后来将 D-R 方程中指数中的二次方改为 m 次方，得到 D-A 方程，用于描述非均匀微孔体系。

（2）H-K 方程

Horvath 和 Kawazoe 从分子间作用力的角度推导了狭缝型孔的有效微孔半径与吸附平衡压力的关系式，并成功应用于活性炭的氮吸附数据微孔分布的计算。该方法的假设：①充满给定大小的微孔，需要一定的压力。如果吸附压力小于该压力，则该微孔是完全空的，反之则被完全充满。②吸附质在热力学上的行为是二维理想气体。

为了测定分子筛的微孔分布，A. Saito 和 H. C. Foley 将 H-K 方程扩展到圆柱孔。在 H-K 假设的基础上提出了新的假设：①圆柱孔是理想的而且长度是无限的；②圆柱内壁具有连续相互作用位能的单原子层。

为了测定具有笼状结构分子筛的孔分布，L. S. Cheng 和 R. T. Yang 将 H-K 方程扩展到球孔。其新的假设：①只考虑吸附质与沸石球型笼壁表面的氧原子间的相互作用；②笼壁是由原子的单一晶面构成的。

整体而言，H-K 是以氮气测定碳材料小于 1.5nm 的微孔，修正的 H-K-SF 和 H-K-CY 方程分别可以应用于圆柱型微孔和球型孔（沸石和分子筛）。这些方法在使用时务必要根据吸附质和微孔样品种类合理选择孔模型和方程参数。

10.4.2.3 标准吸附等温线对比法

标准吸附等温线对比法，包括 t 方法、α_s 方法和 n 方法，都不是根据一定的理论模型推导出来的，而是从大量实验数据中归纳总结出的经验方法，用于对孔结构的分析。实践表明，这些对多层吸附现象的经验表达方式与 BET 多层吸附理论的描述是一致的。下面对它们进行分别介绍。

（1）t 方法

t 方法（t method），也称为 t 曲线（t curve 或 t-plot），当中的 t 指的是吸附膜的统计厚度。该方法是将非孔性固体的氮吸附等温线（$V \sim p/p_0$）转化为吸附层厚度 t 与 p/p_0，以及 V 与 t 的关系曲线，如图 10-7 所示。

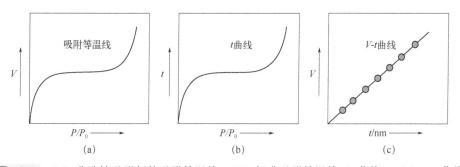

图 10-7　（a）非孔性吸附剂的吸附等温线；（b）标准吸附等温线（t 曲线）；（c）V-t 曲线

对于所有非孔性固体，当表面吸附多于单层后，在相同的相对压力 p/p_0 下，如不发生毛细凝聚，氮的吸附层厚度 t 值在不同的吸附剂上是相同的，满足关系式（10-9）：

$$t = \frac{t_m V}{V_m} = f\left(\frac{p}{p_0}\right) \tag{10-9}$$

式中，V_m 是单层饱和吸附量（mL，STP）；t_m 为氮的单分子层平均厚度

（0.354nm）。

对于大多数的体系，吸附层厚度 t 值与相对压力 p/p_0 的关系可用 Halsey［式（10-10）］或 Harkins-Jura［式（10-11）］经验公式表示：

$$t = 0.354 \times \left[\frac{-5.00}{\ln\left(\dfrac{p}{p_0}\right)} \right]^{1/3} \tag{10-10}$$

$$t = 0.1 \times \left[\frac{32.21}{0.078 - \ln\left(\dfrac{p}{p_0}\right)} \right]^{1/2} \tag{10-11}$$

在非孔吸附剂上，当相对压力 p/p_0 增加时仅引起吸附层厚度的增加，那么吸附量 V 与吸附层厚度 t 成正比，是一条过原点且相同的标准吸附等温线（V-t 曲线或 t-plot）。此直线的斜率为 V_m / t_m，可表达为样品的表面积。

根据此 t 曲线，易知任一相对压力 p/p_0 下的吸附层厚度 t 值。然后将多孔性吸附剂的各个相对压力 p/p_0 下的吸附量数据 V 对 t 作图，则可得到多孔性吸附剂的 V-t 图。在多孔性吸附剂上由于微孔填充或者毛细凝聚现象的发生，V-t 曲线则可能偏离直线发生弯曲，呈现多种形状，如图 10-8 所示。

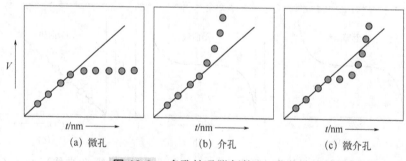

图 10-8　多孔性吸附剂的 V-t 曲线

若吸附剂中存在微孔，在较低的相对压力 p/p_0 下发生微孔填充，V-t 曲线会向下偏离直线；若吸附剂中存在中孔，在中等相对压力下发生毛细凝聚，V-t 曲线可能向下或者向上偏离直线；若吸附剂中同时存在微孔和中孔，V-t 曲线则可能呈现 S 形。

需要注意的是，t 方法的一个基本前提是认为氮的吸附层厚度与吸附剂的基本性质无关，即对一种吸附质（氮）只存在一条通用的标准吸附等温线。而实际使用中发现，V-t 曲线并不是总能通过原点，这可能是由于吸附质和吸附剂之间相互作用强度不同引起的。因此，可以针对化学性质不同的吸附剂建立不同的标准吸附等温线，或者根据吸附质和吸附剂之间相互作用强度分类建立一套标准吸附等温线进行改进。

研究 V-t 曲线可以分析吸附剂的孔类型、表面积和孔结构等信息。针对中孔和微孔吸附剂的分析过程描述如下：

① 中孔吸附剂分析　中孔吸附剂的典型 V-t 曲线如图 10-9 所示，包含了三个过程：

（a）在低的相对压力 p/p_0 下，中孔吸附剂所有表面（包括中孔孔壁）逐渐形成吸附层，在毛细凝聚现象出现之前，p/p_0 的增加仅引起吸附层厚度的增加，V-t 曲线为一直线段，其斜率反映吸附剂的总表面积。

（b）当相对压力增加至中孔内毛细凝聚现象出现时，吸附量急剧增加，而根据标准吸附等温线（t 曲线）得到的吸附层厚度却增加很小，因此，V-t 曲线迅速上升偏离直线。

（c）当毛细凝聚完成后，吸附质继续在吸附剂外表面（此时中孔填满，吸附剂可视为非孔特征）累积吸附层，此时 V-t 曲线再次呈一条直线，直线斜率可反映吸附剂的外表面积，而其截距等于吸附剂的中孔孔体积。

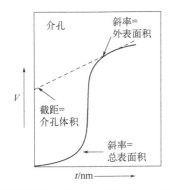

图 10-9　中孔吸附剂的 V-t 曲线

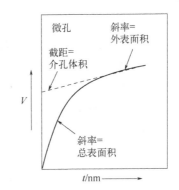

图 10-10　微孔吸附剂的 V-t 曲线

② 微孔吸附剂分析　对微孔吸附剂的 V-t 曲线分析，也称之为 MP 法。微孔吸附剂的典型 V-t 曲线如图 10-10 所示。

在微孔吸附剂上发生的过程与中孔吸附剂基本类似，其差别在于随着 p/p_0 增加时，微孔几乎不存在凝聚现象，只是发生填充现象，这不会造成吸附量急剧增加，反而是微孔的留存表面积下降，使得 V-t 曲线逐渐上凸向下弯曲。

类似地，过原点的直线斜率反映总表面积（对于微孔吸附剂而言，总表面积并无太多的实际意义）；V-t 曲线向下偏离直线，表明发生微孔填充现象；t 值较大区域的直线的截距为微孔的总体积，斜率为外表面积。

对 V-t 曲线的下弯曲线段进行解析可以进一步求得微孔的分布，这里不对其展开描述。

（2）α_s 方法

α_s 方法没有使用吸附层厚度这一概念，而是引入吸附量的一个归一化数值 α_s，该数值是以相对压力 $p/p_0=0.4$ 时的吸附量作为归一化量。以非孔性参考吸附剂上的吸附量归一化值 $n/n_{0.4}$ 对相对压力作图得 α_s 标准吸附等温线（α_s 曲线），可用式（10-12）表示。

$$\alpha_s = \frac{n}{n_{0.4}} = \frac{V}{V_{0.4}} = f\left(\frac{p}{p_0}\right) \tag{10-12}$$

对同一类的吸附剂，构建统一的 α_s 曲线，建立 α_s-p/p_0 标准数据。以多孔吸附剂在各个相对压力 p/p_0 下的吸附量数据 V 对 α_s 作图，则可得到多孔吸附剂的 V-α_s 图。根据 V-α_s 曲线（α_s-plot）也可以求算中孔吸附剂的表面积和中孔体积等数据。当微孔或中孔发生毛细管凝聚时，V-α_s 曲线也会发生如 t 曲线类似的向上弯曲或向下弯曲的情况。

α_s 方法的优点在于：该方法不局限于氮吸附性质，为测定在同一组吸附样品上不同吸附质的吸附等温线在形状上的一致性提供了一个简单而有效的方法。

（3）n 方法

n 方法认为非孔性吸附剂上的吸附层厚度不仅取决于相对压力，而且还取决于吸附质和吸附剂之间相互作用的强度。BET 方程中的 C 常数可以反映吸附质和吸附剂之间相互作用强度，按 C 值不同可将吸附质和吸附剂之间相互作用强度划分为若干级。以非孔性参考吸附剂上的吸附层数 n 对相对压力 p/p_0 作图获得不同 C 值范围的标准吸附等温线（n 曲线），可用式（10-13）表示。

$$n = \frac{V}{V_m} = f\left(\frac{p}{p_0}, C\right) \tag{10-13}$$

对多孔吸附剂进行 V-n 作图时需要选择合适的 n 曲线。与 V-t、V-α_s 类似，在 V-n 曲线中，通过原点的直线表示发生多层吸附，由其斜率可以计算吸附质的表面积；根据 V-n 曲线的弯曲偏离情况可以分析中孔吸附剂的表面积和中孔孔体积等信息。

需要指出的是，以上介绍的各种模型若手动计算则过程冗长繁琐，但所幸的是目前大部分商品化的物理吸附仪一般都附有此类数据的处理程序，极为便利，甚至还提供更多的数据处理模型，特别是非定域密度泛函理论（non-local density functional theory，NLDFT）和固体淬火 DFT（QSDFT）方法能够给出更准确的结果，值得研究者和使用者深入学习和运用。

10.5 测试过程中一些常见问题

（1）BET 方程中解析的参数 C 值为负

判断 BET 方法得到的比表面积数值是否准确一般有两个指标，其中一个就是 C 值要大于 0，另一个是线性相关系数要大于 0.999。

前文已提到 C 值的物理含义代表了样品的吸附热，正常情况下应该为正值。当遇到 C 值为负的情况时，首先要观察 C 值具体大小，如果是负值绝对值很大，可能与选取的 p/p_0 数据区域有关，应当把相对压力选点范围降低至 0.05～0.35 即可；如果是负值的绝对值较小，通常反映了材料具有微孔特性。对于微孔材料，吸附物质的分子是在非常狭窄的微孔进行，不能实现多层吸附，致使与 BET 方法的假设存在偏离，进而会得到偏小的比表面积。因此对于微孔的样品一般推荐用 Langmuir 方法来计算比表面积。

（2）比表面积测试值为负或特别小

出现负值可能有三种原因：①样品的比表面积本身就很小，等温吸脱附曲线几乎贴近相对压力轴，表明几乎没有吸附，考虑到仪器误差的存在而导致计算值为负；②样品测试用量过少，造成总的吸附值很低；③脱气温度和时间不合理，例如脱气温度过高，造成孔结构的变化或坍塌；脱气温度太低或脱气时间短，造成脱气不完全。

（3）等温吸脱附曲线不闭合

出现等温吸脱附曲线不闭合的情况比较常见，其原因主要是：①材料表面存在特殊的基团对吸附质有较强作用，导致吸附的气体分子无法完全脱离；②材料自身的比表面较小；③称样量过少；④样品前处理温度太高，孔结构坍塌致使气体脱附不出来；⑤设备漏气，仪器真空系统不保压；⑥测试过程中液氮偏少或耗尽。⑦如果研究碳材料需要注意，碳材料的孔大多为柔性孔或者墨水瓶孔，气体吸附之后孔口直径收缩，导致吸附上的气体不易脱附，很容易导致吸脱附曲线不闭合。

（4）等温吸脱附曲线出现交叉

可能原因如下：①样品吸附值本身就比较小，容易出现波动；②脱气条件不合适，脱气温度低或者时间短，水分没有完全除去，在脱附过程中才脱去；③实验过程中发生了漏气，如样品管没有拧紧或者样品管上面 O 形圈老化都会造成密封不严，造成等温吸附曲线和等温脱附曲线产生交叉的现象。

参考书目

[1] 辛勤等. 现代催化研究方法. 北京：科学出版社，2009.

[2] 王幸宜. 催化剂表征. 上海：华东理工大学出版社，2008.

[3] 刘希尧等. 工业催化剂分析测试表征. 北京: 烃加工出版社, 1990.

[4] 李东升. 材料性能测试与分析. 镇江: 江苏大学出版社, 2021.

[5] 何杰等. 工业催化. 徐州: 中国矿业大学出版社, 2014.

[6] 金彦任等. 吸附与孔径分布. 北京: 国防大学出版社, 2015.

[7] 刘建周等. 工业催化工程. 徐州: 中国矿业大学出版社, 2018.

[8] 高正中等. 实用催化. 2 版. 北京: 化学工业出版社, 2012.

[9] 李玉敏. 工业催化原理. 天津: 天津大学出版社, 1992.

第11章 化学吸附仪

化学吸附仪是基于程序升温技术发展起来的，可进行程序升温还原（TPR）、程序升温脱附（TPD）、程序升温氧化（TPO）、程序升温表面反应（TPSR）以及脉冲滴定等实验，用于材料对于物质的吸、脱附性能研究。除了常规（常压）的CO_x、NO_x、NH_3、H_2、O_2等的吸脱附实验外，还可进行吡啶、苯、甲醛等有机物的吸脱附实验，具有真空、加压、负温等多种可选配的实验条件。化学吸附仪可研究金属分散度、活性金属表面积、酸中心数量及强度分布等等，在化工、环境、材料等研究领域发挥着重要的作用。

11.1 化学吸附分析的基本原理

吸附是基本的表面现象，其过程可分为物理吸附与化学吸附两类，二者之间的本质区别在于气体分子与固体表面之间的作用力的性质。化学吸附（chemisorption）涉及化学成键，吸附质分子与吸附剂之间有电子的交换、转移或共有。它们的主要差别如表 11-1 所示。

表 11-1　物理吸附和化学吸附的差别

物理吸附	化学吸附
由范德华力引起，不存在电子转移	由共价键或氢键引起，存在电子转移或共享
吸附热较小（10~30kJ/mol）	吸附热较大（50~200kJ/mol）
无选择性	有选择性吸附特定分子
较低温度或抽真空可除去物理吸附层	需要加热至较高温度才能除去化学吸附层
可以发生多层吸附	单层吸附
吸附速率快，瞬间完成	吸附速率适中，有时需要活化过程
整个分子吸附	常常解离成原子、离子或自由基
吸附剂影响不大	吸附剂有较大影响（形成表面化合物）

气体分子在固体表面上的物理吸附，其作用力为范德华力，多发生在低温。范德华力在各类分子之间普遍存在，因而物理吸附普遍存在于气体和任何固体表面之间。化学吸附是基于吸附质分子与固体表面之间形成的化学键，因此只能在

特定的吸附质和吸附剂表面之间进行。换句话说，化学吸附是具有选择性或专一性的。利用化学吸附这一特征，可以测定催化剂中活性位点的数量和性质等。

化学吸附又分为非活化吸附和活化吸附。非活化吸附不需要活化能，在较低温度下即可实现，而活化吸附需要活化能在较高温度下才能实现。化学吸附通常是单层的。

化学吸附过程可以重构固体表面原子的结构排列，但是一般并不改变固体体相中原子的结构排列。如果体相中的原子被置换或重构，则认为发生化学反应。例如，在金属上化学吸附的氧会透入表面，形成一定厚度的氧化层；镍、钯等金属可以吸收氢而形成相应的氢化物，此时吸收的气体量也会大大超过吸附量。

化学吸附可看作气体分子与固体表面间发生化学反应，因此，温度对吸附速率的影响与对一般化学反应速率的影响一致，温度越高，达到平衡的时间越短。温度对平衡吸附的影响因体系不同而不同。同一吸附体系，因吸附位和吸附形式的不同，温度的变化也可能出现不止一个化学吸附极大值。

11.1.1　化学吸附过程热力学

假定 A 为吸附质，S 为固体表面的吸附位点，则吸附过程可表示为 A+S→AS。该吸附过程的平衡常数 K 可表示为式（11-1）：

$$K = \frac{[AS]}{[A][S]} \qquad (11\text{-}1)$$

化学吸附遵循热力学的基本规律，吸附是一个自发的过程，即 ΔG（吸）< 0，应伴有自由焓的降低。另外，分子被吸附后，就会失去全部或部分自由度，导致被吸附物的熵减少，即 ΔS（吸）< 0。根据 ΔG（吸）$= \Delta H$（吸）$- T\Delta S$（吸），易知吸附过程的热焓变化为负值。这意味着吸附过程是一个放热过程，吸附热 q 应满足 $q = -\Delta H$（吸）。

根据 ΔG 与平衡常数 K 间关系（$\Delta G = -RT\ln K$），可将平衡常数进一步表示为式（11-2）：

$$K = e^{-\Delta S} e^{q/RT} \qquad (11\text{-}2)$$

此式表明，吸附的平衡常数随温度的升高而减小，即随着温度的升高，固体表面吸附量将随之减少。

11.1.2　化学吸附过程动力学及吸附模型

吸附平衡可以用等温式、等压式或等量式表示。其中等温式较为常用，可由一定的吸附表面和吸附层的模型假定出发，采用动力学法、统计力学法或热力学方法推导。这里简单讨论三种吸附等温式。

（1）Langmuir 等温式

Langmuir 等温式又称单分子层吸附理论，是建立在理想表面和理想吸附层概念上发展的。该模型假定：①吸附只能发生在固体表面空的吸附位上；②每个吸附位点只能吸附一个分子或原子且吸附能力相同，即吸附分子达到单分子层时，表面达到饱和覆盖度；③吸附分子之间无相互作用；④吸附和脱附处于平衡状态。

如果吸附是非解离吸附，实验测定值压力 p、吸附量 V 和饱和吸附量 V_m 之间可构成线性方程式（11-3）：

$$\frac{p}{V} = \frac{1}{KV_m} + \frac{p}{V_m} \tag{11-3}$$

对 p/V 和 p 作图，可得一直线。从中可以计算出单分子层饱和吸附量 V_m，即固体表面上的吸附位点数量，以及吸附平衡常数 K。

如果吸附过程伴随着分子解离，例如 H_2 在金属原子表面解离成 H 原子，由动力学方程式可推导出双位吸附的线性方程式（11-4）：

$$\frac{p^{1/2}}{V} = \frac{1}{K^{1/2}V_m} + \frac{p^{1/2}}{V_m} \tag{11-4}$$

如果一个分子与表面上 n 个吸附位作用，Langmuir 等温式吸附方程可以表示为式（11-5）：

$$\theta = \frac{V}{V_m} = \frac{(Kp)^{1/n}}{1 + (Kp)^{1/n}} \tag{11-5}$$

Langmuir 吸附模型后经统计热力学得到了严格的证明，只要满足基本假定，Langmuir 公式的规律就一定会得到。但是，与其它理想定律一样，Langmuir 定律也是一种近似，反映的是理想吸附层的情形。

（2）Freundlich 等温式

然而，绝大部分固体表面的性质是不均匀的。特别地，如果在较低的平衡压力下，Langmuir 吸附等温模型不能准确描述试验结果。此时应用 Freundlich 模型描述却相当有效，其模型表达式为（11-6）：

$$\theta = \frac{V}{V_m} = cp^{1/a} \tag{11-6}$$

式中，c 和 a 为常数，一般都随温度升高而减小。a 通常大于 1 时，可反映吸附分子之间存在斥力。

假定固体表面上吸附位点的能量分布为吸附热随覆盖度对数下降的形式，如式（11-7）所示，那么 Freundlich 等温式也可用热力学统计方法从理论上推导出。

$$q = -q_m \ln \frac{V}{V_m} \tag{11-7}$$

（3）Temkin 等温式

在实验过程中，常常发现吸附热随覆盖度增加呈线性或非线性下降。因此，在 Temkin 等温式中，假定了表面吸附位能量分布特征为微分吸附热 q 随覆盖度 θ 的增加而线性下降，其表达式（11-8）为：

$$\theta = \frac{V}{V_{\mathrm{m}}} = \frac{RT}{\alpha q_0} \ln\left(K_0 e^{q_0/RT} p\right)$$

（11-8）

式中，q_0 为覆盖度为 0 时的初始吸附热；α 为常数。

以上三种吸附等温式中吸附热与覆盖度的关系可用图 11-1 表示。

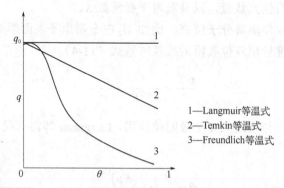

图 11-1　3 种吸附等温式中吸附热 q 与覆盖度 θ 间的关系

11.1.3　化学吸附位与分子吸附态

分子在表面上化学吸附时可以和表面上的单原子位、双原子位或多原子位进行成键，称之为单位点、双位或多位吸附。键合的方式可以是氢键、共价键或离子键，可见分子在表面上的吸附态是多种多样的。

一般情况下，材料表面的性质与反应物性质的性能不同，化学吸附所需吸附位的数目和吸附态也不同。例如，CO 在过渡金属表面上的吸附，可以在单个吸附位上形成线性吸附络合物，也可以在双吸附位上进行桥式吸附。此外，吸附分子在吸附位上可能是表面吸附络合物，也可能是表面反应的活化络合物，也可能是其它。由吸附和吸附态的研究结果可得出分子与表面的相互作用信息，而测定吸附位点的数目时，需要知道化学吸附时的计量系数。

11.1.4　吸附速率和吸附活化能

化学吸附速率及活化能的测定对催化基础研究和应用研究都具有重要意义。特别地，当吸附为催化反应的限制步骤时，吸附过程的速率决定整个催化反应的速率和催化活性。因此，吸附的活化能与吸附热一样，在一定的条件下可以表征活性位的性质，区别活性位的类型。

化学吸附主要有两种类型，一种为非活化的化学吸附，可以在低温下进行且速率非常快。例如 H_2 在 Pt、Ni 金属上，可以在 -195℃ 下就快速吸附；另一类为活化的化学吸附，需要在较高温度下进行，其特点是需要活化能。

吸附动力学的研究结果表明，吸附活化能往往随着表面覆盖度的增加而增加。这也意味着吸附活化能与吸附热一样，都是覆盖度 θ 的函数。

研究吸附热、吸附速率和吸附活化能在催化研究中都具有重要作用，对理解催化机理以及设计新型催化剂都有很大的帮助。

11.2 化学吸附仪装置组成

谙悉原理的实验者，一般在实验室内即可组建简易实用的装置，实现大多数常规的测试项目，但自动化程度不高。目前，市场上已开发出的全自动化学吸附仪具有无人值守的特点，极大地方便了使用者。国外的品牌包括日本的 Bel、美国麦克等，国内的如天津先权、精微高博、贝士德、沃德等。常见的程序升温化学吸附装置主要包含气体流量控制和切换系统、反应炉和温控系统、尾气分析系统三大基本组成。其中，检测器是化学吸附仪中极为重要的一个部件，是用来检测脱附分子数量或浓度变化的元件。

常规的化学吸附仪都配置有通用型的热导检测器（thermal conductivity detector，TCD），进阶型仪器可配置质谱分析器（mass spectrometer，MS）和红外光谱分析仪。然而，不恰当的选择检测方法有时候对实验结果有着重大的影响，会造成研究者对实验数据的错误分析并得出相左的结论。这里有必要对检测器进行介绍和说明。

热导检测器价格相对低廉，理论上，TCD 对任何物质均有响应，且其相对响应值与使用的 TCD 的类型、结构以及操作条件等无关，因而具有通用性。其基本原理是：当被测组分与载气一起进入热导池时，由于混合气的热导率与纯载气不同，热丝传向池壁的热量也发生变化，致使热丝温度发生改变，其电阻也随之改变，进而使电桥输出端产生不平衡电位而作为信号输出。

不同于气相色谱仪中获得的 TCD 谱图是混合气体经色谱柱有效分离后形成一系列色谱峰可鉴别的曲线，化学吸附仪获得的 TCD 谱图则无法区分具体物质。因此，在程序升温化学吸脱附过程中，使用热导检测器检测物质浓度变化应满足两个前提：①除载气外，被分析气体成分必须单一；②被分析组分与载气的热导系数应有较大差异。例如，在进行 NH_3-TPD 测试过程中，如果除了 NH_3 分子还有其它分子如 CO_2、H_2O 等随着升温脱附出来，或者 NH_3 在升温过程中发生催化分解，或者被测试样品本身分解产生气体，最后获得的 TCD 曲线都不能真正意义上反映测试的目的，严格来说都是错误的。所以，在使用 TCD 检测器时，测试者一定要弄清楚在整个脱附阶段是否只有单一物质的浓度在发生变化。

质谱分析仪（MS）可有效克服热导检测器无法区分多组分的弊端，其可以对多个目标组分同时监测和分析。尽管质谱分析仪十分昂贵，但往往只有耦合了质谱检测器后才能更大程度发挥化学吸附仪的功能，更好、更准确地理解测试结果。质谱检测器的工作原理可参见前述章节，这里不做赘述。然而，质谱检测器也存在一些局限性，在实际使用中需要特别注意：①质谱分析仪检测的是离开反应器后的稳定分子，而无法像光谱类仪器直接监测中间物种；②质谱分析仪监测的是分子及其分子离子的质荷比（m/z）。一个物质在质谱中的质荷比有多个且丰度不一，例如 H_2O 分子的质荷比有 16（弱）、17（强）和 18（强），NH_3 分子的质荷比有 15（弱）、16（强）和 17（强），因此在 NH_3-TPD 中可以监测 m/z=16 表示脱附的 NH_3 分子；③同一个质荷比可表示不同物质。例如 m/z=28 可以表示 CO、N_2、C_2H_4 以及 CO_2 在质谱中的碎片，m/z=16 可以表示 CH_4、H_2O、NH_3、O_2、CO_2 等物质的碎片。因此，对监测到的质谱信号的准确理解除了要求对结果本身有很好的预估外，还需要基于物质在质谱仪中的碎片和丰度规律从而监测更多的质荷比加以确认。例如，监测 m/z=27 可判断 m/z=28 究竟是 C_2H_4 还是 CO。

11.3　化学吸附仪的应用场景

化学吸附仪的应用场景非常丰富，利用各种探针分子以及设计不同的处理程序，能够为研究人员的科研工作带来极大的便利和有力的实验数据。程序升温技术或脉冲技术研究的是以特定的探针或反应物分子与催化剂中特定的位点进行相互作用，所获得的结果正是研究者在催化研究中所关注的催化剂表面特定部位，对理解表面反应机理有重要的帮助。近年来，随着质谱分析仪的广泛应用和稳定同位素的使用，使得化学吸附仪的功能更加丰富。许多催化剂的研究比如分子筛催化剂的性能取决于其酸碱性、氧化物催化剂性能取决于其活性组分的氧化-还原性质，都可以在化学吸附仪上进行。

11.3.1　程序升温脱附技术

程序升温脱附技术（temperature-programmed-desorption，TPD），也称热脱附技术，是研究催化剂和材料表面性质和表面反应特性的有效手段。样品经预处理除去表面其它气体分子后，用一定的吸附质进行吸附饱和，然后再脱出物理吸附部分，最后线性升温使吸附分子脱附出来。当吸附的分子被提供的热能活化，能够克服逸出所需的能垒时，就发生脱附行为。由于吸附剂表面上的性质差异，吸附质与表面不同中心的结合能力就不同，所以脱附的结果反映了在脱附温度和表面覆盖度下过程的动力学行为。

吸附分子从理想、均匀表面脱附的动力学可用 Polanyl-Wingner 方程式（11-9）

来描述，即：

$$\frac{\mathrm{d}\theta}{\mathrm{d}t} = k_a(1-\theta)^n c_G - k_d \theta^n \qquad (11\text{-}9)$$

式中，θ 为表面覆盖度；k_a 为吸附速率常数；k_d 为脱附速率常数，$k_d = v\exp\left(-\dfrac{E_d}{RT}\right)$，其中的 E_d 为脱附活化能，v 为指前因子，T 为温度（K），R 为气体常数；c_G 为气体浓度；n 为脱附级数；t 为时间，s。

在程序升温脱附过程中，温度通常是线性连续变化的，因此脱附速率同时取决于时间和温度。脱附速率是温度的指数函数，随着温度的上升，最初将急剧地增加；但随着吸附质表面覆盖度 θ 的减少，脱附速率将在 θ 等于某一个值时开始减小。当 $\theta=0$ 时，脱附速率也变为 0。脱附下来的吸附质随着载气（如 He、Ar 或 N_2）流出反应系统，经检测器监测，则可以得到正比于物质浓度、脱附速率的峰型，即称为 TPD 谱图。

一般 TPD 谱图中出现峰值大小和数目不同的脱附峰，可反映出吸附质在材料表面上各种吸附态类型、强度及其分布。经一定的数学模型处理后，可获得包括脱附活化能、指前因子和脱附级数在内的脱附动力学参数，从而可定性或半定量地了解吸附质与材料表面间形成键的强度和性质。

程序升温技术已成为研究催化剂材料最常用的方法之一。根据研究目的，选用不同的探针分子（即吸附质），可形成广泛的测试应用场景。例如，研究材料表面的酸碱度，可采用 NH_3 或 CO_2 作为吸附质，形成 NH_3-TPD 和 CO_2-TPD 技术。除此之外，还可以有其它各种形形色色的技术，包括 H_2-TPD、CO-TPD、O_2-TPD、NO-TPD、H_2O-TPD、烃类分子-TPD 等等。

尽管吸附质分子种类不同，但此类实验的基本操作大同小异：①在反应器内填装少量样品（50～200mg），在特定气氛中进行一定的预处理（例如还原、干燥和净化）；②样品在某吸附温度下，饱和吸附目标分子；③在除去样品表面物理吸附的分子后，样品按照一定的程序进行线性升温脱附，检测器监测并记录脱附出来的气体分子，直至脱附完成。然而，在实际的测试过程中，实验结果受很多因素的影响，例如载气流速、升温速率等。需要指出的是，如果选择 TCD 作为检测器时，根据气体热导系数间的差异性，在进行 H_2-TPD 测试时，一般选择 Ar 或 N_2 作为载气能够实现很好的灵敏度和测试效果；而对于其它测试项目，则通常需要选择 He 作为脱附载气。

通过改变吸附条件、升温速率和程序等，可以获得材料表面活性吸附中心强弱、脱附活化能等方面的信息；尽管程序升温脱附不受研究对象的限制，但在实际应用过程中存在大量需要注意的问题以及一定的局限性，需要研究人员特别注意，否则获得的结果可能是误导性的。

① 待测试的材料是暴露过空气的，会吸附空气中的各种吸附质。尽管样品经过了一定的高温预处理试图除去 H_2O 或 CO_2 等物质，但这些吸附质可能与样品存在强吸附作用，不能在预处理温度下完全清除，进而一方面占据了目标吸附质的吸附位点，另一方面会在高温阶段脱附出来计入 TCD 信号，导致谱图失真。一些研究者错误地认为样品在测试前已经历过高温的煅烧处理，样品应该很稳定，不应有非目标分子外的物质产生。事实上，当样品降至室温并暴露空气中，这种吸附会再发生。因此，在实际测试的过程采取以下策略，可最大程度地降低或消除这种不确定性：（a）尽可能提高预处理温度，其效果显著于延长预处理时间，但温度最好不要高于样品本身的热处理温度；（b）TCD 检测器前增加除水环节；（c）有条件的情况下使用质谱分析仪，精准测定具体物质。

② 待测试的材料往往具有一定的催化性能，吸附的分子有可能在升温的过程中发生催化分解或与样品表面官能团发生催化反应，形成热导系数差异的物质而影响 TCD 曲线。例如，在测试 Ru 基样品的 NH_3-TPD 时，脱附的 NH_3 分子会发生催化分解形成 N_2 和 H_2，造成 TCD 曲线异常。再如，在进行 CH_4-TPD 时，CH_4 会在金属位点上发生催化分解或与样品表面羟基发生重整生成 H_2、H_2O 和 CO_x 等物质。此时，就要求测试者对样品本身性质有充分的了解和预估，有条件的情况下联用质谱或红外检测器。

③ TPD 技术是一种流动法，较适用于对使用催化剂的应用基础研究，对于纯理论性的基础研究工作尚存在一定的不足。这主要因为：对一级反应动力学的研究比较困难，当产物比反应物难以吸附在材料表面时，随着产物的不断脱除，抑制了逆反应的进行，造成实际转化率会高于理论值。同时，程序升温脱附过程与实际反应环境也存在较大的差别，不能做简单的类比。

④ 虽然程序升温技术有很多的优点，获得的信息量也非常多，但是测试的谱图结果与文献报道可能会存在很大差异（例如峰的温度、数目等等），这不仅来自仪器条件参数的差别，还来自样品本身的性质差异，需要研究者仔细甄别，对比分析。仪器条件参数方面包括：反应器死体积、样品填装方式、样品形态、载气种类和流速、升温速率、预处理条件等等；其中升温速率过大时，易造成 TPD 峰重叠，而速率过慢时，会使 TCD 信号减弱且使实验时间延长，一般采用 10～20℃/min 为宜。图 11-2 显示了在测定 HZSM-5 分子筛 NH_3-TPD 过程中，载气流速与样品使用量对谱图具有显著的影响。

此外，样品本身的性质包括载体效应、助催化剂效应、合金化效应、酸度等等，对谱图的变化也是极其显著，而这些也正是研究者所要关注的研究内容，需要结合样品自身特征准确理解，不可盲从文献资料。

程序升温脱附技术是从能量角度考察了样品中活性中心和它的表面催化反应，如果将某些新的测试工具（如红外光谱、激光拉曼光谱）联合使用，还可以进一步了解气体分子在催化剂表面的吸附态以及作用机理等本质问题。

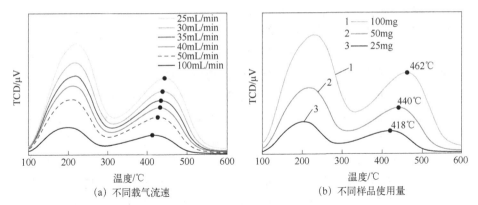

图 11-2　测试条件对 HZSM-5 分子筛的 NH₃-TPD 谱图的影响

11.3.2　程序升温还原技术

程序升温还原技术（temperature-programmed-reduction，TPR），可以提供含金属样品在还原过程中金属氧化物之间或金属氧化物与载体之间的相互作用信息，如金属分散度、化学状态等。根据使用还原气体种类的不同，可以分为 H₂-TPR、CO-TPR、CH₄-TPR 和 NH₃-TPR 等。一般情况下，H₂-TPR 可以使用热导检测器检测 H₂ 浓度的变化，而其它 TPR 过程中涉及反应物消化和产物生成，不宜采用TCD 检测器，而应使用质谱检测器。

TPR 之所以可以提供活性金属氧化物组分与载体间相互作用信息，其基本原理可以描述为：一种纯的金属氧化物具有特定的还原温度，而当两种以上氧化物混合在一起时，如果每一种氧化物在 TPR 过程中保持自身还原温度不变，则说明它们之间没有相互作用；如果发生了固相反应的相互作用，氧化物的还原温度将发生变化。

等温条件下还原过程一般可以用成核模型和球收缩模型来解释球形金属氧化物（MO）与 H₂ 反应生成金属和 H₂O 的过程。而在程序升温条件下，并假定气流为活塞流，经动力学方程推导及一些条件限定后，H₂-TPR 过程涉及的基本方程可描述为式（11-10）：

$$2\ln T_m - \ln\beta + \ln c_{H_2,m} = \frac{E_R}{RT_m} + \ln\frac{E_R}{vR} \tag{11-10}$$

式中，$c_{H_2,m}$ 为还原速率极大时的 H₂ 浓度；E_R 为还原反应活化能；β 为加热速率；T_m 为峰极大值对应的温度；$v = k\exp\Delta S/R$（其中 ΔS 为吸附熵变）。

以 $2\ln T_m - \ln\beta$ 对 $1/T_m$ 作图得一条直线，从斜率可以获得还原反应活化能 E_R。由于 H₂ 的热导系数非常的大，因此 H₂-TPR 的灵敏度极高，还原过程中 H₂ 消化量只要达到 1μmol 就能够被 TCD 检测出来。因此氢气浓度或流速的改变对 T_m 的变化与方程式得到的结果能够很好的对应。

在 H_2-TPR 谱图中，可以获得的信息包括：金属氧化物的起始还原温度、最高峰温 T_m、耗氢量、还原度、还原速率等等。根据这些信息，进而可以研究：①金属还原性质的研究；②负载型金属催化剂中金属氧化物之间相互作用；③金属氧化物与载体间的相互作用；④金属供氧活性位点和数目的研究。

TPR 的本质就是还原性气体与样品中活性氧包括表面氧和体相氧（晶格氧）的反应。活性氧种类不同，它在 TPR 谱上也必将有不同的还原峰。氧的活性越高，数目越多，还原峰的起始温度就会低，峰面积也就越大；反之亦然。在相同的催化剂中，活性氧的数量变化会引起还原峰面积变化，但一般不影响还原峰的起始温度。样品中含有不同助剂时，活性氧的化学性质将发生变化，这将导致还原峰位置和面积的变化，进而可以推断金属的化学状态。例如，通过不同制备方法制备的 Co/MFI 催化剂，Co 氧化物的 H_2-TPR 谱图完全不一致（图 11-3）。

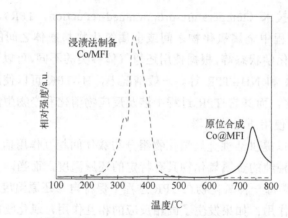

图 11-3 H_2-TPR 应用于样品还原性研究

一般研究者从 TPR 谱图中的峰温和峰形可以定性地分析催化剂的还原性质。然而需要指出的是，还原条件（还原气组成和流量、样品量、升温速率等）对 TPR 峰形（峰数目）、峰宽和峰温影响很大：流量增大时，最高还原峰温会下降；样品使用增多或升温速率过快时，会导致峰重叠，还原峰数目减少；升温速率过慢时，温度效应减弱，出峰不明显或缓慢，峰宽增大，这时反而不利于确定还原特征。因此，H_2-TPR 实验过程的一般控制条件为：载气为 H_2/N_2 或 H_2/Ar，H_2 摩尔浓度为 5%～10%，升温速率 5～20℃/min，样品使用量 10～50mg，样品粒度小于 60目，载气流速 20～50mL/min。为了得到良好的谱图，对不同金属氧化物的程序升温还原条件应予以重视和标准化，以便于对比研究。

H_2-TPR 实验过程中，H_2 的消耗量一般可以采用 CuO 还原过程（$CuO+H_2 \rightarrow$

Cu+H$_2$O）标定。H$_2$-TPR 过程中会产生水，虽然水的热导系数显著小于氢气的热导系数，但一定程度上也会影响 TPR 曲线，因此在 H$_2$-TPR 这类实验中反应器与 TCD 检测器间需增加一个除水装备。

在 H$_2$-TPR 测试中，往往还需要考虑氢溢流（H$_2$ spillover）效应对还原过程的影响。氢溢流是指在某一物质表面形成的活性氢物种，转移至自身不能吸附或不能形成活性物种的另一物质表面。在多组分催化剂中，由于活性组分性质不同，当容易还原的氧化物在较低温度下还原生成金属后，并且该金属对 H$_2$ 具有很好的解离活化作用，这时 H$_2$ 会在金属表面解离成还原活性更强的原子氢，借助金属与氧化物界面溢流至氧化物表面与其反应，促使氧化物会在更低的温度下还原。当样品中含有 Pt、Pd、Ag、Ru、Cu 和 Ni 等金属时，特别是含有贵金属，氢溢流效应将十分突出。由于 H$_2$-TPR 过程中氢溢流有时很难避免，这为谱图分析带来了某些复杂因素。因此，对于实验得到的 TPR 图谱，应综合分析全面考虑。有时为了降低或消除氢溢流对还原行为的影响，可以选择溢流作用较小的 CO 替代 H$_2$，进行 CO-TPR 测试，但此时应使用质谱检测器同时注意 CO 会在高温下发生歧化反应（2CO→CO$_2$+C）。

对于一些样品，在升温的初始阶段会存在 H$_2$ 释放的过程（峰形与 H$_2$ 消耗峰相反），这可能与 H$_2$-TPD 过程类似，样品表面在走 TCD 基线时存在一定 H$_2$ 吸附，随后在升温过程中被脱附出来。在进行含 Pd、Rh 等贵金属的 H$_2$-TPR 测试时，升温起始温度需要尽可能地低（例如 25℃），不宜采用常规的 50℃，避免 TCD 在走基线的过程中金属氧化物已遭受一定程度的还原。

在实际的程序升温还原谱图分析过程中，往往需要考虑的因素是非常多的，不可简单地盲从文献资料。需要从实际出发，仔细考虑样品特征（氧化物粒径、晶面、载体中落位；样品中有无助剂，特别是贵金属；样品合成方法等等）和测试条件，进行综合分析。程序升温还原技术可以在更多领域进行拓展应用，例如建立氧化-还原循环，考察物种的氧化还原性质和热稳定性质。

11.3.3　程序升温氧化技术

程序升温氧化技术（temperature-programmed-oxidation，TPO）与程序升温还原基本类似，是在一定的升温速率条件下，使用具有氧化性的气体如 O$_2$、CO$_2$ 和 N$_2$O 对样品进行氧化的过程，通常用于样品中积炭的研究。由于 TPO 过程是一个氧化的化学反应，比如 O$_2$-TPR，涉及到 O$_2$ 的消耗，CO、CO$_2$ 和 H$_2$O 等物质的生成，因此产物的检测不宜采用 TCD 检测，而应该采用质谱分析仪分析各种物质。

积炭是造成催化剂失活的一个重要原因，采用程序升温氧化技术（O$_2$-TPO 和 CO$_2$-TPO）是目前研究积炭性质（数量、种类和落位）进而研究催化剂失活机制的一种比较可靠的方法。常规的 TPO 谱图（采用质谱分析仪）中，可以获得 O_2、CO、CO_2 和 H_2O 随温度变化的规律，其中主要关注的信息点包括：①峰的温度位置；②峰的个数；③峰的面积；④H_2O 的变化；⑤CO 和 CO_2 的比例等等。其中①②和③基本可以反映积炭的类型和数量，一般而言，低温峰反映出积炭性质更为活泼，反应性强，例如烯烃聚合类积炭或高沸点的烃类化合物；高温峰则可反映积炭性质不活泼，例如石墨型积炭。结合④和⑤的信息可进一步推断积炭中的含氢水平、积炭与 O_2 反应的难易程度。在一些情况下，还可以采用 CO_2 作为氧化剂，即 CO_2-TPO 技术，可以多角度地研究积炭性质。对于水的信号，除了来自于积炭中的氢物种，还有可能来自样品自身吸附空气或反应过程中的水分子；此外，在 O_2-TPO 过程中，积炭燃烧释放的水分子可能在样品表面发生再吸附，然后在更高的温度才能脱附出来，造成 H_2O 与 CO_2 脱附峰可能不对应。

在采用 O_2-TPO 测定积炭性质时需要考虑：①材料中金属对积炭的催化燃烧现象，有金属存在时积炭燃烧温度可能会下降 100～300℃；②O_2 燃烧时存在 O_2 分子扩散限制，例如积炭存在于分子筛的微孔道中会造成积炭燃烧顺序颠倒。这些现象的存在都可能造成对积炭性质分析带来干扰甚至得出错误结论，需要使用者特别注意。

通过灵活地设置升温程序，O_2-TPO 技术除了在研究催化剂中积炭领域的应用外，还可以对催化剂的吸氢性能、氧化还原性能、钝化或再生以及晶格硫等方面进行研究，从而可以进一步了解助剂、载体、制备方法等因素对催化剂的影响规律。

11.3.4 程序升温表面反应技术

随着对催化过程本质的不断深入了解，研究者愈发意识到在实际反应条件下研究催化过程的必要性。在实际反应条件下，反应物、产物和中间物种都会吸附在样品表面上，从而共同影响表面活性中心的性质。因此，在研究催化剂表面吸附物种和其性质时，就不能简单根据每种反应物或产物单独的吸附量来加以确定。利用化学吸附仪，类似 TPD 技术，是可以快速地获得更多有效的信息。这种操作称为程序升温表面反应（temperature-programmed surface reaction，TPSR）技术，具体是指在程序升温的过程中同时研究气体分子在样品表面反应和脱附的过程。由于反应过程中产生多种气体分子，通常需要采用质谱检测器检测和分析。这种技术大致分为两类：①经过预处理的催化剂在反应条件下吸附和反应，然后从室温程序升温至所要求的温度，使样品表面吸附的物种脱附出来；②利用载气或含反应气的载气对样品进行程序升温，监测样品在载气中分解释放物质稳定性的规律或者监测反应气随温度的消耗和产物形成的反应规律。

事实上，TPSR 技术是将 TPD 和表面反应有效结合了起来，同时弥补了 TPD

的不足（局限于一种或两种组分的脱附考察），为深入研究和揭示催化作用的本质提供了一种新的手段。TPSR 技术通常可以获得以下主要信息：①提供反应条件下催化剂对某物种吸附态个数及其强度、表面均匀性、表面物种结构等信息；②表征催化剂活性及选择性、鉴别对活性起主要作用的吸附态等；③通过与 TPD 比较，研究与单一组分吸附行为的差异；④分别测定不同活性位点的动力学参数，区别于常规稳定动力学方法一般只能获得各个不同活性位点的平均动力学参数；⑤揭示催化剂活性中心的性质并有效地研究催化反应机理。

11.3.5 脉冲吸附或反应

化学吸附仪不仅可用于程序升温类的研究，还可以用于固定温度下脉冲吸附和反应研究，应用场景十分广泛，其目的大致可分为以下几类：①测试金属分散度；②测定储氧量；③监测反应中间物种和推断反应机理。基本测定过程可以描述为图 11-4，经过预处理的样品在一定温度和载气流动下，间隔一定的时间切换六通阀脉冲一定体积的探针气体（如 CO），气体被样品吸附或在样品表面反应，脉冲数次后，直至吸附饱和或不再反应，检测器显示峰面积不再变化，可停止测试。根据脉冲饱和时的峰面积作为标定峰 A_0（即空管不装催化剂时脉冲一次对应的峰面积）以及脉冲一次的体积 V_0（需经定量环温度和管内压力校正），则样品对气体的吸附量（V_a）可用式（11-11）表示：

$$V_a = \frac{V_0}{A_0} \times \left[\left(A_0 - A_1 \right) + \left(A_0 - A_2 \right) + \left(A_0 - A_3 \right) + \cdots \right] \tag{11-11}$$

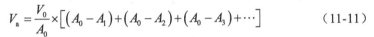

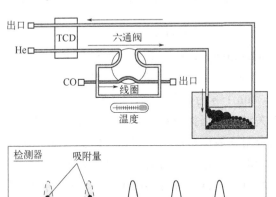

图 11-4 脉冲滴定过程示意图

待样品吸附饱和时，继续用载气吹扫至检测器基线稳定，然后进行程序升温，吸附的分子因热运动脱附出来，即可获得前述的各类 TPD 曲线。脉冲技术还可以适用于高温下易发生分解的样品，从而测定样品对探针分子的吸附量，但此时不能获得样品对探针分子吸附强度（即随温度变化的关系）。

（1）金属分散度的测定

将具有催化性能的金属担载在各类载体上（如 Al_2O_3、SiO_2 等），金属通常以微晶的形式高度分散于载体表面，从而提高金属（特别是贵金属）的利用效率，同时可以基于单位活性表面真正比较催化剂的优劣。衡量金属在载体表面的分散状况可用"分散度"（dispersion）表征。金属分散度 D 定义为暴露于表面的金属原子数目（N_e）与样品总金属原子数目（N_t）之比，即 $D = N_e/N_t$。获得金属分散度 D 后，可进一步计算金属粒子粒径大小（d）和金属比表面积（S）。测定金属分散度的方法较多，其中化学滴定法或吸附法可以直接测定且应用最普遍、局限性也小，其它的如 X 光谱线宽法、电子显微镜等也可以通过换算获得金属分散度。

根据化学脉冲吸附法测得的吸附体积 V_a 以及一些参数即可计算出金属分散度、金属比表面积和金属粒径。

金属分散度（%）：$D = \dfrac{V_a / 22414 \times SF}{m \times p / A} \times 100$

金属表面积（基于每克样品，m^2/g）：$S_{sa} = \dfrac{V_a / 22414 \times SF \times 6.02 \times 10^{23} \times \sigma_m \times 10^{-18}}{m}$

金属表面积（基于每克金属，m^2/g）：$S_m = \dfrac{V_a / 22414 \times SF \times 6.02 \times 10^{23} \times \sigma_m \times 10^{-18}}{m \times p}$

金属颗粒粒径（nm）：$d = 6000 / (S_{metal} \times \rho)$

式中，SF（stoichiometry factor）为 1 个探针分子吸附的金属原子个数；m 为样品质量，g；p 为金属在样品中的质量分数，%；A 为金属原子量；σ_m 为 1 个金属原子的横截面积，nm^2；ρ 为金属密度，g/cm^3。

化学吸附法的关键在于选择一种探针分子（如 H_2、CO、CO_2、O_2、C_2H_2 等），以一种已知的方式吸附在表面金属上，而在载体上不发生吸附。其次，要使化学吸附法结果可靠，表面金属原子数目必须仅简单地等于只化学吸附于金属表面的解离或非解离分子数目，根据金属种类的不同，选择对应的探针分子和吸附条件也有很大的差异，表 11-2 给出了不同探针分子测定金属分散度的优缺点。

化学吸附法也存在一定的局限性：①在化学吸附测定过程中，低温下可能伴随物理吸附，而在高温下可能会有溢流或副化学反应（如 CO 与 Ni 或 Fe 形成羰基化合物）；②化学计量系数的不确定性，会给测量结果带来非常大的误差；③金属与载体存在 SMSI 强相互作用，导致金属对分子吸附能力减弱；④对于如 Au 一类的金属，室温下对 H_2 或 CO 几乎不吸附，此时需要将吸附温度降至零下 100℃

附近才可观察到吸附。

H₂ 分子通常是线性吸附，但 H₂ 会被解离成 H 原子，故化学计量系数（SF）为 2。CO 若以线性吸附，则化学计量系数为 1；若为桥式吸附，系数为 2。探针分子在金属表面的具体吸附方式一般可通过红外光谱确定或者参考文献资料。在采用化学吸附法测试金属分散度过程中，样品的预处理条件（例如 H₂ 还原，则涉及还原温度、时间等）有时对结果有很大的影响。金属在样品中未能充分还原或周边具有配位原子，都会显著减弱对探针分子的吸附。

表 11-2　不同探针分子测定金属分散度的优缺点

探针分子	优点	缺点	适用金属	吸附方式
H₂	几乎不发生物理吸附，不吸附于载体	对杂质敏感，H₂ 还原后的样品可能存在残留 H₂（氢溢流）	Co、Ni、Pd、Pt、Re 等	桥式吸附
CO	较难解离	低温下存在物理吸附，有多种吸附方式；可能与金属生成羰基化合物	Pd、Pt、Ni、Co、Fe 等	线性吸附桥式吸附
O₂	在氧化物上只有少量吸附	低温下存在物理吸附，较高温度会氧化金属形成多种氧化物	Pt、Ni、Ag 等	
H₂S、CS₂、噻吩		存在物理吸附，吸附机理复杂，不能进入小孔中	Ni 等	
N₂O	解离吸附		Cu、Ag 等	

除了化学（脉冲）吸附法测定金属分散度，还可以采用化学中毒吸附法和化学滴定法测定，其中化学滴定法应用较多，如 H_2-O_2 滴定或 CO-O_2 滴定。其基本原理和化学吸附法类似，根据金属表面上吸附的物种发生的定量表面反应消耗量进行计算。例如在 Ni、Pt、Pd 等金属上吸附 H 原子后，气相中的 O_2 能与表面吸附的 H 原子发生反应；反之，金属表面吸附的 O 原子，也可用气相中 H_2 与之发生表面反应。以 Pt 为例，在氢氧滴定的过程中，Pt 原子表面发生如下表面化学反应：

$$Pt(s) + 1/2H_2 \longrightarrow Pt(s)H$$

$$Pt(s) + 1/2O_2 \longrightarrow Pt(s)O$$

$$Pt(s)H + 3/4O_2 \longrightarrow Pt(s)O + 1/2H_2O$$

$$Pt(s)O + 3/2H_2 \longrightarrow Pt(s)H + H_2O$$

假定 H_2、O_2 在表面金属上的吸附体积（mL）为 V_a^H 和 V_a^O，而 H_2 滴定金属表面饱和吸附的氧所消耗的体积（mL）为 V_T^H，根据分散度定义，则可以用下列方式计算金属分散度 D（%）。

氢吸附法：$D = \dfrac{V_a^H / 22414 \times 2}{m \times p / A} \times 100$

氧吸附法：$D = \dfrac{V_a^O / 22414 \times 2}{m \times p / A} \times 100$

氢氧滴定法：$D = \dfrac{V_T^H / 22414 \times 2/3}{m \times p / A} \times 100$

式中，A 为金属原子的原子量；m 为样品质量，g；p 为样品中金属质量分数，%。

用化学吸附法、CS_2 中毒法和 H_2-O_2 滴定法对比测定了 Pd/Al_2O_3 中 Pd 物种的金属分散度，结果显示有较好的一致性。但无论哪种方法，都要求测试过程中的气体纯度达到 99.99%以上（高纯气体），并有净化装置，否则会影响分散度结果。测试前，需保证金属已被充分还原且除去系统残留 H_2。测试温度是一个很重要的条件，例如对于 Pt 而言可以在室温下测试，而 Pd 在室温下可溶解大量氢，因此一般在高温下测试（如 120℃）。

对于 Cu 的分散度一般以 N_2O 为探针分子在 50～80℃脉冲可以获得较满意的结果，其基本原理如下：

$$Cu + N_2O \longrightarrow Cu—[O] + N_2$$

理论上，测定 N_2 的生成量即可计算出 Cu 的分散度。然而，在实际测试过程中存在一定困难，主要因为：①如果采用 TCD 检测器，由于未消耗的 N_2O 和生成的 N_2 为混合气，TCD 无法区分和定量；②如果采用质谱检测器，N_2O 在质谱中也会贡献质荷比（m/z）为 28 的信号。通常解决的方案包括：①在 TCD 检测前加一根色谱柱用来预分离 N_2O 和 N_2；②在 TCD 检测器前加干冰冷阱冷却或分子筛吸附除去 N_2O；③质谱检测器中扣除 N_2O 产生的 m/z=28 峰面积。

在实际样品中，如果 Cu 以 CuO 团簇形式存在时，还可以采用改进的方法测试还原过程的 H_2 消耗量来测定 Cu 的分散度。首先，对新鲜样品进行第一次 H_2-TPR，测定 50～350℃范围内的 H_2 消耗量或峰面积 A_1；随后，样品降温至 50～90℃，连续通入一定时长 N_2O 气体；最后，再进行第二次 H_2-TPR，获得还原峰面积 A_2。在整个过程中发生的反应如下：

$$CuO + H_2 \longrightarrow Cu + H_2O$$
$$2Cu + N_2O \longrightarrow Cu_2O + N_2$$
$$Cu_2O + H_2 \longrightarrow 2Cu + H_2O$$

此时，Cu 的分散度 D_{Cu} 为 $2A_2/A_1 \times 100$%。需要指出的是，样品中 Cu 的实际化学状态将影响方法的选择和结果的可信度范围。这要求测试者不可盲从某一测试流程，需要根据样品组成（如是否有干扰组分）和材料制备方法，结合测试原理来综合确定测试流程和分析测试结果。

测试 Ag 的分散度，一般可以采用 O_2 吸附法测定，吸附温度为 100～170℃。

更多小分子（如 C_2H_2）在各种金属或金属氧化物上的吸附原理可参考更多专业书籍，选择了合适的探针分子并熟知了吸附机制和影响因素，对娴熟运用化学吸附法表征样品将达到事半功倍的效果。例如，对于 CeO_2 负载的金属样品采用

CO 测试金属分散度时，由于 CeO_2 含有丰富的活性 O 易与 CO 反应生成 CO_2，从而可能高估了金属的分散度。

（2）测定氧化物的储氧量

测定一些氧化物如 CeO_2 的储氧量（oxygen storage capacity，OSC）可采用 O_2 脉冲法测定。首先对样品加热从室温至一定温度（如 800℃）进行一次 H_2-TPR（事实上，通过 H_2-TPR 数据也可以计算样品中的 O 释放量），随后降至一定温度下进行 O_2 脉冲，如图 11-5 所示，根据减少的峰面积可计算出样品的储氧量。

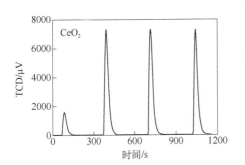
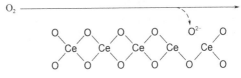

在800℃ H_2预处理后，500℃进行O_2脉冲化学吸附

图 11-5 脉冲滴定法测定氧化物的储氧量

（3）其它应用

选择合适的气氛并合理设置测试步骤和条件，在化学吸附仪上可以进行许多 DIY 类的实验，实现科学研究目的。比如，使用 Mass 检测器可以进行同位素交换实验；采用脉冲法进行模拟实验；样品的穿透曲线。在此不做更多展开。

11.4 化学吸附仪使用的注意事项

注意事项如下：

① 在测试送样之前，务必需要告知样品组成并提供样品的热重数据，样品一般不含 S、卤素等，测试温度范围内，样品稳定，不能产生腐蚀性气体；若样品存在分解行为，一般采用质谱分析仪。

② 测试碱性较强的材料，如 K_2O、Na_2CO_3、NaOH 等，会腐蚀石英管反应器。

③ 使用 H_2S、SO_2 等酸性气体作为吸附气体，则可能会造成 TCD 热丝及管路腐蚀。

④ 以 H_2 作为吸附气体时，务必打开半导体冷阱（及循环水）捕获反应过程中产生的 H_2O，以防止 H_2O 对 TCD 造成影响。

⑤ 一般石英反应管的使用温度范围为−196～1000℃，勿超温使用。

⑥ 定期保养 TCD 检测器。

参考书目

[1] 安德森，等. 催化剂表征与测试. 庞礼等译. 北京: 烃加工出版社, 1989.

[2] 布伦德尔，等. 催化材料的表征. 哈尔滨: 哈尔滨工业大学出版社, 2014.

[3] F. 鲁克罗尔，等. 粉体与多孔固体材料的吸附: 原理、方法及应用. 陈建，周力，王奋英，等译. 北京: 化学工业出版社, 2020.

[4] 托马斯，等. 催化剂的表征. 黄仲涛，译. 北京: 化学工业出版社, 1987.

[5] 陈诵英，等. 吸附与催化. 郑州: 河南科学技术出版社, 2001.

[6] 王桂茹. 催化剂与催化作用. 大连: 大连理工出版社, 2007.

[7] 黄仲涛，等. 工业催化. 北京: 化学工业出版社, 2020.

[8] 赵地顺. 催化剂评价与表征. 北京: 化学工业出版社, 2011.

[9] Michio Inagaki，等. 碳材料科学与工程: 表征. 北京: 清华大学出版社, 2017.

第 12 章　透射电子显微镜

透射电子显微镜（简称透射电镜，TEM）是一类以高能电子束为照明源，通过电磁透镜将穿过试样的电子（即透射电子）聚焦成像的电子光学仪器。

自 1931 年德国物理学家鲁斯卡（Ernst Ruska，1906—1988）和诺尔（Max Knoll，1897—1969）发明第一台电子显微镜以来，现代透射电子显微镜已获得长足的发展。不仅可以获得电子显微像，同时借助电子衍射获得承载晶体结构信息的衍射花样。与 X 射线能谱（EDS）或电子能量损失谱（EELS）联用，还可以进行微区化学成分分析。这些优异性能使得透射电子显微镜在材料、催化、生命科学、冶金、环境等领域获得广泛应用。

12.1　电子显微分析基础知识（Ⅰ）

电子显微分析是现代科学研究的一类重要技术，目前已成为材料微观形貌和结构观察的首要手段。电子显微镜（简称电镜）主要分作透射电子显微镜（TEM）和扫描电子显微镜（SEM），TEM 信号电子为穿透样品的电子束，SEM 信号电子为电子束在样品表面激发的电子。为更好论述电子显微分析系统的工作原理，本书将在第 12 章、第 13 章分两部分介绍电子显微分析基础知识。电子显微分析基础知识（Ⅰ）侧重电子光学基础，电子显微分析基础知识（Ⅱ）侧重电子与固体物质间相互作用。

12.1.1　电磁透镜

电磁透镜是电镜的重要组成部分，如同光学显微镜中的玻璃透镜，具有两项基本功能，即平行电子束聚焦和物体成像。

电磁透镜由两部分构成：极靴和线圈。结构如图 12-1 所示。极靴是由软磁材料，例如软铁，做成的圆柱形对称磁芯，电子束从圆柱中孔-极靴孔穿过。大多数电磁透镜有两个极靴，两极靴正对表面之间的距离称为极靴间隙。极靴孔/间隙比值是电磁透镜特征指标，决定着电磁透镜的聚焦行为。

环绕在极靴上的铜线圈又称为绕组。当给与绕组线圈电流时，极靴孔中会产生一个闭环磁场，磁场方向即透镜纵向，强度不均匀但呈线圈轴中心对称。运动电子通过电磁透镜的磁场中时，由于受到洛伦兹力的作用，不仅向轴靠拢，同时还绕轴旋转。如图 12-2，电子在磁场中螺旋前进，电子束经过电磁透镜重新会聚。改变线圈电流可以改变磁场强度而影响电子运动方向。电流越大，磁场强度越高，透镜焦距越短。电磁透镜利用旋转轴对称短焦距磁场，使电子束改变运动方向而起到聚焦和放大的作用。

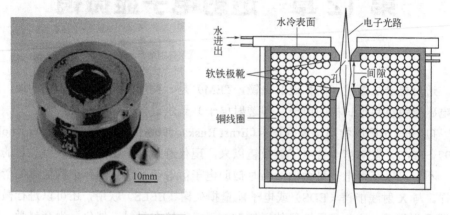

图 12-1　电磁透镜实物与结构

现代电子显微镜中的聚光镜、物镜等都是电磁透镜。通过对透镜电流的调节，无极变换电磁透镜的焦距，多个透镜协调一致实现电子束聚焦或放大成像的目的。

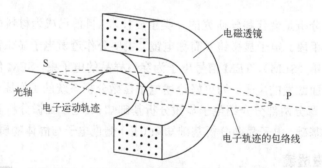

图 12-2　电子束由 S 点出发在电磁透镜中螺旋运动终至 P 点聚焦示意图

12.1.2　光阑

光阑，可类比光学显微镜的光圈，常插在电磁透镜中，通过阻挡发散电子、保证电子束的相干性以及限定电子束对样品的照射区域，以控制透镜形成图像的分辨率、景深和焦深、图像衬度、衍射花样的角分辨率、电子能量损失谱的收集角等。

光阑通常是金属圆盘中的圆形孔，一般采用高熔点金属 Pt 或 Mo 制成（见图 12-3）。根据使用目的安装在电镜的不同位置，光阑分为聚光镜光阑、物镜光阑和中间镜光阑。扫描电子显微镜（SEM）主要有聚光镜光阑和物镜光阑，透射电子显微镜（TEM）还设有中间镜光阑。聚光镜光阑用来限制电子束的照明孔径半角，在双聚光镜系统中通常位于第二聚光镜的后焦面上。聚光镜光阑的孔径一般为 20～400μm。作一般分析时，可选用孔径相对大一些的光阑，而在作微束分析时，则要选孔径小一些的光阑。

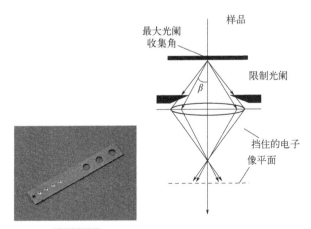

图 12-3　光阑实物与光阑作用示意图

物镜光阑位于物镜的后焦面上，其作用是限制电子束散射，增强图像衬度，提高成像质量。TEM 进行明场和暗场操作，光阑孔套住衍射束成像时，即为暗场成像操作；光阑孔套住透射束成像时，即为明场成像操作。物镜光阑孔径一般为20～120μm。因孔径小阻挡电子多，使图像的衬度大，因而物镜光阑又称为衬度光阑。物镜光阑处于高温状态，可达到阻止污染物沉积堵塞光阑孔的自净作用。

中间镜光阑位于中间镜的物平面或物镜的像平面上，让电子束通过光阑孔限定区域，衍射分析只针对所选区域进行，故中间镜光阑又称选区光阑。选区光阑孔径为 20～400μm。

商业电镜产品通常配备一系列规格不同的光阑以满足需要。

在电镜操作中，光阑和电磁透镜需要协同调整，使电镜达到最佳分辨率。

12.1.3　景深

透镜景深定义为透镜物平面允许的轴向偏差。通俗地说，即像平面固定，在保证像清晰的前提下，物平面沿光轴可以前后移动的最大距离。物镜景深大小规定了样品的允许厚度。SEM 的景深优于 TEM。TEM 样品厚度一般要求 100nm 以下，而 SEM 可以实现对微小颗粒材料的立体观察。

电磁透镜的景深取决于分辨率和电子束孔径半角，如式（12-1）。

$$D_f = \frac{2\Delta r_0}{\tan \alpha} \approx \frac{2\Delta r_0}{\alpha} \qquad （12-1）$$

式中，D_f 为景深；Δr_0 为电磁透镜的分辨率；α 为电子束孔径半角。

电子束孔径半角越小，景深越长。实际操作中常通过使用不同规格光阑调整景深（见图12-4）。

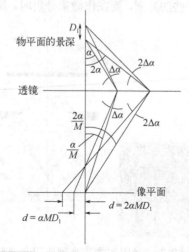

图 12-4　应用光阑调整景深原理示意图

12.1.4　像差

　　与玻璃透镜相似，电磁透镜也存在一个物点不能完美聚焦为一个理想像点的现象，即存在像差。物镜像差是影响电镜分辨率的首要原因，主要来自于：①由于制作工艺不完善几何缺陷导致的球面像差（球差）和像散；②由于束电子的波长或能量的非单一性引起的色差。电子显微镜使用中不可避免受到这些像差因素影响，因此有必要了解这些像差成因及解决办法。

　　（1）球差

　　束电子在电磁透镜中受电磁场作用会发生与光在光学透镜中折射的类似折射行为。电磁透镜磁场中，入射电子束在近轴区与远轴区受到的电磁透镜折射作用不同，如图12-5所示，远轴电子通过透镜折射角度较大，会聚于近焦点 A，而近轴电子通过透镜折射角度较小，会聚于远焦点 B。最终，物点 P 成像不是一点而是过 P' 点垂直于光轴的像平面即高斯像平面。高斯像平面呈现的是模糊圆斑（散焦斑）。以上即电磁透镜球差来源。衡量电磁透镜球差，常以最小模糊圆斑的半

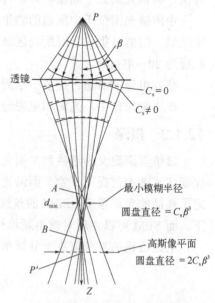

图 12-5　电磁透镜球差来源

径大小比较。某种程度上透镜球差限制了电子显微镜分辨率的极限，因此在一些高级电镜如高分辨透射电镜（HRTEM）等会配置球差校正器。

（2）像散

束电子在电磁透镜中以螺旋方式运行。由电磁透镜非柱体对称带来的像差，称为像散。电磁透镜极靴圆孔的椭圆度或孔边缘污染，是引起像散产生的常见原因。电子在透镜中非旋转对称，即使径向距离相同，但在不同方向受到折射作用不同，经过透镜后不能聚焦于同一点，交点间存在轴向间距。像散对电子显微镜分辨率影响很大，通常安装消像散器加以补偿矫正。消像散是需要熟练掌握的电镜操作。

（3）色差

成像电子聚焦焦距与电子波长有关，波长较短、能量较大的电子焦距较长；波长较长、能量较小的电子焦距较短。一个物点散射的具有不同波长的电子进入透镜磁场后，将沿着各自的轨迹运动，不能聚焦在同一个像点，而分别在一定的轴向距离范围内。由成像电子波长（或能量）不均一引起电磁透镜焦距差异而产生的像差称为色差。

造成电子束能量变化的原因，主要有两方面的因素：①电子枪加速电压的不稳定，引起照明电子束的能量波动；②电子束通过试样后由于试样原子的核外电子作用，发生非弹性散射而造成能量损失。试样越厚，电子能量损失幅度越大，色差散焦斑越大。针对以上原因，目前电子显微镜采用高精度稳压电源，能够获得近单一能量的电子。另外，保持透镜电流稳定，使因透镜电流波动引起焦距变化产生的色差尽可能低。

12.1.5　分辨率

分辨率是衡量电子显微镜性能的一项重要指标，目前普遍被接受的定义是：电子显微镜分辨率指其所能分辨的两点间的最小距离。分辨率大小受点光源小孔衍射效应、电磁透镜像差等因素的限制。

点光源小孔衍射效应，是指由于瑞利散射，一个点光源的像是一个 Airy 圆盘而非点。两个相邻点光源互相接近到一定程度时会发生像重叠。光学上定义重叠部分光强度达到光源像强度峰的 80% 时，两像点间距为极限分辨率 δ_d。通过理论计算可以获得电子显微镜的极限分辨率 δ_d 值，δ_d 值与电镜加速电压呈正相关。

极限分辨率是电子显微镜的理想分辨率。电磁透镜实际分辨率 δ，可以式（12-2）表示：

$$\delta = \left[\delta_d^2 + \delta_s^2 + \delta_C^2 + \delta_A^2 \right]^{\frac{1}{2}} \qquad (12-2)$$

式中，δ_s 为球差限制的分辨率；δ_C 为色差限制的分辨率；δ_A 为像散限制的分辨率。

TEM 图像分辨率是由物镜成像能力决定的，δ_s 是 TEM 分辨率的重要影响因素。没有球差校正的 TEM 分辨率达 0.1nm，加装球差校正器 TEM 最佳到 0.05nm，可实现原子水平观察。

SEM 图像分辨率主要取决于电子束最小扫描束斑直径，电子探测器采集到的电子来源、探测器的种类、周围环境等都对图像分辨力产生影响。样品表面二次电子产生量大于背散射电子，二次电子成像分辨率远好于背散射电子成像。

12.2 透射电子显微镜镜筒结构及性能

透射电子显微镜（TEM）主要由电子枪、三级电磁透镜、样品室、荧光屏及照相室或记录装置等组成。图 12-6 为透射电子显微镜镜筒内部结构示意图。镜筒为电镜的核心部分，承担电子光学功能。镜筒内部自上而下依次排列着电子枪、聚光镜、样品室、物镜、中间镜、投影镜、荧光屏和记录装置等部件，实现照明、样品放置、成像、图像观察及记录等功能。

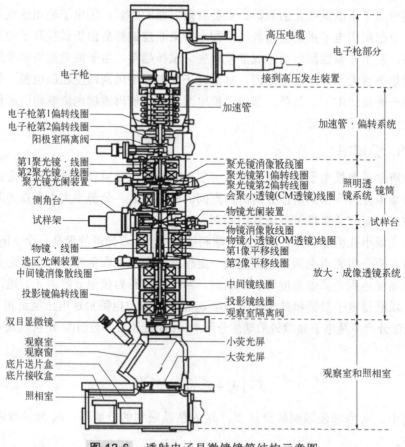

图 12-6　透射电子显微镜镜筒结构示意图

12.2.1　TEM 基本部件

（1）电子枪

电子枪就是产生稳定电子束流的装置，根据产生电子束原理的不同，可分为热发射型和场发射型两种。

热发射型电子枪主要由阴极、阳极和栅极组成。阴极是钨丝或硼化镧（LB）单晶体制成的灯丝，在外加高压作用下发热，升至一定温度时发射电子，热发射的电子束为白色。电子通过栅极后穿过阳极小孔，形成一束电子流进入聚光镜系统。

场发射型电子枪有三个极，分别为阴极、第一阳极和第二阳极。在强电场作用下，发射极表面势垒降低，内部电子以隧道效应穿过势垒从针尖表面发射出来，即场发射。阴极与第二阳极的电压高达数十千伏甚至数万千伏，发射电子经第二阳极后被加速、聚焦成直径为几微米的束斑。

场发射型电子枪又可分为冷场型和热场型两种。冷场发射型电子枪可在室温下使用，阴极一般采用定向〈111〉生长的单晶钨，发射功函数低、能量发散小。冷场发射对洁净度要求极高，真空度需达 $10^{-5}Pa$ 或更高。发射极表面易有残留气体吸附层，导致发射电流下降，电子束亮度降低。

热场发射又称肖特基发射。热场发射极材料采用 ZrO/W(100)，表面逸出功较低，受热电极（温度低于热发射型电子枪电极温度）在强电场中发射电子。热场发射电子枪克服了冷场发射电子枪的一些不足，发射极表面干净、噪声低，光源亮度高、束斑直径小、稳定性好，成为高分辨电子显微镜的首选。

总体而言，与热发射型电子枪相比较，场发射电子枪产生电子束亮度更高、相干性更好，因而在分析型电子显微镜（AEM）和高分辨透射电子显微镜（HRTEM）中通常采用场发射电子枪。

（2）聚光镜

电子枪发射出电子经电场加速形成电子束，此初级电子束束流直径较大，在与样品相遇前需要聚光镜规范。聚光镜一般采用双聚光镜设置。如图 12-7 所示，从电子枪阳极板小孔射出的电子束，通过第一聚光镜 C_1 电子束斑尺寸缩小，会聚成亮度高、直径小（$\phi 1 \sim 5 \mu m$）、相干性强的电子束。再经过弱磁性的第二聚光镜 C_2，电子束发散度降低呈平行光。同时聚光镜光阑可以挡掉一些光，使电子束的孔径半角和照射样品面积进一步缩小，减小球差，提高成像质量。通常聚光镜光阑会有几个规格直径备用。

（3）物镜、中间镜和投影镜

物镜、中间镜及投影镜共同构成透射电镜的成像系统，参见图 12-8。物镜位于样品室下方，是成像系统第一透镜，形成第一次电子显微图像或电子衍射花样，因而物镜的聚焦能力决定了透射电子显微镜的分辨率。物镜采用球差系数小的强激磁、短焦距透镜，它的放大倍数一般为 100～300 倍。中间镜把物镜形成的一次放大像或衍射花样投射到投影镜的物平面，投影镜则将物镜给出的样品形貌像或衍射花样进行放大最后投射到荧光屏。

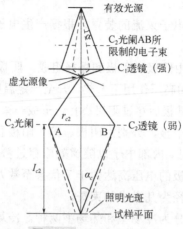

图 12-7　双聚光镜光路

现代透射电子显微镜的中间镜和投影镜一般由一系列多个透镜组成。通过成像系统透镜的不同组合可使透射电子显微镜从50倍左右的低倍变化到100万倍以上的高倍。中间镜是弱激磁的长焦距变倍透镜，可在 0～20 倍范围调节。通过改变中间镜线圈电流，可以实现成像模式的切换。调节中间镜励磁电流，改变中间镜焦距，当中间镜物平面与物镜后焦面重合，衍射花样投射到荧光屏；当中间镜的物平面与物镜的像平面重合，则在荧光屏上获得放大的像。

投影镜的作用是把经中间镜放大（或缩小）的像（或电子衍射花样）进一步放大，并投影到观察屏上。投影镜和物镜一样，是一个短焦距的强磁透镜，并且激磁电流固定。因为成像电子束进入投影镜时孔镜角很小（约 10^{-3}rad），投影镜具有非常大的景深，即使中间镜的像发生移动，投射到观察屏的像也不会受到显著影响。

（4）观察屏、照相机和计算机

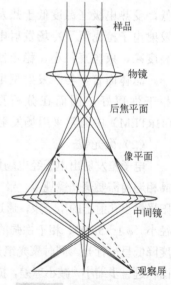

图 12-8　成像系统光路图

观察屏、照相机和计算机等完成 TEM 图像的观察与记录、数据存储/处理等功能。观察屏是涂布有 ZnS 的绿色荧光屏。电子束通过投影镜投射到荧光屏，电/光转换使样品在物镜像平面的电子密度差异最终转换为电子显微图像，即放大的显微图像或电子衍射花样，显示在观察屏上，通过荧光屏观察样品。当需要记录观察到的图像和衍射花样时，竖起荧光屏，在计算机上进行软件操作。最初 TEM 图像通常记录在感光胶片上,近年来市售电镜多采用电感耦合器件——CCD 摄像机实时记录图像和衍射花样。另外,可借助镜筒外前侧的 10 倍双目光学显微镜观察荧光屏显示形貌或晶格结构。

12.2.2 主要附件

（1）样品杆

透射电子显微镜观察的样品装载在样品杆前端小槽内,小槽直径为 2.3mm 或 3.05mm。最早电镜样品杆设计的是顶插式,现在主流样品杆为侧插式（图 12-9）。样品杆插入镜筒物镜的上下极靴之间,在极靴孔内的平移、倾斜、旋转,以对样品观察和分析。为满足不同的测试需求,商用透射电子显微镜有多种不同设计的侧插式样品杆提供。

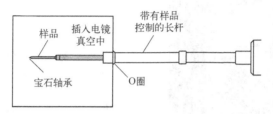

图 12-9 侧插式样品杆主要部件结构示意图

常见样品杆种类有单倾样品杆、双倾样品杆、倾斜-旋转样品杆、低背底样品杆等。如图 12-10,单倾、双倾样品杆是最常见样品杆。双倾样品杆在 x、y 方向上改变以调整样品的取向,因此常用于晶体样品的成像和衍射研究。单倾样品杆主要用于显微成像,价格相对便宜。

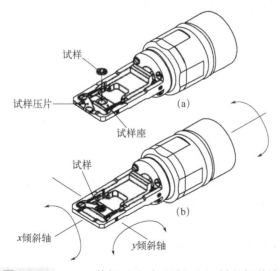

图 12-10 TEM 单倾（a）与双倾（b）样品杆前端

为了观察温度、应力等条件改变对样品的实时影响，一些原位样品杆被开发出来。如加热样品杆、冷冻样品杆、拉伸样品杆等。

（2）消像散器

如第 12.1.4（2）节所述，由于极靴加工精度不足、软铁的微观结构不均匀、光阑被污染等原因，使电磁透镜的磁场非旋转对称，电子束斑偏离圆形，即发生像散。如图 12-11 所示。电子显微镜观察时，将像和衍射花样置于中心后，物镜和中间镜的像散是影响成像质量的主要因素。在透镜磁场外围，引入消像散器，通过改变构成消像散器的成对电磁铁的磁场方向和强度，对透镜磁场予以补偿，从而消除像散对成像的影响。

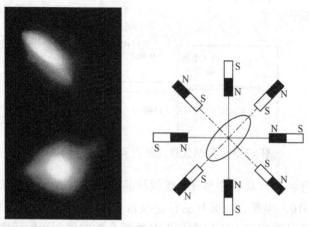

图 12-11   像散对成像影响及消像散器作用原理示意图

12.3   透射电子显微镜图像衬度来源

电子显微镜的图像分辨率与图像衬度有关。所谓衬度，即被观察相邻两区域像的明暗差异。明暗差异越大，衬度越高。衬度可以式（12-3）定义：

$$C = \frac{I_2 - I_1}{I_1} = \frac{\Delta I}{I_1} \qquad （12-3）$$

式中，C 为衬度；I 为荧屏亮度或感光强度。

由式（12-3）可见，衬度不同于亮度。从观察屏或计算机显示器观察到的图像由可见光斑组成，光斑是由束流电子撞击荧光屏或探测器再转换产生，亮度与电子密度有关。亮度高并不意味着图像分辨率高（见图 12-12）。实际操作常在总辐照强度较低条件下进行，以获得高衬度像。

电子波在穿过样品时振幅和相位发生改变，从而引起图像衬度产生。透射电子显微镜的电子显微图像衬度可分为三种类型，即质厚衬度、电子衍射衬度和相位衬度。质厚衬度和衍射衬度两种类型与电子波振幅有关，又合称为振幅衬度。

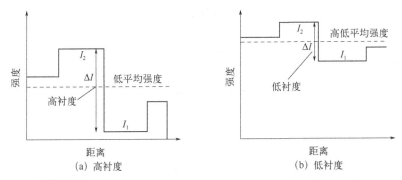

图 12-12　衬度与辐照强度关系（图像强度扫描曲线示意图）

因生理限制，人眼识别像的衬度须大于 5%。衬度表现为不同的灰度级别，人眼可识别其中的 16 级左右。通过计算机软件处理，可以将数码存储的图像衬度提高以满足人眼对图像衬度的要求。

12.3.1　质厚衬度

质厚衬度又称为散射衬度，非晶试样的电子显微图像衬度正是基于入射电子在试样中的散射行为和电子显微镜的小孔径角成像。如第 13 章所述，高速电子在穿过薄膜样品时，会与样品组成成分的原子核或核外电子发生相互作用。与原子核相互作用的电子，由于电子的质量比原子核小得多而发生弹性散射，运动方向发生改变而能量基本不变。弹性散射是透射电子显微成像的基础。束流电子与核外电子相互作用，发生非弹性散射，能量与电子运动方向都发生改变。发生散射后的电子束，投射到荧光屏上的电子强度出现差别，因而显示图像衬度。

非晶体试样，其不同区域组成的原子种类或物理厚度/密度存在不均匀性。散射电子穿过光阑概率与样品组成原子序数 Z、样品厚度/密度、光阑孔径及电子枪加速电压等因素有关。高原子序数 Z 的原子对束电子散射能力强于低原子序数原子，电子散射角大于后者，使得被光阑阻挡的电子概率增大而成像电子相应减少，对应样品位点图像偏暗；反之则亮。样品密度越低、越薄，入射电子被散射机会越小，电子束流通过物镜光阑的概率越大，对应样品位点图像偏亮；反之则暗。如图 12-13 所示质厚衬度产生原理。

对于非晶试样，质厚衬度是电子显微图像衬度的主要来源。透射电镜观察聚合物和生物样品时，为提高成像的质厚衬度，常用含重金属元素 Os、Pb 和 U 等的化合物对样品进行染色处理。重金属元素与样品特定区域组成（如聚合物中不饱和双键、生物组织的细胞壁）的结合，提高该区域原子的原子序数水平，使之与其它区域明场像衬度拉大，电子显微图像分辨率增大。

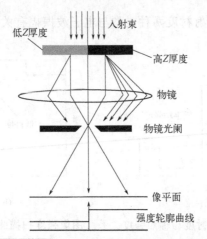

图 12-13 明场像中质厚衬度形成原理

12.3.2 衍射衬度

晶体样品除存在质厚衬度以外，还存在衍射衬度。

（1）电子衍射现象

电子衍射是指电子波与晶体材料相互作用，产生特征性衍射花纹的现象。由于晶格中原子以规律的点阵方式排列，因此电子波在晶体中发生弹性散射时，以一定的规律相干加强或减弱，从而形成了衍射图案。如图 12-14 所示，晶体中电子束发生弹性散射遵循布拉格定律（Bragg's Law）。假设一束波长为λ的平面单色电子束被晶面间距为d_{hkl}的晶面族散射，则各晶面散射线相干加强的条件是：

$$2d_{hkl}\sin\theta = n\lambda \tag{12-4}$$

式中，n = 0, 1, 2, 3,…称之为衍射级数。由布拉格定律可知，在电子波波长一定的情况下，观测到的衍射图案与晶格中各晶面的间距有关。通过改变入射角度，可以观测样品多个方向上的衍射图案，从而构筑出晶体材料在三维空间中的结构信息。

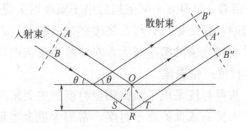

图 12-14 晶体对电子的相干散射

（2）衍射衬度产生原理

衍射衬度与结晶性样品对电子的相干散射即衍射有关。如图 12-15，假设一个厚度均匀的薄膜试样由 A、B 两个晶粒组成，A、B 的组成化学元素原子序数 Z 相同。晶粒 A 完全不满足布拉格方程的衍射条件，晶粒 B 仅有一组镜面 (hkl) 精确满足布拉格方程的衍射条件。因此，束流电子透过晶粒 A，不考虑吸收效应则投射荧光屏束流强度约为 I_0。B 晶粒则处于"双光束条件"，即得到一个强度为 I_{hkl} 的 hkl 衍射亮点和一个强度约为（I_0-I_{hkl}）的透射亮点。按式（12-3）对晶粒 B 做衬度推导，得 $C_B \approx I_{hkl}/I_0$。

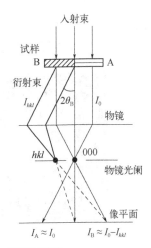

图 12-15　衍射衬度产生原理（明场像）

晶体试样中各部分相对于入射电子的方位不同，或者彼此属于不同结构的晶体，满足布拉格定律的条件不同。被晶体样品一系列特定 hkl 平面衍射的衍射电子束，投射到荧光屏，产生有一定几何特征的光亮斑点。样品中各区域结晶性不同，或同一晶体各晶面方向不同，这些决定了衍射电子束强度和衍射角的差异，由此产生衍射衬度。

12.3.3　相位衬度

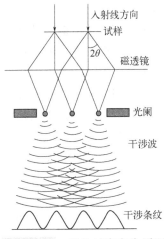

图 12-16　相位衬度产生原理

当电子束穿过极薄晶体试样时，电子波振幅变化很小可以忽略，此时透射束与一束或多束衍射束同时参与成像，如图 12-16 所示。由于各束的相位相干作用，而得到晶格（条纹）像和晶体结构（原子）像，前者是晶体中原子面的投影，而后者是晶体中原子或原子集团电势场的二维投影，由此产生相位衬度。用来成像的衍射束越多，得到的晶体结构细节就越丰富。衍射衬度像的分辨率可低至 1.5nm（弱束暗场像的极限分辨率），而相位衬度像能提供小于 1.5nm 的细节。高分辨电镜采用相位衬度方法成像。相位衬度形成晶格点阵和晶体结构的干涉条纹像，已应用于测定物质在原子尺度上的精确结构。

12.4　透射电子显微镜电子衍射

依照入射电子束的分类，电子衍射可分为平行束电子衍射和会聚束电子衍射。平行束的选区电子衍射是最常用的电子衍射技术，通常通过物镜像平面上插入选区光阑，限制参加成像电子和限定衍射区域的方式实现测试。本章主要介绍选取电子衍射。选区电子衍射，即选取观测范围内一个小区域做电子衍射，通过对选区电子衍射花样的分析探究样品的晶体结构，获取包括晶相、晶体结构的取向、缺陷的晶体学特征等信息（图 12-17）。

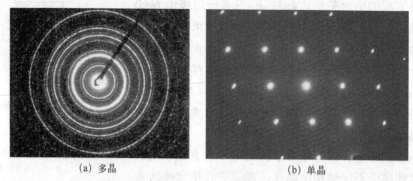

(a) 多晶   (b) 单晶

图 12-17 透射电子显微镜电子衍射花样

12.4.1　电子衍射的条件

电子衍射实现的条件包括两个方面：

① 几何条件　以 θ 角照射晶面间距为 d_{hkl} 的电子波 λ 发生衍射，三者间关系满足布拉格方程；

② 物理条件　晶体结构中的结构因子 F_{hkl} 值不为 0。

如第 12.3.2 节中布拉格公式（Bragg equation）是实空间中电子衍射的几何条件。然而透射电镜观察到的电子衍射的特征图案往往呈现电子衍射斑点的周期性排列，采用凝聚态物理学中点阵和倒易点阵的概念更易于解析电子衍射花样。

在实空间中，晶体中的原子排列具有周期性。将最小的周期性结构单元抽象为几何点，则几何点在空间中周期性的出现称之为正点阵。倒易点阵是正点阵对应的量纲为长度倒数的三维空间（倒易空间）点阵。对于倒易点阵而言，倒易矢量 g_{hkl} 垂直于正空间点阵的 (hkl) 晶面，且倒易矢量模为正点阵晶面间距的倒数，也即：

$$|g_{hkl}| = \frac{1}{d_{hkl}} \tag{12-5}$$

由此可见，倒易点阵的一个点就可以代表正空间中的一族晶面，由倒易矢量模代表晶面间距的倒数，矢量方向代表晶面的法线。

为了理解布拉格定律，这里简单介绍 Ewald 作图法对布拉格定律进行直观的图解。如图 12-18 所示，以晶体上的一点 O 为圆心，λ 为半径作球，称之为 Ewald 球。$\overrightarrow{AO}$ 为入射电子波的方向，在点 O 处与晶体相交，一部分光沿 $\overrightarrow{OO^*}$ 方向透过，一部分光沿 $\overrightarrow{OG}$ 方向发生衍射并与反射球交于 G 点。其中 O^* 为倒易原点，G 为 (hkl) 晶面的倒易点，$\overrightarrow{ON}$ 为 (hkl) 晶面的法线。衍射晶面为 (hkl)，晶面间距为 d_{hkl}。令

$\overrightarrow{OO^*}=k$，为入射波的波矢，其值为 $1/\lambda$；$\overrightarrow{OG}=k'$，为衍射波的波矢，其值为 $1/\lambda$；$\overrightarrow{O^*G}=g_{hkl}$ 为对应于 (hkl) 衍射晶面的倒易矢量，其值由式（12-5）知为 $1/d_{hkl}$。

则在倒易空间中电子衍射几何条件为：

$$k'-k=g_{hkl} \tag{12-6}$$

换句话说，当电子束沿 k 矢量方向照射到晶体上，如果对应于 (hkl) 晶面的倒易阵点正好落在 Ewald 球面上，沿着 k' 方向的衍射就会产生，它与入射电子束方向呈 2θ 角。式（12-4）与式（12-6）等价，对推导过程有兴趣可参阅相关书目。

可见，晶体中有多个晶面满足衍射条件，即存在多个倒易阵点。发生衍射的电子携带倒易阵点信息，在荧光屏上成像，像点构成晶体衍射花样谱。

布拉格定律是电子散射产生衍射的必要条件，只有满足布拉格定律时才能产生衍射。然而，布拉格定律仅仅从几何学的角度讨论了电子散射，而没有考虑到反射面的原子位置和原子密度。当晶体结构存在系统消光时，则不能观察到衍射现象。系统消光能否发生可以由结构振幅或结构因子判断。

晶体结构中的结构因子 F_{hkl}，其大小取决于原子散射振幅、晶胞中原子数量以及原子空间排布，如式（12-7）所示。电子衍射的强度（I）与结构因子的平方成正比，如式（12-8）所示，反映了以上因素对电子衍射强度影响的规律。

$$F_{hkl}=\sum_{j=1}^{n}f_j\exp\left[2\pi i\left(hx_j+ky_j+lz_j\right)\right] \tag{12-7}$$

式中，f_j 是 j 原子的散射振幅；x_j、y_j、z_j 是 j 原子的坐标；n 是晶胞中的原子数。

$$I\propto\left|F_{hkl}\right|^2 \tag{12-8}$$

需要特别注意的是，当 $F_{hkl}=0$ 时，即当晶胞内原子散射波的合成振幅为 0 时，不会产生衍射，称之为结构消光。因此在对电子衍射数据进行分析时，需要考虑晶体的结构因子，再对电子显微图像斑点的归属作出判断。常见的结构消光晶面有：面心立方（fcc）晶体中的 (100)、(110)、(210)、(211)、(300) 等晶面；体心立方（bcc）晶体中的 (100)、(210)、(300) 等晶面。

12.4.2 相机常数

相机常数是电子显微镜光学的特征

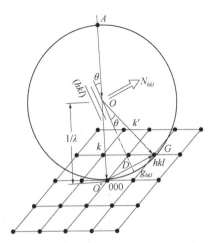

图 12-18 电子衍射斑点与 Ewald 球

量，常用于对晶体的电子衍射花样分析。实验中常先采用已知晶面间距的标准物质在同等电子显微镜条件下测定相机常数，再计算未知样品晶面间距。

在电子衍射的测试中，观测到的点阵状图案为倒易点阵。如图 12-19，当以电子束流照射试样，试样内某 (hkl) 晶面满足布拉格条件，电子在与入射束呈 2θ 角方向上产生衍射。透射束（零级衍射）和衍射束分别与距试样距离为 L 的照相底片相交于 O' 和 P' 点。O' 点称为衍射花样的中心斑点，用 000 表示；P' 点称为 hkl 衍射斑点，以产生该衍射的晶面指数来命名。衍射斑点与中心斑点之间的距离用 R 表示。因此，由图可得

$$\frac{R}{L} = \tan 2\theta \tag{12-9}$$

电子枪发出电子束流高速运行，衍射角 2θ 很小，近似处理 $\tan 2\theta \approx 2\sin\theta$ 后代入布拉格公式得：

$$\frac{\lambda}{d} = \frac{R}{L} \tag{12-10}$$

电子加速电压大小决定电子束波长 λ，加速电压一定则电子束波长 λ 不变。

令 $K = \lambda L$，得：

$$d = \frac{k}{R} \tag{12-11}$$

式中，K 通常称为电子衍射相机常数。由式（12-11）知，若已知相机常数 K，即可从花样上斑点（或环）测得的 R 值计算出衍射晶面组（或晶面族）的 d 值。

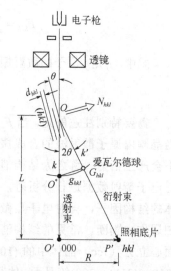

图 12-19 电子衍射几何示意图

衍射角 2θ 很小，可以近似认为倒易矢量 g_{hkl} // N_{hkl}，因此可认为衍射斑点 R 矢量是产生相应斑点晶面组的倒易矢量 g 的按比例放大。对单晶试样，衍射花样就是落在爱瓦尔德（Ewald）球球面上所有倒易阵点中满足衍射条件的那些倒易阵点所构成图形的放大像。单晶花样中的斑点可以直接被看成是相应衍射晶面的倒易阵点，各个斑点的 R 矢量也就是相应的倒易矢量 g。因此，两个衍射斑点坐标矢量 R 之间的夹角就等于产生衍射的两个晶面之间的夹角。

透射电子显微镜中，未被试样散射的透射电子，通过物镜后聚焦在主轴上的一点，形成 000 中心斑点；被试样中某 (hkl) 晶面散射后的衍射束平行于某一副轴，通过物镜后将聚焦于该副轴与背焦平面的交点上，形成 hkl 衍射斑点。hkl 斑点至

000 斑点的距离 r 与物镜焦距 f_0 有关系式：$r = f_0 \tan 2\theta$。类似地，可推得：

$$rd = f_0 \lambda = K \qquad (12\text{-}12)$$

透射电子显微镜最终衍射斑点是物镜背焦面上第一幅花样的放大像经后继中间镜、投影镜再次放大得到的，因此有：

$$Rd = K' \qquad (12\text{-}13)$$

式中，R 是显示屏上相应衍射斑点与中心斑点的距离；K' 称为 TEM 电子衍射有效相机常数，包含放大倍数。

12.4.3　TEM 衍射花样标定与常见晶体衍射花样特征

如上所述，电子衍射花样是晶体的倒易点阵与 Ewald 球面相截部分在荧光屏上的投影。实验中采集的电子衍射花样可分为多晶衍射花样（同心环形的衍射花样）和单晶衍射花样（点阵形的衍射花样），参见图 12-17。单晶体的衍射花样是一组倒易点阵在二维平面上的投影，衍射斑点与倒易点阵对应。而多晶样品中的无序性较高，可以看作单晶在三维空间中 4π 球面度旋转形成的多组点阵，因此多晶中的 hkl 倒易点是以倒易原点为中心，(hkl) 晶面间距的倒数为半径的倒易球面，与 Ewald 球面相截形成一个环形。

表 12-1　衍射斑点的对称特点及其可能所属的晶系

斑点花样的几何图形	电子衍射花样	可能所属点阵
平行四边形		三斜、单斜、正交、四方、六方、三方、立方
矩形		单斜、正交、四方、六方、三方、立方
有心矩形		单斜、正交、四方、六方、三方、立方
正方形		四方、六方
正六边形		六方、三方、立方

注：引自文献[8]。

晶体电子衍射花样广泛应用于材料科学研究。首先需对电子衍射花样进行标定，即衍射斑点指标化，确定衍射花样所属的晶带轴指数 $[uvw]$，确定点阵类型。解析和标定电子衍射花样需要对衍射的投影与入射波束间的几何关系作出分析，一般采用尝试-校核法标定。通过晶体试样斑点分布对称性与表 12-1 中晶体标准电子衍射花样比对，或计算抽提晶面间距 d 平方倒数系列值并与表 12-2 中晶体的 $1/d^2$ 连比规律比较，可以初步确定试样所属的晶体点阵结构。对电子衍射花样标定详细步骤有兴趣者请参阅相关书目。

表 12-2 $1/d^2$ 的连比规律及其对应的晶面指数

点阵结构	晶面间距	$1/d^2$ 的连比规律: $1/d_1^2:1/d_2^2:1/d_3^2:1/d_4^2\cdots=N_1:N_2:N_3:N_4\cdots$									
简单立方	$\dfrac{1}{d^2}=\dfrac{h^2+k^2+l^2}{a^2}=\dfrac{N}{a^2}$ 令：$N=h^2+k^2+l^2$	N	1	2	3	4	5	6	8	9	10	11
		$\{hkl\}$	100	110	111	200	210	211	220	221 300	310	311
体心立方	$\dfrac{1}{d^2}=\dfrac{h^2+k^2+l^2}{a^2}=\dfrac{N}{a^2}$ 令：$N=h^2+k^2+l^2$	N	2	4	6	8	10	12	14	16	18	20
		$\{hkl\}$	110	200	211	220	310	222	321	400	411 330	420
面心立方	$\dfrac{1}{d^2}=\dfrac{h^2+k^2+l^2}{a^2}=\dfrac{N}{a^2}$ 令：$N=h^2+k^2+l^2$	N	3	4	8	11	12	16	19	20	24	27
		$\{hkl\}$	111	200	220	311	222	400	331	420	422	333 511
金刚石	$\dfrac{1}{d^2}=\dfrac{h^2+k^2+l^2}{a^2}=\dfrac{N}{a^2}$ 令：$N=h^2+k^2+l^2$	N	3	8	11	16	19	24	27	32	35	40
		$\{hkl\}$	111	220	311	400	331	422	333 511	440	531	620
六方	$\dfrac{1}{d^2}=\dfrac{4}{3}\times\dfrac{h^2+hk+k^2}{a^2}+\dfrac{l^2}{c^2}$ 令：$N=h^2+hk+k^2$，$l=0$	N	1	3	4	7	9	12	13	16	19	21
		$\{hkl\}$	100	110	200	210	300	220	310	400	320	410
简单四方	$\dfrac{1}{d^2}=\dfrac{h^2+k^2}{a^2}+\dfrac{l^2}{c^2}=\dfrac{N}{a^2}$ 令：$N=h^2+k^2$，$l=0$	N	1	2	4	5	8	9	10	13	16	18
		$\{hkl\}$	100	110	200	210	220	300	310	320	400	330
体心四方	$\dfrac{1}{d^2}=\dfrac{h^2+k^2}{a^2}+\dfrac{l^2}{c^2}=\dfrac{N}{a^2}$ 令：$N=h^2+k^2$，$l=0$	N	2	4	8	10	16	18	20	32	36	40
		$\{hkl\}$	110	200	220	310	400	330	420	440	600	620

注：引自文献[8]。

12.4.4　电子衍射法与 X 射线衍射法晶体分析比较

与 X 射线衍射法（XRD）相类似，电子衍射法（ED）也广泛应用于晶体分析。ED 是电子波受晶体构成原子核和核外电子作用发生的衍射现象；XRD 是 X 光波受晶体构成原子的核外电子作用发生的衍射现象。ED 或 XRD 发生的必要条件是满足布拉格方程；衍射强度决定于晶体结构因子，遵从相同的消光规律。

ED 分析试样，可以获得单晶/多晶抑或非晶的结构常数、对称性、晶粒尺寸、生长取向和生长面、样品内的相组成等信息。ED 可以给出单晶粒 1~3 个晶带轴取向上的衍射花样，是二维排列的衍射斑，具有直观的特点，通过测量亮斑间距计算晶面间距和晶面夹角。

由于电子波波长短，衍射强度高，导致电子穿透能力有限，因此 ED 较适用于研究微晶、表面和薄膜晶体，是微区结构测量的优势技术。

XRD 分析试样量和颗粒度尺寸比 ED 大许多，给出的衍射数据是所有衍射的统计数据，一次可给出样品内所有相的所有衍射峰。XRD 晶体位向测定精度（优于 1°）好于 ED（±3°），因此测定晶胞参数选择 XRD。

ED 分析制样要求较高；XRD 相对简单易操作。

12.5 实验技术

12.5.1 透射电子显微镜的基本操作模式

透射电镜成像方式有常规成像（明场和暗场 TEM）、电子衍射（选区电子衍射 SAD）、会聚束电子衍射（CBED）、相位衬度成像（高分辨 TEM-HRTEM）、高角度环形暗场成像（HAADF 或 Z 衬度成像）等。本章着重介绍基本操作模式，即明场和暗场成像以及选区电子衍射 SAD。

（1）明场（BF）和暗场（DF）成像

TEM 镜筒中物镜、中间镜、投影屏从上至下渐次设置，构成成像系统，参见图 12-6。由电子枪出射电子线穿透试样薄膜，经过一系列磁透镜最后会聚于观察屏成像。由于透过试样薄膜投射到物镜的电子线既有透射线也有衍射线，使得样品像衬度不足，实际操作时在 TEM 成像系统中加入光阑，阻挡不希望的干扰电子以提高衬度，如图 12-20。

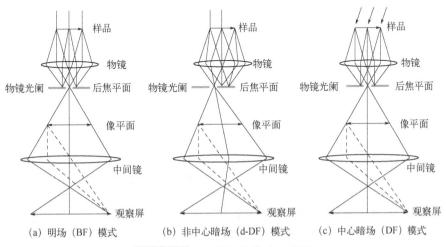

图 12-20 三种成像模式示意图

明场（BF）模式下，在物镜后焦平面插入物镜光阑，阻挡大部分衍射电子，允许沿光轴直射电子束通过，此时成像衬度主要来自质厚衬度。透射电子击打荧光屏，从而获得样品形貌像。明场模式获得的成像称为明场像（BF）。非中心暗场（d-DF）模式下，移动物镜光阑将衍射电子引入而阻挡透射电子，可以观察到衍射衬度构成的晶体衍射花样，从而获得暗场像。

为克服 d-DF 模式电子射线过于偏离磁透镜带来的偏差，实际暗场（DF）模式操作是使电子束以一定角度倾斜入射到样品表面，如图 12-20（c），使满足布拉格方程的电子衍射束正好沿着光轴通过物镜光阑孔，而遮挡掉透射束，从而获得中心暗场像。中心暗场像亮度高于非中心暗场像。DF 模式可以观察晶体衍射花样，并且获得的中心暗场像与明场像相对应。

（2）选区电子衍射（SAD）模式

选区电子衍射是 TEM 获取试样衍射信息的一种重要模式，通过选择样品特定区域，使形成的衍射花样能反映取向一致的晶体特征。

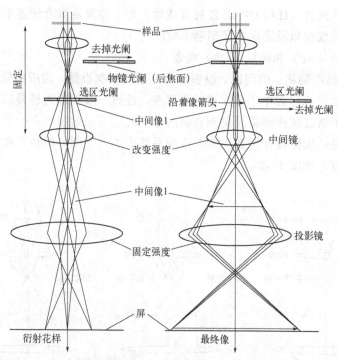

图 12-21　选区衍射（SAD）模式

图 12-21 简单演示了 SAD 操作。不同于明场或暗场成像模式在物镜后焦面插入物镜光阑，SAD 操作中在物镜像平面插入中间镜光阑（或称 SAD 光阑）。先插入物镜光阑而移去选区光阑，调高中间镜电流，使中间镜的物平面下降而与物镜

的像平面重合，此时荧光屏显示试样形貌的放大像。找到感兴趣的样品区域后，移去物镜光阑，在物镜像平面插入选区光阑，使光阑孔套住 *hkl* 斑点而挡掉直射电子束。调低中间镜电流，使中间镜的物平面上升而与物镜的后焦面重合，衍射花样被中间镜和投影镜放大，最终投射到荧光屏上。

12.5.2　透射电子显微镜样品制备

　　样品的制备是透射电子显微镜观察前的重要环节，制备质量直接决定电子显微镜的观察和数据的解释，制备的样品要保证对电子束的透过性和对研究材料的代表性。一般而言，厚度均匀且薄、在高能电子束等测试条件下稳定、导电性良好且不带磁性的样品是比较理想的测试对象。

　　样品的制备方法依据被观察对象以及分析研究目的而定。粉末试样的制备比较简单，将少量粉末悬浮液滴加在载网上使其均匀分布于支持膜，干燥后用于电子显微镜观察。非粉末试样须制备薄膜，方法依样品的种类、观察要求而不同。通常金属及半导体样品的制备采用切割、研磨，再用电解减薄或离子减薄，以达到电子束能够透过的厚度。在观察聚合物各相的结构或不同组分的分布形态时，样品有时需要包埋、切片，将几百埃（Å）厚的切片负载在铜网上才能进入电镜观察。以往对电子束不透明的或观察面较平整的大块样品采用复型技术制得样品薄膜，由于电子显微镜分辨率的提高和制样技术的发展，复型技术除少数情形外已很少使用。

　　（1）载网

　　透射电子显微镜因电子束要透过样品，要求样品或细小或极薄（约 50nm）。对于无法自支撑的样品需借助载网。载网通常为直径 3mm 的圆形薄片，因基层多以金属铜制作，所以常被称为铜网。

　　载网为样品提供足够支撑，同时保证 70%以上电子束流穿过。目前载网已从最初的纯铜网，开发出多种适应样品种类和电子显微镜观察需求的载网系列产品。图 12-22、图 12-23 列举了一些常用载网和支持膜。

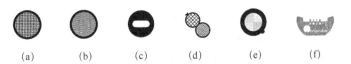

(a)	(b)	(c)	(d)	(e)	(f)

图 12-22　（a）方孔载网；（b）圆孔载网；（c）狭缝载网；（d）双联方孔载网；
　　　　　　（e）有柄载网；（f）聚焦离子束载网

　　狭缝载网用于粘结条形块状样品的载体。有柄载网可使实验操作变得更方便，载网取放更容易，减小支持膜被污染和断裂的危险。双联方孔载网是观察多层多种不同种类的样品的理想选择，用于多种易碎样品。

镀金或碳支持膜，从下到上为载网、有机方华膜和金/碳膜。例如230目碳支持膜适合观察纳米材料，膜的强度优于大孔载网支持膜，同时膜视场较之小孔载网支持膜更开阔。普通微栅碳膜（孔径约5μm），主要用于纳米材料的观察，使纳米颗粒在微孔边缘，或使一维纳米材料搭载在微孔两端，实现纳米结构的高分辨观察，便于微束分析而获得单颗粒选区电子衍射像。薄纯碳支持膜适合分散性好、粒径小、衬度弱的纳米材料样品（纳米晶、量子点等）以及必须用有机溶剂作为分散剂来处理的样品。

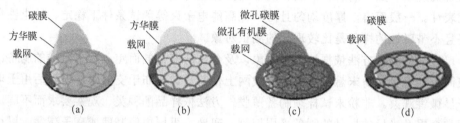

图 12-23　（a）碳支持膜；（b）无碳支持膜；（c）微栅支持膜；（d）薄纯碳支持膜

（2）离子减薄

制备自支撑的样品一般进行分步的减薄。首先，从大块的样品上切取100～200μm的薄片。一般对于塑性材料可以采用化学线锯、薄片锯或电火花腐蚀的方法。对于脆性材料则可以用刀片或金刚石片锯。利用钻孔工具从薄片上切下3mm左右的圆盘，然后使用抛光工具从圆盘的中心区域将样品预减薄至几微米。最终采用电解抛光、离子减薄等方法作进一步减薄。

离子减薄法采用高能粒子或中性原子轰击已预减薄的 TEM 样品，使材料被溅射下来的最终减薄厚度满足 TEM 观察要求。

离子减薄法可用于陶瓷、复合材料、多相半导体、合金等材料样品。纤维和粉末材料可以先包埋在环氧树脂中，预减薄后再采用离子减薄法最终减薄。

（3）超薄切片

采用超薄切片机可获得厚度小于100nm的 TEM 薄片。超薄切片机通常用于质地较软的生物样品或聚合物样品，晶体材料也可以考虑。对于尺寸较小的粒子或纤维，采用环氧树脂包埋后也可获得超薄切片。

超薄切片技术的主要优点是不改变样品的化学性质，可以制备厚度均匀的多相材料薄膜。缺点是材料在切割中会断裂或变形。如果 TEM 的目的是研究材料的缺陷结构，则不建议应用超薄切片机制样。

制备好样品后要注意保存。一般而言，制备的样品最好尽快观察，以免环境中的水分、杂质污染样品。如果需要保存样品，应将其置于干燥阴暗的环境中，必要时放在惰性气体氛围或低温环境中。

12.6 透射电子显微镜与电子能量损失谱仪联用

第 13 章中对高能电子因与固体物质构成的原子相互作用,发生弹性或非弹性散射进行了讨论。电子能量损失谱（EELS）与电子非弹性散射现象有关。原子吸收几个 eV 到几十个 eV 的能量,核外壳层电子产生激发二次电子或等离子体。而吸收几百到几千 eV 能量时,核内壳层电子会挣脱原子核束缚发生能级跃迁,即所谓的芯电子激发。芯电子激发所需能量决定于原子束缚电子的能量,后者是原子特征值。根据能量守恒定律,穿过固体物质原子的高能电子,其失去的能量大致等同于原子芯电子激发能量。电子能量损失谱即基于以上机理进行定性和定量化学分析。

电子能量损失谱（EELS）仪设有磁性扇区。穿过样品薄膜的透射电子束携带有原子芯电子激发能量信息,经过磁性扇区后不同能量的电子分散,其后电子能量被光电二极管阵列检测,闪烁计数器记录电子数获得散射强度,从而获得散射强度为高速电子动能减小值函数的电子能量损失谱。TEM-EELS 联用,对样品微区化学成分进行分析,取得包含元素组成的图像。

参考书目

[1] 柳得橹,等. 电子显微分析实用方法. 北京:中国质检出版社与中国标准出版社,2018.

[2] 戎咏华. 分析电子显微学导论. 3 版. 北京:高等教育出版社,2015.

[3] 布伦特·福尔兹,等. 材料的透射电子显微学与衍射学. 吴自勤,等译. 合肥:中国科学技术大学出版社,2017.

[4] 威廉斯,等. 透射电子显微学（上下册）. 李建奇,等译. 北京:高等教育出版社,2019.

[5] 埃杰顿. 电子显微镜中的电子能量损失谱学:原著第二版. 段晓峰,等译. 北京:高等教育出版社,2011.

[6] 章晓中. 电子显微分析. 北京:清华大学出版社,2006.

[7] 章效锋. 显微传:清晰的纳米世界. 北京:清华大学出版社,2015.

[8] 朱和国等. 材料科学研究与测试方法. 4 版. 南京:东南大学出版社,2019.

[9] 朱诚身. 聚合物结构分析. 2 版. 北京:科学出版社,2010.

第13章 扫描电子显微镜

继透射电子显微镜（TEM）之后，扫描电子显微镜（SEM）被发明。被誉为现代扫描电镜之父的英国科学家奥特利（Charles Oatley）教授与英国剑桥科学仪器公司（cambridge scientific instrument company），于 1964 年共同推出全球第一台扫描电子显微镜商业产品。自此之后，扫描电子显微镜制造迅速发展。如图 13-1 所示，国产国仪量子 SEM5000 是一款分辨高、功能丰富的场发射扫描电子显微镜。拥有相对低廉的价格与颇受用户青睐的多样附带功能，SEM 后来者居上，目前市场占有数量已超越 TEM。扫描电子显微镜成像最佳分辨率一般可达 0.5～3nm。与 TEM 相比较，SEM 成像电子主要来自试样表层受激产生的二次电子以及背散射电子。也

图 13-1　国仪量子产 SEM5000 型扫描电子显微镜外观

因此 SEM 样品不必是薄膜，可以是块状固体，电子束扫描样品表面可以获得样品的微观 3D 形貌。

13.1 电子显微分析基础知识（Ⅱ）

13.1.1 电子散射

众所周知，物质由原子构成，原子内有带正电的原子核和围绕原子核运动的带负电的核外电子。原子核外电子即芯电子（core electron）（注：参见经全国科学技术名词审定委员会审定，2019 年发布的第三版《物理学名词》）。当外来电子接近原子时，由于存在电子-芯电子、电子-原子核相互间库仑（静电）作用，其运动方向很容易发生偏转，即电子散射。电子散射过程是电镜显微分析的基础。没有电子散射，就不可能产生电子显微镜图像和衍射花样，也不可能得到能谱。

根据德布罗意（de Broglie）理论，电子具有波粒二象性。运动电子与物质构成原子相互作用，入射电子波被散射后产生子波。比较入射波与散射子波的能量

和相位，电子散射行为可分为相干弹性散射、相干非弹性散射、非相干弹性散射和非相干非弹性散射四种。发生弹性散射过程中电子无能量损失。当散射子波保持与入射波相同相位时，由物质材料各不同位置散射子波在各个方向上发生相长干涉或相消干涉。对于晶体结构物质，散射电子相长干涉即衍射，反映出晶体结构几何学特征；因此，电子衍射花样应用于晶体结构分析。非弹性散射过程中存在运动电子能量向物质材料原子的转移，反映了物料原子的化学以及价键信息；通过应用光谱学方法测定散射强度和能量关系，可以对物质材料进行定性与定量分析。

散射电子的出射方向与电子入射方向存在夹角时，这个夹角称为散射角。如图 13-2。电子散射角小于 90°，称为前向散射；大于 90°，称为背散射。不同的散射取决于电子与样品的相互作用。对于较薄试样，电子运动既有前向的透射、散射，也有后向的背散射，同时有二次电子产生。而块状厚样品，电子被吸收严重，样品上表面有背散射电子和次生的二次电子。透过试样（非常薄，厚度在 100nm 以下）且散射角小于 5°的散射电子是透射电子显微镜成像主要信息源。

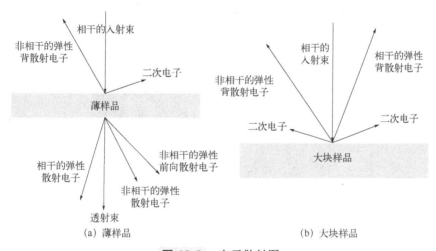

(a) 薄样品　　　　　　　　　　　　　　　(b) 大块样品

图 13-2　电子散射图

参见第 12.3.2 节，电子波与晶体中点阵排列的原子相遇时发生弹性相干散射，此衍射行为遵循布拉格定律，即电子束散射角大小与晶胞面间距有关。电子子波的相干散射行为表现为电镜衍射花样。电子衍射束的位置由晶胞的大小和形状决定，衍射束的强度由晶胞构成原子的分布、数目和类型决定。通过观察和测量电子束衍射花样，可以分析晶体结构。

13.1.2　高能电子激发作用

高能电子束入射试样，运动电子与物料构成原子发生相互作用。除大量以热形式散失的能量外，部分非弹性散射损失的能量，被转移到原子核或电子上，从而产生二次电子、俄歇电子、特征 X 射线，以及在可见光、紫外和红外区的电磁辐射，产生电子-空穴对、晶格振动（声子）、电子振荡（等离子）等。以上对于获得材料的信息，如形貌、成分、晶体结构、电子结构和内部电场或磁场等具有重要意义。

13.1.2.1　表面相互作用区

高能电子束与物料相互作用，运动电子在样品表面下因散射而扩散，同时能量逐渐减少，最终电子被限制在一定体积区域内，这个区域称为相互作用区。在相互作用区，电子束的能量大部分沉积其内，同时次生大量可用于检测的各种二次辐射。电镜观察样品相互作用区尺寸一般是微米级别，区域大小和形状与材料本征性质、电子束能量等因素有关。试样组成物质的原子序数 Z 越大，运动电子受原子核外电子作用发生散射次数越多，电子偏离入射方向即散射角越大，因而在样品内穿透深度被减弱，表现为"浅"的相互作用区。而组成物质的原子序数 Z 较小的试样正好与之相反，运动电子在样品内部横向扩散，使得相互作用区呈上小下大的球形。提高电子束能量，加深运动电子在样品内的穿透深度，相互作用区体积会增大。如图 13-3 所示。

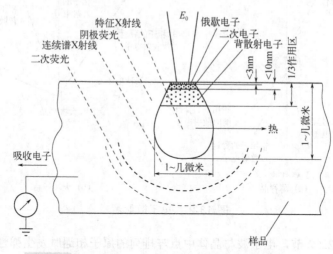

图 13-3　物质材料与电子相互作用区和受激出射信息

13.1.2.2　主要出射电子及特征 X 射线

（1）二次电子（secondary electrons，SE）

二次电子是指样品被入射电子束轰击所激发射出的能量低于 50eV 的电子，这些电子一般是原子的导带或价带电子。

二次电子通常被认为是自由电子，非原子的芯电子，因此不包含特殊的元素信息。二次电子比较弱。电子显微镜探头检测的大部分二次电子是由样品表面浅层（深度小于 10nm）逃逸出来的，样品内部由于运动电子非弹性散射产生的二次电子很少逸出而被检测到。因此，二次电子通常在扫描电子显微镜（SEM）中被利用来进行样品表面成像。在扫透电子显微镜（STEM）成像中也会探测二次电子，提供高分辨率的样品表面形貌像。STEM 配置球差校正，使得二次电子像分辨率更高，接近原子级别。

（2）背散射电子（backscattered electron，简称 BSE）

电子束入射到样品中，约 70%的电子能量消耗在作用区内，其余 30%的电子从样品表面以背散射电子方式释出。入射电子受到样品原子核在任意方向上的弹性散射，其中以大角散射（散射角＞90°）方式离开样品的出射电子，基本保持入射电子能量，即弹性背散射。如果电子进入到样品一定深度，经过多次（几十次甚至几百次）散射并损失了能量，运动方向也发生明显改变，这种散射称为非弹性背散射。从样品出射的背散射电子，携带有电子作用区域内样品的形貌和成分信息。

（3）特征 X 射线

高能电子束穿过外层导/价带电子，与内壳层电子相互作用。当超过某一临界值的能量转移到了内壳层电子，该电子摆脱原子核的吸引场被发射出来，逃逸到真空中，在内壳层留下一个空穴。此时，原子处于激发态，称为"电离"态。外壳层电子填充到内壳层空穴中，电离态原子几乎回到能量最低态（基态）。该跃迁过程伴随有 X 射线或俄歇电子的发射。两个电子壳层间电子跃迁产生的 X 射线包括特征 X 射线和轫致 X 射线。特征 X 射线的能量等于两个电子壳层间的能量差，并随原子序数单调增加，因此探测样品释出的具有特定能量的 X 射线意味着可以确定物质相应组成元素。

（4）透射电子（transmitted electron，简称 TE）

当样品薄膜足够薄（厚度小于100nm），具一定能量的束流电子会穿透薄膜，薄膜下方被检测到的电子即透射电子。束电子在穿透样品的过程中，与组成样品成分原子核及芯电子发生弹性或非弹性碰撞而散射。弹性散射携带有晶体结构信息，非弹性散射导致的能量损失反映原子对芯电子的束缚程度。利用透射电子，透射电子显微镜可对样品进行显微成像、晶格分析以及微区成分定性与定量分析。

13.2 扫描电子显微镜结构与成像原理

扫描电子显微镜基本由电子光学系统（又称镜筒）、扫描伺服系统、信号检测与放大系统、图像显示和记录装置、电源控制系统及真空系统等组成。如图 13-4 所示。

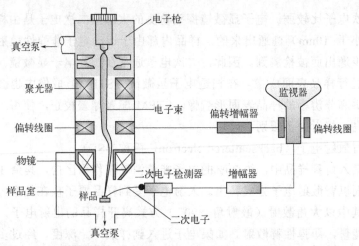

图 13-4   扫描电子显微镜基本结构示意图

13.2.1　镜筒

镜筒主要包括电子枪、聚光电磁透镜，另外还配置物镜光阑、合轴线圈和消像散器、样品台等重要附件。

（1）电子枪

扫描电子显微镜的电子枪，作用是提供高能细小的电子束流。扫描电子显微镜的分辨率决定于试样表面电子束斑尺寸大小。为使电子束斑足够小，并保证电子与试样相互作用有足够强度，通常扫描电镜的工作电压为 1～30kV。

目前扫描电子显微镜常见电子枪有钨灯丝电子枪、六硼化镧（LaB$_6$）电子枪、场发射电子枪（FEG）等。

钨灯丝电子枪和六硼化镧电子枪产生电子束流机理类似，即利用阴极高温，使电子克服表面逸出功从阴极表面逸出再经阳极加速发射。这类热发射电子枪开发较早，优势在于价格便宜，对环境真空度要求低，但亮度较低，电子束能量离散度大，灯寿命较短。

场发射电子枪分为冷场发射型和 Schottky 热场发射型两种。

冷场发射阴极发射体是有确定晶格取向的钨单晶尖。冷场发射电子枪钨单晶尖只有几个纳米，由此发射电子束的立体角显著小于前述热发射阴极电子枪，电子枪亮度也高 1～3 个数量级。但镜筒真空度必须在 10^{-8}～10^{-9}Pa，否则吸附有气体或污物的阴极电子发射效率和发射稳定性急剧下降。冷场发射电子枪具有电子束能量离散度小的优点，在低加速电压下也可以获得良好成像。电子源有效直径约 2.5μm，电子束经过透镜聚焦，束斑直径可达到 1nm。维护得当，灯寿命可到 10 年。

Schottky 热场发射体的阴极尖端为轴向＜100＞的钨单晶，其上表面沉淀有

ZrO_2。发射体钨单晶尖端被加热，因此在阴极尖端洁净度、电子发射稳定性等方面优于冷场发射电子枪，亮度与后者相当。电子源有效直径约 $15\mu m$，束流大，常用于成分和晶体取向分析。

扫描电子显微镜通常依电子枪的种类划分为常规 SEM 或钨灯丝 SEM、冷场发射 SEM、热场发射 SEM。

（2）电磁透镜

电磁透镜外观是电工软铁外壳，内部有绕组线圈，通过激磁电流在铁芯内孔中心间隙即极靴，输出强磁场。电子枪发出电子束流通过极靴时发生偏转。通过调整激磁电流改变磁场，使电子通过电磁透镜被旋转聚焦，会聚于光轴。

现代扫描电子显微镜镜筒中通常配置三个聚光镜。不同于透射电子显微镜，扫描电子显微镜的各电磁透镜用于会聚电子束，而不用作成像。前两个是强磁透镜，将电子束斑尺寸逐级缩小。第三个末端透镜（又称为物镜），决定了电子束斑最终尺寸，同时要保证试样室与透镜间有足够空间。参见图 13-4。物镜内孔放置扫描线圈、消像散器，透镜下极靴附近安装物镜光阑支架。物镜光阑有若干不同尺寸孔供选用。如在物镜内安装环形二次电子探测器（in lens detector），则可实现小工作距离或低加速电压下对样品的观察。

不同电子枪，电子束经过电磁透镜会聚后最终束斑尺寸不同。钨灯丝电子枪发射电子束会聚斑点有几个纳米大小，场发射电子枪可达 1nm。

（3）样品室和样品台

样品室位于物镜下方，其中安装有样品台。检测样品表面受电子激发产生的二次电子、背散射电子、X 射线等相应探测器也设置在样品室内。

样品台由步进马达驱动，可以沿 X、Y、Z 三个方向移动，还可以倾斜（$T = 90°\sim 100°$）和转动（$R = 0°\sim 360°$）。通过改变样品在这 5 个维度的几何位置，可以使电子束正下方向照射样品不同部位处。

13.2.2 扫描系统

与透射电子显微镜借助穿过试样的透射电子直接成像不同，扫描电子显微镜是通过扫描系统对试样扫描间接成像。扫描系统由同步扫描信号发生器、放大倍率控制电路和扫描线圈组成。扫描线圈安装在物镜内，分为上、下两组。扫描线圈的作用是使电子束发生偏转，并在试样表面做有规律的扫描。在显示系统中显像管有另一个扫描线圈，与物镜内扫描线圈由同一个锯齿波发射器控制，两者严格同步。当电子束以栅格方式扫描样品表面，显示系统的显示屏也显示出以相同方式的同步扫描。扫描过程中，电子束与样品相互作用，产生二次电子、背散射电子、X 射线等各种成像信号，有序地为相应探测器检测，成比例转换为视频信号，最终调制为对应试样表面信号电子束斑的可视光点而成像（见图 13-5）。

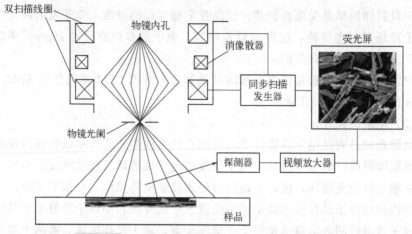

图 13-5 扫描电子显微镜扫描工作原理示意图

扫描方式分栅格扫描方式和角光栅扫描方式。形貌观察采用栅格扫描方式，电子通道花样分析采用角光栅扫描方式。如图 13-6，栅格扫描方式电子束被上扫描线圈偏转离开光轴，到下扫描线圈又被偏转折回光轴，最后通过物镜光阑中心入射到样品上。这个过程相当于电子束以光阑孔中心为偏转轴在样品表面扫描。改变入射电子束在样品表面的扫描幅度，可获得不同放大倍率的扫描图像。

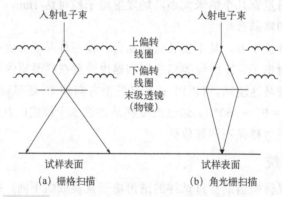

图 13-6 SEM 中电子束在样品表面的两种扫描方式

现代扫描电子显微镜扫描系统为数字扫描系统，获得图像为数字图像。电子束扫描在试样表面每个点的物理地址用编码形式 (x, y) 记录，探测器在该点检测到信号强度 I，以 $0\sim255$ 个等级分级；以上构成样品表面的每个点，或像元。所有像元按其编码以阵列存储于计算机存储器，再用于数字图像。

13.2.3 信号检测和放大系统

如第 13.1.2 节所述，电子束照射样品，样品表面受激出射电子。扫描电镜通常装有二次电子（SE）探测器和背散射电子（BSE）探测器，以及配备 X 射线能谱仪（EDS）或 X 射线波谱仪（WDS）。由于二次电子产自于试样浅表面，二次电子探测器用于形貌观察。背散射电子衍射（BSE）分析系统，可用于晶体学分析。X 射线能谱仪（EDS）用于微区化学成分分析。

各种成像电子信号经相应探测器捕获转为光子，光子经光电倍增管再转为更大量电子，输出可达 10mA 的电流。经视频放大器放大调制为荧光屏上的亮点。

13.2.4　图像显示与记录系统

现代扫描电子显微镜采用数字帧存储器采集数字图像，图像以数字形式存储于电子计算机，并可显示在荧光屏上。扫描图像可以用图像处理技术进行优化，如多帧叠加、像素平均、递归滤波等，提高图像质量。

13.3　扫描电子显微镜的主要性能

13.3.1　分辨率和放大倍数

分辨率是显微系统的一项重要技术指标。扫描电子显微镜分辨率是电子显微镜所能分辨的两点间最小距离。扫描电子显微镜信号电子来源于二次电子、背散射电子、X 射线等，其中二次电子对成像给出主要信息，背散射电子次之，因此扫描电子显微镜分辨率也主要决定于二次电子成像分辨率。电子束斑照射样品，在样品表面下 10nm 深度范围内激发出大量二次电子；二次电子对入射电子散射作用有限，溢出表面给出样品的表面形貌信息。因此二次电子成像分辨率近似于电子束斑直径。背散射电子在样品内部散射区域较大，其成像分辨率劣于二次电子成像分辨率，所以扫描电子显微镜成像主要采用二次电子成像。

扫描电子显微镜成像分辨率大小受制于许多因素，首先是电子束流直径。电子枪发射电子束经过两个电磁透镜作用，获得直径 d_0 和张角 α 的束流，经过物镜，实际照射样品束流直径 d 还受透镜球差、电子波色差/衍射等因素影响，见式（13-1）。束流直径 d_0 又称为理想束斑尺寸，与电子枪种类有关。场发射的电子枪发出的电子束斑尺寸远小于钨灯丝电子枪发出的，并且束流色散度低且亮度高于后者。冷场发射扫描电子显微镜分辨率可达 0.4～1.5nm，而钨灯丝类热电子发射扫描电子显微镜分辨率最低为 3～6nm。优化透镜制作工艺，可以降低球差提高电子显微镜分辨率。

$$d^2 \approx d_0^2 + \frac{1}{2}C_s\alpha^3 \qquad (13\text{-}1)$$

式中，C_s 为透镜球差系数。

扫描电子显微镜分辨率也受电子枪发射电子束流强度影响。根据 Langmuir 方程[式（13-2）]，电子束流强度 I_P 增大导致束斑 d_0 和张角 α 都变大，结果照射样品的实际束流直径增大而降低成像分辨率。适当降低电子束流强度有利于改善成像分辨率，然而过低 I_P 不利于二次电子产出，使电子信号检出信噪比降低。

$$I_P = \left(\frac{eJ_k}{kT}V_0\right)\frac{\pi^2}{4}d_0^2\alpha^2 \qquad (13\text{-}2)$$

式中，J_k 为灯丝发射电流密度；V_0 为电子枪阴极加速电压；k 是玻尔兹曼常数。

扫描电子显微镜的性能通常也以放大倍数表示。电子显微镜放大倍数 M 定义为荧屏上图像尺寸与相应电子束在样品上扫描距离的比值。电子显微镜放大倍数与分辨率有一定关系。由表 13-1 可见增大放大倍数并不能无限降低仪器可分辨最小距离。

表 13-1　放大倍数与最小分辨率关系

放大倍数	仪器最小分辨率/nm	放大倍数	仪器最小分辨率/nm
20X	优于 5000	10 000X	优于 10
100X	优于 1000	50 000X	优于 2
500X	优于 200	100 000X	优于 1
1000X	优于 100	200 000X	优于 0.5
5000X	优于 20		

13.3.2　景深

相比透射电子显微镜，扫描电子显微镜的物镜采用小孔视角和长焦距而获得很大景深，因此扫描电镜可对样品立体形貌进行观察。

扫描电子显微镜景深 D 可以下式（13-3）进行估计，其中张角为 α，放大倍数为 M。可见放大倍数越小，景深越大。

$$D = \frac{0.2}{\alpha M} \qquad (13\text{-}3)$$

扫描电子显微镜景深比透射电镜大 10 倍左右，比光学显微镜大 100~500 倍。

13.4　扫描电子显微镜图像衬度来源

第 12 章 12.2 对衬度的定义适用于扫描电子显微镜衬度。衬度 C 为正值，且 $0 \leqslant C \leqslant 1$。极端的，$C = 0$，没有衬度；$C = 1$，相邻位点没有信号。扫描电镜衬度表现为显示屏不同区域的亮度差异。衬度的大小与电子束和样品相互作用产生信号电子（二次电子、背散射电子、特征 X 射线或吸收电子等）特征有关，与样品的自身性质（如几何特点、组成成分、表面电荷分布等）有关，也与采集信号电子的探测器在样品室中与样品的相对位置有关。图像衬度也可以应用计算机软件对其优化处理。

扫描电子显微镜成像的衬度主要分为表面形貌衬度和原子序数衬度（又称为

成分衬度）。除此以外，扫描电子显微镜衬度还有电压衬度、磁场衬度、晶体学衬度和阴极发光等，应用于不同的观察目的。

13.4.1 表面形貌衬度

表面形貌衬度，顾名思义即由对样品表面形貌敏感的信号电子成像产生的衬度。二次电子（SE）和背散射电子（BSE）都对成像衬度有所贡献。

二次电子指入射电子束在样品深度＜10nm浅层范围内激发出能量小于50eV的发射电子，因此，二次电子主要反映试样表面层的信息，与样品组成元素原子序数无关。二次电子成像衬度与样品表面各微观区域二次电子的产额有关。

二次电子产额 δ_{SE} 定义为产生二次电子数量 n_{SE} 与入射电子数量 n_B 的比值，等值于二次电子电流 I_{SE} 与入射电子束电流 I_B 的比值。δ_{SE} 与入射电子束能量有关，如图13-7所示，入射电子束能量在较低范围内时，δ_{SE} 随电子束能量值增大而增大；在达到最大值后，入射电子束能量值再增大，δ_{SE} 反而减小。对不同材料，产生最大二次电子产额 δ_{SE} 的入射电子束能量 E_{max} 值不同。金属材料 E_{max} 在 $100 \sim 800eV$，绝缘材料 E_{max} 约2000eV。

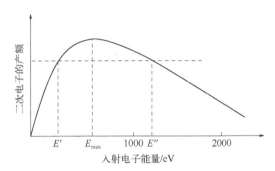

图13-7 二次电子产额与入射电子能量的关系

二次电子产额 δ_{SE} 与入射电子束和试样表面法线夹角大小有关。假设样品表面光滑，当入射电子束加速电压大于1kV时，二次电子产额 δ_{SE} 与入射电子束和试样表面法线夹角 θ 的余弦值的倒数成正比，即：$\delta_{SE} \propto 1/\cos\theta$。如图13-8，夹角大，意味着电子束在试样表面层内穿过的距离更长，引起价电子电离概率增大，产生二次电子数量增多。同时电子束的作用区更接近表面，易于电子逸出，增大二次电子产额 δ_{SE}。

实际样品表面并非完全平滑，有比较复杂的几何形态如尖锥、球粒、凹凸面、沟槽等，微区表面倾角大小不一，电子束扫描中产生二次电子数量不同，因此构成成像衬度。如图13-9。

如第13.1.2节所述，背散射电子与二次电子产生途径有所区别。因此背散射电子会带来样品深度范围内的信息。与二次电子产生相比，背散射电子需要较高强度的电子束流照射激发。图 13-10 比较了二次电子与背散射电子产额，由图可见，激发背散射电子的入射电子能量远高于激发二次电子，也因此二次电子产额占比较高。

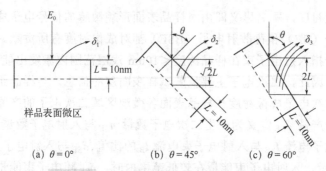

(a) $\theta = 0°$　　　　(b) $\theta = 45°$　　　　(c) $\theta = 60°$

图 13-8　二次电子产额与形貌倾角的关系

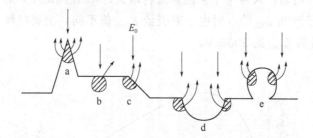

图 13-9　几种典型样品表面形貌及其二次电子产生

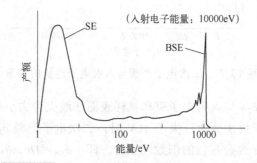

图 13-10　二次电子产额与背散射电子产额比较

扫描电子显微镜中信号电子探测器一般安装在样品台斜上方，在收集二次电子时也会收集到背散射电子。试样微区表面倾角的改变，也会影响到背散射电子的激发和发射，从而带来形貌衬度。背散射电子来自样品较深处，探测器对背散射电子收集效率为 $1\% \sim 10\%$，因而背散射电子对样品形貌成像衬度贡献较小。

13.4.2　成分衬度

电子束与样品相互作用产生背散射电子、吸收电子、特征 X 射线等信号电子，与样品微区化学成分或原子序数 Z 有关，由此产生成像衬度称为成分衬度或原子序数衬度。本节主要讨论与背散射电子相关的成分衬度。

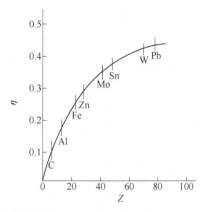

图 13-11 原子序数与背散射电子产额间关系

背散射电子是能量大于 50eV 的受激发射电子。背散射电子产率主要与受激原子序数 Z 有关。如图 13-11，随原子序数 Z 增大，背散射电子产率 η 增大。对 $Z<30$ 的轻元素，η 随 Z 线性正增长；$Z>30$ 的元素，η 增幅减小。化学成分间原子序数差别越大，背散射电子产率差值越大，因此像成分衬度越高。轻元素化学成分间较之重元素化学成分间，成像衬度更显著。例如，原子序数同相差 1，Al-Si 间衬度为 6.7%，Au-Pt 间衬度为 0.14%。

对于一些生物样品，有时会以重金属化合物处理样品，通过提高成分衬度获得好的电子显微镜观察。

13.5　扫描电子显微镜样品制备

试样在放入样品仓进行电子显微镜观察前，首先需确认是否为良导体，热稳定性如何，是否有磁性。对试样做相应的前处理，以获得满意的观察图像，同时避免对 SEM 镜筒内电子器件带来不必要的损害导致电子显微镜性能的降低。样品制备用器件如图 13-12 所示。

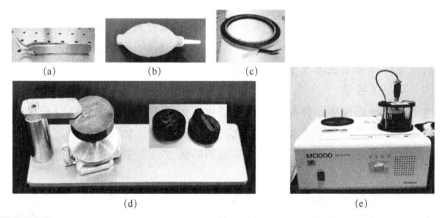

图 13-12　（a）（b）样品制备工具；（c）导电胶带；（d）样品台（平面、截面）和定高器；（e）离子喷溅仪

（1）样品的取材

试样可以是块状固体或实物以及粉末、薄膜等。块状固体，体积大小以边缘不超过样品台为宜。粉末固体，如果是纳米粒子，可先以适量易挥发溶剂超声分散，再滴加分散液到透射电子显微镜用铜网上，干燥后得到团聚程度低的纳米粒子检材。高分子薄膜或复合材料薄膜有断面观察需求，可以将试样浸没于液氮内，待冷却一段时间，再以镊子或手钳拗断。液氮是极冷液体，操作须小心防冻伤。

（2）样品的清洁

试样在制备或加工生产中可能沾污油渍、有机小分子、灰尘等，如图 13-13 所示。这些污染物如在电子显微镜镜筒内，受高能电子束作用气化或分解，会使镜筒真空度下降，电子显微镜性能降低；还可能吸附在内部电子器件上，带来永久损害。试样释放的小分子烃类气体，在电子束的轰击下沉积或化合在样品表面，会加重电子显微镜观察中样品的荷电现象。所以要对试样作认真清洁。

图 13-13　样品污染现象

清洁方法依样品而定。例如，水分用白炽灯或者红外灯照射试样，加热样品至100℃持续 1～3h；油渍污染用阴离子清洗仪（plasma cleaning）清洗 30～200s。清洁后注意保存样品在非油泵真空干燥室内。

（3）样品的镀膜

电子显微镜扫描中，样品在高能电子束照射下表面溢出电子。对于导电性不良的样品，表面逐渐积聚大量负电荷而产生荷电效应，如图 13-14。具体表现为图像晃动，样品表面有高亮度斑、无规则明暗条纹，电子显微镜图像质量大为降低。因此需要提高样品导电性。

实验室常采用离子溅射仪或真空镀膜仪，在样品表面镀导电薄膜以提高样品的导电性。导电膜既可以将样品表面电荷引导释放，消除荷电现象，又提高样品的导热性，减小热损伤，同时增加电子信号激发效率。要注意的是，镀膜可能掩

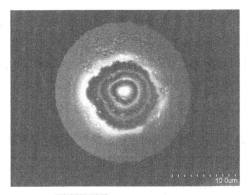

图 13-14 样品荷电现象

盖样品表面细节，改变样品尺寸。另外，镀膜会使样品成分信息和表面电位信息发生减弱或者消失。

喷镀材料可选择 Au、Pt、C 等。

（4）样品的固定

所有样品必须使用导电胶带固定在样品台上，或直接用导电胶粘牢在样品台上。观察截面的样品用导电胶带固定在截面样品台侧边。固定样品后，用洗耳球吹去样品表面浮尘。样品台放入样品仓前，需使用定高器测量样品台高度，必要时调整高度以适应样品仓设计要求。

13.6　扫描电子显微镜操作主要环节

13.6.1　加速电压值的设置

如第 13.1.1 节所述，电子枪灯丝阴极尖端受热释出电子，电子从阴极表面逸出再经阳极加速产生电子束流。阳极相对地施加的几百伏至 30 千伏的高压称为加速电压。改变加速电压，电子束的能量和束斑直径以及样品表面受激电子产率都随之改变。提高加速电压，电子束能量和束斑直径相应增大，被激发出的二次电子和背散射电子产率也提高，总体提高了样品扫描图像信噪比，分辨率也因电子束色差与衍射效应减小而提高。然而高加速电压会带来对样品的热损伤或表面荷电效应。而低加速电压的电子束斑能量小，对样品损伤也小。对于热敏性样品，可以设置加速电压在 5kV 以下。一般地，钨灯丝枪加速电压设置 15～20kV，场发射枪加速电压设置 5～30kV。

加速电压低，受激产生的二次电子由样品浅表层溢出，成像更能反映样品表面的形貌特征，然而由于信号电子产额少，图像信噪比低。为解决这一问题，一些扫描电子显微镜采取减速模式即通过电子转换板，使探头在低加速电压条件下能接收更多二次电子以改善形貌像。

不同的样品应用扫描电子显微镜观察时需设置合适的加速电压。一般导电耐热的材料可以使用 10～30kV 的电压以获得放大倍数达到数万倍的优质图像。对不导电试样经金属溅射处理后，提高加速电压也可以获得更高分辨率的图像。热敏性材料，如纤维、塑料、高分子材料、生物材料等，较高加速电压条件下会发生荷电现象或热灼伤，通常在低加速电压或采取减速模式下观察。见表 13-2。

表 13-2　对不同材质样品推荐加速电压范围

试样材料	加速电压范围
高分子材料/生物材料	1～5kV
喷镀金属膜层	约 15kV
非磁性金属	10～20kV

低加速电压条件并非仅适用于高分子材料等类试样。低加速电压下电子束流能量低，射入样品深度浅，成像更能代表表面形貌。此外，导电性差的试样在低加速电压下观察，可以不必镀导电膜，避免表面形貌衬度和成分衬度失真。

13.6.2　电子光学系统合轴

扫描电子显微镜电子光学系统由电子枪、聚光镜、物镜和光阑组成。当电子束沿以上光学组件中心轴穿过，即轴线对中时，像差最小，成像效果最佳。对电子光学系统组件的同轴调节操作称为合轴，主要包括电子枪与透镜合轴和物镜光阑合轴。

电子枪与透镜合轴又称为电子束对中（beam align）。电子显微镜使用期间，由于时常开关电子枪，灯丝尖端会有轻微变形，使得电子束发射方向有一定偏转导致像差增大。为此需要电子束对中操作。

物镜光阑合轴又称为光阑对中（aperture align）。通常物镜光阑插件上有直径 50μm、100μm、200μm、300μm 四个规格的孔。物镜光阑孔大小，影响电子束斑尺寸和景深，例如选用小孔光阑，可提高图像分辨率并改善了景深。然而小孔光阑不合轴对成像影响较之大孔光阑更严重，需要对光阑仔细对中。

实际对中操作以机械对中和电子对中两种形式进行。机械对中是电子对中的基础，多由电子显微镜技术管理员实施操作，电子对中在仪器操作软件上完成。电子对中通过软件调整电子显微镜多级对中线圈的工作电压，改变电子束磁场环境，实现精准合轴。操作幅度小，易操作是电子对中的特点。当发现做调焦、消像散等操作时，图像中心位置在移动就需要做电子对中。不做电子对中，放大倍数越高，图像质量越糟糕。

13.6.3　聚焦与消像散

聚焦又称对焦，是通过调节物镜的聚焦能力，使电子束会聚在样品表面，并且束斑直径最小，即为正焦（on focus）。与之对应，有欠焦（under focus）和过焦（over focus）。聚焦操作贯穿电子显微镜观察始终，总是从欠焦、过焦到正焦。是否正焦，从荧屏显示图像清晰度很容易判断。

如第 12.1.4 节所述，物镜光阑污染等原因致像散现象发生，像散对图像质量影响严重，需要消除。是否存在像散，可以通过图像变形辨识。参见图 13-15，图像沿 45° 或 135° 方向振动，表明存在像散。

图 13-15　像散的辨识与消除

消像散需要与聚焦操作结合。先聚焦，再在 X、Y 两个方向调节消像散器，使图像不再振动，最后再聚焦达到正焦。

实际操作中，聚焦、物镜消像散、电子对中常循环进行，以逐渐获得最佳图像。

13.6.4　扫描电子显微镜探头的选择

探头是电子信号探测器的通俗叫法。大多扫描电子显微镜探头安装于样品仓内，按其空间位置，主要有位于样品仓斜上方的上探头（U）、斜下方的下探头（L）和顶部的顶探头（T）。参见图 13-16 和图 13-17。探头对样品受激产生的二次电子、背散射电子等电子信号并不能区分，在不同位置的探头所接收的电子来源存在差异。上探头（U）接收溢出角较高的初级二次电子较多，图像光亮度大，利于图像细节展示。下探头（L）易接收到样品非水平面溢出的二次电子，带来较佳的形貌衬度；但会接收到溢出角较低的次生二次电子，信噪比低，致图像暗。实际操作中可以将上探头（U）与下探头（L）按一定比例组合来采集电子信号，使扫描图像既显示样品细节，又反映样品微区立体形貌。顶探头（T）接收到高角度背散射电子相对较多，图像包含有样品表面的 Z 衬度信息，但形貌衬度弱，图像立体感相对差。优点是样品荷电现象较少。

在物镜镜筒内配置 in-lens 探头，可以获得较高的图像分辨率。in-lens 探头在镜筒内接收电子，获得图像的形貌衬度小。在小工作距离下应用 in-lens 探头观察物理平面较平整的样品，可以获得出色的细节信息。

| (a) 上探头（U） | (b) 探头混合 | (c) 下探头（L） |

图 13-16　探头位置对成像影响

13.6.5　工作距离和样品台倾斜

扫描电子显微镜工作距离指物镜光阑下表面至样品台表面距离，可以根据观测的需求、样品的形貌或性质特点来调整。工作距离近，意味着电子束到达样品表面束斑发散程度较小，可以获得较高图像分辨率。工作距离增大，孔径角降低而景深增大。实际操作中，工作距离的调整常与探头选择协调进行。图 13-17 显示，小工作距离下，高角度初级二次电子和背散射电子被上探头（U）和顶探头（T）接收，而下探头（L）接收电子较少。大工作距离下，上探头（U）和顶探头（T）接收电子减少，而下探头（L）接收电子数增多。下探头（L）接收的电子，既有样品微区表面其法线与电子束夹角小于 90° 时产生的初级二次电子，也有样品内部出射的次级二次电子。一般电子显微镜工作距离可在 2～45mm 范围调整。高分辨率观察可在 5mm 以下工作距离（WD）进行，观察粗糙断面或微小颗粒立体形貌宜 30mm以上工作距离（WD）。表 13-3 简单总结工作距离对电子显微镜观察的影响。

扫描电子显微镜图像信噪比主要决定于二次电子产额，二次电子的产额与电子束和样品表面夹角有关。电子的检出探头位置是固定的。对于一些表面光滑，形貌衬度不高的样品，可以通过调整样品台倾斜角度，产生更多信号电子并增加探头有效接收，提高图像信噪比。样品台倾角可在−15°～+90°间调整。操作中须注意样品台勿碰触物镜。

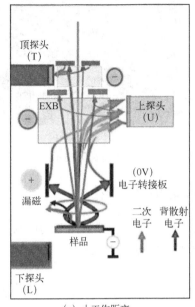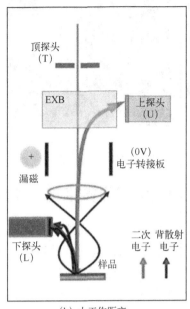

（a）小工作距离　　　　　　　　　（b）大工作距离

图 13-17　不同工作距离下探头接收电子信号特点示意图

表 13-3　**工作距离（WD）对电镜观察的影响**

工作距离（WD）	短	长
分辨率	高	低
景深	浅	深
最低观察倍率	大	小
样品可倾斜范围	小	大
受杂散磁场干扰	大	小

13.6.6　图像观察与记录

扫描电子显微镜观察，一般遵循"低倍找视野，高倍看细节"的原则。先在低倍数下观察样品，寻找可以代表样品形貌特征的观察点；观察点处样品应不团聚，可选择样品边缘；再提高放大倍数，经电子对中、消像散、聚焦反复操作获得分辨率满意的图像。

扫描电子显微镜图像是数字化数据，显示屏上图像可以方便的记录和存储。现代电镜自带软件不仅可以设置抓拍图片速度以调整曝光度（图 13-18），还可以调节计算机显示屏光亮度和对比度改进形貌衬度，从而获得分辨率、信噪比更佳的电子显微图像。

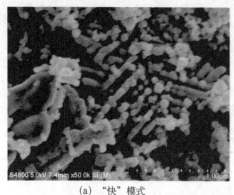

| (a) "快"模式 | (b) "慢"模式 |

图 13-18　计算机软件抓拍图片速度对图像质量影响示例

13.7　扫描电子显微镜与 X 射线能谱仪联用

如第 13.2.2 节所述,高能电子束与样品相互作用,激发出与构成物质元素相关的特征 X 射线。扫描电子显微镜样品室内常配置 X 射线检测探头,以在样品形貌观察的同时,实现微区表面化学成分的定性和定量测定。

X 射线检测有波长色散谱法(wavelength dispersive spectroscopy,WDS)和能量色散谱法(energy dispersive spectroscopy,EDS)。WDS 依据布拉格方程,通过应用分光晶体使 X 射线被反射,由反射角度值测得特征 X 射线波长,从而确定试样品微区化学成分。EDS 是应用固体探测器接收由样品发射的 X 射线,通过分析系统测定有关特征 X 射线的能量和强度,实现试样微区化学成分分析。EDS 可分析元素的范围一般为 $_4Be \sim _{92}U$。WDS 最早应用于微区分析。两种方法各有特点。WDS 的分辨率较高,但分析耗时较长,另外小型化程度不如 EDS。EDS 具有分析速度快、应用范围广泛的特点。目前电子显微镜内置 X 射线检测探头多是 EDS,对样品的微小区域进行化学成分的定性或半定量分析。

13.7.1　X 射线能谱仪构成

X 射线能谱仪主要由探测器(探头)、放大器、脉冲处理器、计算机等构成。探测器是核心部件,将样品发射出的 X 射线接收并转为电脉冲信号,信号经放大和分类计数处理,最终在计算机显示屏显示为 X 射线能谱。

X 射线探测器有 Si(Li) 探测器、Si 漂移探测器(silicon drift detector,SDD)和本征锗探测器(intrinsic ge,IG)三种,其性能比较见表 13-4。

Si(Li) 探测器是较早开发的探头,其中的关键部件锂漂移硅晶体是由锂漂移技术制得。为防止锂离子反向漂移或沉积以及降低噪声,探头需要用液氮控制在低温环境运行。

目前扫描电子显微镜多配置 Si 漂移探测器。SDD 探头检测能量分辨率与 Si(Li)

探测器相当,但死时间非常低,X 射线计数率高,并可在常温下工作。

本征锗探测器可耐受能量大于 20keV 的高能 X 射线,对高能 X 射线探测率高,可以检出全部元素的 K 系 X 射线并用于定性与定量分析。IG 可应用于高加速电压条件的透射电子显微镜。

表 13-4　几种能谱探测器性能比较

探测器特性	Si(Li)	SDD	IG
能量分辨率	150eV	140eV	135eV
冷却要求	液氮或半导体致冷	无或半导体致冷	液氮或半导体致冷
探测器有效面积	$10\sim50mm^2$	$\geqslant50mm^2$	$10\sim50mm^2$
输出计数率 (以秒计数)	5k～20k	1000k	5k～10k
采集全谱时间	约 1min	几秒	约 1min
假峰来源	和峰,逃逸峰(Si K_α)	多重和峰	和峰,逃逸峰(Ge K_α/L_α)

13.7.2　与 X 射线能谱仪联用

当电子显微镜在选定加速电压下合轴良好,电子束流稳定,样品二次电子成像分辨率满意、图像清晰,X 射线能谱仪能量标尺已经校准,联用 EDS 可以对样品进行微区定性和定量分析。

(1)定性分析

采用 X 射线能谱仪,可确定样品微区元素组成,确定元素在样品中的分布状态。不同元素有其特征 X 射线,特征 X 射线能量值是定性分析的依据。商用 X 射线能谱仪计算机软件一般都预装有各种元素的 KLM 系标准谱线。将采集谱图谱峰与标准谱线比对,就可识别出样品组成元素。

EDS 由于使用半导体探测器,能量分辨率比较差(一般在 110eV～135eV),实验中往往会观察到多个峰重叠的现象,因此定性分析要注意对假峰,如和峰(sum peak)、逃逸峰(escape peak)、重叠峰的识别。和峰是指在对试样采谱时,探测器晶体同时采集到两个或更多的 X 射线光子,使出现峰位与各元素特征峰能量值均不符而强度与计数率的平方根成正比的假峰。逃逸峰的产生,是由于部分 X 射线穿透探测器"逃逸"未被检测到。只有能量高于硅的 K 系临界激发能(1.74keV)的 X 射线才会存在"逃逸",即原子序数大于等于 15 的元素。逃逸峰位等于主元素峰减去 1.74keV,其强度为相应元素主峰的 1.8%(元素 P 的 K_α)至 0.01%(元素 Zn 的 K_α)。几种常见的部分重叠谱峰参见表 13-5。

表 13-5　常见的部分重叠谱峰(keV)

Ti K_α(4.51)	S K_α(2.31)	Al K_α(1.49)	Si K_α(1.74)	Mn K_α(5.90)	C K_α(0.28)
Ba L_α(4.47)	Mo L_α(2.29)	Br L_α(1.48)	Ta M_α(1.71)	Cr K_β(5.95)	K L_α(0.27)
	Pb M_α(2.35)		W M_α(1.77)		

（2）定量分析

元素被激发的特征 X 射线强度与其含量相关，因此 X 射线能谱可用于样品中元素定量分析。强度高则意味着元素含量高。然而能谱仪实际检测强度受许多因素影响，与元素含量并非简单的正比关系。

首先根据定性分析结果，确定用于定量分析的谱峰。其次，需要扣除背底值。背底产生与元素 X 射线韧致发射等因素有关，与元素含量不成正比。商用软件常以背底模拟法或数字滤波法予以扣除。存在重叠谱峰时，应用重叠因子法或多重最小二重法予以剥离。

在此基础上，利用已知成分含量 C_s 的标样，测定相同条件下样品各元素与对应标样元素的 X 射线强度（分别是 I 和 I_s），并确定强度比值 k，代入公式（13-4）计算样品元素含量 C。

$$k = \frac{C}{C_s} = \frac{I}{I_s} \tag{13-4}$$

实际上以能谱做样品定量分析还要考虑到由 X 射线与样品各元素相互作用带来的基体效应，应进行基体校正方能获得较准确的分析结果。限于篇幅，基体校正的详细方法请参考有关文献书籍，恕不赘述。

（3）样品表面元素微区分布——线分布（X-ray line profile）和面分布（X-ray map）

与 X 射线能谱仪联用，扫描电镜图像可以给出样品表面元素分布的信息。分布信息的采集，以 X 射线线扫描（X-ray line scan）和面扫描（X-ray mapping）两种模式进行，所获得的图像是用特征 X 射线信号强度（计数率），调制 SEM 或 STEM 显示器上的电子束扫描试样对应的像素点亮度形成的。一般要求元素的含量＞10%。

采用线扫描模式，先在试样二次电子待分析路径扫描一次，重复曝光，将扫描线记录在同一个二次电子像。再将入射电子束沿以上路径缓慢扫描，X 射线探头捕获试样沿途各点发射的特征 X 射线信号（例如 Si K_{α}）与强度，调制所有信号成显示屏亮点，最终呈现试样沿该扫描线 Si 元素的相应浓度分布曲线。

样品的 X 射线面分布图，先选定感兴趣的区域，在该区域做电子束的光栅扫描，采集区域内所有元素的特征 X 射线信号与强度，与线扫描一样，调制所有信号成显示屏亮点，获得试样区域的元素组成与每个元素的面分布图。

线分布和面分布图像都可以用于定性和定量分析。面分布信息量大，扫描用时长。可以线扫描模式对采谱条件进行摸索。注意面分布图中出现的黑区或阴影，应结合样品形貌给出合理解释。

参考书目

[1] 章晓中. 电子显微分析. 北京: 清华大学出版社, 2006.

[2] 张大同. 扫描电镜与能谱仪分析技术. 广州: 华南理工大学出版社, 2009.

[3] Zhou Weilie，等. Advanced Scanning Microscopy for Nanotechnology-Techniques and Applications. 北京: 高等教育出版社, 2007.

[4] 林中清，等. 电子显微镜中的辩证法：扫描电镜的操作与分析. 北京: 人民邮电出版社, 2022.

[5] 柳得橹，等. 电子显微分析实用方法. 北京: 中国质检出版社与中国标准出版社, 2018.

[6] 戎咏华. 分析电子显微学导论. 2 版. 北京: 高等教育出版社, 2015.

[7] 章效锋. 显微传: 清晰的纳米世界. 北京: 清华大学出版社, 2015.

[8] 朱和国等. 材料科学研究与测试方法. 南京: 东南大学出版社, 2019.

第 14 章 热重分析仪

　　热重分析是在程序控温和一定气氛下，测量试样的质量与温度或时间关系的技术。用于进行这种测量的仪器称为热重分析仪（thermogravimeric analyzer，TGA），俗称热天平。

　　热重分析仪广泛应用于无机材料（陶瓷、合金、矿物、建材）、有机高分子材料（塑料、橡胶、涂料、油漆）、食品、药品、生物材料等各领域的研究开发、工艺优化与质量监控等，是研究材料热稳定性和组分的重要手段。例如聚合物热稳定性的评价，分析物质组成及可能产生的中间产物，探究物质的热解机理等。

14.1 仪器结构及工作原理

14.1.1 仪器结构

　　现代热重分析仪一般由 4 部分组成，分别是电子天平（electronic balance）、加热炉（furnace）、程序控温系统（program temperature control system）和数据处理系统（data processing system）。仪器结构示意图如图 14-1 所示，仪器内部构造如图 14-2 所示。

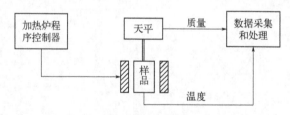

图 14-1　热重分析仪的基本结构框图

　　（1）热天平

　　热天平结构如图 14-3 所示，主要工作原理是把电路和天平结合起来，通过程序控温仪使加热电炉按一定的升温速率升温（或恒温），当被测试样发生质量变化，光电传感器能将质量变化转化为直流电信号。此信号经测重电子放大器放大并反馈至天平动圈，产生反向电磁力矩，驱使天平梁复位。反馈形成的电位差与质量变化成正比（即可转变为样品的质量变化）。其变化信息通过记录仪描绘出热重分析（TGA）曲线，热重分析曲线纵坐标表示质量损失（或失重率），横坐标表示温度（或时间）。根据天平达到的分辨率，可将天平分为半微量天平（10μg）、微量天平（1μg）和超微量天平（0.1μg）。除了分辨率，可连续测量的最大量程也是天平的重要性能，特别是当测量不均匀物质时，一般需要样品质量较大（几十至几百微克）。

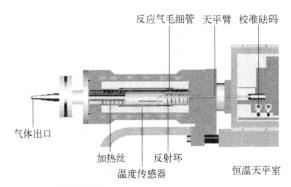

图 14-2 热重分析仪内部构造图

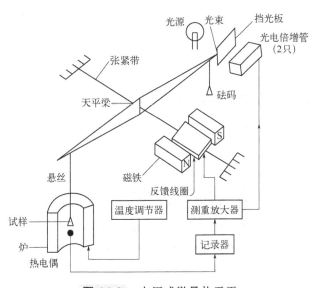

图 14-3 电压式微量热天平

平行导向天平能够保证样品的位置不会影响重量的测量，在熔融时如果样品的位置改变，样品重量不会发生变化。

图 14-4 为三种不同设计的热天平。上置式、悬挂式和水平式。当今的 TGA 仪器大部分已采用补偿天平。用这种天平，炉体中的样品位置即使在质量变化时也应严格保持相同。不过，应区分简单动圈式称量系统和高级平行导向称量系统。在水平炉体设计中，简单动圈式系统的弱点在于，升温中水平移动的样品（例如在熔化过程）会产生明显的质量变化。而平行导向系统，可克服整个潜在的

问题。日本岛津公司 TG-50 型热重分析仪采用上置式、悬挂式；梅特勒-托利多 TGA/SD-TA851e 采用水平式。

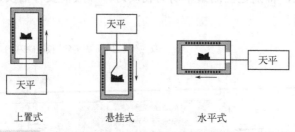

上置式　　　　　悬挂式　　　　　水平式

图 14-4　热天平设计（箭头表示装样时炉体运动方向）

　　需要注意的是：在天平和炉体间必须采取结构性措施以保护天平室内的天平免受热辐射的影响和腐蚀性分解产物进入。多数情况下，用保护性气体吹扫天平罩。必须使用恒温水浴槽（梅特勒-托利多热天平采用），通过对天平室进行恒温，可以确保称量信号有良好的重现性。

　　（2）加热炉

　　炉体包括炉管、炉盖、炉体加热器和隔离护套（图 14-5）。炉体加热器位于炉管表面的凹槽中。炉管的内径根据炉子的类型而有所不同。炉体，为水平结构，由此可以减小气流引起的扰动，最高温度可加热到 1100℃，高温型的可到 1600℃，甚至更高。

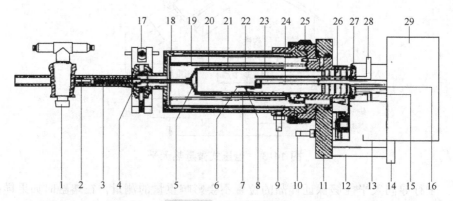

图 14-5　炉体结构图

1—气体出口活塞，石英玻璃；2—前部护套，氧化铝；3—压缩弹簧，不锈钢；4—后部护套，氧化铝；5—炉盖，氧化铝；6—样品盘，铂/铑；7—炉温传感器，R 型热电偶；8—样品温度传感器，R 型热电偶；9—冷却循环连接夹套，镀镍黄铜；10—炉体法兰冷却连接，镀镍黄铜；11—炉体法兰，加工过的铝；12—转向齿条，不锈钢；13—收集盘，加工过的铝；14—开启样品室的炉子马达；15—真空和吹扫气体入口，不锈钢；16—保护性气体入口，不锈钢；17—用螺丝调节的夹子，铝；18—冷却夹套，加工过的铝；19—反射管，镍；20—隔离护套，氧化铝；21—炉子加热器，坎萨尔斯铬铝电热丝铝通路；22—炉管，氧化铝；23—反应性气体导管，氧化铝；24—样品支架，氧化铝；25—炉体天平室垫圈，氟橡胶；26—隔板、挡板，不锈钢；27—炉子与天平室间的垫圈，硅橡胶；28—反应性气体入口，不锈钢；29—天平室，加工过的铝

（3）程序控温系统

炉子温度增加的速率受温度程序的控制，其程序控制器能够在不同的温度范围内进行线性温度控制，如果升温速率是非线性的将会影响到 TGA 曲线。程序控制器的另一特点是，对于线性输送电压和周围温度变化必须是稳定的，并能够与不同类型的热电偶相匹配。

当输入测试条件之后（如从 50℃开始，升至 1000℃，升温速率为 20℃/min），温度控制系统会按照所设置的条件程序升温，准确执行发出的指令。温度控制精密度，±0.25℃；温度范围，室温至 1100℃。所有这些控温程序均由热电偶传感器（简称热电偶）执行，热电偶为铂金材料，分为样品温度热电偶和炉子温度热电偶。样品温度热电偶直接位于样品盘的下方，这样就保证了样品离样品温度测量点比较近，温度误差小；炉子温度热电偶测量炉温并控制炉子的电源，其位于炉管的表面。

（4）气氛控制系统

气氛控制系统（以梅特勒-托利多为例）分两路：一路是反应气体，经由反应性气体毛细管导入到样品池附近，并随样品一起进入炉腔，使样品的整个测试过程一直处于某种气氛的保护中。根据样品选择通入气体的种类，有的样品需要通入参与反应的气体，而有的则需要不参加反应的惰性气体；另一路是对天平的保护气体，通入并对天平室内进行吹扫，防止样品在加热过程中发生化学反应时放出的腐蚀性气体进入天平室，这样既可以使天平得到很高的精度，也可以延长热天平的使用寿命。

（5）自动进样器

现在很多仪器都开发出自动进样的功能，在设置好测试条件的前提下按照指令执行测试任务，使仪器连续 24h 不间断地工作，大大提高了工作效率。自动进样器能处理几十个样品，每种样品都可用不同的方法和不同的坩埚，且一旦坩埚放的位置和设置的位置不一致或自动进样器的盖子没盖好，或仪器有异常情况发生，仪器工作界面马上弹出一个窗口加以提示，并停止工作，直至纠正错误为止。图 14-6 为自动进样器的机械手，图 14-7 为自动进样器的样品池。

自动进样器可采取全自动进样和半自动进样，全自动进样是天平连接到计算机，先把坩埚质量自动称重，手动加入样品后，仪器自动称重后将样品的质量数据送至记录软件，此方法适合测试质量范围较宽的样品。半自动进样称重不是在仪器内进行，而是先用单独的天平称重，然后将坩埚放入自动进样器，将质量数据手动输入软件日常工作窗口，这种方法可以人为控制样品量的多少，如测含能材料和反应比较剧烈的样品用此方法较好。

需要注意的是，如果是挥发性很强的样品，则不适宜用自动进样排队等待进行测试，最好是称好样品后马上测试。

图 14-6　自动进样器的机械手　　　　图 14-7　自动进样器样品池

14.1.2　TGA 基本原理

当试样以不同方式失去某些物质或与环境气氛发生反应时，质量出现变化，在 TGA 曲线上产生台阶，或在 DTG 曲线上产生峰。通过分析热重曲线可以获得材料的热稳定性、抗热氧化性、热分解以及物质组成与化合物组分、结晶水、吸附水和挥发物含量等信息。

以下列举一些物质的物理化学过程，其伴随温度改变而发生质量改变，如：

① 挥发性组分的蒸发，干燥，气体、水分和其它挥发性物质的解吸附和吸附，结晶水的失去；

② 在空气或氧气中金属的氧化；

③ 在空气或氧气中有机物的氧化分解；

④ 在惰性气氛中的热分解，伴随有气体产物的生成。

进行热重测试时，试样质量经称重变换器转变成与质量成正比的直流电压，经称重放大器放大后，送到模/数转换器，再送到计算机，计算机采集了质量转变为电压的信号，同时也采集了质量对时间的一次导数（也称微分）信号以及温度信号。然后对这三个信号进行数据处理，经处理后的曲线由显示器显示，对此曲线进行数据分析并打印图谱。

通常用质量对温度或时间绘制的 TGA 曲线表示 TGA 测量的结果。TGA 信号对温度或时间的一阶微商，表示质量的变化速率，称为 DTG 曲线，是对 TGA 信号重要的补充性表示。

14.2　实验技术

14.2.1　样品的制备

样品制备过程中需要注意多种因素，对于要分析的物质，样品要有代表性。

制备过程中，样品尽可能没有变化且未受到污染，制备方法应该是一致和可重复的，只有一致的样品才获得较好可对比的 TGA 数据。

样品量的考虑：如果想获得足够的精确度，应有足够的样品量。特别是物质含挥发成分非常小或者物质非均匀，此时更应该加入足够的样品量，方能测量准确。但是试样量增大，整个试样的温度梯度也会加大，对于导热较差的试样更甚。而且反应产生的气体向外扩散的速率也与试样量有关，试样量越大，气体越不容易扩散。

样品形态的考虑：制备过程中，需考虑样品形态的影响。样品的形状和颗粒大小不同，对热重分析的气体产物扩散影响亦不同。一般来说大片状的试样的分解温度比颗粒状的分解温度高，粗颗粒的分解温度比细颗粒的分解温度高。

试样装填方法：试样装填越紧密，试样间接触越好，热传导性就越好。这会让温度滞后现象变小。但是装填紧密不利于气氛与颗粒接触，阻碍分解气体扩散或逸出。因此可以将试样放入坩埚之后，轻轻敲击，使之形成均匀薄层。

14.2.2 仪器的校准

热天平测量样品质量与试样温度的关系，因此必须确认所测得的质量和温度值是正确的。采用合适的参比样品进行经常检查（测定与已知准确值的误差）即可做到。如果误差太大，则仪器必须调整（改变仪器参数以消除误差）。

天平须用参比质量（标准砝码）进行校准。以某公司 TGA 为例，采用内置标准砝码进行校准和调整。温度可用基于某些铁磁物质（图 14-8）的居里转变点的方法来校准。将一块永久磁铁放置于靠近参比样品的地方（炉体外）即可。样品经历磁力吸引而记录下更高的质量，然后以正常方法升温，在所谓的居里点样品丧失铁磁性能，不再受磁力吸引，结果发生表观质量的突然增加。该转变发生在一个相对窄的温度范围内，在 TGA 曲线上产生较陡的台阶。将拐点或台阶结束点记录的温度与参比物质的居里温度进行比较。由于物理原因（磁滞现象、升温/降温速率依赖性、磁场依赖性），所以居里点的准确性限于±5℃左右。

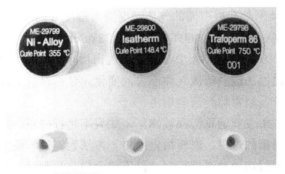

图 14-8　TGA 校准用铁磁物质

用同步 DTA 信号和熔点标准可更精确地校准温度。非常纯的样品铟 In、锌 Zn、铝 Al、金 Au 和钯 Pd 常用于校准，熔融峰的起始温度用于校准和调整。图 14-9 所示为通过测量磁场中铁磁物质的居里温度（下面 TGA 曲线）和用纯金属标准熔点的同步 DSC 信号（上面曲线）来校准温度。

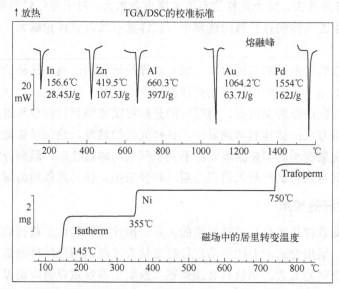

图 14-9　在磁场中测量铁磁物质的温度校准（下）和用纯金属标准熔点的同步 DSC 信号校准温度（上）

14.2.3　测试影响因素

正如其它的分析方法一样，热重分析法的实验结果也受到一些因素影响，加之温度的动态特性和天平的平衡特性，使影响 TGA 曲线的因素更加复杂，但基本上可以分为两类。

14.2.3.1　仪器因素

（1）浮力

TGA 样品支架所处介质空间的气体密度随着温度升高而降低。例如，室温下空气的密度为 1.18kg/m³，而 1000℃时仅为 0.28kg/m³。因而气体的浮力随温度升高而减小，由于浮力减小，TGA 曲线上会表现出增重现象。尽管试样本身没有发生质量变化，但温度的改变造成气体浮力的变化，使得试样呈现出随温度的升高而质量增加的现象，通常称为表观增重。

在 TGA 测试中表观增重必须被修正，如果不进行修正，在升温测试时每一个样品都会显示增重的过程。表观增重的修正方法为测试一条空白曲线。空白曲线要使用与样品测试相同的温度程序，但不包含样品，测试仅仅使用空坩埚。然后将样品测试曲线减去空白曲线。目前热分析仪器的空白曲线扣除功能都可以由仪器自动完成。

（2）气氛

热天平周围气氛的改变对 TGA 曲线影响显著，试验前应考虑气氛对热电偶、试样皿和仪器的原部件有无化学反应，是否有爆炸和中毒的危险等。虽然可用气氛很多，包括惰性气体、氧化性气体和还原性气体，但常用的主要有 N_2、Ar 和空气三种。其中样品在 N_2 或 Ar 中的热分解过程一般是单纯的热分解过程，反映的是热稳定性，而在空气（或 O_2）中的热分解过程是热氧化过程，氧气有可能参与反应，因此它们的 TGA 曲线可能会明显不同。

TGA 试验一般在动态气氛中进行，以便及时带走分解物。现有的热重分析仪一般都拥有两路气体，分为保护气和吹扫气。保护气为惰性气体，专用于保护热天平，气流量一般在 10～20mL/min；吹扫气根据测试目的不同可有不同的选择，同时吹扫气流也能带走样品分解产生的气体，其流量稍大于保护气，一般在 20～40mL/min。

（3）升温速率

不同的升温速率对 TGA 结果有显著的影响。升温速率越快，温度滞后越严重，实验结果与实际情况相差越大，这是由电加热丝与样品之间的温度差和样品内部存在温度梯度所致。随着升温速率的增大，样品的起始分解温度和终止分解温度都将有所提高，即向高温方向移动。升温速率过快，会降低曲线的分辨率，有时会掩盖相邻的失重反应，甚至把本来应出现平台的曲线变成折线。升温速率越低，分辨率越高，但太慢又会降低实验效率。考虑到高分子的传热性不及无机物和金属，因此升温速率一般选定在 5～10℃/min。在特殊情况下，也可以选择更低的升温速率。对复杂结构的分析，如共聚物和共混物，采用较低的升温速率可观察到多阶分解过程，而升温速率高就有可能将其掩盖。

（4）挥发物的冷凝

在 TGA 试验过程中，由样品受热分解或升华而逸出的挥发物，有可能在热天平的低温区再冷凝。这不仅会污染仪器，也会使测得的样品失重偏低，而当温度进一步升高，冷凝物会再次挥发而产生假失重，使 TGA 曲线变形，造成结果不准确。解决办法：尽量减小样品用量并选择合适的吹扫气体流量以及使用较浅的坩埚。

（5）坩埚的影响

坩埚的材质，要求耐高温，对样品、中间产物、最终产物和气氛都是惰性的，即不能有反应活性和催化活性。通常用的坩埚有铂金、陶瓷、石英、玻璃、氧化铝等。通常用于 TGA 测量的氧化铝坩埚，可加热至 1600℃以上。蓝宝石坩埚更加耐温，尤其适合于测量高熔点金属，例如在高温下会部分熔解并渗透普通氧化铝坩埚的铁。值得注意的是，不同的样品要采用不同材质的坩埚，如：碳酸钠会在高温时与石英、陶瓷中的 SiO_2 反应生成硅酸钠，所以像碳酸钠一类碱性样品，测试时不要用铝、石英、玻璃、陶瓷坩埚。铂金坩埚，对有加氢或脱氢的有机物有活性，也不适合作含磷、硫和卤素的样品。

14.2.3.2　样品因素

（1）样品量

热重法测定，样品量要少，一般为 2～5mg。一方面是因为仪器天平灵敏度很高（可达 0.1μg），另一方面，样品量越大，传热滞后也越大，样品内部温度梯度大，样品产生热效应会使样品温度偏离线性程序升温，使 TGA 曲线发生变化。此外，挥发物不易逸出也会影响曲线变化的清晰度。因此，样品用量应在热天平的测试灵敏度范围之内尽量减少。由于聚合物样品的热传导率比无机物和金属小，因此常用量应相对更小。当需要提高灵敏度或扩大样品差别时，应适当加大样品量。另外，与其它仪器联用时，也应加大样品量。粒度应越细越好，如粒度大，TGA 曲线失重段将移向高温。因此，测试过程中，应注意样品粒度均匀，批次间尽量一致。

如果材料中挥发性物质的含量非常低，或者材料是非均相的，那么 TGA 实验必须使用比较大的样品量。当用 TGA 检测小质量变化的时候，需要在实验前进行细致的考虑。例如，希望检测样品的灰分为 1%，同时希望灰分测试的准确性为 1%。同时如果空白曲线的重复性为 10μg，那么需要约 1mg 的灰分残留，这样才能保证 1%的准确性，从而需要的样品量为 100mg。

（2）样品装填方式

样品装填方式对 TGA 曲线也有影响，其影响主要通过改变热传导实现。一般认为，样品装填越紧密，样品间接触越好，有利于热传导，因而温度滞后效应越小。但过于密集则不利于气体逸出和扩散，致使反应滞后，同样会带来实验误差。所以为了得到重现性较好的 TGA 曲线，样品装填时应轻轻振动，以增大样品与坩埚的接触面，并尽量保证每次的装填情况一致。

14.2.4　数据处理

14.2.4.1　TGA 曲线关键温度表示方法

失重曲线上的温度值常用来比较材料的热稳定性，所以如何确定和选择十分重要，至今还没有统一的规定。但人们为了分析和比较的需要，也有了一些大家认可的确定方法。如图 14-10 所示，A 点叫起始分解温度，是 TGA 曲线开始偏离基线点的温度；B 点叫外延起始温度，是曲线下降段切线与基线延长线的交点。C 点叫外延终止温度，是这条切线与最大失重线的交点。D 点是 TGA 曲线到达最大失重时的温度，叫终止温度。E、F、G 分别为失重率为 5%、10%、50%时的温度，失重率为 50%的温度又称半寿温度。其中 B 点温度重复性最好，所以多采用此点温度表示材料的稳定性。当然也有采用 A 点的，但此点由于诸多因素影响一般很难确定。如果 TGA 曲线下降段切线有时不好划时，美国 ASTM 规定把过 5% 与 50%两点的直线与基线的延长线的交点定义为分解温度；国际标准局（ISO）

规定，把失重 20% 和 50% 两点的直线与基线的延长线的交点定义为分解温度。

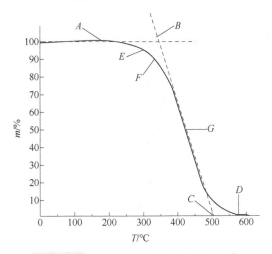

图 14-10　TGA 曲线关键温度表示法

A—起始分解温度；*B*—外延起始温度；*C*—外延终止温度；*D*—终止温度；*E*—分解 5% 的温度；
F—分解 10% 的温度；*G*—分解 50% 的温度（半寿温度）

可以通过计算样品质量的变化率来得到失重曲线。常用的方法包括计算质量损失的百分比或质量损失的速率。图 14-11 标出了失重曲线的一般处理和计算方法。

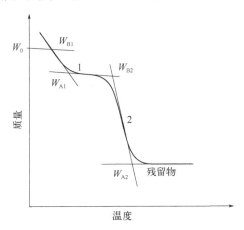

图 14-11　失重曲线的处理与计算方法

$$组分 1 含量 = \frac{W_{B1} - W_{A1}}{W_0} \times 100\% \qquad (14\text{-}1)$$

$$组分 2 含量 = \frac{W_{B2} - W_{A2}}{W_0} \times 100\% \qquad (14\text{-}2)$$

$$残留物含量 = \frac{W_{A2}}{W_0} \times 100\% \qquad (14\text{-}3)$$

14.2.4.2 微分曲线

对 TGA 曲线上温度或时间求一阶导数，即得到质量的变化率与温度或时间的函数关系（DTG 曲线）。DTG 曲线上出现的峰与 TGA 曲线上台阶间质量发生变化的部分相对应。它不仅能精确反映出样品的起始反应温度，达到最大反应速率的温度（峰值）以及反应终止的温度，且 DTG 曲线峰面积与样品对应的质量变化成正比，可精确地进行定量分析，又能够消除 TGA 曲线存在的整个变化过程各阶段变化互相衔接而不易分开的问题，以 DTG 峰的最大值为界把热失重阶段分成两部分，区分各个反应阶段，这是 DTG 的最大可取之处（见图 14-12）；另外，如果把同一样品的 DTG 和 DTA 谱图进行比较，能判断出是质量变化引起的峰还是热量变化引起的峰，这一点是 TGA 所办不到的。

图 14-12 为某样品的 TGA 和 DTG 曲线。200℃时，试样的质量损失率为 12%；经过一段时间的加热后，温度升至 350℃，试样开始第二段质量损失，直至 400℃，损失率达 14%；在 400~500℃之间，试样存在着其它的稳定相；然后，随着温度的继续升高，试样再进一步分解。

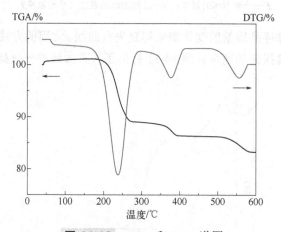

图 14-12　TGA 和 DTG 谱图

参考书目

[1] Matthias Wagner. 热分析应用基础. 陆立明, 译. 上海: 东华大学出版社, 2010.

[2] 刘振海, 等. 热分析简明教程. 北京: 科学出版社, 2016.

[3] 朱诚身. 聚合物结构分析. 北京: 科学出版社, 2010.

[4] 刘振海, 等. 热分析简明教程. 北京: 科学出版社, 2016.

[5] 张美珍. 聚合物研究方法. 北京: 中国轻工业出版社, 2006.

[6] 杨万泰. 聚合物材料表征与测试. 北京: 中国轻工业出版社, 2008.

[7] 丁延伟, 等. 热分析实验方案设计与曲线解析概论. 北京: 化学工业出版社, 2020.

第 15 章　差示扫描量热仪

　　差示扫描量热法是在程序控温和一定气氛下，测量输入到被测样品和参比物的加热功率差与温度或时间关系的一种技术。进行这种测量的仪器称为差示扫描量热仪（differential scanning calorimeter，DSC）。

　　差示扫描量热仪广泛应用于材料、食品、纺织、生物工程、医药等各领域，测试材料多种多样，如塑料、橡胶、纤维、涂料、生物有机体、无机材料、金属材料与复合材料等。

　　差示扫描量热仪可测定多种热力学和动力学参数，如玻璃化转变温度、反应温度与反应热焓、比热、结晶度、纯度等，分析结晶和熔融转变、相转变、液晶转变等过程。

15.1　仪器结构和工作原理

　　对于不同类型的差示扫描量热仪，"差示"一词有不同的含义。对于功率补偿型，指的是功率差；对于热流型，指的是温度差。扫描是指样品经历程序设定的温度过程。以一个在测试温度或时间范围内无任何热效应的惰性物质为参比，将样品的热流与参比比较而测定出其热行为，这就是差示的含义。测量样品与参比物的热流（或功率）差变化，比只测定样品的绝对热流变化要精确得多。

　　依照测量原理，差示扫描量热仪主要可分热通量（热流）式和功率补偿式两种类型。

　　（1）功率补偿型 DSC

　　功率补偿型 DSC 是内加热式，装样品和参比物的支持器是各自独立的元件，如图 15-1 所示，在样品和参比的底部各有一个加热用的铂热电阻和一个测温用的铂传感器。它是采用动态零位平衡原理，即要求样品与参比物温度，不论样品吸热还是放热时都要维持动态零位平衡状态，也就是要维持样品与参比物温度差趋向零（$\Delta T \rightarrow 0$）。DSC 测定的是维持样品和参比物处于相同温度时所需要的能量差 ΔW，反映了样品热焓的变化 [见式（15-1）]。

$$\Delta W = \frac{dQ_s}{dt} - \frac{dQ_r}{dt} = \frac{dH}{dt} \qquad (15\text{-}1)$$

式中，$\frac{dQs}{dt}$ 为单位时间给样品的热量；$\frac{dQr}{dt}$ 为单位时间给参比的热量；$\frac{dH}{dt}$ 为热焓的变化率或称热流率。

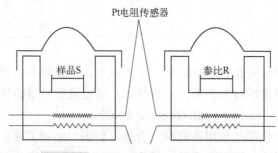

图 15-1 功率补偿型 DSC 加热单元

DSC 仪器的工作原理如图 15-2 所示。图中第一个回路是平均温度控制回路，它保证试样和参比物能按程序控温速率进行。检测的试样和参比物的温度信号与程序控制提供的程序信号在 TA 放大处（平均温度放大器）相互比较，如果程序温度高于试样和参比物的平均温度，则由放大器提供更多的热功率给试样和参比物以提高它们的平均温度，与程序温度相匹配，这就达到程序控温过程。第二个回路是补偿回路，检测到试样和参比物产生温差时（试样产生放热或吸热反应），能及时由温差 ΔT 放大器输入功率以消除这一差别。

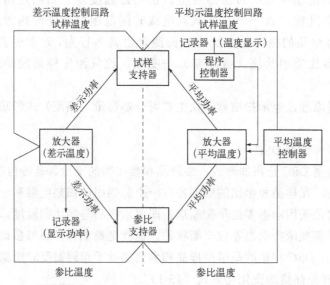

图 15-2 功率补偿型 DSC 仪器工作原理示意图

（2）热流型 DSC

热流型 DSC 是外加热式，如图 15-3 所示，采取外加热的方式使均温块受热，然后通过空气和康铜做的热垫片两个途径把热传递给试样杯和参比杯，试样杯的温度由镍铬丝和镍铝丝组成的高灵敏度热电偶来检测，参比杯的温度由镍铬丝和康铜组成的热电偶加以检测。

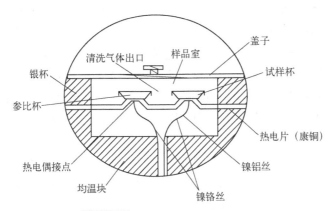

图 15-3 热流型 DSC 加热单元

由此可知，检测的是温差 ΔT，它是试样热量变化的反映。

根据热学原理，温差 ΔT 的大小等于单位时间 $\mathrm{d}t$ 内试样热量变化 $\dfrac{\mathrm{d}Q_s}{\mathrm{d}t}$ 和试样的热量向外传递所受阻力 R 的乘积，即

$$\Delta T = R\frac{\mathrm{d}Q_s}{\mathrm{d}t} \tag{15-2}$$

式中，热阻 R 和热传导系数、与热辐射、热容等有关，且强烈依赖于实验条件和温度，因此 ΔT 不是一个很确定的量，它反映热量，但不一定与热量成正比。

解决的办法：①采用高灵敏度的热电偶对试样和参比物的温差进行精确的测量；②采用高导热率材料制成的圆盘把热流快速均匀地传给试样和参比物；③对热阻进行温度校正，即所谓的多点校正法（有的仪器采用多达 20 个点）。在测试的温度范围内，随温度不断升高，获得热阻 R 与温度的非线性函数关系，以不断修正的 R 值作为常数，就能按照上述热流公式将检测的 ΔT 转换成能量。

15.2 实验技术

15.2.1 样品的制备

样品制备对于获得最佳测量结果至关重要。除了合适的坩埚，还必须注意：样品与坩埚之间接触良好，以免影响热效应测量；防止坩埚外表面受样品或样品

分解物的污染；样品周围气氛的影响等。

除气体外，固态、液态或黏稠状样品都可以用于测定。装样的原则是尽可能使样品均匀、密实分布在样品皿内，以提高传热效率，填充密度大，样品与坩埚间的热阻应该越小越好。因此，细粉末要比粗颗粒团好得多。而且，细粉末对样品更具有代表性。可将1g左右的样品放在干净的研钵里，用尽量轻的压力研磨样品（压力过大可能会破坏某些物质的晶格）。然后将粉末贮存在小瓶子里。测量时一般使用的是铝皿，分成盖与皿两部分，样品放在中间，用专用卷边压制器冲压而成。压制时，一定要保证坩埚把盖子包裹住，防止在测试样品时发生泄漏对炉子造成污染。室温下为液体的样品可用小铲滴一滴放入预先称量过的空坩埚中，测试过程中，液体可能会有溢出坩埚或者沸腾的现象，通常需要加盖且用量不能超过坩埚体积的1/2。挥发性液体不能用普通试样皿，要采用耐压密封皿。

大多数有机物的熔融焓比较大（约150J/g），因此，可使用相对少的样品量，这可降低样品内的温度梯度效应。对非常纯的物质，最适宜样品质量为2~3mg；对杂质含量在2%（摩尔分数）左右的物质，为3~5mg；对杂质含量在5%（摩尔分数）以上的物质，为5~10mg。

聚合物样品一般使用铝皿，使用温度应低于500℃，否则铝会变形。当温度超过500℃时，可用金、铂、石墨、氧化铝皿等，但要注意，铂皿与熔化的金属会形成合金，也易被P、As、S、Cl_2、Br_2等侵蚀。

15.2.2 仪器的校准

仪器应定期进行基线、温度和热量的三项校正，每次至少用两种以上不同的标准物，以保证谱图数据的准确性。

基线校正是在所测温度范围内，当样品池和参比池都未放任何东西时，进行温度扫描，得到的谱图应当是一条直线，如果有曲率或斜率甚至出现小吸热或放热峰，则需要进行仪器的调整加以修正和炉子的清洗，使基线平直，否则仪器不能进行测试。

温度和热量校正，需采用标准纯物质来校正，为确立热分析试验的共同依据，国际热分析协会在美国标准局（NBS）初步工作的基础上，分发一系列共同试样到世界各国，确定了供DSC用的ICTA-NBS检定参样（certified reference materials，CR00M），如表15-1所示，并已被ISO、IUPAC和ASTM所认定。

表 15-1　热焓标定物质的熔点与熔化焓

物质名称	熔点/℃	熔化焓/（J/g）
联苯	69.26	120.41
萘	80.3	149.0
苯甲酸	122.4	148.0

物质名称	熔点/℃	熔化焓/（J/g）
铟	156.6	28.5
锡	231.9	60.7
铅	327.5	22.6
锌	419.5	113.0
铝	660.2	396.0
银	690.8	105.0
金	1063.8	62.8

由于峰面积 A 与热量 ΔH 成正比

$$\Delta H = k\frac{A}{m} \qquad (15\text{-}3)$$

式中，m 为样品质量；k 为仪器常数。

功率补偿型 DSC，由于采用动态零位平衡原理，即始终保持样品与参比物的温差为 0，所以仪器常数 k 与温度变化无关，k 为常数。这样能量校正时只需单点校正，如用金属铟测其熔化焓应与标准物铟熔化焓 28.5J/g 相符，即可用于其它温度范围。温度校正一般采用两点校正，即在测试范围内找两个标准物质，使实测与标准物熔融转变温度相同。

热流式 DSC 是通过热流公式把检测的样品与参比物的温差转换成热流，需在测试温度范围内进行多点校正，能保证转换热流的准确性，这部分工作现在大多由生产厂家调试完成。

15.2.3 测试影响因素

15.2.3.1 仪器因素

（1）气氛

所用气氛的化学活性、流动状态、流速、压力等均会影响样品的测试结果。

① 气氛的化学活性　实验气氛的氧化性、还原性和惰性对 DSC 曲线影响很大。可以被氧化的试样，在空气或氧气中会有很强的氧化放热峰，一般使用惰性气体，如 N_2、Ar、He 等，就不会产生氧化反应峰，同时又可减少试样挥发物对检测器的腐蚀。

② 气氛的流动性、流速与压力　实验所用气氛有两种方式：静态气氛，常采用封闭系统；动态气氛，气体以一定速度流过炉子。前者对于有气体产物放出的样品会起到阻碍反应向产物方向进行的作用，故以流动气氛为宜。气体流速的增大，会带走部分热量，从而对 DSC 曲线的温度和峰大小有一定影响，所以气流流

速必须恒定，否则会引起基线波动。

（2）升温速率

通常升温速率范围在 5～20℃/min，尤以 10℃/min 居多。提高升温速率，热滞后效应增加，会使峰顶温度向高温移动，同时升温速率增大常会使峰面积有某种程度的增大，并使小的转变被掩盖，从而影响相邻峰的分辨率。就提高分辨率的角度而言，采用低升温速率有利。但对于热效应很小的转变，或样品量非常少的情况，较大的升温速率往往能提高结果的灵敏度，使升温速率较小时不易观察到的现象显现出来。灵敏度和分辨率是一对矛盾，一般选择较慢的升温速率以保持好的分辨率，而适当增加样品量来提高灵敏度。

（3）坩埚的影响

使用坩埚首先要确保其在测试温度范围内必须保持物理与化学惰性，自身不得发生物理与化学变化，对试样、中间产物、最终产物、气氛、参比也不能有化学活性或催化作用。如碳酸钠的分解温度在石英或陶瓷坩埚中比在铂金坩埚中低，原因是在 500℃左右碳酸钠会与 SiO_2 反应形成硅酸钠；聚四氟乙烯也不能用陶瓷、玻璃和石英坩埚，以免与坩埚反应生成挥发性硅化合物；而铂坩埚不适合做含 S、P、卤素的高聚物试样，铂还对许多有机物具有加氢或脱氢催化活性等。因此在使用时应根据试样的测温范围与反应特性进行选择。

15.2.3.2 样品的影响

（1）样品量

在灵敏度足够的前提下，样品量应尽可能少，目前仪器推荐使用的样品量为 1～10mg。样品量过多，由样品内部传热较慢所形成的温度梯度就会显著增大，热滞后明显，从而造成峰形扩张、分辨率下降，峰顶温度向高温移动。特别是含结晶水试样的脱水反应时，样品过多会在坩埚上部形成一层水蒸气，从而使转变温度大大上升。另一方面，样品量多少对所测转变温度也有影响，同一个试样，用量不同，其特征温度可相差许多，如涤纶用量从 5mg 增加到 50mg 时，其熔点由 261℃升高到 266℃，热降解温度也相应升高了 7℃。因此，同类样品要相互比较差异，最好采用相同的样品量。一般地，当测试 T_m 时，样品量应尽量小，否则由于温度梯度大将导致熔程延长；而当测量 T_g 时，应适当加大样品量以提高灵敏度。

（2）样品粒度

样品粒度和颗粒分布对峰面积和峰温度均有一定影响。通常小粒子比大粒子应更容易反应，因较小的粒子有更大的比表面积与更多的缺陷，边角所占比例更大，从而增加样品的活性部位。一般粒径越小，反应峰面积越大。大颗粒状铋的熔融峰比扁平状样品的要低而宽；与粉状样品相比，粒状 $AgNO_3$ 熔融起始温度由 161℃增加到 166.5℃，而经冷却后再熔融时两者的熔点相同。

（3）样品装填方式

DSC 曲线峰面积与样品的热导率成反比，而热导率与样品颗粒大小分布和装填的疏密程度有关，接触越紧密，则热传导越好。对于无机样品，可先研磨过筛，高聚物的块状样品应尽量保证有一个截面与坩埚底部密切接触，粉末样品填充到坩埚内时应将样品装填得尽可能均匀紧密。

15.2.4 数据处理

（1）典型的 DSC 曲线

图 15-4 为典型的 DSC 曲线示意图。它是以样品吸热或放热的速率，即热流率 dH/dt（单位：mJ/s）为纵坐标，以温度 T 或时间 t 为横坐标，可以测定多种热力学和动力学参数，例如比热容、反应热、转变热、相图、反应速率、结晶速率、高聚物结晶度、样品纯度等。该方法使用温度范围宽（$-175 \sim 725℃$）、分辨率高、试样用量少。测试开始时曲线上有一个小吸热峰（a），所谓之"固固一级相变"，此过程中，材料的熵值和体积将发生变化。在玻璃化转变区（b），试样的热容增加，可观察到一个吸热台阶。冷结晶过程（c）产生放热峰，峰面积等于结晶焓。微晶的熔融产生吸热峰（d）。如果试样存在固化、氧化、反应、交联等现象，则可观察到放热峰（e）。最后，在较高的温度开始分解（f）。

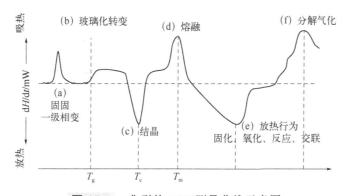

图 15-4 典型的 DSC 测量曲线示意图

从 DSC 图中，可以获得材料的玻璃化转变温度（T_g）、熔融温度（T_m）和结晶温度（T_c），交联固化、比热、氧化稳定性、相变/反应动力学等信息。在 DSC 曲线中，吸热效应用突起的峰值来表征即热焓增加，放热效应用凹陷的谷值来表征即热焓减少；曲线离开基线的位移，代表样品吸热或放热的速率；曲线中的峰或谷所包围的面积，代表热量的变化。

玻璃化转变温度（glass transition temperature）：是指非晶态聚合物或部分结晶聚合物中非晶相发生玻璃态向高弹态的转变温度，以 T_g 表示。T_g 在 DSC 曲线上显示为"台阶"，通常，检测时设定的升温速率越快，现象越灵敏。

熔融温度是指升温时，材料由固体晶体向液体无定型态转变的温度。在DSC图中表现为吸热峰。利用熔融峰可以进行聚合物结晶度、纯度、晶型等研究。

结晶温度是指熔融的无定型材料在降温过程中转变为晶体材料的温度，表现为放热峰。需要说明的是，部分材料在升温过程中也可能出现结晶峰，这个过程叫做冷结晶。结晶峰可以用于降温结晶或等温结晶的研究。

（2）特征温度

通常将曲线上画出的直线（基线和切线）的交点确定为 DSC 效应的温度值。各种标准详细规定了相关的计算方法。图 15-5 为 DSC 曲线峰的各个特征温度（或时间）的计算方法；图 15-6 为 DSC 曲线台阶的各个特征温度的计算方法。

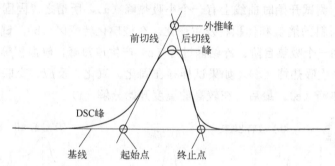

图 15-5　DSC 峰的特征点（对于动态测量为温度、对于等温测量为时间）

图 15-6　DSC 台阶的特征温度（例如玻璃化转变温度）

起始点的确定：经常需要计算外推开始温度的起始点，它定义为热效应前的基线与切线的交点。对于非聚合物的纯物质的熔融曲线，该值等于熔点。

玻璃化转变温度的确定：玻璃化转变温度通常取 DSC 曲线发生玻璃化转变范围的中点温度，即所谓中点法。分别对台阶前后的两条基线延长线与曲线的拐点做切线，则两个交点对应温度的平均值就是玻璃化转变温度 T_g，如图 15-7 所示。

（3）基线和峰面积的确定

DSC 峰面积的确定首先涉及到基线的确定，而不同峰形的基线的确定方法往往不同，此过程往往需要考虑热变化过程中的热容变化。一般来讲，确定 DSC 峰界限有以下四种方法：

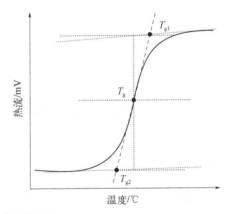

图 15-7 玻璃化转变温度 T_g 的确定方法

① 若峰前后基线在一条直线上，则取基线连线作为峰底线。

② 当峰前后基线不一致时，取前、后基线延长线与峰前、后沿交点的连线作为峰底线。

③ 当峰前后基线不一致时，也可以过峰顶作为纵坐标平行线，与峰前、后基线延长线相交，以此台阶形折线作为峰底线。

④ 当峰前后基线不一致时，还可以作峰前、后沿最大斜率点切线，分别交于前、后基线延长线，连结两交点组成峰底线。此法是 ICTA 所推荐的方法。

参见图 15-8，可以了解常用的峰面积和基线的确定方法。

图 15-8 常见的确定基线与峰面积的方法

需要注意的是，一些复杂的峰基线确定方法并不是绝对的，文献上并没有对基线的确定做出明确规定，这也是 DSC 在定性分析上的争议所在。不过，现在的 DSC 测试软件都可以很简单地确定基线和峰面积。

参考书目

[1] Matthias Wagner. 热分析应用基础. 陆立明，译. 上海：东华大学出版社，2010.

[2] 刘振海，等. 热分析简明教程. 北京：科学出版社，2016.

[3] 张美珍，等. 聚合物研究方法. 北京：中国轻工业出版社，2006.

[4] 杨万泰. 聚合物材料表征与测试. 北京：中国轻工业出版社，2008.

[5] 朱诚身. 聚合物结构分析. 北京：科学出版社，2010.

第 16 章　旋转流变仪

　　旋转流变仪（rotational rheometer）是一种用于测量液体和半固体材料流变性质的仪器。它通过测量材料在旋转时产生的扭矩，用夹具因子将物理量转化为流变学的参数以确定材料的流变性质，如黏度、弹性和屈服应力等。旋转流变仪在许多工业和研究领域都有广泛的应用，如化工、材料、食品、医药等领域，用于研究物质的流变性质和评估材料的性能，对于工业生产和科学研究具有重要的意义。

　　不同材料的加工与实际应用都与其特定的流变性能相关。例如，材料的可加工性与其黏度、剪切变稀性能、弹性和柔量有关；涂料的涂覆性能与其黏度、剪切变稀、屈服应力、结构回复等性能有关。旋转流变仪有多种测量模式，在材料的结构表征（分子量 M 和分子量分布 M_{WD}、长支链结构、织态结构等），动、静态黏弹性测试，物理化学变化过程等方面有着广泛的应用。通过测量物质的流变性质，可以了解其流动性、变形性和变形稳定性，从而为工业生产和科学研究提供重要的参考依据。

16.1　流变学基础知识

　　流变学是研究"流动"与"变形"的科学。从某种意义上讲，流体所有的流变现象都是力学行为。在流变学中讨论变形时，要研究变形时应力与应变的关系；而讨论流动时，要研究应力与应变速率的关系。因此，首先要定义流体的应力、应变和应变速率。变形的力学状态用应变和应力描述，应变与应力之间的关系被称为本构关系。

16.1.1　几个流变学指标定义

　　（1）受力度量——应力

　　物体由于外因（受力、湿度、温度变化等）而变形时，在物体内各部分之间会产生相互作用的内力以抵抗这种外因的作用，并试图使物体从变形后的位置恢复到变形前的位置。在所考察的截面某一点单位面积上的内力称为应力。同截面垂直的称为正应力或法向应力，同截面相切的称为剪应力或切应力。

$$\text{法向应力}\quad \sigma_e = F / A_\perp \tag{16-1}$$

$$\text{切向应力}\quad \sigma = F / A_{//} \tag{16-2}$$

式中，σ 为应力，Pa；F 为载荷，N；A 为受力面积，m^2。

（2）形变度量——应变

物体由于外因（载荷、温度变化等）使它的几何形状和尺寸发生改变的相对变化量，称为应变。物体某线段单位长度内的形变（伸长或缩短），即线段长度的改变与线段原长之比，称为"正应变"或"线应变"，用符号 ε 表示；两相交线段所夹角度的改变，称为"切应变"或"角应变"，用符号 γ 表示。

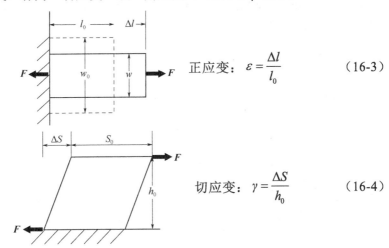

正应变：$\varepsilon = \dfrac{\Delta l}{l_0}$ （16-3）

切应变：$\gamma = \dfrac{\Delta S}{h_0}$ （16-4）

材料沿载荷方向产生伸长（或缩短）变形的同时，在垂直于载荷的方向会产生缩短（或伸长）变形。垂直方向上的应变 $\varepsilon_\perp$ 与载荷方向上的应变 ε 之比的负值称为材料的泊松比。以 μ 表示，则

$$\mu = \frac{-\varepsilon_\perp}{\varepsilon}$$ （16-5）

$$\varepsilon_\perp = \frac{w - w_0}{w_0}$$ （16-6）

在材料弹性变形阶段内，μ 是一个常数。

（3）流动与应变速率

应变速率（strain rate）是指应变对时间的变化率，即单位时间内发生的线应变或剪应变，是描述流动快慢的物理量，单位为 s^{-1}。

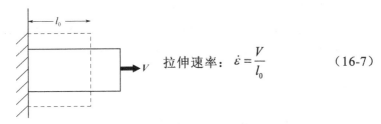

拉伸速率：$\dot{\varepsilon} = \dfrac{V}{l_0}$ （16-7）

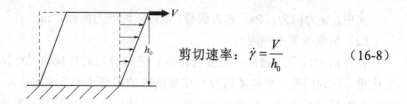

剪切速率：$\dot{\gamma} = \dfrac{V}{h_0}$ （16-8）

（4）模量

模量（modulus）是描述物质储存形变并回复原状的能力，是描述物质弹性的物理量，单位为 Pa（或 N/m^2）。见表 16-1。

弹性模量：$$E = \frac{\sigma}{\varepsilon}$$ （16-9）

切变模量：$$G = \frac{\sigma}{\gamma}$$ （16-10）

式中，σ 为应力，Pa；ε 为正应变，无量纲；γ 为切应变，无量纲。

表 16-1　常用材料的弹性模量、切变模量和泊松比

材料名称	弹性模量 E/GPa	切变模量 G/GPa	泊松比 ν
镍铬钢、合金钢	206	79.38	0.25～0.3
碳钢	196～206	79	0.24～0.28
铸钢	172～202	—	0.3
冷拔纯铜	127	48	—
铸铝青铜	103	41	—
轧制锌	82	31	0.27
硬铝合金	70	26	—
玻璃	55	22	0.25
混凝土	17.5～32.5	4.9～15.7	0.1～0.18
木材	0.5～12	0.44～0.64	—
橡胶	0.00784	—	0.47
尼龙	28.3	10.1	0.4
大理石	55	—	—
高压聚乙烯	0.15～0.25	0.15～0.25	—
聚丙烯	1.32～1.42	1.32～1.42	—

（5）黏度

黏度（viscosity）是描述物质抵抗外力流动的能力，是描述物质黏性的物理量，单位为 Pa·s。常见液体的黏度数据见表 16-2。

黏度：$$\eta = \frac{\sigma}{\dot{\varepsilon}}$$ （16-11）

式中，σ 为应力，Pa；$\dot{\varepsilon}$ 为应变速率，s^{-1}。

表 16-2　常见液体的黏度数据参考表

液体介质	绝对黏度/cP[①]	温度/℃	液体介质	绝对黏度/cP[①]	温度/℃
水	1	20	酸奶	152	40
空气	0.0178	20	牛奶	3	18
酒精	1.2	20	啤酒	1.1	4.5
四氯化碳	0.9	20	果汁	55~75	19
苯	0.6	20	蜂蜜	3000	20
乙醚	0.2	20	食用油	65	21
甘油	1500	20	番茄酱	1000	29
面霜	10000	21	巧克力	17000	49

①黏度测量单位常用的有厘泊（cP）、泊（P）等，其换算关系为：1cP=1mPa·s，100cP=1P，1000mPa·s=1Pa·s。

（6）松弛时间（弛豫时间）

松弛时间（relaxion time）是黏度对模量的比值，描述变形松弛快慢的物理量。松弛时间符号为 λ，单位为 s。

$$\lambda = \frac{\eta}{M} \qquad (16\text{-}12)$$

式中，η 为黏度，Pa·s；M 为模量，Pa。

（7）德博拉数

德博拉数（Deborah number，De）是松弛时间与观测时间的比值，用来描述材料在特定条件下的流动性，无量纲。

德博拉数： $$De = \frac{\lambda}{t} \qquad (16\text{-}13)$$

式中，t 为观测时间。

当 $De \ll 1$，为流体行为特征；当 $De \gg 1$，为固体行为特征。

16.1.2　流体的分类

流变学是研究物质流动和变形的科学。在流变学中，流体可以根据其流变性质进行分类。以下是几种常见的流体分类：

（1）牛顿流体

牛顿流体是指遵循牛顿流体定律的流体，其黏度不随剪切应力的大小而改变，且黏度不随时间变化。如水、酒精等低分子量的液体，大多数有机溶剂是典型的牛顿流体。

（2）膨胀流体（非牛顿流体）

指剪切应力与剪切速率不成线性关系的流体。膨胀流体可以分为两类：

① 剪切变稠流体（shear thickening fluid） 剪切应力随着剪切速率的增加而增加，例如玉米淀粉溶液、血液等。

② 剪切变稀流体（shear thinning fluid） 剪切应力随着剪切速率的增加而减小，例如油漆、墨水等。

（3）触变流体（时间依赖性流体）

触变流体的流变性质随时间的变化而变化。例如，橡胶和凝胶等材料在受到剪切作用时，其黏度会降低，但一旦剪切作用停止，其黏度又会逐渐恢复。

（4）屈服流体（yield stress fluid）

屈服流体在受到一定的剪切应力之前，不会发生流动的流体。例如牙膏、油脂等。

16.1.3　材料的黏弹性

绝大多数流体都属于黏弹体。在认识黏弹体特征之前，首先了解两个极端状态——理想弹性体和理想黏性体的力学特点。

理想弹性体：力学行为服从胡克定律，应力与应变成正比，其比例系数为弹性模量。当弹性体受到恒定外力作用时，能将外力对它做的功全部以弹性能的形式储存起来，平衡形变是瞬时达到的，应变不随时间变化；外力一旦去除，弹性体就通过弹性能的释放使应变立即全部恢复。

理想黏性体：力学行为服从牛顿定律，应力与应变速率成正比，其比例系数为黏度。受到恒定外力作用时，外力对它做的功将全部消耗于克服分子之间的摩擦力以实现分子间的相对迁移，应变随时间线性增长；由于外力做的功全部以热的形式消耗掉了，所以外力去除后，应变保持不变，完全不可恢复。

黏弹体：力学行为既不服从胡克定律，也不服从牛顿定律，而是介于二者之间。对于黏弹体，因为既有弹性又有黏性，所以受到恒定外力作用时，应力同时依赖于应变和应变速率，外力对它做的功有一部分以弹性能的形式储存起来，另一部分又以热的形式消耗掉，应变随时间作非线性变化；外力去除后，黏弹体的应变随时间逐渐恢复，弹性形变部分可以恢复，而黏性形变部分不可恢复，即只有部分恢复。

16.1.4　时温等效原理

高分子材料具有典型的黏弹性，材料的力学性质与外力作用的时间以及所处的温度有关。时温等效原理适用于描述高分子材料的黏弹性，指的是同一个力学松弛现象，既可在较高温度下、较短的时间内观察到，也可以在较低的温度下、较长的时间内观察到，升高温度与延长观察时间对分子运动的影响是等效的。也就是说，延长观测时间和升高温度对物质力学状态的观测等效，升高温度可以缩短观测时间，低温延长观测时间可以预测高温行为。利用该原理，可以得到一些实际上无法直接从实验测量得到的结果。例如，要得到低温某一指定温度时天然橡胶的应力松弛行为，由于温度过低，应力松弛进行得很慢，要得到完整的数据可能需要等待几个世纪甚至更长时间，这实际上是不可能实现的，利用该原理，在较高温度下测得应力松弛数据，然后换算成所需要的低温下的数据。研究复合材料体系在不同温度下的黏弹性具有较深刻的学术及实用意义，可以指导材料的设计及力学性质的分析。

16.2 旋转流变仪结构及工作原理

16.2.1 旋转流变仪结构

旋转流变仪是流变学研究中最为常用的流变仪，它是在旋转黏度计的基础上发展而来的，其主要部件一般包括马达、光学解码器、空气轴承和测试夹具，如图 16-1 所示。

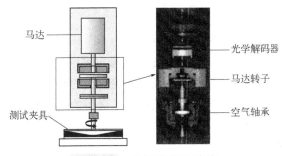

马达
测试夹具
光学解码器
马达转子
空气轴承

图 16-1 旋转流变仪结构

16.2.2 旋转流变仪的工作原理

旋转流变仪依靠旋转运动来产生简单剪切，可以快速确定材料的黏性、弹性等各方面的流变性能。其工作原理是不同的测试夹具通过马达的带动，采用旋转或振荡的模式对样品作用，然后光学解码器采集样品反馈的应力、应变或扭矩，数据分析软件再根据已知测试状态参数计算其它流变参数并加以分析。测量时样品一般是在一对相对运动的夹具中进行简单剪切流动。引入流动的方法有两种：一种是驱动一个夹具，测量产生的力矩，这种方法最早是由 Couette 在 1888 年提出的，也称为应变控制型，即控制施加的应变，测量产生的应力；另一种是施加一定的力矩，测量产生的旋转速度，它是由 Searle 于 1912 年提出的，也称为应力控制型，即控制施加的应力，测量产生的应变。对于应变控制型流变仪，一般有两种施加应变及测量相应的应力的方法：一种是驱动一个夹具，并在同一夹具上测量应力；而另一种是驱动一个夹具，在另一个夹具上测量应力。对于应力控制型流变仪，一般是将力矩施加于一个夹具，并测量同一夹具的旋转速度，如图 16-2

所示。在 Searle 最初的设计中，施加力矩是通过重物和滑轮来实现的。现代的设备多采用电子拖曳电动机来产生力矩。

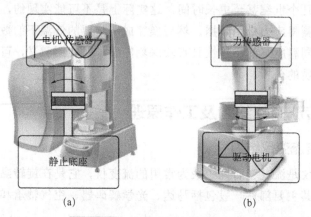

图 16-2 旋转流变仪工作原理
（a）应变控制型（双头或电机传感器分离型）；（b）应力控制型（单头或电机传感器整合型）

一般商用应力控制型流变仪的力矩范围为 $10^{-7} \sim 10^{-1} \mathrm{N \cdot m}$，由此产生的可测量的剪切速率范围为 $10^{-6} \sim 10^3 \mathrm{s}^{-1}$，实际的测量范围取决于夹具结构、物理尺寸和所测试材料的黏度。实际用于黏度及流变性能测量的夹具的几何结构有锥板型、平行板型和同轴圆筒型等。它们各有优缺点，适用的对象和范围也存在差别。

16.3 实验技术

16.3.1 样品的准备

样品准备包括从容器中取出样品、摇动或搅拌样品、向测量系统进样、测量系统定位以及后续的等待时间或者开始实际测量之前的预剪切。这些样品准备步骤对流变测量结果具有极大影响，具体取决于样品的特性。因此，每次测量时应始终以同样方式准备样品。这样可以提高测量数据的再现性。

通常，样品准备对剪切速率高于 $10 \mathrm{s}^{-1}$ 的测量影响甚微。不过，在低剪切速率或振荡模式下进行测量时，例如研究静置状态下的样品结构以评估样品稳定性，样品准备则显得尤为重要，且样品准备流程中的很多细节会影响到测试结果。

（1）摇动和搅拌

摇动或搅拌样品会使样品处于相当大且不明确的剪切负荷状态，因此，尽量不要摇动或搅拌样品。不过，对于会分散或沉淀的样品，则必须摇动或搅拌，才能正确地测量。

每次测量时应以同样的方式摇动或搅拌样品，比如使用同一工具、摇动或搅拌相同的时间。例如，测量 PVC 塑料溶胶时，首先应去除最上面的一层溶胶，因为增塑剂通常会聚积在这一层，而且表面的样品可能会变干。

（2）上样

所有操作人员应使用相同工具从容器中取出样品和进样。最适合的工具是实验室调羹或抹刀。另外，也可以直接从容器中倒出样品，具体取决于样品属性。要从带有小孔的管或容器中取出样品，可以将管或容器割开。通过小孔挤出样品会导致不必要的剪切负荷，可能会破坏静置状态下的样品结构。同理，吸液管或注射筒也不宜用于进样。它们仅能用于油树脂或溶剂。对于所有其它物质，高剪切负荷会使测量值偏低因而会导致测量结果错误。

① 液体类样品　将液体样品以缓慢速度加载到平、锥板转子下板或同轴圆筒测试杯内，然后设定程序，放下转子上板或者内筒，进行测样。

② 半固体类样品　通过勺子或其它适宜工具将样品缓慢转移到平、锥板的下板上，某些特殊样品需要进行升温后再进行加样，然后设定程序，放下转子上板，进行测样。

③ 固体类样品　将平、锥板下板升高到需要测试的样品软化点温度，然后缓慢加载样品于下板上，待样品熔融，设定程序，放下转子上板，进行测样。

通常，应始终确保样品中无泡，因为气泡会严重影响测量值的准确度。对于流动曲线，样品中存在气泡可能会导致在低剪切区出现虚假的非牛顿行为，而且在振荡测量中，它可能会表现出虚假的弹性特征。

（3）样品量

流变参数的测量结果（例如黏度）总是与测量系统的规格有关，因为变量值取决于样品与测量系统的接触面尺寸。样品过多或过少都会导致测量误差。

如果使用的是圆筒测量系统，样品量小幅变动对测量几乎没有影响。量杯上有进样液位标记。应将此标记作为参考标准。样品必须始终高于内圆筒的上边缘。

如果使用的是锥/平板系统，可以通过去除多余的样品的方式保证最佳样品量。为此，可以先在下板上稍微多加一些样品，然后让测量转子开始向测量位置下降。随后，使用刮边器清除多余的样品。然后，再使流变仪转子继续降至测量位置，仍会挤出少量样品。实践证明，此程序是向测量系统进样的最佳方式。通过整理样品保证测量系统中有准确且重复可靠的样品量。

（4）等待时间、预剪切和其它重要问题

即使是在最仔细的样品准备过程中，样品中也会残存一定的内应力。样品只能在经过一定的时间后才能从此内应力中恢复。如果在测量的开始阶段发现低剪切速率或振荡测量条件下的测量值逐渐增高，可能表明测量系统定位后样品的结构需要重新恢复。测量值增高的另一原因可能是样品表面已干燥。固化反应属于特殊情况。存在固化反应现象时，测量可以立即开始，无需等待，因此，一开始即可观察到固化反应过程。

如果要测量的物质在进样后需要一定的时间才能恢复，可以设置等待时间。这样每次测量会在经过相同的等待时间之后自动开始。也可以用预测试实验确定需要等待的时长，可以记录在恒定的测量条件（振荡频率和线性黏弹区内的形变，或者旋转测试中的低剪切速率，例如 $0.1s^{-1}$）下长时间测量过程中样品的行为。然后，就可以看出在样品性能变化达到很小、足以开始"真正的"测量之前需要花费多长的时间。

能够快速干燥的液体样品应在圆筒测量系统中测量，因为使用圆筒系统，干燥表面对测量的影响极小；与空气中氧气发生化学反应的物质应在充满氮气的惰性气氛中测量。

16.3.2　测试夹具的选择

（1）锥板

锥板（cone plate）结构是黏弹性流体流变学测量中使用最多的几何结构，其结构见图 16-3。

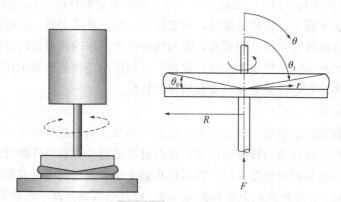

图 16-3　锥板结构

通常只需要很少量的样品置于半径为 R 的平板和锥板之间就可以进行测量。锥角指的是锥体表面和水平板表面间的夹角。一般来说，锥角 θ_0 通常是很小的（1°～3°）。在外边界，样品应该有球形的自由表面，即自然鼓出。锥板夹具是固定一个板不动，另一个板在恒定的角速度（ω）下旋转。由于锥角很小，可以近似认为锥板间的液体中剪切速率处处相等。对于黏性流体，锥板也可以置于平板下方，锥板或平板都可以旋转。在锥顶角很小的情况下，在板间隙内速度沿 θ 方向的分布是线性的，剪切速率是常数，并且相应的流动为简单剪切流动。这个结果虽然是从牛顿流体得出的，但通常假设对于黏弹性流体也成立。因此绝大多数旋转流变仪的锥板夹具其锥顶角都小于 3°。锥板夹具通常是测试的首选，但是锥板夹具由于测试间隙固定（10～100μm），要求样品颗粒粒径一般小于测试间隙的 1/10。

锥板结构是一种理想的流变测量结构，它的主要优点在于：①剪切速率恒定，在确定流变学性质时不需要对流体动力学作任何假设；②测试时仅需要很少量的样品，这对于样品稀少的情况显得尤为重要，如生物流体和实验室合成的少量聚合物；③体系可以有极好的传热和温度控制；④末端效应可以忽略，特别是在使用少量样品，并且低速旋转的情况下。

当然，锥板结构也存在一些缺点，主要表现在：①体系只能局限在很小的剪切速率范围内，因为在高的旋转速度下，惯性力会将测试样品甩出夹具；②对于含有挥发性溶剂的溶液来讲，溶剂挥发和自由边界会给测量带来较大影响，为了减小这些影响的作用，可以在外边界上涂覆非挥发性的惰性物质，如硅油或甘油，但是要特别注意所涂覆的物质不能在边界上产生明显的应力；③对于多相体系如固体悬浮液和聚合物共混物，如果其中分散相粒子的大小和两板间距相差不大，会引起很大的误差；④锥板结构往往不用于温度扫描实验，除非仪器本身有自动的热膨胀补偿系统。

（2）平行板

平行板是由两个半径为 R 的同心圆盘构成，间距为 h，上下圆盘都可以旋转，扭矩和法向应力也都可以在任何一个圆盘上测量，其结构如图 16-4。

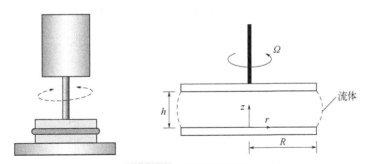

图 16-4 平行板结构

边缘表示了与空气接触的自由边界。在自由边界上的界面压力和应力对扭矩和轴向应力测量的影响一般可以忽略。这种结构对于高温测量和多相体系的测量非常适宜。一方面，高温测量时热膨胀效应被最小化了；另一方面，平行板间距可以很容易地调节。对于直径为 25mm 的圆盘，经常使用的间距为 1～2mm，对于特殊用途，也可使用更大的间距，且在大间距下，自由边界上的界面效应可以忽略。平行板结构的主要缺点是两板之间的流动是不均匀的，即剪切速率沿着径向方向线性变化。与锥板结构相同的是，在高剪切速率下，测试的材料会被抛出间隙。不过，当间距很小（$h/R<1$）时，或者在低旋转速度下，惯性可以被忽略。

对于粗颗粒分散样品宜采用平板夹具，由于其各个测试位置剪切速率不一致，平板不适宜测试黏度过低的样品。尽管平行板结构中流场具有不均匀性，但它也有很多优点：①平行板间的距离可以调节到很小，小的间距抑制了二次流动，减少了惯性校正，并通过更好的传热减少了热效应，综合这些因素使得平行板结构可以在更高的剪切速率下使用；②因为平行板上轴向力与第一法向应力差和第二法向应力差（分别为 N_1 和 N_2）的差成正比，而不像锥板中轴向力仅与第一法向应力差成正比，因此可以结合平行板结构与锥板结构来测量流体的第二法向应力差；③平行板结构可以更方便地安装光学设备和施加电磁场，从而进行光流变、电流变、磁流变等功能测试；④在一些研究中，剪切速率是一个重要的独立变量，平行板中剪切速率沿径向的分布可以使剪切速率的作用在同一个样品中得到表现；⑤对于填充体系，板间距可以根据填料的大小进行调整。因此平行板更适用于测量聚合物共混物和填充聚合物体系的流变性能；⑥平的表面比锥面更容易进行精度检查，也较易清洗；⑦通过改变间距和半径，可以系统地研究表面和末端效应。

（3）同轴圆筒

与锥板和平行板相比，同轴圆筒可能是最早应用于测量黏度的旋转设备，图 16-5 为其结构原理图。两个同轴圆筒半径分别为 R（外筒）和 KR（内筒），K 为内、外筒半径之比，筒长为 L。试样被放置于内筒和外筒的缝隙之间，其中一个圆筒以恒定速率相对于另一圆筒转动。通过一定的角速度 α（rad/s）来旋转内筒或外筒，使试样发生剪切。一般外圆筒是固定的，便于用夹套控制温度；内圆筒由马达控制。

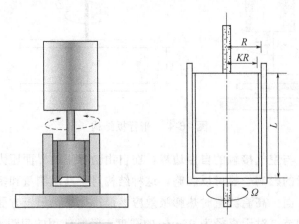

图 16-5 同轴圆筒的结构原理

当内、外筒间距很小时，同轴圆筒间产生的流动可以近似为简单剪切流动。因此同轴圆筒是测量中、低黏度均匀流体黏度的最佳选择，但它不适用于高黏度高分子熔体、糊剂和含有大颗粒的悬浮液。

常用的旋转流变仪配有可拆装的大小圆筒、不同直径的平行板以及不同锥度角和直径的锥板。而扭矩等数值的检测使用相应的传感器，在通过计算机根据不同的测试方法，代入不同的计算公式，得到样品的黏性和弹性数值。由于测量头的结构易于更换，可以根据样品的黏弹性选择适宜的测试方法。旋转式流变仪的优点是具有灵活多变的使用性能，既可以测定中等黏度的样品也可以测定黏度非常高的样品。但是旋转式流变仪一般都是在较低的剪切速率下测定，对于高剪切速率就应该使用毛细管流变仪，旋转流变仪不再适用。三种不同的测量夹具的使用范围见表16-3。

表 16-3　三种不同的测量夹具的使用范围

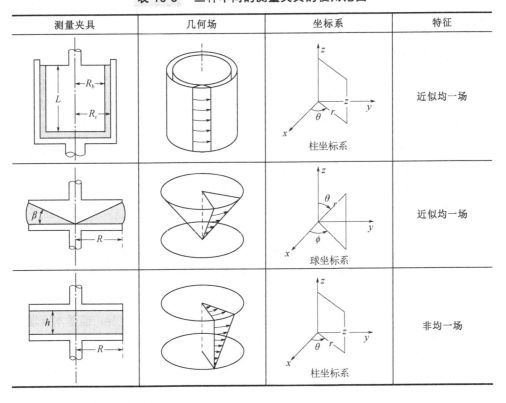

测量夹具	几何场	坐标系	特征
		柱坐标系	近似均一场
		球坐标系	近似均一场
		柱坐标系	非均一场

（4）测试夹具选用原则

①几何场原则　（a）平行板流场存在径向线性依赖性，因此，原则上只适用于线性黏弹性测量。若执行的是线性黏弹性测试，宜选用平行板夹具（样品加载方便且允许变温和控制轴向力）。（b）锥板和同心圆筒流场均一，不仅适用于线性黏弹性测量，还适用于非线性黏弹性测量。若执行非牛顿流体的黏度测量或大振幅非线性测试，原则上应选用流场均一的锥板或同心圆筒。

②几何尺寸选择　（a）低黏度、低模量样品应选用大半径夹具。若扭矩过小（常规测试建议不小于 $1\mu N\cdot m$），则应更换大半径夹具。（b）高黏度、高模量样品应选用小半径夹具。若扭矩接近仪器扭矩上限（ $200mN\cdot m$ ），则应更换

小半径夹具。

③ 低惯量轻质　在应力控制型设备上，由于系统和夹具存在惯性效应，执行非稳态测试如蠕变与回复、流动斜坡、高频振荡等，应尽可能选用低惯量的轻质夹具如铝合金、塑料夹具等。（稳态速率扫描属于稳态测试，不受上述原则限制）。应力控制型设备的简易甄别——变形和流动施加及扭矩量测均在上夹具头进行，其下夹具板固定不动。

实践中，同轴圆筒常用于黏度非常低或容易挥发变干的样品；平行板用于含有颗粒粒径大于 5μm 的样品、黏度很高的样品或黏弹性非常强的样品（如聚合物熔体）。锥板适用于其它所有样品。

16.3.3　测量模式

根据应变或应力施加的方式，旋转型流变仪的测量模式一般可以分为稳态测试、瞬态测试和动态测试。稳态测试用连续的旋转来施加应变或应力以得到恒定的剪切速率，在剪切流动达到稳态时，测量由于流体形变产生的扭矩。瞬态测试是指通过施加瞬时改变的应变（速率）或应力，来测量流体的响应随时间的变化。动态测试主要指对流体施加周期振荡的应变或应力，测量流体响应的应力或应变。同轴圆筒、锥板和平行板夹具适用于以上工作模式。

16.3.3.1　稳态模式

（1）稳态速率扫描

稳态速率扫描通常是在应变控制型流变仪上完成的。稳态速率扫描施加不同的稳态剪切形变，每个形变的幅度取决于设定的剪切速率。需要确定的参数为：温度、扫描模式（对数、线性或离散）、测量延迟时间（从施加当前的剪切速率到测量之间的时间间隔）。这些参数的设置在不同的流变仪中可能会有一些差异，但基本原理都相同。稳态速率扫描可以得到材料的黏度和法向应力差与剪切速率的关系。对于灵敏度很高的流变仪，可以测量到极低剪切速率下的响应，也就可以得到零剪切黏度。

① 流动和黏度曲线测试　首先，可以对样品做一个初步的检测，以确定样品属于哪种类型的流体，使用流动曲线拟合和分析模型，确定流动曲线函数。剪切速率可以设为 $1\sim500s^{-1}$。有下列几种流动曲线类型：理想黏性流体（牛顿流体）、剪切变稀流体（假塑性流体）、剪切增稠流体、没有屈服值的流体和有屈服值的流体。

② 有屈服值的样品，需进行屈服值的分析和测量　方法如下：先进行直接应力扫描，再利用流动曲线，采用 Bingham、Casson、Herschel/Bulkley 等模型拟合（如图 16-6）。

③ 时间扫描　即恒定剪切速率测定，得到时间依赖性黏度函数，会有以下三种结果：

（a）黏度恒定不变，即黏度不随时间变化；

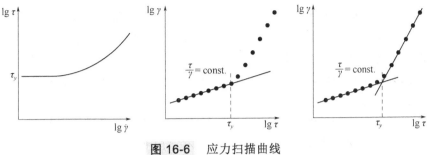

图 16-6 应力扫描曲线

（b）黏度降低，如由时间依赖性的剪切变稀、剪切生热等原因造成的；

（c）黏度增加，如由硬化、凝胶、固化、干燥等原因造成的。

值得注意的是，对于时间依赖性的测试，应优先选择振荡测试，这样可以获得更多有用的信息。

④ 温度扫描，即恒定的剪切速率，程序升温或降温得到温度依赖性结果。

（2）触变循环

在流变学上，触变行为定义为时间依赖性，表示在恒定剪切力的作用下，结构强度减弱，在随后的静置过程中，结构或快或慢的恢复，最终会完全恢复。这个结构破坏及恢复的过程是个完全可逆的循环。结构不能完全恢复的物质，特别是在无限长时间静置后结构也无法恢复的物质，是非触变性的。触变性是用户评价产品好坏的一个决定性标准，测试方法如下：

① 触变环测试　指对材料施加先增大再减小的稳态剪切速率，在剪切速率和黏度之间绘制曲线。当剪切速率增加时，黏度降低，当剪切速率降低时，黏度增加。触变循环可以反映材料在不断变化的剪切速率下的黏度变化，但这种测试方法在样品上一直有剪切应力载荷作用，而没有不被扰动的静置结构恢复过程。

② 3ITT 结构破坏和恢复测试　即"低-高-低"三段步阶速率组合。该测试常用来评估触变性，可模拟大多数应用过程的实际条件，如图 16-7 所示。

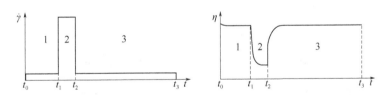

图 16-7　3ITT-结构破坏和恢复（触变性）测试

16.3.3.2　瞬态模式

（1）阶跃应变速率扫描

阶跃应变速率测试是对样品施加阶跃变化但在每个区间却恒定剪切速率，测量材料应力随时间变化的响应。实验中所要确定的参数有：剪切速率、温度、取样模式（关于时间为对数或线性）和数据点数目。一般允许有多个连续的测试区间，可以连续地进行不同阶跃应变速率的测试。若剪切速率设定为零，则在数据采集时驱动电机不转动，可以用来研究稳态剪切后的松弛过程。阶跃应变速率测试可以用来确定：恒定温度下的应力增长和松弛过程；稳态剪切后的松弛过程。

（2）应力松弛

应力松弛是施加并维持一个瞬态形变（阶跃应变），测量维持这个应变所需的应力随时间的变化。实验中所要确定的参数有：应变、温度、取样模式（关于时间为对数或线性）和数据点数目。应力松弛模量 $G(t)$ 可以通过测得的应力除以常数应变得到。应力松弛反映了材料内部的黏弹性行为，即材料在一定程度上抵抗变形，同时逐渐适应外部应力的作用。

（3）蠕变

蠕变实验正好与应力松弛相反，它给样品施加恒定的应力，测量样品的应变随时间的变化。实验中所要确定的参数有：应力、温度、取样模式（关于时间为对数或线性）和数据点数目。测得的应变除以施加的应力可以得到蠕变柔量 $J(t)$。一般允许有多个连续的测试区间。蠕变/恢复实验可以通过两个连续的区间完成：第一个区间施加恒定非零的应力，第二个区间施加的应力为零。将可恢复的应变除以施加的应力得到可恢复柔量。这些数据可以来预测材料在负载下的长期行为。若应力足够小，应变为线性响应，这一点得到的柔量为平衡可恢复柔量 J_e^0，可以反映聚合物分子量分布以及末端松弛时间的重要信息。图 16-8 显示了蠕变测量中的主要结果。

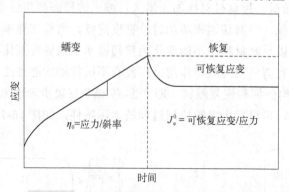

图 16-8　材料的蠕变及恢复试验测量结果

蠕变实验也可以用来测量材料的黏度，只要将施加的应力除以剪切速率（应变时间曲线线性部分的斜率）。这种确定黏度方法的优点是它可以得到比动态或稳态方法更低的剪切速率。这就可以方便地测量熔体的零剪切黏度。

16.3.3.3　动态模式

动态模式里流变仪可以控制的变量有多种，如振荡频率、振荡幅度、测试温度和测试时间等。在测试过程中，将其中两项固定，而系统地变化第三项。应变扫描、频率扫描、温度扫描和时间扫描是基本的测试模式，扫描就是在所选择的步骤中，连续地变化某个参数。

（1）动态应变（应力）扫描

动态应变扫描是给样品以恒定的频率施加一个范围的正弦应变或应力，测量材料的储能模量、损耗模量和复数黏度与应变或应力的关系。每个应变（应力）的峰值是可选的，在每个施加的应变（应力）作连续的测量。应变（应力）的变化可以递增或递减，可以是对数的或线性的。实验中所要确定的参数有：频率、温度和应变（应力）扫描模式（对数或线性）。一般来讲，黏弹性材料的流变性质在应变（应力）小于某个临界值时与应变无关，表现为线性黏弹性行为；当应变（应力）超过临界应变时，材料表现出非线性行为，并且模量开始下降。见图16-9。因此储能模量和损耗模量的应变依赖性往往是表征材料黏弹行为的第一步，用以确定线性黏弹性的范围。

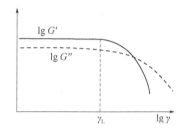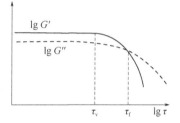

图 16-9　应变扫描曲线

（2）动态时间扫描

动态时间扫描是在恒定温度下，给样品施加恒定频率的正弦形变，并在预设的时间范围内进行连续测量。实验中所要确定的参数有：频率、应变（应变控制型）或应力（应力控制型）、实验温度、测量间隔时间、测量总时间（依赖于施加的频率）。动态时间扫描可以用来监测材料的化学、热以及力学稳定性。因此与动态应变扫描一样，动态时间扫描往往是表征高分子流体黏弹行为的初始步骤之一，用以确定材料在后续的频率或其它扫描所必需的测试时间中是否保持了化学结构的稳定。稳定性好的样品其动态流变响应可以在很长时间内保持不变，而稳定性差的样品由于发生了降解、交联等化学结构的变化，其动态流变响应就可能随着时间而不断变化。

（3）动态频率扫描

应变控制型流变仪的动态频率扫描模式是以一定的应变幅度和温度，施加不同频率的正弦形变，在每个频率下进行一次测试。对于应力控制型流变仪，频率扫描中设定的是应力的幅度。频率的增加或减少可以是对数的和线性的，或者产生一系列离散的动态频率。在频率扫描中，需要确定的参数是：应变幅度或应力幅度、频率扫描方式（对数扫描、线性扫描和离散扫描）和实验温度。

图 16-10 为某样品动态频率扫描结果。通过研究在很宽温度范围内的储能模量和损耗模量的频率依赖性，并利用时温叠加原理，可以得到超出频率测量范围的数据。图 16-10（a）为以 50℃为参考温度建立的储能模量主曲线。利用时温叠加原理，储能模量主曲线拓宽了频率范围 [图 16-10（b）]，能够描述样品在 0.0073～7940rad/s 范围内的黏弹特性。

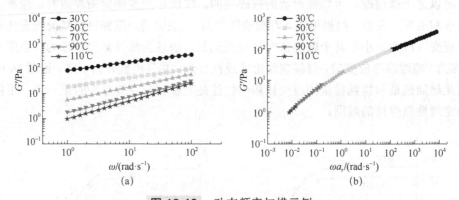

图 16-10　动态频率扫描示例

（a）不同温度下样品的储能模量曲线；（b）样品的储能模量主曲线

（4）其它扫描模式

除了上述动态应变（应力）扫描、动态时间扫描和动态频率扫描三种最常用到的模式外，现在的旋转流变仪还能够实施许多其它动态扫描模式，诸如等变率温度扫描、动态单点、瞬态单点、复合波单点、任意波形扫描等，测试结果可以从各个层次反映出聚合物内部分子量及分布、界面松弛行为、介观结构及形态以及宏观流变行为的影响因素等各个方面的信息，从而更加全面地建立内部结构流动成型加工的关联。

16.3.4　测试影响因素

（1）温度

温度可能是影响材料流变性能的首要因素。一些材料对于温度非常敏感，会造成黏度发生很大的变化；另外一些材料则对温度敏感性低，黏度受温度的影响较小。温度效应对黏度的影响在材料使用及生产中是必须考虑的基本问题，此类材料如机油、油脂和热融性黏合剂等。

（2）剪切速率

对于非牛顿流体，剪切速率是影响样品性能的最重要因素之一。当材料必须在不同的剪切速率下使用时，先了解操作剪切速率下的黏度行为是基本的，黏度应该在预估的剪切速率值与实际值相近下测量才有意义。

测量黏度时，若剪切速率的范围在仪器测量范围以外时，就必须测量不同剪切速率下的黏度值，再以外推方式得到操作剪速下的黏度值。这虽然不是最精准的方法，但却是获得黏度信息的唯一替代方法，特别是欲设定的剪切速率特别高时。事实上，在多个不同剪切速率下进行黏度的测量，以观察使用上的流变行为才是适当的。

（3）时间

在剪切的环境下，时间明显地影响材料的触变性质和流变性质，但是就算样品不受剪切力影响，其黏度仍会随着时间而改变，因此在选择与准备样品作黏度测量时，时间的效应是必须考虑的，此外，当样品在测试过程中产生化学反应时，材料的黏度也会有所变化，因此在反应过程中某一时间所测的黏度与另一时间所做的结果会有所不同。

（4）压力

对于液体样品而言，压力影响不如其它因素常见，但压力的变化可能会造成：分解气体产生气泡、扩散，或气体的进入造成体积的改变和紊流现象、压缩流体，增加分子内的阻力，亦即增加压力会增加黏度。在高压下，液体会受到压力压缩的影响，此现象与气体相同，虽然影响程度较小。

对于类固体或固体而言，压力的影响不容忽视。压力的变化会使样品发生形变。随着压力增加，样品被压缩，体积减小，样品内部的剪切应力也会增加，从而导致样品内部的结构发生变化；对于一些半结晶的热塑性材料，压力会增加熔体的流动性，从而影响材料的流变性能。在压力较低时，熔体流动性较差，材料表现出弹性行为；在压力较高时，熔体流动性增加，材料表现出黏性行为；对于一些吸水性或吸附性材料，压力的变化会影响材料对气体的吸附与解吸。当压力增加时，气体的溶解度降低，材料会释放部分气体，导致材料体积膨胀。这可能会导致材料黏度降低，流变性能变好。

（5）湿度

湿度也会影响一些材料的流变性能。例如，对于吸水性材料，湿度增加会导致材料含水量升高，从而影响其黏度和流变性能。

16.4 数据处理——几种分析模型

旋转测量后，可以用流变学模型（方程）对测量结果进行拟合，用于观察此样品的流变学特性是否与此模型相吻合，并计算出能够表征此样品流变学特点的关键参数，常用的方程有如下几种。

16.4.1 Ostwald（或 Power Law）模型

此模型适用于没有屈服应力的非牛顿流体，具体含义如下：

$$\tau = c \cdot \gamma^p \qquad (16\text{-}14)$$

式中，τ 为剪切应力；c 为流动系数；p 为流动指数或幂律指数。$p > 1$，剪切增稠；$p = 1$，理想黏性流动；$p < 1$，剪切变稀。如图 16-11 所示。

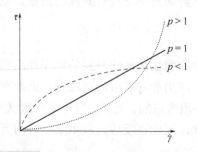

图 16-11　Ostwald（或 Power Law）模型

16.4.2　Bingham 模型

此模型适用于有一定屈服应力的流体，但在屈服应力以上时呈现牛顿流体特性：

$$\tau = \tau_B + \eta_B \gamma \qquad (16\text{-}15)$$

式中，τ 为剪切应力；τ_B 为 Bingham 屈服应力；η_B 为 Bingham 流动系数；γ 为剪切速率。这种流体称为塑性流体，其特点是当剪切应力小于 τ_B 时，样品只发生弹性形变；当剪切应力大于 τ_B 时，其弹性结构被破坏，之后的流动遵循 Newton 黏度定律。如图 16-12 所示。

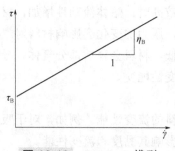

图 16-12　Bingham 模型

16.4.3　Herschel–Bulkley 模型

此模型适用于有一定屈服应力的非牛顿流体，具体含义如下：

$$\tau = \tau_{HB} + c\gamma^p \qquad (16\text{-}16)$$

式中，τ_{HB} 是符合 HB 模型的屈服应力；c 为流动系数；p 为 HB 指数。$p < 1$ 假塑性（剪切变稀），$p > 1$ 胀塑性（剪切增稠），$p = 1$ Bingham 流体。如图 16-13 所示。

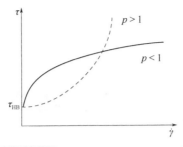

图 16-13 Herschel-Bulkley 模型

16.4.4 Carreau-Yasuda 模型

此模型适用于具有零剪切黏度的非牛顿流体的分析，可以计算出此样品的零剪切黏度：

$$\frac{\eta(\gamma)-\eta_\infty}{\eta_0-\eta_\infty}=\frac{1}{\left(1+(\lambda\gamma)^{p_1}\right)^{\frac{1-p}{p_1}}} \tag{16-17}$$

式中，p_1 为 Yasuda 指数；λ 为松弛时间；p 为幂律指数，$p>1$，剪切增稠；$p=1$，理想黏性流体；$p<1$，剪切变稀；η_0 为零剪切黏度；η_∞ 为极限剪切黏度（由于 η_∞ 相对于 η_0 非常小，因此分析时经常把 η_∞ 近似为零）。如图 16-14 所示。

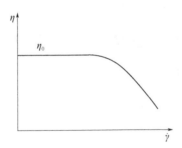

图 16-14 Carreau-Yasuda 模型

参考书目

[1] 史铁钧，等. 高分子流变学基础. 北京：化学工业出版社，2009.
[2] 顾国芳，等. 聚合物流变学基础. 上海：同济大学出版社，2000.
[3] 张美珍. 聚合物研究方法. 北京：中国轻工业出版社，2006.
[4] 郑强. 高分子流变学. 北京：科学出版社，2020.
[5] 马爱洁，等. 聚合物流变学基础. 北京：化学工业出版社，2018.

第17章　动态热机械分析仪

动态热机械分析仪（dynamic mechanical analysis，简称 DMA）是一种精密测试仪器，用于测定在一定温度、频率条件下，材料的应力和应变之间的关系；具体来说，就是通过施加振荡力、改变温度或样品形变，测量材料的模量、玻璃化转变、蠕变及回复能力、损耗因子等物理量。

动态热机械分析已成为研究材料的工艺-结构-分子运动-力学性能关系的一种十分有效的手段，如评价聚合物材料的使用性能（耐热性、耐寒性、低温韧性、阻尼特性、耐冲击性、老化性能等）；研究聚合物的主转变和次级转变、交联、固化；分析均聚物/共聚物以及共混物的结构、聚合物的结晶度和分子去向等；为材料加工工艺和品质控制、材料设计和选材、质量检测和产品法规检验等提供可靠依据。动态热机械分析已广泛应用于高分子材料、纤维材料、复合材料和涂层等专业领域。

17.1　动态热机械分析仪结构及工作原理

17.1.1　动态热机械分析仪结构

动态热机械分析仪主要由振荡盘或振荡梁、驱动器、变形测量系统、试样夹具、温度控制系统等组成。见图 17-1。

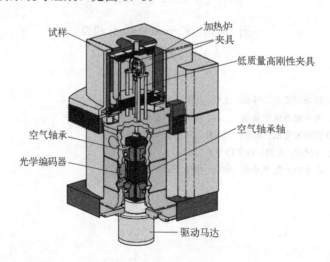

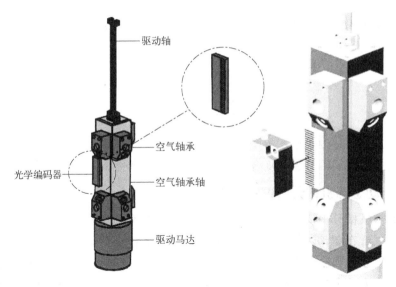

图 17-1 动态热机械分析仪结构

振荡盘或振荡梁为中心部件，在试样夹具内以一定的频率摆动，以生成应变或应力，同时感测试样的动态力学响应。驱动器控制振荡盘或振荡梁的运动，以实现研究试样的不同应变或应力条件。试样夹具用于夹紧试样并使其与振荡盘或振荡梁相连，以测量试样的动态力学行为。变形测量系统则测量试样的变形，包括试样的应变、振幅、相位、频率等。温度控制系统控制试样的温度，以研究材料的热学性质。

17.1.2 储能模量、损耗模量、复合模量及损耗因子

在讨论动态热机械分析仪工作原理之前，有必要介绍流体力学方面的相关知识：

储能模量（M'）：也称为弹性模量或储存模量，是指材料在受到应力作用后储存能量的能力。储能模量越大，材料越硬。

损耗模量（M''）：也称为黏性模量，是指材料在受到应力作用后试样所消散的能量（损耗为热）。损耗模量越大，表明黏性越大，材料越软，因而阻尼强。

复合模量（M^*）：是储能模量和损耗模量的综合体现，可以表示为 $M^* = M' + iM''$，其中 i 是虚数单位。复合模量是最常用的参数之一，可以反映材料的流动性、黏弹性。

损耗因子（$\tan\delta$）：即损耗角（δ）正切值，是损耗模量与储能模量的比值，可以表示为 $\tan\delta = M''/M'$。损耗因子可以反映材料在受到应力作用后能量损耗的速度，损耗因子越大，表示能量消散程度高，黏性形变程度高。它是每个形变周期耗散为热的能量的量度。损耗因子与几何因子无关，因此即使试样几何状态不好也能精确测定。

复合模量 M^*、储能模量 M'、损耗模量 M'' 和损耗角 δ 之间的关系可用下面的三角形表示：

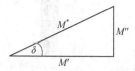

模量的倒数称为柔量，与模量相对应，有复合柔量、储能柔量和损耗柔量。对于材料力学性能的描述，复合模量与复合柔量是等效的。

17.1.3　动态热机械分析仪的工作原理

动态热机械分析仪的工作原理是在试样的变形和力学响应之间建立一个反馈回路。当试样在驱动轴的作用下变形时，DMA 会检测到试样的变形，并通过控制振荡器的频率和振幅来施加预定义的应变或应力。DMA 测量试样的反馈响应，并将其转换为动态模量、损耗模量、频率响应等参数。通过改变温度、频率或应变等条件，以研究材料的动态力学行为。

高聚物是黏弹性材料之一，具有黏性和弹性固体的特性。它一方面像弹性材料具有储存性能，这种特性不消耗能量；另一方面，它又具有像非流体静应力状态下的黏液，会损耗能量而不能储存能量。当高分子材料形变时，一部分能量变成位能，一部分能量变成热而损耗。能量的损耗可由力学阻尼或内摩擦生成的热得到证明。材料的内耗是很重要的，它不仅是性能的标志，而且也是确定它在工业上的应用和使用环境的条件。

图 17-2 为黏弹性样品在频率 f 为 1Hz 下的力和位移测量曲线。试样的正弦形变是对正弦应力的反应。形变对力的响应有一个时间滞后 Δ，也可用相角 δ 表示，$\delta = 2\pi f \Delta$。

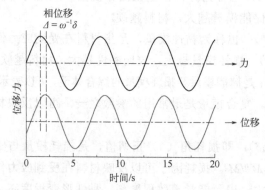

图 17-2　黏弹性样品在频率为 1Hz 下的力和位移测量曲线示例

如果一个外应力作用于一个弹性体，产生的应变正比于应力，根据胡克定律，比例常数就是该固体的弹性模量。形变时产生的能量由物体储存起来，除去外力物体恢复原状，储存的能量又释放出来。如果所用应力是一个周期性变化的力，产生的应变与应力同位相，过程也没有能量损耗。假如外应力作用于完全黏性的液体，液体产生永久形变，在这个过程中消耗的能量正比于液体的黏度，应变落后于应力90°。通常将试样行为分成3种不同类型：

① 纯弹性　应力与应变同相，即相角 δ 为 0。纯弹性试样振动时没有能量损失；

② 纯黏性　应力与应变异相，即相角 δ 为 $\pi/2$。纯黏性试样的形变能量完全转变成热；

③ 黏弹性　形变对应力响应有一定的滞后，即相角 δ 在 0 至 $\pi/2$ 之间。相角越大，则振动阻尼越强。

17.2　实验技术

17.2.1　样品的制备

应用动态热机械分析仪测试，样品的几何形状必须适合测量模式。为了减小测量误差，试样的表面应平整，测试施加外力不会仅作用在表面凸出点上。必要时对表面作打磨使其光滑。样品的材质必须均匀、无气泡、无杂质，样品尺寸要准确测量。不同测试夹具对尺寸的要求见表 17-1。

表 17-1　DMA 不同测试夹具对尺寸的要求

样品	夹具	尺寸要求
薄膜、纤维	拉伸	长 10～20mm；厚<2mm
弹性体	拉伸	宽<5mm；厚<2mm
	双臂弯	T_g 以下长厚比>20
	单臂弯	T_g 以下长厚比>10
	剪切	仅适用于 T_g 以上测试
未增强热塑性、热固性塑料	单臂弯	长厚比尽可能>10
	三点弯	
高模量金属、复合材料	双臂弯	长厚比尽可能>10
	单臂弯	
脆性固体（陶瓷）	三点弯	长厚比尽可能>10
	双臂弯	

试样制备过程中样品性能不应发生变化。尤其是塑料在机械加工过程中温度不可升到40℃以上。建议使用水冷钻石锯，也有助于制备表面平整、厚度均匀的试样，但试样在加工后必须干燥，测量前可在空气中干燥几小时。

薄膜可用打孔器冲或用刀切割。对于软性的扁平材料，用锐利的冲模可冲出保持很好平面平行性的试样。冲模最好安装在立式打孔机上。

试样可能受测试前贮存期间大气湿度的影响而变化（可能的话，将试样贮存在干燥器中）。由于水对某些聚合物的作用犹如增塑剂，所以玻璃化转变可能移至较低温度。

试样的机械加工可能产生不期望的性能改变，应考虑样品的热机械历史。可以第一次升温至适当温度以消除热历史，然后第二次升温进行实际测量。

17.2.2 夹具的选择

动态热机械分析仪的主要测量模式如图 17-3 所示。

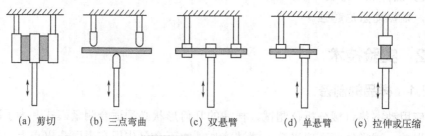

(a) 剪切　　(b) 三点弯曲　　(c) 双悬臂　　(d) 单悬臂　　(e) 拉伸或压缩

图 17-3 DMA 测量模式

每种测量模式有其专门的应用范围和限制。简要讨论如下。

（1）拉伸夹具

拉伸夹具适合测量薄膜、纤维和薄条形状的样品，模量测试范围为 1kPa～200GPa。测试时需在试样上施加预应力以防弯曲。见图 17-4。

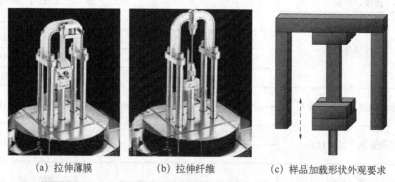

(a) 拉伸薄膜　　(b) 拉伸纤维　　(c) 样品加载形状外观要求

图 17-4 拉伸夹具（a，b）及其样品加载形状要求（c）

（2）压缩夹具

压缩夹具适合测量圆饼和方块形状的样品，模量测试范围为 0.1kPa～1GPa。测试时需在试样上施加预应力以确保试样始终与夹持板接触。见图 17-5。

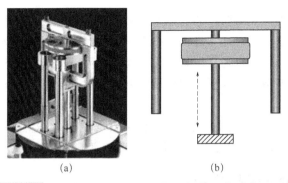

(a)   (b)

图 17-5　压缩夹具（a）及其样品加载形状要求（b）

（3）弯曲夹具

三点弯曲夹具是将样品居中放置在中间支承柱和两个外支点之间，然后在中间支承柱上施加压力，使样品产生弯曲形变。三点弯夹具适合高模量样品，如纤维增强聚合物、金属和陶瓷材料，适用的模量范围在 100kPa～1000GPa 之间，测试时需在试样上施加预应力，使之在测试过程中保持与三点支架接触，变软的试样可能由于所施加的预应力而发生相当显著的形变。如图 17-6 所示。

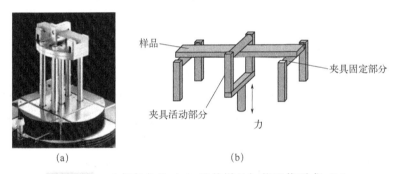

(a)   (b)

图 17-6　三点弯夹具（a）及其样品加载形状要求（b）

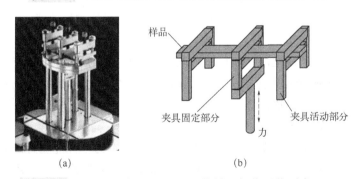

(a)   (b)

图 17-7　单/双悬臂夹具（a）及其样品加载形状要求（b）

如图 17-7 所示，与三点弯曲夹具相似，双悬臂夹具也是将样品居中放置在中间支承柱和两个外支点之间，然后在中间支承柱上通过施加一定的振荡频率和振幅，在控制温度条件下对样品进行弯曲变形，从而测量材料的物理性质。其特殊之处在于其上下两个支点是自由悬挂的，因此它可以提供更大的位移范围和弯曲角度。适用于长方条和圆柱形状的样品，测试模量范围在10kPa～100GPa之间。

（4）剪切夹具

剪切夹具是唯一可以测定剪切模量的夹具（见图17-8）。适合圆饼、方块形状的样品，对0.1kPa～5GPa模量范围的样品最理想。

 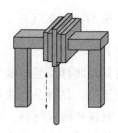

(a) Shear-Sandwich　　　　　(b) 样品加载形状外观要求

图 17-8 剪切夹具（a）及其样品加载形状要求（b）

17.2.3 测量模式

（1）温度扫描模式

温度扫描模式是在固定频率下测定动态模量及损耗随温度变化的实验方式，这是聚合物材料研究和表征应用最常见的模式。聚合物材料动态力学温度谱的测定，可以获得许多与实际应用相关的信息，如 T_g 是非晶态塑料使用温度的上限，是橡胶使用温度下限，测定 T_g 就大致了解该材料的使用温度极限。亦可以从温度谱评价材料的耐热性、耐寒性、低温韧性、耐老化能力、阻尼、减震性能等。还可以研究聚合物材料的结构参数，如结晶度、分子取向、分子量、交联、共混、共聚及增塑等与宏观力学性能的关系。图17-9示例温度扫描曲线。

（2）频率扫描模式

频率扫描模式是在恒温、恒压下，测量动态模量及损耗随频率变化的实验方式，用于研究材料力学性能与速率的依赖性。图17-10为150℃时低密度聚乙烯（LDPE）的动态频率扫描曲线。

（3）时间扫描模式

时间扫描模式是在恒温、恒频率下测定材料动态力学性能随时间变化的实验方式，主要用于研究动态力学性能与时间的依赖性。实际应用中常用于热固性树脂如环氧树脂及其复合材料的固化过程研究，选择最佳固化工艺条件等。可以得到一系列不同温度下材料完全固化所需时间，也可以在不同温度下经历不同时间，看其固化程度，从而确定最省时的完全固化最佳工艺路线。还可用于研究聚合物吸附某种物质，或环境条件如湿度对材料力学性能的影响。图 17-11 是环氧树脂固化结果，采用时间扫描模式测试树脂固化过程，需要注意，DMA 测试的都是固体样品，需要将环氧树脂涂敷在载体上，注意载体接触夹具的地方需要用铝箔等材料包覆，以免测试过程中夹具和样品发生粘连。

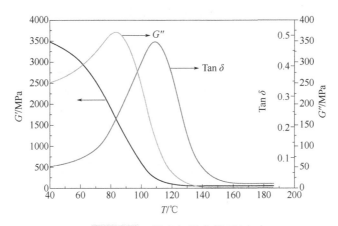

图 17-9 温度扫描曲线示例

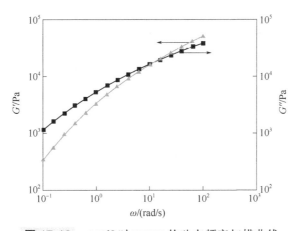

图 17-10 150℃时 LDPE 的动态频率扫描曲线

（4）动态应力扫描模式

动态应力扫描模式是在恒温及固定频率下，测量动态应变随应力变化的实验方式，即测定试样的动态应力应变曲线。这种模式常用于评价材料及其结构与应力的依赖性，亦可以确定应力应变关系的线性范围，在做各种模式动态力学试验时，选择实验参数必须选择动态应力和应变在线性范围内的数据。

动态应力应变曲线，可以清楚区分线性和非线性区、屈服点、屈服强度以及断裂强度。和一般静态试验得到应力应变曲线不同，它是在交变应力作用下的动态性能，而且可以在一系列不同频率及不同温度下测定，它提供的数据更接近于实际使用情况，所以更有价值。见图 17-12。此外应力应变曲线下的面积代表单位体积试样破坏（或断裂）所需的能量，也就是断裂能，这是评价材料断裂韧性的重要参数。韧性通常用冲击结果测定，但它不是严格定义的物理量，只能作相对比较。动态应力扫描模式提供了在不同温度、不同频率下测定材料断裂韧性的方法，这对研究材料增韧机理及断裂机理是很有用的。

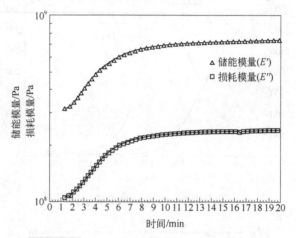

图 17-11　环氧树脂固化时间扫描结果示例

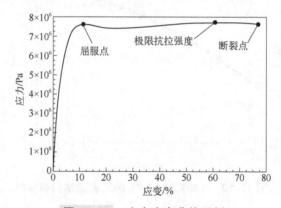

图 17-12　应力应变曲线示例

（5）蠕变-回复扫描模式

在恒温下瞬时对试样加一恒定应力，检测试样应变随时间的变化，即蠕变曲线；在某一时刻取消外力，记录应变随时间的变化，即回复曲线（如图 17-13）。这种操作模式可用于研究力学性能的时间与应力的依赖性。根据上述线性黏弹性理论，可在同一恒定应力下按照一定温度间隔选择一系列不同温度，得到一组蠕变曲线，应用时温叠加原理，用作图法或 WLF 方程计算得到蠕变总曲线，时间标尺可以远超出实验时间的范围，有助于评价材料的长期力学性能。

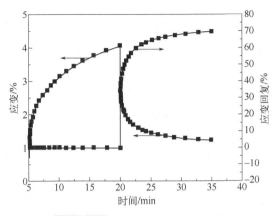

图 17-13 蠕变-回复曲线示例

17.2.4 测试影响因素

影响动态力学热分析实验结果的主要因素有升温速率、频率、应变模式、应变水平等。此外，环境（液体或气体）对动态力学性能的影响也很重要，它们既影响材料的最终使用性能，也影响工艺控制条件。

（1）升温速率

动态力学性能温度谱的测量是最常用，同时也是最有意义的一种测量方式，材料的各种特征温度都是通过温度谱的测量获得的。进行温度扫描时，一般都采用程序升温的方式进行。升温速率的大小会在很大程度上影响特征温度的测试值，而对储能模量测试值的影响则很小。升温速率越大热滞后越严重，各特征温度（特别是玻璃化转变温度）的测试值越高。升温速率对不同材料的影响程度不同。例如对于环氧树脂和碳纤维/环氧树脂复合材料，在试样尺寸及其它测试条件完全相同的条件下，将升温速率从 2℃/min 升高到 10℃/min，纯环氧树脂的 T_g 提高 4℃，碳纤维/环氧树脂复合材料的 T_g 则提高了 17℃。

当需要较准确获得试样的转变温度时，升温速率应小于 2℃/min，若只是为了系统比较其它因素对转变温度的影响，为了节省时间，则一般选择 3～10℃/min。升温速率的选择还取决于试样的大小，试样越大，要求升温速率就越低，以便试样内外温度一致。

（2）频率

根据时温等效原理，对于所测定的动态力学行为，升高温度与延长时间或降低频率具有相同的效果。由于频率变化三个数量级时相当于温度位移 20～30℃，因此可以用频率扫描模式更细微的观察较不明显的次级转变。随着频率的增加，

DMA 特征温度的测试值将往高一个数量级（10 倍）移动，T_g 及阻尼峰向高温方向移动。对于大多数聚合物，当频率增加一个数量级时，T_g 将增加约 7℃。

（3）形变模式

形变模式主要影响储能模量的测试结果，对特征温度的结果基本无影响。研究发现，材料刚度越人，形变模式刈储能模量的影响越大。例如某种碳纤维/环氧树脂复合材料，同样在弯曲模式下测量，三点弯曲测得的储能模量值最大，双悬臂梁弯曲次之，单悬臂梁弯曲最小。用双悬臂梁模式测得的储能模量为三点弯曲时的 60%，单悬臂梁测得的储能模量仅为三点弯曲时的 20%。

（4）应变水平

动态热机械分析仪可以设计为应变控制，也可以是应力控制。应变控制是指测试过程中应变水平始终保持不变，应力随着试样模量变化而发生变化。应力控制与之类似，应力始终保持不变，变化的是试样的应变。不管是应力控制还是应变控制的仪器，都要求动态力学性能测试在该材料的线性黏弹区域内进行。所谓线性黏弹区是指施加的应力能产生成比例的应变即应力增大一倍，应变随之增大一倍。只有在线性黏弹区的测量才可以获得物质的特性常数，材料的微观结构才不至于受到破坏。因此在做其它动态力学扫描（如温度扫描、频率扫描）之前，必须首先确定所测材料的线性黏弹区，以选择合适的应力或应变水平。

另外，每台 DMA 均有最大承载范围，因此，实验时应变水平的设定必须保证试样所受的动载荷与静载荷落在仪器安全承载能力范围内，以免因为受力过大而损坏仪器。

（5）湿度

聚合物的动态力学性质受湿度的影响。水常被看作是极性聚合物的一种增塑剂，水的存在使大多数聚合物 T_g 往低温方向移动。测试中注意样品保存条件和环境温湿度。

参考书目

[1] 张美珍. 聚合物研究方法. 北京：中国轻工业出版社，2006.
[2] 杨万泰. 聚合物材料表征与测试. 北京：中国轻工业出版社，2008.
[3] 朱诚身. 聚合物结构分析. 北京：科学出版社，2016.
[4] 倪才华，等. 高分子材料科学实验. 北京：化学工业出版社，2015.
[5] 刘振海，等. 热分析简明教程. 北京：科学出版社，2016.